化学工业出版社“十四五”普通高等教育规划教材

高等院校智能制造人才培养系列教材

计算机视觉基础

冯占荣　王利霞　江一　等 编著

Foundations of
Computer Vision

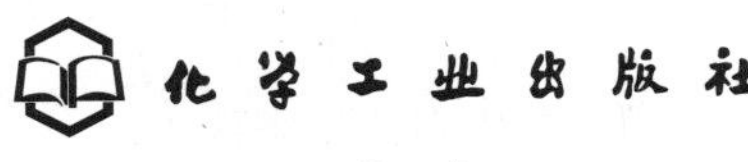

·北京·

内容简介

本书以Python语言为工具，以图像为载体，对计算机视觉涉及的操作和变换方法进行了详细的介绍及实现。全书共分10章，分别为计算机视觉概述、编程语言Python及库简介、数字图像预处理、图像特征与检测、机器学习、BP神经网络基础、卷积神经网络CNN、经典神经网络结构分析、百度EasyDL入门以及计算机视觉在制造行业应用案例分析。

本书可作为高等院校智能制造工程、人工智能等相关专业的教材，亦可作为图像处理、多媒体编程、计算机视觉领域人员的实用参考书。

图书在版编目（CIP）数据

计算机视觉基础 / 冯占荣等编著. -- 北京 : 化学工业出版社, 2025. 3. --（高等院校智能制造人才培养系列教材）. -- ISBN 978-7-122-46995-3

Ⅰ. TP302.7

中国国家版本馆CIP数据核字第20252Z5V40号

责任编辑：张海丽　周　红　　文字编辑：郑云海
责任校对：李雨晴　　装帧设计：韩　飞

出版发行：化学工业出版社（北京市东城区青年湖南街13号　邮政编码100011）
印　　装：北京云浩印刷有限责任公司
787mm×1092mm　1/16　印张18¾　字数451千字　　2025年3月北京第1版第1次印刷

购书咨询：010-64518888　　售后服务：010-64518899
网　　址：http://www.cip.com.cn
凡购买本书，如有缺损质量问题，本社销售中心负责调换。

定　　价：59.80元

高等院校智能制造人才培养系列教材
建设委员会

序

党的二十大报告指出，要建设现代化产业体系，坚持把发展经济的着力点放在实体经济上，推进新型工业化，加快建设制造强国、质量强国、航天强国、交通强国、网络强国、数字中国。实施产业基础再造工程和重大技术装备攻关工程，支持专精特新企业发展，推动制造业高端化、智能化、绿色化发展。推动战略性新兴产业融合集群发展，构建新一代信息技术、人工智能、生物技术、新能源、新材料、高端装备、绿色环保等一批新的增长引擎。其中，制造强国、高端装备等重点工作都与智能制造相关，可以说，智能制造是我国从制造大国转向制造强国、构建中国制造业全球优势的主要路径。

制造业是一个国家的立国之本、强国之基，历来是世界各主要工业国高度重视和发展的重要领域。改革开放以来，我国综合国力得到稳步提升，到 2011 年中国工业总产值全球第一，分别是美国、德国、日本的 120%、346%和 235%。党的十八大以来，我国进入了新时代，发展的格局更为宏大，“一带一路”倡议和制造强国战略使我国工业正在实现从大到强的转变。我国不但建立了全球最为齐全的工业体系，而且在许多重大装备领域取得突破，特别是在三代核电、特高压输电、特大型水电站、大型炼化工、油气长输管线、大型矿山采掘与炼矿综采重点工程建设项目、重大成套装备、高端装备、航空航天等领域取得了丰硕成果，补齐了短板，打破了国外垄断，解决了许多“卡脖子”难题，为推动重大技术装备高质量发展，实现我国高水平科技自立自强奠定了坚实基础。进入新时代的十年，制造业增加值从 2012 年的 16.98 万亿元增加到 2021 年的 31.4 万亿元，占全球比重从 20%左右提高到近 30%；500 种主要工业产品中，我国有四成以上产量位居世界第一；建成全球规模最大、技术领先的网络基础设施……一个个亮眼的数据，一项项提气的成就，勾勒出十年间大国制造的非凡足迹，标志着我国迎来从“制造大国”“网络大国”向“制造强国”“网络强国”的历史性跨越。

最早提出智能制造概念的是美国人 P.K.Wright，他在其 1988 年出版的专著 *Manufacturing Intelligence*（《制造智能》）中，把智能制造定义为“通过集成知识工程、制造软件系统、机器人视觉和机器人控制来对制造技工们的技能与专家知识进行建模，以使智能机器能够在没有人工干预的情况下进行小批量生产”。当然，因为智能制造仍处在发展阶段，各种定义层出不穷，国内外有不同专家给出了不同的定义，但智能机器、智能传感、智能算法、智能设计、解决制造过程中不确定问题的智能方法、智能维护是智能制造的核心关键词。

从人才培养的角度而言，实现智能制造还任重道远，人才紧缺的局面很难在短时间内扭转，相关高校师资力量也不足。据不完全统计，近五年来，全国有 300 多所高校开办了智能制造专业，其中既有双一流高校，也有许多地方院校和民办高校，人才培养定位、课程体系、教材建设、实践环节都面临一系列问题，严重制约着我国智能制造业未来的长远发展。在此情况下，如何培养出适应不同行业、不同岗位要求的智能制造专业人才，是许多开设该专业的高校面临的首要难题。

智能制造的特点决定了其人才培养模式区别于其他传统工科：首先，智能制造是跨专业的，其所涉及的知识几乎与所有工科门类有关；其次，智能制造是跨行业的，其核心技术不仅覆盖所有制造行业，也适用于某些非制造行业。因此，智能制造人才培养既要考虑本校专业特色，又不能脱离社会对智能制造人才的需求，既要遵循教育的基本规律，又要创新教育体系和教学方法。在课程设置中要充分考虑以下因素：

- 考虑不同类型学校的定位和特色；
- 考虑学生已有知识基础和结构；
- 考虑适应某些行业需求，如流程制造、离散制造、混合制造等；
- 考虑适应不同生产模式，如多品种小批量生产、大批量生产等；
- 考虑让学生了解智能制造相关前沿技术；
- 考虑兼顾应用型、技能型、研究型岗位需求等。

改革开放 40 多年来，我国的高等教育突飞猛进，高等教育的毛入学率从 1978 年的 1.55%提高到 2023 年的 60.2%，进入了普及化教育阶段，这就意味着高等教育担负的历史使命、受教育的对象都发生了深刻的变化。面对地方应用型高校生源差异化大的现状，因材施教，做好智能制造应用型人才培养，满足高校智能制造应用型人才培养的教材需求就是本系列教材的使命和定位。

要解决好这个问题，首先要有一个好的定位，有一个明确的认识，这套教材定位于智能制造应用型人才培养需求，就是要解决应用型人才培养的知识体系如何构造，智能制造应用型人才的课程内容如何搭建。我们知道，应用型高校学生培养的主要目的是为应用型学科专业的学生打牢一定的理论功底，为培养德才兼备、五育并举的应用型人才服务，因此在课程体系、基础课程、专业教育、实践能力培养上与传统综合性大学和“双一流”学校比较应有不同的侧重，应更着眼于学生的实用性需求，应满足社会对应用技术人才的需求，满足社会实际生产和社会实际发展的需求，更要考虑这些学校学生的实际，也就是要面向社会发展需求，为社会各行各业培养“适销对路”的专业人才。因此，在人才培养的过程中，对实践环节的要求更高，要非常注重理论和实践相结合。据此，在应用型人才培养模式的构建上，从培养方案、课程体系、教学内容、教学方式、教材建设上都应注重应用型人才培养的规律，这正是我们编写这套智能制造相关专业教材的目的。

这套教材的突出特色有以下几点：

① 定位于应用型。这套教材不仅有适应智能制造应用型人才培养的专业主干课程和选修课程教

材，还有基于机械类专业向智能制造转型的专业基础课教材，专业基础课教材的编写中以应用为导向，突出理论的应用价值。在编写中引入现代教学方法和手段，结合教学软件和工业仿真软件，使理论教学更为生动化、具象化，努力实现理论课程通向专业教学的桥梁作用。例如，在制图课程中较多地使用工业界成熟设计软件，使学生掌握比较扎实的软件设计能力；在工程力学教学中引入有限元软件，实现设计计算的有限元化；在机械设计中引入模块化设计的概念；在控制工程中引入 MATLAB 仿真和计算机编程内容，实现基础教学内容的更新和对专业教育的支撑，凸显应用型人才培养模式的特点。

② 专业教材突出实用性、模块化、柔性化。智能制造技术是利用先进的制造技术，以及数字化、网络化、智能化等知识和控制理论来解决制造过程中不确定和非固定模式的问题，使得制造过程具有智能的技术，它的特点是综合性和知识内涵的丰富性以及知识本身的创新性。因此，在教材建设上与以前传统的知识技术技能模式应有大的区别，更应注重对学生理念、意识、认知、思维方式和系统解决问题能力的培养。同时考虑到各行业、各地和各校发展阶段和实际办学水平的不同，希望这套教材尽可能为各校合理选择教学内容提供一个模块化、积木式结构，并在实际编写中尽量提供项目化案例，以便学校根据具体情况做柔性化选择。

③ 本系列教材注重数字资源建设，更多地采用多媒体的互动方式，如配套课件、教学视频、测试题等，使教材呈现形式多样化，数字内容更为丰富。

由于编写时间紧张，智能制造技术日新月异，编写人员专业水平有限，书中难免有不当之处，敬请读者及时批评指正。

高等院校智能制造人才培养系列教材建设委员会

前 言

为什么要写这本书

计算机视觉的功能之一就是让机器能够识别摄像机拍摄的图片或视频中的物体，检测出物体所在的位置，并对目标物体进行跟踪，从而理解并描述出图像或视频里的场景和故事，以此来模拟人脑视觉系统。智能制造工程专业属于多学科交叉型的新工科专业，其“智能”很大一方面体现在人工智能与制造前、中、后的高度融合上，而人工智能的核心科目之一就是机器学习（包括深度学习），在制造领域目前比较成熟的“智能”应用就是视觉，所以本书将以计算机视觉为引线，逐步讲解图像基础、机器学习、深度学习的原理及它们在制造业中的应用，使读者更深层次地理解“智能”的含义。例如，斯坦福大学李飞飞教授主讲的 CS231 课程、台湾大学李宏毅教授主讲的“机器学习”等，就是以计算机视觉为例来教授机器学习相关知识，但是这类课程可供借鉴的教材较少，许多课程给出的参考书籍少则 5 本，多则十几本，而且大部分是国外教材。基于上述原因，编写一本适用于国内高校智能制造工程、人工智能等专业教学的教材是非常必要的和急需的。

本书的适合对象

本书面向智能制造工程、人工智能等专业师生和希望了解、掌握计算机视觉编程的开发人员。只要对图像处理、机器学习及深度学习感兴趣，无论是否接触过这类技术，都能从本书中有所收获。

本书的所有程序都是基于人工智能主流语言 Python 来实现的，因此对那些想提高程序设计能力的读者来说，本书也是一本不错的参考书。

本书主要内容

本书在内容上首先着重讲述数字图像的构成、常规处理及检测方法，然后从传统的机器学习内容逐渐过渡到深度学习，并就深度学习的典型网络进行剖析，最后针对图像处理及计算机视觉在智能制造中的几个案例进行解析。本书共有 10 章内容，每章起始给出本章的思维导图和学习目标，让读者明确本章重点内容和需要掌握的基本知识，并且在每章结尾给出本章小结。本书整体由浅入深，循序渐进：视觉概述→图形图像处理语言及库简介→图像预处理（简单图像分析）→图像参数检测

（稍复杂图像分析）→特征提取→机器学习（一定规模的图像分析）→深度学习（大规模智能图像分析）→制造业图像应用案例分析。

如何使用本书

本书提供了大量代码和例程，涉及图像处理和视觉的各个方面。在阅读本书时，读者最好准备好一台计算机，以便随时尝试本书提供的例程代码。本书配有课件、习题参考答案、源代码、拓展阅读等学习资料，读者可扫描书中二维码获取。

致谢

本书由冯占荣、王利霞、江一等人共同编写。其中，江一对“百度 EasyDL 入门”相关内容进行了收集和整理，王利霞对本书所有的示例进行了整理并对例程进行了测试。感谢所有参与过本书有关内容讨论和资料收集的人员：汪佳良、严志刚、杨晓泽、钱礼轩、杨帅、周吉鑫等。同时感谢南昌航空大学创新创业课程培育项目（KCPY1782）和江西省高等学校教学改革研究课题（JXJG-23-8-13）的资助。

限于作者的水平，书中难免有不当之处，敬请广大读者不吝指正。

编著者

2024 年 7 月

本书配套资源

目 录

第 3 章 数字图像预处理 67

第 5 章　机器学习 155

第 6 章 BP 神经网络基础 201

第 7 章 卷积神经网络 CNN 223

第 8 章 经典神经网络结构分析 234

第1章

计算机视觉概述

本章思维导图

本书配套资源

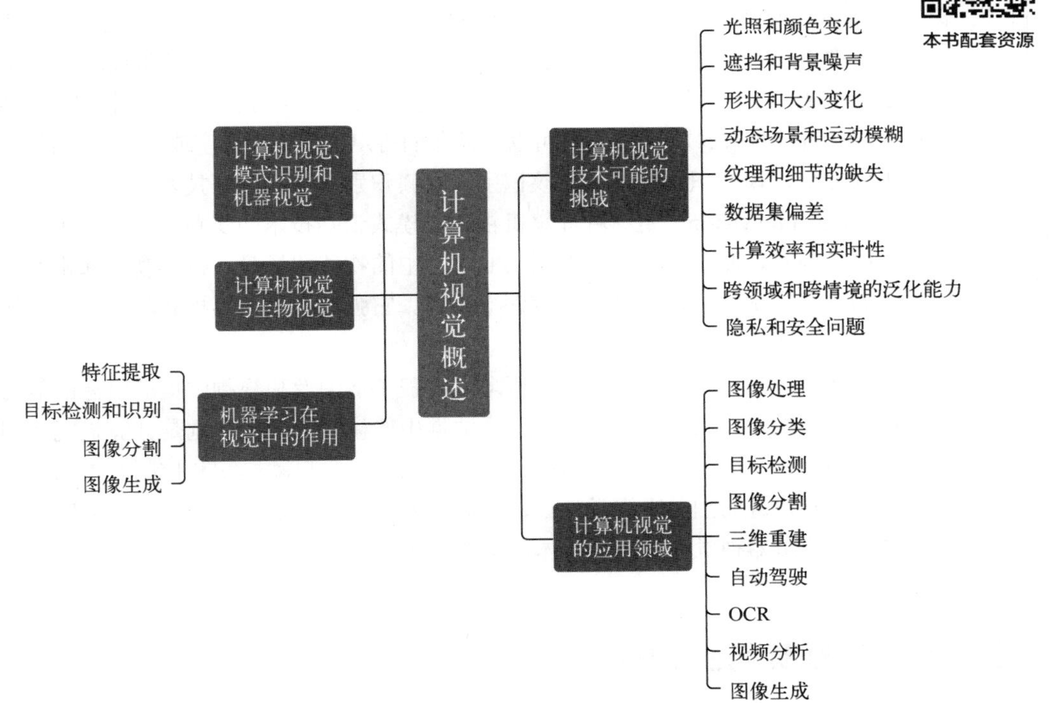

本章学习目标

1. 了解计算机视觉和人类视觉的优势和局限性；
2. 了解目前计算机视觉在哪些领域得到了应用；
3. 理解计算机视觉的重要性及其对社会经济生活的深远影响；
4. 计算机视觉是目前最为前沿和热门的研究方向之一，通过阅读、检索、讨论等手段注重知识的更新和补充，提高学生的科技素养。

1.1 计算机视觉、模式识别和机器视觉

计算机视觉、模式识别和机器视觉在内容上相关但又不完全相同。

计算机视觉（computer vision）是指让计算机具备感知和理解图像或视频的能力。它涉及从图像或视频中提取有意义的信息，并基于这些信息进行分析、识别、理解和决策。计算机视觉的目标是使计算机具备类似人类视觉的能力，能够解释和理解图像中的内容。

模式识别（pattern recognition）是一种研究方法和技术，旨在通过对数据进行分析和处理，自动地识别和分类其中的模式或结构。它关注如何从输入数据中提取有用的特征，并使用这些特征来识别和分类不同的模式。这些模式可以是图像、声音、文本等不同类型的数据。模式识别可以应用于多个领域，在计算机视觉领域中，模式识别可以帮助我们识别和分析图像中的对象、人脸、动作等；在语音识别领域，模式识别可以帮助我们将声音转换为文字或识别说话者的身份；在生物特征识别领域，模式识别可用于指纹识别、虹膜识别等身份验证技术。

机器视觉（machine vision）是一种计算机视觉和模式识别技术的实践领域，其重点是开发和应用视觉系统来检测、测量、检验和控制工业过程中的物体和场景。机器视觉通常用于工业自动化中，例如质量控制、机器人导航、零件检测等。它强调使用计算机和相机等传感器来实现实时的自动视觉检测和分析。

简而言之，计算机视觉是一个更广泛的概念，涵盖了从图像和视频中提取信息的能力；模式识别是一种方法和技术，用于自动识别和分类数据中的模式；机器视觉是计算机视觉和模式识别技术的实践领域，专注于在工业环境中应用视觉系统进行自动检测和控制。本书是以视觉中的图像数据为基础，进而抽象出视觉特征，从而引入机器学习进行识别或分类。所以本书中涉及的计算机视觉或机器视觉内容不再从本质上进行区分。

1.2 计算机视觉与生物视觉

本书主要探讨的是如何让计算机（或机器）学会“看”，即计算机视觉。具体来说，计算机视觉让计算机（或机器）能够识别摄像机拍摄的图片或视频中的物体，检测出物体所在的位置，并对目标物体进行跟踪、分析，从而理解并描述出图片或视频里的场景和故事，以此来模拟人

脑视觉系统。

因此，计算机视觉的发展历程可以从生物视觉讲起。关于生物视觉的起源，目前学术界尚未形成定论。有研究者认为，最早的生物视觉可能形成于距今约 7 亿年前的水母之中；也有研究者认为，生物视觉产生于距今约 5 亿年前的寒武纪（图 1.1）。寒武纪生物大爆发的原因一直是个未解之谜，但可以肯定的是，在寒武纪时期，动物已经具备了视觉能力。视觉能力的出现，使得捕食者可以更容易地发现猎物，而被捕食者也可以更早地发现天敌来袭。这种视觉能力加剧了猎手和猎物之间的博弈，也催生出更加激烈的生存演化规则。视觉系统的形成有力地推动了食物链的演化，加速了生物进化进程，是生物发展史上重要的里程碑。经过几亿年的演化，目前人类的视觉系统已经具备非常高的复杂度和强大的功能，如图 1.2 所示。

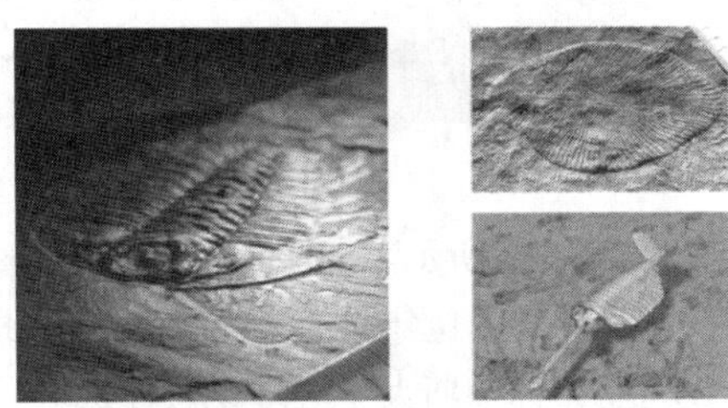

图 1.1　公元 5 亿年前的初生视觉的生物

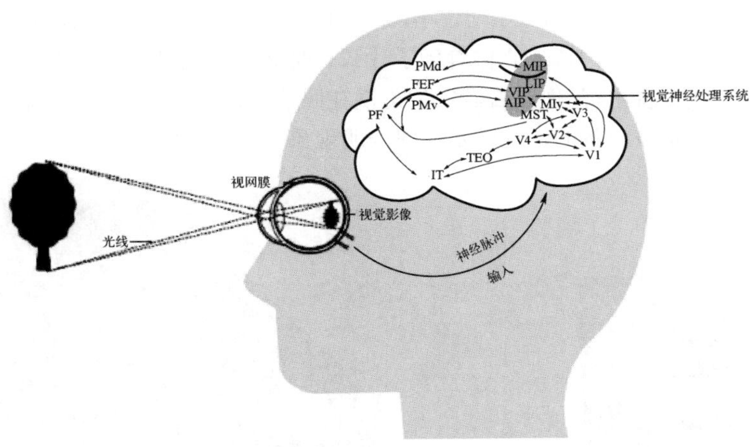

图 1.2　人类视觉感知

人类的视觉系统尽管非常强大，但在生活中，也经常被一些视觉假象迷惑。有些艺术家更是刻意制造出这些假象，称为视错觉。这些假象大多都是利用人类大脑的一些习惯所创作的。这种假象造成的视错觉都是令人着迷的存在。娱乐性的视错觉可以给人带来乐趣，但如果把视错觉应用到不合适的地方，那就不是视错觉这么简单了。下面列举一些有意思的人类视错觉示例。

① 艾姆斯房间。艾姆斯房间是最著名的视错觉案例之一，它表明人类眼睛看到的并非就是真实的。从正面看，艾姆斯房间似乎是一个普通的方形房间，墙壁垂直于地板和天花板。然而，后壁实际上是以锐角构建的，并且地板和天花板是陡峭倾斜的，如图 1.3 所示。这产生了一种视错觉，使得房间一侧的人和物体看起来比房间另一侧的人或物体小得多或者大得多。这种场景已经被广泛应用于魔术表演和电影拍摄之中。

② 尼尼奥的灭绝幻觉。如图 1.4 所示，这种幻觉在灰白格子上显示出 12 个黑点，但是不

可能同时看到所有 12 个黑点。如果没有灰色网格，人们就可以同时看到所有 12 个点。这种视错觉是由法国科学家和视觉感知专家雅克·尼尼奥于 2000 年创造的，他还发表了一份详细的研究报告，解释了这种视错觉是如何欺骗人眼的。

图 1.3 艾姆斯房间

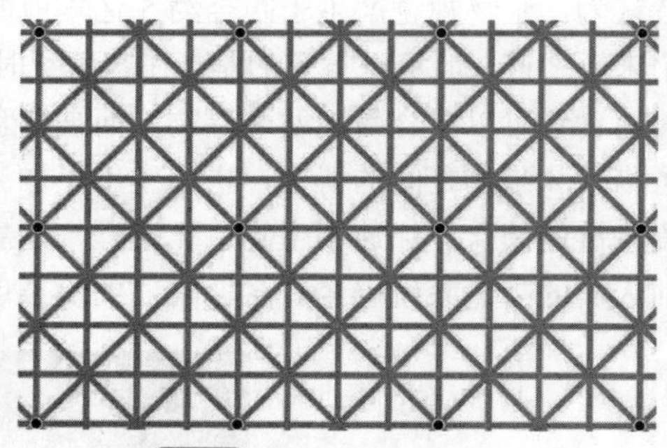

图 1.4 尼尼奥的灭绝幻觉

③“我的妻子和我的婆婆”。如图 1.5 所示，“我的妻子和我的婆婆”是世界上较为著名的视错觉之一。在这一视错觉中，有些人看到一位年轻女士的头转向背景，而另一些人看到一位老年妇女的侧面轮廓。2018 年，澳大利亚弗林德斯大学心理学教授选取了 393 名实验者，年龄从 18 岁到 68 岁不等，希望他们在半秒的时间内描述自己看到的图像。结果发现年龄较小的参与者看到了一位年轻女士，而年长的参与者看到了一位年长的女性。那么，你看到的是什么呢？

④ 曲率失明幻觉。在图 1.6 中，你看到了什么？是波浪线还是折线？大多数人看到的应该是双波浪线和双折线交替出现。现在看看它们出现在照片黑白区域的线条，你现在看到了什么？事实上，所有线条都是波浪状的，这就是曲率失明现象。

图 1.5 “我的妻子和我的婆婆”视错觉

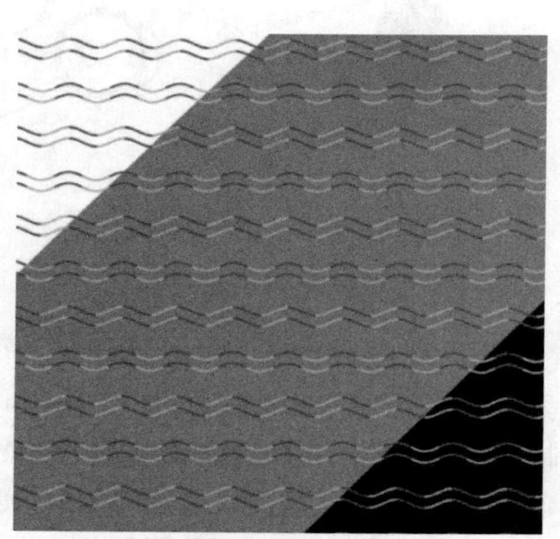

图 1.6 曲率失明幻觉

⑤ 棋盘格。如图 1.7 所示，方块略有混乱或偏离，交替的明暗方块不直接与它们上一行和下一行的方块对齐，结果导致每行之间的水平线看起来是倾斜的。实际上，这些水平线彼此之间是完全平行且笔直。

⑥ 水平条颜色的变化。在图 1.8 中水平条是一种纯色。然而，水平条外围背景色的渐变，使水平条自身的颜色看起来从左向右也在渐变。如果遮挡住背景，就会发现水平条其实是一种颜色——深灰色。

图 1.7　棋盘格

图 1.8　不同深浅颜色的水平条

⑦ 不同长度的线。这是通过几何形状来欺骗眼睛的一种幻觉。这个想法与水平条颜色变化的幻觉相似：人们会根据从背景中获得的信息来推测物体的属性。实际上，图 1.9 中上下两条直线的粗细和长度都是一样的，但由于背景不同，使得大脑认为上面的水平线比下面的水平线长得多。

⑧ 内克尔正方形(Necker Cube)。内克尔正方形是一个没有深度线索的正方形图，如图 1.10 所示。这意味着我们无法确定方块的哪个“面”是前，哪个“面”是后。这个想法是以瑞士科学家路易斯·内克尔（Louis Necker）的名字命名的，他首先画出了这个图形。对这一视错觉，有些人会感觉三维立方体的一面在前面，而另一些人则会想象同一面是立方体的背面。

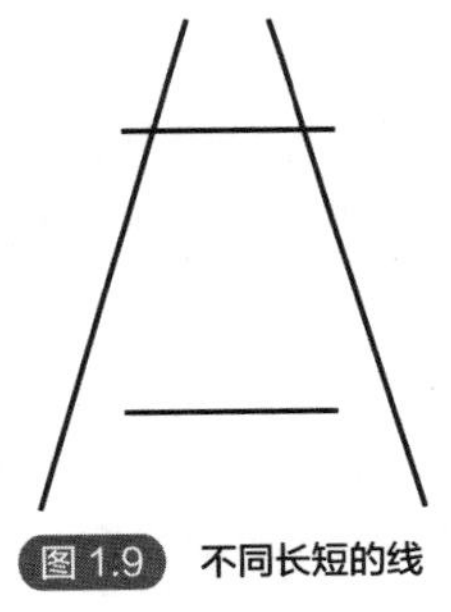
图 1.9　不同长短的线

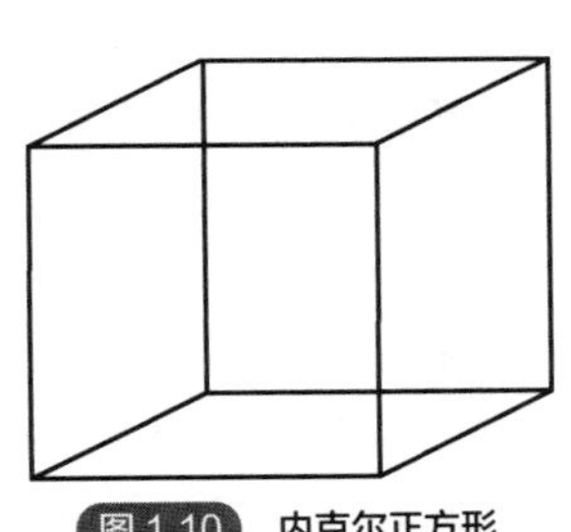
图 1.10　内克尔正方形

⑨兔子鸭头。作为模糊插图的一个早期例子，兔子鸭头视错觉于 19 世纪末首次在德国出现，如图 1.11 所示。这种隐藏的图像在当时非常流行。有人看起来这是一个鸭子，但如果把鸭子的喙想象成兔子的耳朵，就会发现这是一只兔子。

图 1.11　兔子鸭头

⑩ A 和 B 的颜色一样吗？图 1.12 中，不管是图（a）还是图（b），其中 A 位置和 B 位置的颜色是否一样呢？当你将除 A 和 B 位置外的其他位置挡住后会发现这两处其实颜色是一样的。

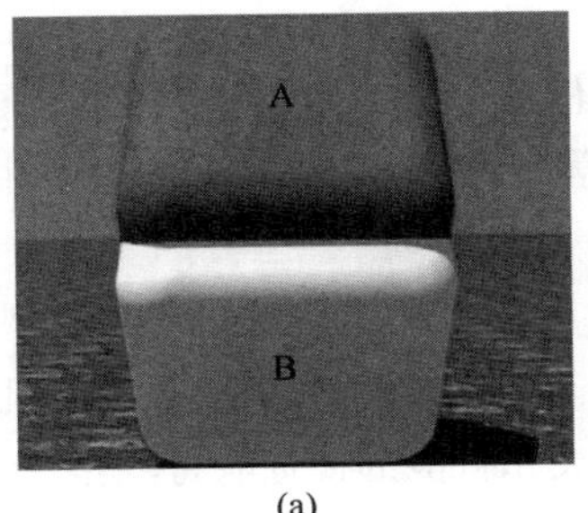

(a)

(b)

图 1.12　A 与 B 两处的颜色（深浅）一样吗?

与生物视觉相比，计算机所看到的是数字。如图 1.13 所示，左图是我们眼中的实际图像，而右图是计算机“眼”中的图像。计算机视觉旨在研究这些数值与生物视觉之间的关系，从而跨越语义鸿沟，实现替代或超越生物视觉的功能。

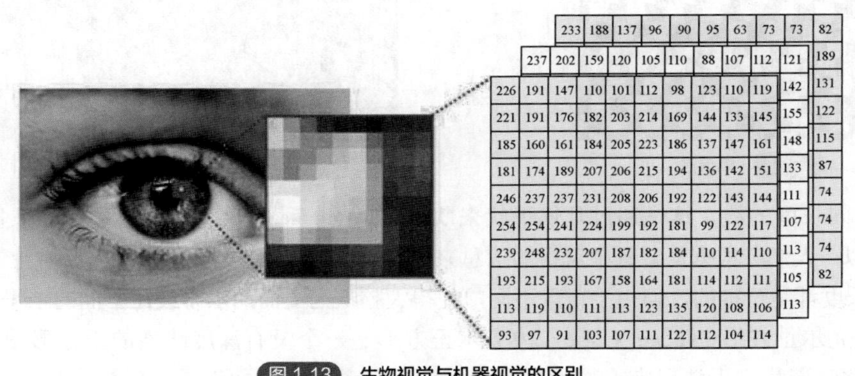

图 1.13 生物视觉与机器视觉的区别

1.3 机器学习在计算机视觉中的作用

机器学习在计算机视觉中发挥着至关重要的作用，它能够帮助计算机从图像和视频数据中提取有意义的信息，进行识别和分类，并完成一系列复杂的视觉任务。以下是机器学习在计算机视觉中的几个关键作用：

① 特征提取：机器学习可以通过自动学习从原始图像数据中提取有用的特征。相比传统的手工设计特征方法需要人工定义和提取特征，机器学习可以根据大量数据自动学习到适合任务的特征表示。例如，卷积神经网络（CNN）中的卷积层能够自动学习和提取图像中的局部特征。

② 目标检测和识别：机器学习在目标检测和识别方面具有强大的能力。通过训练模型，计算机可以识别和检测图像中的不同目标。通过使用大量标注好的数据集，机器学习模型可以学习到目标的特征和上下文信息，从而对新的图像进行准确的目标检测和识别，可完成人脸识别、物体识别等任务。

③ 图像分割：机器学习可以应用于图像分割任务，即将图像划分为不同的区域并进行标记。例如，语义分割可以将图像中的每个像素分配到不同的类别，实现像素级别的图像理解。机器学习模型可以通过学习图像的局部特征和全局上下文，进行准确的图像分割，这在医学影像分析、地图制作、遥感图像分析等领域有广泛应用。

④ 图像生成：机器学习还可以用于图像生成任务，例如图像超分辨率、图像修复和图像合成等。通过训练数据和生成模型，机器学习能够学习到图像的概率分布，并生成具有高质量和真实性的新图像。

总之，机器学习在计算机视觉中的作用非常重要。通过学习和训练模型，计算机能够从图像中提取有意义的信息，完成目标检测、图像分割和图像生成等任务。机器学习的发展推动了计算机视觉领域的进步，为人们提供了更强大和智能的视觉能力，进一步拓展了计算机视觉的应用领域。

1.4　计算机视觉的应用领域

计算机视觉技术已经广泛应用于交通、安防、金融、医疗和工业生产等各个领域，如图 1.14 所示。这些应用不仅改变了人们的生活方式，还为工业生产带来了巨大的便利。随着技术的不断进步，计算机视觉的应用领域也在不断丰富和完善。

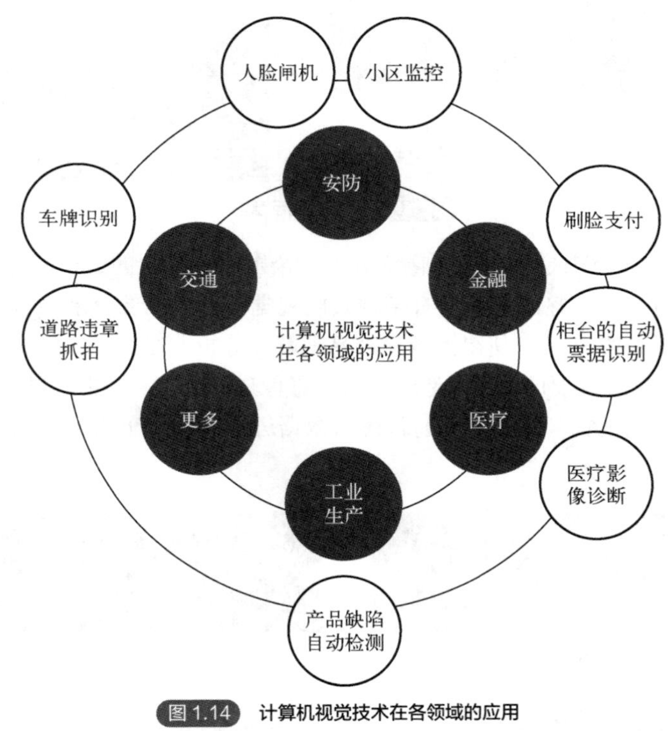

图 1.14　计算机视觉技术在各领域的应用

目前，计算机视觉主要应用在图像处理、图像分类、目标检测、图像分割、三维重建、自动驾驶、OCR（Optical Character Recognition，光学字符识别）、视频分析和图像生成等领域。

① 图像处理。包括对图像进行增强、去噪、滤波、缩放、旋转、裁剪等操作，以及基于图像的特征提取和分析。通过对图像的预处理和特征提取，计算机视觉能够更好地理解和分析图像内容。

② 图像分类。利用计算机对图像进行定量分析，将图像或图像中的像素或区域划分为若干个类别中的某一种。图像分类的目的是让计算机能够识别不同类别的图像，并在分类的基础上进行更高级的视觉任务，如目标检测、图像分割等。在许多领域，如人脸识别、智能相册、医学影像分析等，图像分类都有着广泛的应用。比如将各种动物的照片送入计算机，计算机能正确识别该种动物的名称。如图 1.15 所示，计算机从猫的照片识别出了猫。

图 1.15　图像分类示意图

③ 目标检测。在图像中自动识别并定位出目标的位置。通过对图像中的每个像素进行分类和定位，计算机能够识别出图像中的物体并标注出其边界框。目标检测的应用场景非常广泛，如人脸检测、行人检测、车辆检测等。在安防监控、智能交通等领域，目标检测技术发挥着重

要的作用。目标检测示意如图 1.16 所示。

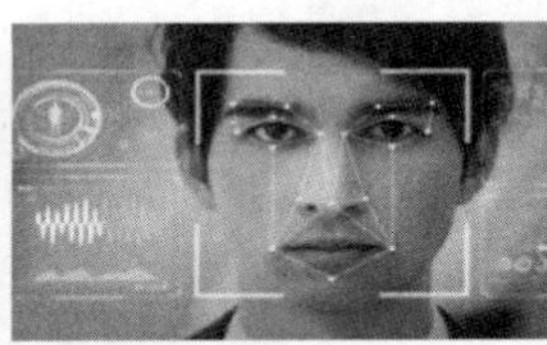

图 1.16 目标检测示意图

④ 图像分割。图像分割是将数字图像细分为多个图像子区域的过程，通过对每个像素进行标签标注，使得具有相同标签的像素具有某种共同视觉特性。图像分割的目的是简化或改变图像的表示形式，如图 1.17 所示，使得图像更容易理解和分析。在医学影像分析、无人驾驶等领域，图像分割技术发挥着重要的作用。通过对医学影像进行分割，医生可以更准确地诊断病情；通过对无人驾驶车辆的视觉（或类视觉）传感器数据进行分割，车辆可以更好地识别道路和障碍物。

生活场景分割　　城市街景分割

人体部件分割　　遥感地块分割

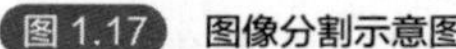

图 1.17 图像分割示意图

⑤ 三维重建。计算机视觉可以根据多张图片通过三维重建技术来恢复物体的三维形状和位置。这可以应用于机器视觉、虚拟现实、游戏开发等领域。通过三维重建技术，可以从不同角度观察和理解物体，进一步拓展了计算机视觉的应用范围。

⑥ 自动驾驶。计算机视觉通过对相机、雷达、激光雷达等传感器数据的处理和分析，实现智能驾驶、交通监控等应用。利用计算机视觉技术，车辆可以感知周围环境并做出相应的驾驶决策，从而保障交通安全和实现智能化交通管理。

⑦ OCR。OCR（Optical Character Recognition，光学字符识别）是将扫描或拍摄的印刷或手写文字转换为计算机可编辑的文本格式。OCR 技术广泛应用于文档识别、车牌识别等领域。通过 OCR 技术，人们可以快速地识别文字并进行编辑和处理，大大提高了工作效率和自动化

程度。比如微信输入法的手写识别，QQ 的文字识别及中英互译等。文字识别示意图如图 1.18 所示。

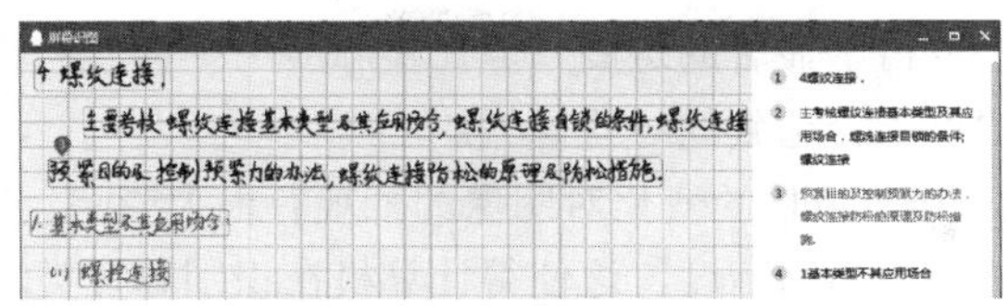

图 1.18 文字识别示意图

⑧ 视频分析。通过对视频流中的单帧、多帧图像进行处理和分析，实现对视频内容的理解和分析。视频分析技术广泛应用于安防监控、智能交通、智能家居等领域。视频分析子任务如图 1.19 所示。

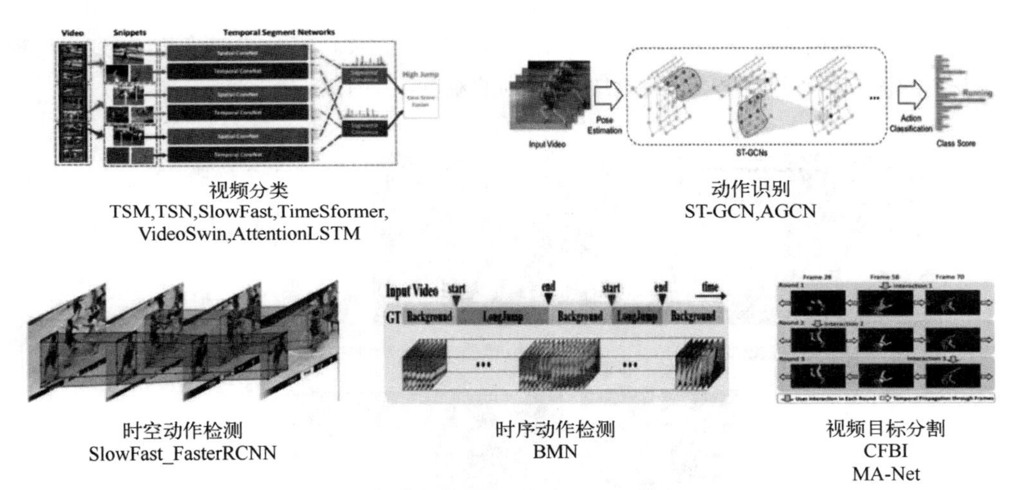

图 1.19 视频分析各项子任务示意图

⑨ 图像生成。图像生成是计算机视觉中的一项新兴任务，其目的是利用机器学习算法和生成对抗网络等技术生成具有特定风格或目标的图像。图像生成技术广泛应用于艺术创作、广告设计等领域。通过图像生成技术，人们可以快速地生成具有高度真实感的图片，为创意设计和商业应用提供更多的可能性。随着技术的革新，现在已经可以实现视频生成。图像生成（人脸动漫化）如图 1.20 所示。

图 1.20 图像生成（人脸动漫化）

总之，计算机视觉在各个领域都有着广泛的应用前景和价值，为人们的生活和工作带来了极大的便利和效益。随着技术的不断进步和应用场景的不断拓展，计算机视觉的应用领域将更加丰富和多样化，为未来的科技发展和社会进步提供更多机会和可能性。

1.5 计算机视觉技术可能面临的挑战

尽管计算机视觉技术取得了显著的进展，但在实际应用中仍然面临许多挑战。以下是计算机视觉技术在应用领域中可能会遇到的一些挑战：

① 光照和颜色变化。光照条件的变化对图像的外观有很大影响。在不同的光照条件下，同一个物体可能会有不同的颜色和明暗度，这使得计算机在识别和分类时面临困难，图 1.21（a）所示。

② 遮挡和背景噪声。在实际场景中，目标物体可能会被其他物体遮挡，或者与背景混在一起，导致计算机难以准确识别目标，图 1.21（b）（c）所示。

③ 形状和大小变化。同一物体在不同角度、不同距离拍摄时，其形状和大小可能会有很大变化。这使得计算机在识别时需要具备对物体形状和大小变化的鲁棒性，图 1.21（d）所示。

④ 动态场景和运动模糊。在视频监控或动态场景中，物体可能会快速移动，导致运动模糊。此外，多个物体的相对运动和交互也增加了识别的难度，图 1.21（e）所示。

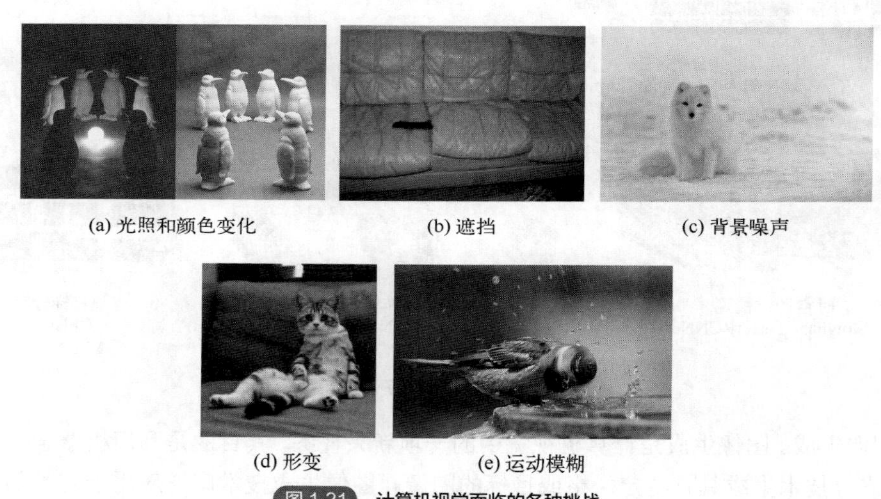

(a) 光照和颜色变化　(b) 遮挡　(c) 背景噪声

(d) 形变　(e) 运动模糊

图 1.21　计算机视觉面临的各种挑战

⑤ 纹理和细节的缺失。某些物体可能缺乏明显的纹理和细节，使得计算机难以提取有效的特征。

⑥ 数据集偏差。在实际应用中，训练数据集可能存在偏差，这可能导致模型在测试时的表现不佳。为了解决这个问题，需要使用更鲁棒的数据增强技术和校准方法。

⑦ 计算效率和实时性。许多计算机视觉应用需要实时处理大量图像和视频数据。因此，如何在保证准确性的同时提高计算效率和实时性是一个重要的挑战。

⑧ 跨领域和跨情境的泛化能力。模型在一个场景下训练后，往往难以泛化到其他场景。如何提高模型的泛化能力，使其能够适应不同的场景和任务，是一个重要的研究方向。

⑨ 隐私和安全问题。许多计算机视觉应用，如人脸识别、车牌识别、自动驾驶等，涉及个人隐私和安全问题。如何在保证应用效果的同时保护用户隐私和数据安全是一个重要的挑战。

为了克服这些挑战，研究者们正在不断探索新的算法和技术，以提升计算机视觉在实际应用中的表现。

本章小结

- 计算机视觉概念更广泛，涵盖了从图像和视频中提取信息的能力。模式识别是一种方法和技术，其方法和技术可用于计算机视觉中。机器视觉是计算机视觉和模式识别技术的实践领域。
- 计算机视觉是受到生物视觉的启发而提出的。生物视觉可以很轻松地观察周围世界，捕获有用信息，但也会有“视错觉”及不能无休止地自动化工作的缺点。计算机视觉旨在研究图像数值矩阵与生物视觉之间的关系，从而跨越语义鸿沟，实现替代或超越生物视觉的功能。
- 机器学习可以从图像中提取有意义的信息，实现目标检测、图像分割和图像生成等任务。机器学习的发展推动了计算机视觉领域的进步，提供了更强大和智能的视觉能力，进一步拓展了计算机视觉的应用领域。
- 计算机视觉主要应用在图像处理、图像分类、目标检测、图像分割、三维重建、自动驾驶、OCR、视频分析和图像生成等领域。
- 计算机视觉技术目前还有诸多不足，在实际应用中仍然面临许多挑战。

习题

1-1 计算机视觉与机器视觉有何区别？本书是否对二者区分来讲解？

1-2 举例说明生物视觉和机器视觉在功能上的异同（不少于三个异同点）。

1-3 简述机器学习在计算机视觉中的作用。

1-4 简述计算机视觉的应用领域。

1-5 除了本章所述计算机视觉面临的挑战外，在未来还可能面临什么样的挑战？

1-6 通过知网等相关网络资源检索近五年内的一篇关于计算机视觉的文献，简述该文献的意义、采用的方法、得到的结论。

第2章

编程语言 Python 及库简介

本章思维导图

本书配套资源

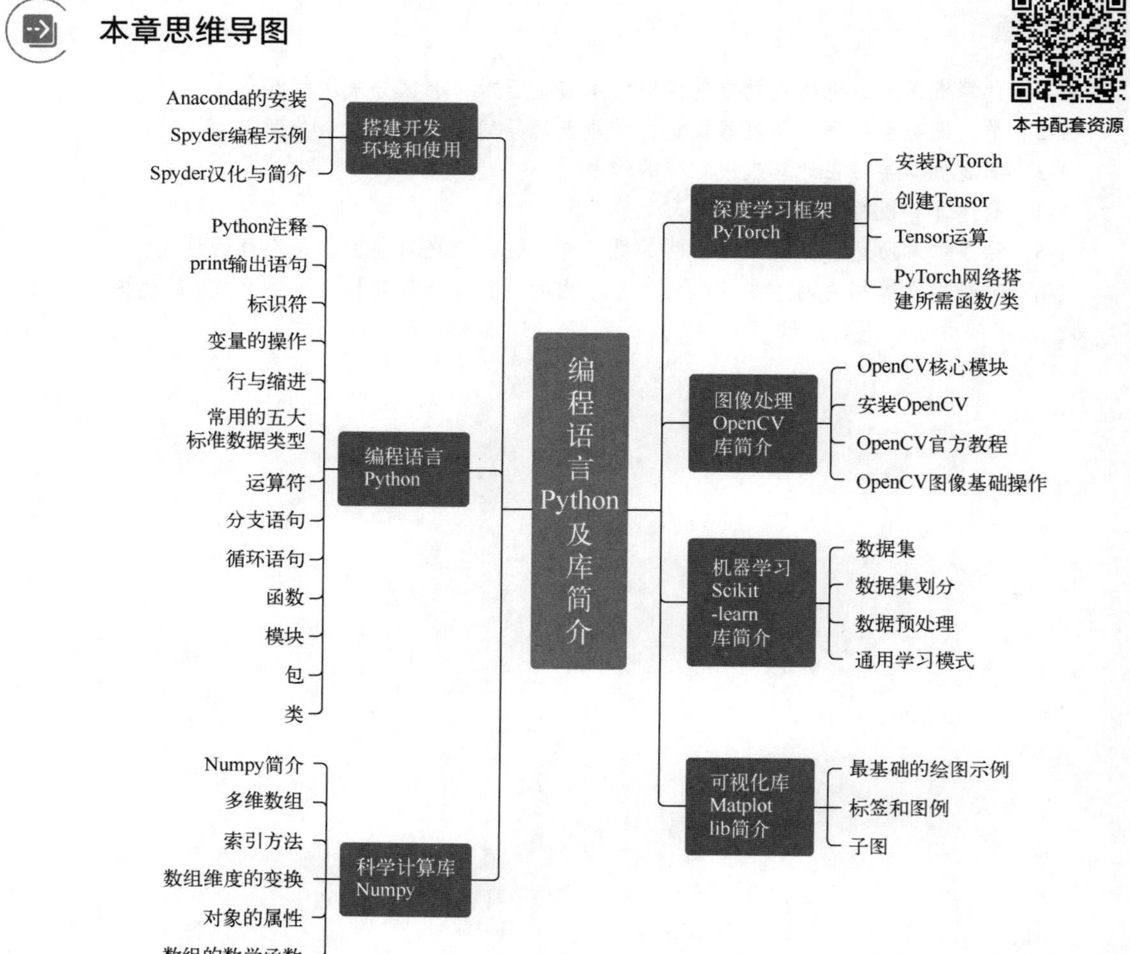

本章学习目标

1. 掌握一种常用编程语言；
2. 掌握常用开发库的使用方法。

2.1　搭建开发环境和使用

2.1.1　Anaconda 的安装

Anaconda 是一款基于 Python 的软件平台，集成了环境管理、Python 包的安装、Python 包的检索等非常实用的功能，并集成了大约 1000 种可供用户调用和安装的 Python 包，同时兼容目前的主流操作系统，所以安装起来十分方便。Anaconda 是免费的，登录 Anaconda 官网进入软件的下载界面，下载对应操作系统（Windows、Mac、Linux）的 Anaconda 安装包。

因安装过程非常简单，这里不再多述。但需要注意的是，安装路径建议不要有中文和空格，以防后续安装其他软件时匹配不成功。

鼠标左键依次单击“开始”→“程序”→“Anconda3（64-bit）”→“Anaconda Navigator（Anaconda3）”打开软件。首次进入软件会有欢迎界面和简要说明，选择“Ok, and don't show again”，将会打开“Anaconda Navigator”对话框。鼠标单击左侧导航栏的 Environments（环境），可看到右侧 root 环境（读者也可使用“Create”自行创建自己的环境，具体不再展开表述）内已经安装好的各种包，包括 Jupyter Notebook、Spyder、NumPy、Matplotlib、Scikit-learn 等，在 Search Packages 文本框内填入相应的名称进行搜索即可找到该包或库及对应的版本号。

Jupyter Notebook 和 Spyder 都是非常受欢迎的编程平台。Jupyter Notebook 也被称为 IPython Notebook，是一款基于 Web 的开源应用软件，因其使用简单，读者可以自行补充知识学习。本书后续的代码实践部分将基于 Spyder 进行。Spyder 官方版是一个简单的 Python 开发环境，最大的特点就是模仿 MATLAB 的“工作空间”功能，可以方便地观察和修改数组的值。此外，Spyder 官方版还具有控制台和变量探索等功能，总体来说是一款很适合初学者使用的 Python 开发工具。在机器学习、数据分析、数据挖掘等领域，它受到了众多用户的青睐。

Anaconda3 (64-bit)
Anaconda Navigator (Anaconda3
Anaconda Powershell Prompt (A
Anaconda Prompt (Anaconda3)
Jupyter Notebook (Anaconda3)
Reset Spyder Settings (Anaconda
Spyder (Anaconda3)

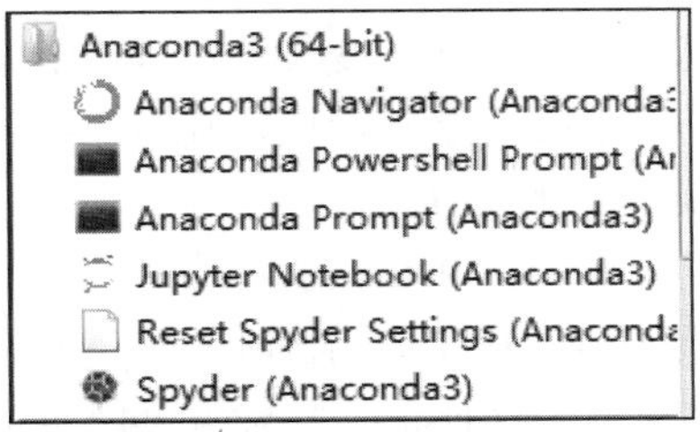

图 2.1　安装好后的 Anconda

2.1.2　Spyder 汉化与简介

鼠标左键依次单击“开始”→“程序”→“Anconda3（64-bit）”，文件夹展开后如图 2.1 所示，里面已经包括了 Jupyter Notebook、Spyder 等编辑工具的快捷方式。单击“Spyder（Anaconda3）”即可打开 Spyder。或者依次单击“开始”→“程序”→“Anconda3

（64-bit）”→“Anaconda Navigator（Anaconda3）”，点击 Home 页 APP 列表中的“Spyder”也可启动。

打开 Spyder 后默认为英文版，习惯中文的读者可以直接汉化，汉化方法为单击“Tools”→“Preferences”，打开 Preferences 对话框，左侧树中选择“General”，在右侧“Advanced settings”选项卡中“Language”下拉列表中选择“简体中文”，单击右下角“Ok”，选择重启 Spyder，打开后界面显示为中文（如图 2.2 所示）。

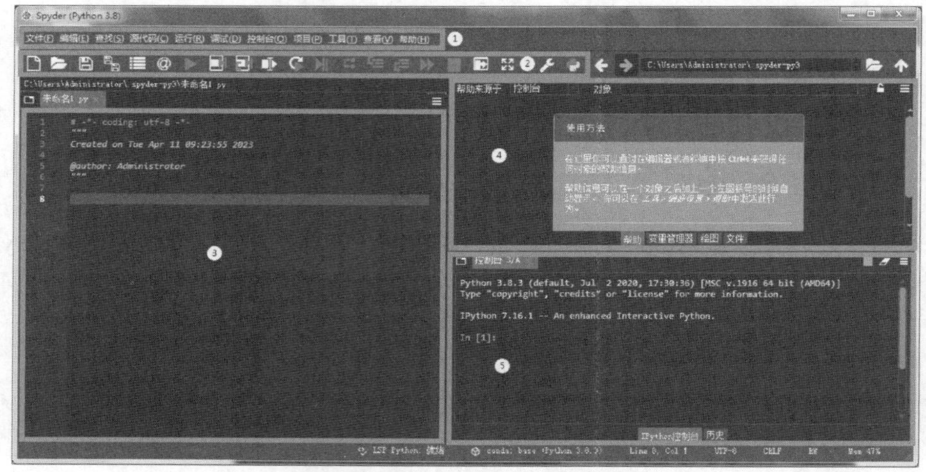

图 2.2 汉化后的 Spyder 界面及功能区

由图 2.2 可以看出，此软件和大部分编程软件布局及功能类似，即：

① 为菜单栏。上面有具体的名称和对应快捷键。熟练使用快捷键可使操作事半功倍，常用快捷键有：Ctrl+C，复制选中的文本；Ctrl+X，剪切选中的文本；Ctrl+V，粘贴；Ctrl+Z，撤销；F5，运行当前单元格；F9，运行当前文件；Shift+F5，运行选中的单元格；Shift+F9，运行选中的文件；Alt+Enter，在选中的单元格下方插入新单元格；Ctrl+1，注释选中的行或取消注释选中的行；Tab，空行前是代码缩进，在输入一个字母后，按 Tab 健会自动补全或者代码提示；Shift+Tab，撤销代码缩进。

② 为工具栏。工具栏可理解为常用菜单的图标版，将鼠标置于对应的工具上，即可提示其功能及快捷键。

③ 为代码编辑区。编写 Python 代码的窗口，读者的大部分工作在此区域完成。

④ 由帮助、变量管理器、绘图区及文件区四部分组成。读者可根据帮助文件学习 Spyder 及函数的使用。变量管理器可以监控变量的值，可以帮助读者观察变量的运行结果。如果使用了绘图函数进行绘图，其图像结果将在绘图区显示。文件区与其上方的路径相对应，可查看其路径下的文件。

⑤ 由 IPython 控制台和历史区组成。IPython 控制台类似 MATLAB 中的命令窗格，可以按行交互。历史是指按时间顺序记录输入到 IPython 控制台的每个命令。比如在 IPython 控制台“In[1]:”后面键入“3+2”，回车后控制台“Out[1]:”即时显示“5”。其中，“In”表示输入，“Out”表示输出，“1”表示第 1 条执行命令。此时切换到历史选项卡就会发现多了“##---（英文的日期时间）---”和“3+2”，如图 2.3 所示。

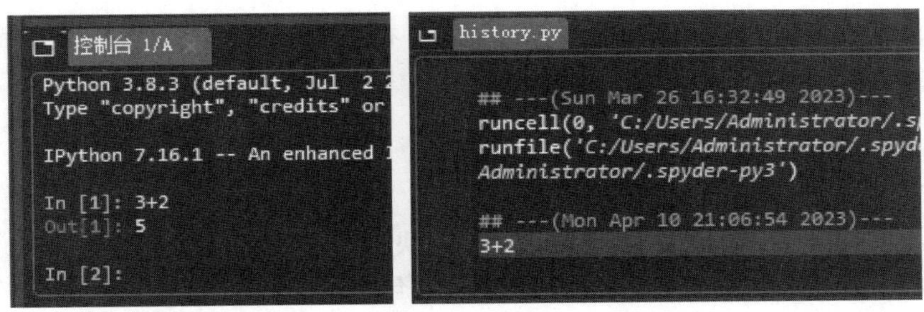

(a) IPython控制台演示　　　　(b) 历史显示

图 2.3　IPython 控制台和历史演示

2.1.3　Spyder 编程示例

启动 Spder，在左侧代码编辑区输入“print("HelloWorld")”，依次在菜单点击“运行”→“运行”或按 F5 或单击工具栏的■，弹窗中选“确定”。如果右下侧 IPython 控制台窗口输出如图 2.4 所示信息，你的首个在 Spyder 中编辑的 Python 程序就运行成功了。Python3.x 源码文件默认使用 utf-8 编码，所以可以正常解析中文，比如上面的“HelloWorld”改成“你好，世界”同样可正常输出。本书后续章节均是采用 Python3.x 进行代码编写。

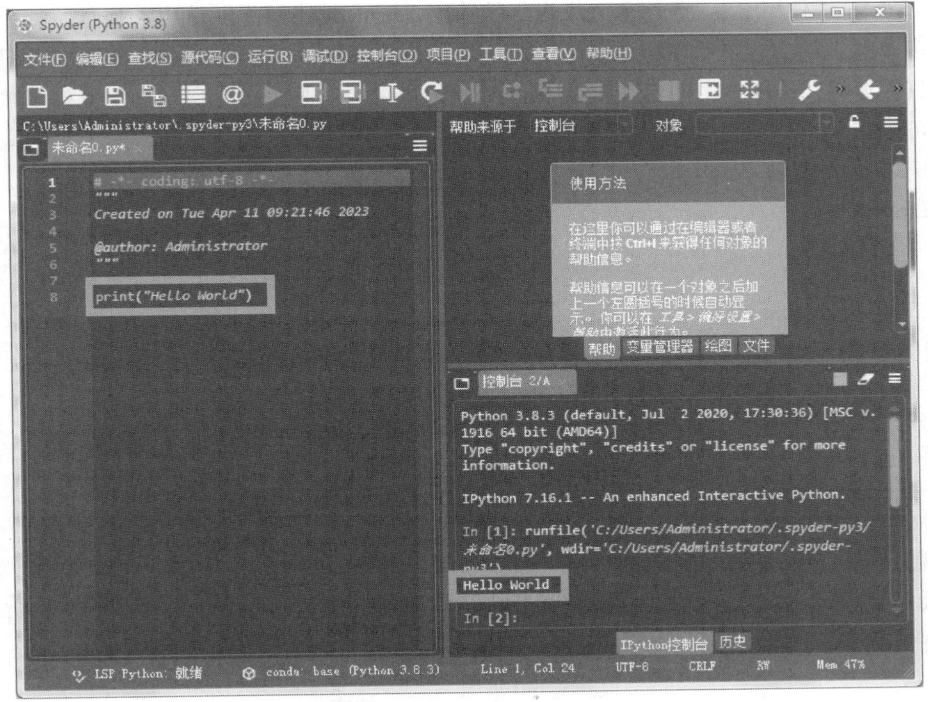

图 2.4　Spyder 运行 Hello World 示例

2.2　编程语言 Python

Python 是一个高层次的结合了解释性、编译性、互动性和面向对象的脚本语言。之所以受到大家的关注，是因为它易学习、易阅读、易维护、有广泛的标准库、支持互动模式、可移植、可扩展、有数据库接口、面向对象、可嵌入等。

2.2.1 Python 注释

注释是不参与执行的语句，一般用于对代码（块）进行解释、说明。

单行注释用“#”引出，可以占整行也可写在语句末。

示例：

```
print ("Hello World")  #将会输出Hello World
```

多行注释使用一对三个单引号'''或一对三个双引号"""来表示。

示例：

```
'''
这是个多行注释
一对三个单引号
'''
```

2.2.2 print 输出语句

在 Python 中使用 print 语句来完成内容的输出，print 输出结果默认自动换行。如果想在一行中对多个独立的内容进行输出，则可在前一条 print 语句中对 end 赋新的结束符，若只是取消换行，只需要写“end=""”即可（默认 end='\n'）；如果想对某个内容自定义重复打印输出的次数，则可以在代码中通过乘以“*”数字实现。

示例：

```
print("你好")
print("世界")
print("-"*15)
print("你好",end="")
print("世界")
```

输出结果为：

```
你好
世界
---------------
你好世界
```

要输出一句话，把这句话用双引号（或单引号，其实是将这句话转换成了字符串）括起来即可。如果想要输出变量的值，则直接在 print 后面加上变量名即可。和其他语言一样，print 也可以输出计算结果。

示例：

```
a=1
b=2
print(a,',b=',b, 'a+b=' ,a+b)
```

输出结果为：

```
1 ,b= 2 a+b= 3
```

print 格式控制符见表 2.1。

表 2.1　格式控制符简要说明

格式字符	说明	格式字符	说明
%s	字符串	%o	八进制整数
%c	单个字符	%x	十六进制整数
%b	二进制整数	%%	字符%
%d	十进制整数	%e,%E	指数（基底写 e 或 E）
%i	十进制整数	%f,%F	浮点数

示例：

```
print("%s"%("你好""世界"))
a=1
print('a=%d'%a)
```

输出结果为：

```
你好世界
a=1
```

若想知道 print 更详细的用法，可以在 Spyder 代码编辑区输入“help(print)”，运行后可以得到 print 的详细说明。其他函数也可用此方法获得帮助。

2.2.3　标识符

标识符可以用来对变量、类、函数、模块等进行命名，其有如下特点：

① 标识符必须是大小写英文字母、数字或下画线的组合，不能用数字开头，并且对大小写敏感。

② 不能是关键词（共 31 个），如 and、as、assert、break、class、continue、def 等。

③ Python 语言中，以下画线开头的标识符一般用来表征特殊含义（比如类的私有成员），除非特定场景需要，应避免使用以下画线开头的标识符。

④ Python 允许使用汉字作为标识符

示例：

```
南昌航空大学="智能制造"
print(南昌航空大学)
```

输出结果为：

```
智能制造
```

虽然可以使用汉字作为标识符，但应尽量少用，以避免不必要的错误。

2.2.4　变量的操作

通过赋值运算符“=”将变量名和想要赋予变量的值连接起来即可完成声明和定义的过程。Python 不需要专门对变量进行类型的声明，而且同一变量可以反复赋予不同类型的值。

示例：

```
years=month=days=7
print(years,month,days)
years, month, days=5,"six",7
print(years,month,days)
```

```
month,years = years,month
print(years,month,days)
```

输出结果为：

```
7 7 7
5 six 7
six 5 7
```

示例：

```
a=3
a, b=1,a#首先将右侧封装为元组，然后将元组同时对应赋值给 a 和 b
print(a,b)#请读者自行验证并分析结果
```

2.2.5 行与缩进

Python 最具特色的地方就是使用缩进来表示代码块（注意，不是大括号{}）。在 Python 中代码的缩进使用的是空格，对同一级别的逻辑代码块必须使用相同的空格数，通常建议每个缩进级别为四个空格。如果缩进使用的空格数量不同，则会导致程序的逻辑混乱，甚至出现错误。

常见错误 1：不应该使用空格缩进的地方使用了空格。

示例：

```
#行的首位置
  print("缩进错误 1")
```

常见错误 2：不同级别的代码没有缩进。

示例：

```
if True:
print("缩进错误 2")
```

常见错误 3：缩进量不一致。

示例：

```
if True:
     print("True")
else:
   print("缩进错误 3")
```

2.2.6 常用五大标准数据类型

（1）数字（Number）

数字数据类型用于存储数值，是不可改变的数据类型，这意味着改变数字数据类型时将会重新分配一个新的对象。

当给变量赋值一个数字时，Number 对象就会被创建（无须指定类型）。

Python 支持四种不同的数字类型：int（有符号整型）、long（长整型）、float（浮点型）和 complex（复数）。而常用的为 int 和 float 类型。通过 type（变量）可以查询到变量的类型。

示例：

```
var1 = 1
var2 = 2.1
```

```
print(type(var1),type(var2))
```

输出结果为：

```
<class 'int'> <class 'float'>
```

int（有符号整型）：在 32 位机器上，整数的位数为 32 位，取值范围为-2^{31}～$2^{31}-1$，即-2147483648～2147483647。在 64 位系统上，整数的位数为 64 位，取值范围为-2^{63}～$2^{63}-1$，即-9223372036854775808～9223372036854775807。

long（长整型）：Python 的长整数没有指定位宽，即 Python 没有限制长整数数值的大小，但实际上由于机器内存有限，长整数数值不可能无限大。

float（浮点型）：浮点数用来处理实数，即带有小数的数字。占 8 个字节（64 位），其中 52 位表示底，11 位表示指数，剩下的一位表示符号。

complex（复数）：复数由实数部分和虚数部分组成，一般形式为 $x+y$j，其中 x 是复数的实数部分，y 是复数的虚数部分，这里的 x 和 y 都是实数。

（2）字符串（String）

字符串(String)是由数字、字母、下画线组成的一串字符。它是编程语言中表示文本的数据类型。

Python 的字符串列表有 2 种取值顺序：

① 从左到右索引默认从 0 开始，最大范围是字符串长度减 1；

② 从右到左索引默认从-1 开始，最大范围为字符串长度取负数。

从字符串中获取一段子字符串（通常称为切片）的方法：变量[头下标:尾下标]。其中下标从 0 开始算起，可以是正数也可以是负数，下标为空时表示取到头或尾。

示例：

```
s = 'I love China'
print(s[2:6])#实际取的是下标 2、3、4、5 对应的字符，习惯叫“包头不包尾”
```

输出结果为：

```
love
```

示例：

```
str = 'Hello World'
print(str)                  #输出完整字符串
print(str[0])               #输出字符串中的第一个字符
print(str[2:5])             #输出字符串中第三个至第五个之间的字符
print(str[2:])              #输出从第三个开始到最后的字符串
```

输出结果为：

```
Hello World
H
llo
llo World
```

（3）列表（List）

List（列表）是 Python 中使用最频繁的数据类型。它支持存放字符、数字、字符串甚至可以存放列表（即列表嵌套）。列表用方括号 [ ] 进行标识，列表的索引值的使用规则和字符串一样，这里不再赘述。下面为列表的几个常用操作。

示例：

```
li = [5, 8, 4, 3, 2, 60]
print(li)
li[0] = 8                    #改变元素的值
print(li)
li.append(7)                 #列表追加元素 7
print(li)
li.insert(1,55)              #列表下标 1 的位置插入元素 55
print(li)
li.remove(3)                 #列表移除元素 3,或按下标来移除：del li[4]
print(li)
li.sort()                    #列表排序
print(li)
```

输出结果为：

```
[5, 8, 4, 3, 2, 60]
[8, 8, 4, 3, 2, 60]
[8, 8, 4, 3, 2, 60, 7]
[8, 55, 8, 4, 3, 2, 60, 7]
[8, 55, 8, 4, 2, 60, 7]
[2, 4, 7, 8, 8, 55, 60]
```

示例：

```
li = [8, 8, 2, 2, 4, 60]
li_x = li
print(id(li))               #li 的地址
print(id(li_x))
```

输出结果为：

```
161350848
161350848
```

说明：对地址相同的变量，改变其中一个地址所指向的内容后，其对应的值都会跟着改变。

(4)元组(Tuple)

元组类似于 List（列表）。元组用小括号()标识，内部元素用逗号隔开。元组初始化后不能再修改元组元素的值，也不能改变元组的大小，元组相当于只读列表。所以除了不能二次赋值、不能增减元素外，其他操作与列表类似。如果要改变元组内的数值，可将其转换为列表，再对列表进行相应操作，最后再转换回元组。

示例：

```
s = (5, 8, 2, 2, 4, 60)
li = list(s)               #元组转列表，修改元组需要转换成列表后修改
tu = tuple(li)             #列表转元组
```

(5)字典(Dictionary)

字典是除列表以外 Python 之中最灵活的内置数据结构类型。列表是有序的对象结合，字典是无序的对象集合。

两者之间的区别在于：字典当中的元素是通过键来存取的，而不是通过下标存取。

字典用花括号{ }标识。字典由键值对（key:value）组成，且键唯一、值可变。

示例：

```
dict = {}
dict['one'] = 'This is 1'            #因使用的是键索引，所以不再是 append 操作
dict[2] = 'This is two'
xdict = {'name':'jason','code':5762}
print(dict['one'])                   #输出键为'one'的值
print(dict[2])                       #输出键为 2 的值
print(xdict)                         #输出完整的字典
print(xdict.keys())                  #输出所有键
print(xdict.values())                #输出所有值
```

输出结果为：

```
This is 1
This is two
{'name': 'jason', 'code': 5762}
dict_keys(['name', 'code'])
dict_values(['jason', 5762])
```

列表、元组、字典的区别见表 2.2。

表 2.2 列表、元组、字典异同

数据类型	英文	是否可变	是否有序	符号
列表	List	可变	有序	[]
元组	Tuple	不可变	有序	()
字典	Dictionary	可变	无序	{}

2.2.7 运算符

（1）算术运算符

+：加。两个对象相加。

-：减。两个对象相减。

*：乘。两个数相乘，或是返回一个被重复若干次的字符串。

/：除。两个对象相除。如，7/5 结果是 1.4。

%：取模。返回除法的余数（被除数-除数×商），符号和除数的符号相同，并且可以是浮点型。示例：7%5 结果是 2；10%-3 结果是-2，相当于 10//-3 为-4，10-(-4×-3)为-2。

：幂。返回底的指数次幂。示例：24 结果是 16。

//：取整除。返回商的整数部分（向下取整）。示例：-7//5 结果是-2。

（2）比较运算符

==：相等。比较运算符前后的变量的值，如果两个变量或表达式的值相等，返回 True，否则返回 False。

!=：不相等。比较运算符前后的变量的值，如果两个变量或表达式的值不相等，返回 True，否则返回 False。

＞：大于。比较运算符前后的变量的值，如果前面变量或表达式的值大于后面变量或表达式的值，返回 True，否则返回 False。

＜：小于。比较运算符前后的变量的值，如果前面变量或表达式的值小于后面变量或表达式的值，返回 True，否则返回 False。

＞=：大于等于。比较运算符前后的变量或表达式的值，如果前面变量或表达式的值大于等于后面变量或表达式的值，返回 True，否则返回 False。

＜=：小于等于。比较运算符前后的变量或表达式的值，如果前面变量或表达式的值小于等于后面变量或表达式的值，返回 True，否则返回 False。

（3）逻辑运算符

and：布尔"与"。前后参与运算的变量或表达式的值均为 True 时返回 True，否则返回 False。

or：布尔"或"。参与运算的变量或表达式的值均为 False 时返回 False，否则返回 True。

not：布尔"非"。参与运算的变量或表达式的值为 True 时返回 False，为 False 时返回 True。

（4）按位运算符

&：按位与运算符。参与运算的两个值，如果两个相应二进制位都为 1，则该位的结果为 1，否则为 0。

|：按位或运算符。只要对应的两个二进制位有一个为 1，结果位就为 1。

^：按位异或运算符。当两对应的二进制位相异时，结果为 1。

~：按位取反运算符。对数据的每个二进制位取反，即把 1 变为 0，把 0 变为 1。

＜＜：左移动运算符。运算数的各二进制位全部左移若干位，由"＜＜"右边的数字指定了移动的位数，高位丢弃，低位补 0。

＞＞：右移动运算符。把运算数的各二进制位全部右移若干位，"＞＞"右边的数字指定了移动的位数。

（5）成员运算符

in：如果在指定的序列中找到相应的值，返回 True，否则返回 False。

not in：如果在指定的序列中没有找到值，返回 True，否则返回 False。

（6）身份运算符

is：判断两个标识符是不是引用自一个对象，也就是地址是否同一个。

is not：判断两个标识符是不是引用自不同对象。

（7）运算符优先级

Python 运算符较多，大部分遵循单目运算符（比如正负号）优先级高于双目运算符（比如乘除）的规则，双目运算符里面算数运算符较关系运算符优先级高，关系运算符又较逻辑运算符优先级高。使用的时候建议用小括号()以提高（确认）其优先级。Python 运算符优先级见表 2.3。

表 2.3　Python 优先级汇总表

运算符说明	Python 运算符	优先级	结合性	优先级顺序
小括号	( )	19	无	高
索引运算符	x[i]或 x[i1: i2 [:i3]]	18	左	︿
属性访问	x.attribute	17	左	|
乘方	**	16	右	|
按位取反	～	15	右	|
符号运算符	+（正号）、-（负号）	14	右	|
乘除	*、/、//、%	13	左	|
加减	+、-	12	左	|
位移	>>、<<	11	左	|
按位与	&	10	右	|
按位异或	^	9	左	|
按位或	|	8	左	|
比较运算符	==、!=、>、>=、<、<=	7	左	|
身份运算符	is、is not	6	左	|
成员运算符	in、not in	5	左	|
逻辑非	not	4	右	|
逻辑与	and	3	左	|
逻辑或	or	2	左	|
逗号运算符	exp1, exp2	1	左	低

2.2.8　分支语句

（1）单分支

if 判断条件：

　　代码块

当判断条件为 True 时，执行代码块。示例：

```
name = 'Python'
if name == 'Python':                # 判断变量是否为 Python
    print('welcome boss')           # 输出欢迎信息
```

输出结果为：

```
welcome boss
```

（2）双分支

if 判断条件：

　　代码块 1

else:

代码块 2

当判断条件为 True 时，执行代码块 1，否则执行代码块 2。示例：

```
name = 'mali'
if name == 'Python':                    #判断变量是否为 Python
    print('welcome boss')               #并输出欢迎信息
else:
    print(name)                         #条件不成立时输出变量名称
```

输出结果为：

```
mali
```

（3）多分支

if 判断条件 1：
    代码块 1
elif 判断条件 2：
    代码块 2
…
else:
    代码块 *n*

当判断条件 1 为 True 时，执行代码块 1，否则当判断条件 2 为 True 时，执行代码块 2，如此一直判断，当前面的判断条件均为 False 时，执行代码块 *n*。

示例：

```
num = 5
if num == 3:                    #判断 num 的值，注意是两个等号
    print('boss')
elif num == 2:
    print('user')
elif num < 0:                   #值小于零时输出
    print('error')
else:
    print('roadman')            #条件均不成立时输出
```

输出结果为：

```
roadman
```

由于 Python 并不支持 switch 语句，所以多个条件的判断只能用多分支或嵌套来实现，如果需要多个条件同时满足某种判断条件时，可以使用 or（或）、and（与）进行组合判断。

2.2.9 循环语句

当需要多次执行一个代码语句或代码块时，可以使用循环语句。Python 中提供的循环语句有 while 循环和 for 循环。需要注意的是，Python 中没有 do…while 循环。

（1）while 循环

while 判断条件：
    代码块

当判断条件为 True 时，执行一次代码块，然后再执行判断条件，如果判断条件还为真，再执行一次代码块，如此往复，直到判断条件为假时，退出代码块。

示例：

```
a=1
while a<6:
    print(a)
    a +=2
```

输出结果为：

```
1
3
5
```

（2）for 循环

for 变量 in 序列：

　　代码块

变量在序列里面依次取值（遍历序列，如 list、tuple、range、str、dict 等），取一次值执行一次代码块，直到取值结束，退出代码块。

示例：

```
fruit = ["apple", "banana", "peach"]
for x in fruit:
     print (x)
```

输出结果为：

```
apple
banana
peach
```

通常与 for 配合使用的还有两个 Python 内置函数：enumerate()和 zip()。

① enumerate()函数：对于一个可迭代或可遍历的对象（如列表、字符串），可以利用 enumerate 函数同时获取对象的索引和值。通常在 for 循环中，同时获取索引和值（一举两得）时使用。

示例：

```
x=range(0,50,10)
for i in enumerate(x):
     index = i[0]; xval = i[1]
     print(index,xval)
```

输出结果为：

```
0 0
1 10
2 20
3 30
4 40
```

其中，range()函数原型为 range(stop)和 range(start, stop[, step])，表示从 start 开始计数（省略则表示从 0 开始），直到 stop 结束，但不包括 stop，中括号内的 step 表示可选参数，默认为 1。例如：range(5)等价于 range(0,5)，range(0,5)的范围是［0, 1,2, 3, 4］没有 5，range(0,5)等价于 range(0,5, 1)。

② zip()函数：将可迭代或可遍历对象中对应元素打包成多个元组，然后返回由这些元组组

成的对象（即对多个序列进行并行迭代）。如果各个迭代器元素个数不一致，zip()函数则在最短序列“用完”时就会停止。zip()函数常搭配 enumerate()函数使用，也用在 for 循环中。

示例：

```
sz = range(1,50,10)
sx = range(1,5,1)
print(list(zip(sz, sx)))
for i, (szi, sxi) in enumerate(zip(sz, sx)):
    print(i,szi,sxi)
```

输出结果为：

```
[(1, 1), (11, 2), (21, 3), (31, 4)]
0 1 1
1 11 2
2 21 3
3 31 4
```

（3）循环控制语句

有三种常用的循环控制语句，分别是 break、continue 和 pass。

① break：出现在循环代码块中，用于中断当前 while 或 for 控制的整个循环。

示例：

```
for letter in "Python":
    if letter=='t':
        break
    print("输出的字母为：" ,letter)
```

输出结果为：

```
输出的字母为： p
输出的字母为： y
```

② continue：出现在循环代码块中，用于跳过当次循环 continue 后面的循环体语句，并开始下次循环。

示例：

```
var= 5
while var > 0:
    var= var-1
    if var== 3:
        continue
    print('当前变量值:', var)
```

输出结果为：

```
当前变量值： 4
当前变量值： 2
当前变量值： 1
当前变量值： 0
```

③ pass：出现在循环代码块中，不做任何操作，继续执行当次循环中的后续代码。该循环控制语句主要用于保持代码块的完整性和美观。

2.2.10 函数

函数就是一组能够按相应的规则编写的、能够实现一定功能的代码块，该代码块具备了模块化的性质，降低了代码编写的重复性。Python 中已经存在许多优秀的函数库（如 range、print）可供我们设计程序时使用，不过要想满足一些个性化的需求，还是需要定义自己的函数。

函数代码块以 def 关键词开头，后接函数标识符名称和小括号()，小括号内可以用于定义参数，该参数用于传入参数到函数内。在括号后紧跟冒号，用于引出函数体，函数体保持缩进格式。在函数体的最后可以使用“return[表达式]”结束函数，这将返回一个值给调用方。如果 return 没有表达式或根本没有使用 return 关键词，那么函数默认返回一个空值（None）给调用该函数的地方，通俗地说，就是什么也不返回。

函数调用方式和前面库函数类似，即“函数名（参数）”。

示例：

```
def func(x,y,z=4):
     s=1+2*x+y*y+z*y
     return s
print (func(1,2))
#下面四条语句等效，注意参数的对应关系
print (func(1,2,3))
print (func(x=1,y=2,z=3))
print (func(y=2,x=1,z=3))
print (func(1,y=2,z=3))
```

输出结果为：

```
15
13
13
13
13
```

输入的参数可以是事先设定好的值，也就是默认值。在调用函数的时候，有默认值的参数可以不输入参数，函数内部会直接调用默认参数值。例如上例中默认 $z=4$。

如果传入的第一个参数是用关键词传入的，那么后面每个参数都需要是关键词传入，否则会出现语法错误。

示例：

```
def print_keywords(x, *args):
     for i in args:
          print(x+i)
#调用函数
print_keywords(1, 1, 2, 3)
```

输出结果为：

```
2
3
4
```

如果不确定需要传入参数个数时可以采用不定长参数（如*args），如果输入是一个列表 list，那么可以用*list 的方式传入。

示例：

```
def print_keywords(x, *args):
     for i in args:
          print(x+i)
#调用函数
```

```
a=[1,2,3]
print_keywords(1, *a)
```

输出结果为：

```
2
3
4
```

函数定义时，“*”可以将按位置传递进来的参数“打包”成元组（tuple）类型。函数调用时，“*”可以“解压”待传递到函数中的元组、列表、字符串等类型，并按位置传递到函数入口参数中。

示例：

```
def human(gender, height, *arg):
    print('gender:',gender)
    print('height:',height)
    print(arg)
human('female',173,[1,3],[2,3])
```

输出结果为：

```
gender: female
height: 173
([1, 3], [2, 3])
```

函数定义时，“**”可以将按关键词传递进来的参数“打包”成字典类型，用来解决需要传入特定关键词参数的情况。函数调用时，“**”可以“解压”待传递到函数中的字典，并按关键词传递到函数入口参数中。

示例：

```
def foo(x, **kwargs):
    print(x)
    print(kwargs)
foo(1,y=2,a=3,b=4)
```

输出结果为：

```
1
{'y': 2, 'a': 3, 'b': 4}
```

lambda 函数又称匿名函数，匿名函数就是没有名字的函数。

示例：

```
polynomial = lambda x,y,z: 1 + 2*x + y*y + z*y
print(polynomial(1, 2, 3))
```

输出结果为：

```
13
```

2.2.11 模块

Python 模块(Module)是一个 Python 文件，以.py 结尾，包含了 Python 对象定义和 Python 语句。

模块可以把相关的代码分配到一个文件里，能让代码更好用，更易懂。模块能定义函数、类和变量，模块里也能包含可执行的代码。

示例：

将下面代码输入到新建 py 文件后保存为“py1.py”：

```
def print_func( par ):
    print("Hello :", par)
    return
```

新建 py 文件，输入如下代码：

```
# import 导入模块
import py1
# 现在可以调用模块里包含的函数了，调用格式为"模块名.函数名"
py1.print_func("Runoob")
```

或者

```
# from…import 导入模块，使用"from…import*"格式表示导入模块内所有函数
from py1 import print_func
print_func("Runoob")
```

或者

```
#from…import…导入模块的函数后，为了书写方便而给函数创新命名
from py1 import print_func as pp
pp("Runoob")
```

输出结果为：

```
Hello : Runoob
```

2.2.12 包

包是一个分层次的文件目录结构，它定义了一个由模块、子包、子包下的子包等组成的 Python 应用环境（也可以完全由多个模块文件组成）。简单来说，包就是文件夹，但该文件夹下必须存在__init__.py 文件，该文件的内容可以为空。__init__.py 用于标识当前文件夹是一个包。

示例：

① 新建一个名为 pk 的文件夹。例如，在 E 盘根目录下新建一个名称为 pk 的文件夹。

② 在 Spyder 新建一个 py 文件，并保存为__init__.py，位置位于 pk 文件夹下。

③ 在 Spyder 新建一个 py 文件，输入如下代码后保存为 md1.py，位置位于 pk 文件夹下：

```
def run1():
    print("运行了第一个文件")
```

④ 在 Spyder 新建一个 py 文件，输入如下代码后保存为 md2.py，位置位于 pk 文件夹下，此时 pk 文件夹下包含有三个 py 文件，如图 2.5 所示。

```
def run2():
    print("运行了第二个文件")
```

⑤ 在 Spyder 新建一个 py 文件，输入如下代码后保存为 test.py，位置位于 pk 文件夹同级目录下。例如存在 E 盘根目录，则此时 E 盘根目录下有一个 py 文件和 pk 文件夹，如图 2.6 所示。

图 2.5 pk 文件夹

图 2.6 E 盘根目录下的文件

```
# 导入pk包
from pk.md1 import run1
from pk.md2 import run2
run1()
run2()
```

运行 test.py，输出结果为：

```
运行了第一个文件
运行了第二个文件
```

说明：这里为了举例，只在包的每个模块 py 文件里放置了一个函数，实际可以放置许多函数。同样，也可以在这些文件里定义 Python 的类，然后为这些类建一个包。

2.2.13 类

Python 从设计之初就是一门面向对象的语言，正因为如此，在 Python 中创建一个类和对象很容易。在学习类之前，先了解一些类的相关概念。

类（Class）：用来描述具有相同的属性和方法的对象的集合。它定义了该集合中每个对象所共有的属性和方法。对象是类的实例。

类变量：类变量在整个实例化的对象中是公用的。类变量定义在类中且在函数体之外。类变量通常不作为实例变量使用。

实例变量：在类的声明中，属性是用变量来表示的。这种变量称为实例变量，是在类的内部、类的成员方法之外声明的。

数据成员：类变量或者实例变量，用于处理类及其实例对象的相关数据。

方法：类中定义的函数。

局部变量：定义在方法中的变量，只作用于当前实例的类。

继承：即一个派生类（derived class）继承了基类（base class）的字段和方法。

方法重写：如果从父类继承的方法不能满足子类的需求，在子类中可以对其进行改写，这个过程叫方法的覆盖（override），也称为方法的重写。

实例化：创建一个类的实例。

(1) 创建类

使用 class 语句来创建一个新类，语法为“class 类的名称：”。

示例：

```
class Emp:
    empCount = 0

    def __init__(self, name, sal):
        self.name = name
        self.sal = sal
        Emp.empCount += 1

    def displayCount(self):
        print("Total Emp:",Emp.empCount)

    def displayEmp(self):
        print("Name: ",self.name,", Salary:",self.sal)
```

empCount 变量是一个类变量，它的值将在这个类的所有实例之间共享，可以在类内部或外部使用 Emp.empCount 访问。

__init__()方法是一种特殊的方法，被称为类的构造函数或初始化方法，当创建这个类的实例时就会调用该方法。

self 代表类的实例，self 在定义类的方法时必须有，但在调用时不必传入相应的参数。类的方法与普通的函数只有一个区别，即类的方法必须有一个额外的参数，就是 self。

（2）创建实例对象

类的实例化类似函数调用方式。以下使用类的名称 Emp 来实例化，并通过__init__()方法接收参数。

示例：

```
"创建 Emp 类的第一个对象"
emp1 = Emp("Siri", 2000)
"创建 Emp 类的第二个对象"
emp2 = Emp("Mali", 5000)
```

（3）访问属性

使用点号“.”来访问对象的属性。

示例：

```
emp1.displayEmp()
emp2.displayEmp()
print("Total Emp:",Emp.empCount)
emp2.name = 'Jason'
emp2.displayEmp()
```

输出结果为：

```
Name:  Siri , Salary: 2000
Name:  Mali , Salary: 5000
Total Emp: 2
Name:  Jason , Salary: 5000
```

（4）类的继承

面向对象编程带来的主要好处之一是代码的重用，实现这种重用的方法之一是继承机制。通过继承创建的新类称为子类或派生类，被继承的类称为基类、父类或超类。

语法：

class 子类名(父类名 1[, 父类名 2, ...]):

　　...

方法重写：如果父类方法的功能不能满足子类的需求，可以在子类中重写父类的方法（在子类中定义与父类方法同名同参数的方法即可实现重写）。

示例：

```
class Parent:              # 定义父类
    def myMethod(self):
      print('调用父类方法')
```

```
class Child(Parent):            # 定义子类
    def myMethod(self):
        print('调用子类方法')

c = Child()                     # 子类实例
c.myMethod()                    # 子类调用重写方法
```

输出结果为：

```
调用子类方法
```

除了重写还有重载，其区别是：重写是子类的方法覆盖父类的方法，要求方法名和参数都相同；重载是在同一个类中的两个或两个以上的方法拥有相同的方法名，但是参数却不相同。

2.3 科学计算库 NumPy

2.3.1 NumPy 简介

NumPy 是一个开源的高性能科学计算基础包，在现在的数据分析领域有很多应用，这得益于 NumPy 的多维数组可快速处理线性代数、傅里叶变换和随机数等大数据问题。

NumPy 的引用：

```
import numpy as np #尽管别名可以省略或更改，但仍建议使用此别名
```

2.3.2 多维数组对象

NumPy 提供了一种新的数据结构：ndarray（n-dimensional array，n 维数组）。不同于列表和元组，数组只能存放相同类型的对象（如全部整型或全部浮点型）。这使得在数组上的一些运算远远快于在列表上的相同运算；另外，数组占用的存储空间更小，且数组强有力地扩展了列表的索引机制。

创建一个 ndarray 只需调用 NumPy 的 array 函数即可，其原型为：

numpy.array(object, dtype=None, copy=True, order=None, subok=False, ndmin=0)

array 参数说明见表 2.4.

表 2.4　参数说明

名称	描述
object	数组或嵌套的数列
dtype	数组元素的数据类型，可选
copy	对象是否需要复制，可选
order	创建数组的样式，C 为行方向，F 为列方向，A 为任意方向（默认）
subok	默认返回一个与基类类型一致的数组
ndmin	指定生成数组的最小维度

示例：

```
import numpy as np
x=np.array([[1,2,3],[4,5,6]])
```

```
print(x)
print(type(x))
```

输出结果为：

```
[[1 2 3]
 [4 5 6]]
<class 'numpy.ndarray'>
```

常用的创建数组的方法有 arange()、linspace()、logspace()三种。

(1) 常用函数 arange()创建

arange()函数用于产生连续的序列，语法如下：

arange([start,]stop[,step])

类似 range()函数，其返回 ndarray 类型，元素索引为 0～n−1。

示例：

```
import numpy as np
x1=np. arange(5)
x3=np. arange(1,10,2)
print("x1=",x1)
print("x3=",x3)
```

输出结果为：

```
x1= [0 1 2 3 4]
x3= [1 3 5 7 9]
```

示例：

```
import numpy as np
a = range(10000000)
%time sum1 = sum(a)              #列表求和
x=np.array(a)
%time sum2=np.sum(x)             #数组求和
```

输出结果为：

```
Wall time: 513 ms
Wall time: 6 ms
```

“%time”用于计算当前行的代码在当前 CPU 上运行一次所花费的时间。本示例随着电脑配置不同结果也可能不同，但也能看出将列表转换为数组后运行时间大大缩短，这也是要将列表转成数组的主要原因。

(2) 常用函数 linspace()创建

linspace()函数用于产生连续的等差序列，语法如下：

linspace(start, stop, num=50, endpoint=True, retstep=False, dtype=None)

参数说明：

start：序列的起始值。

stop：序列的终止值，如果 endpoint 为 True，该值包含于数列中。

num：要生成的等步长的样本数量，默认为 50。

endpoint：该值为 True 时，数列中包含 stop 值，反之不包含，默认是 True。

retstep：该值为 True 时，生成的数组中会显示间距，反之不显示。

dtype：ndarray 的数据类型。

示例：

```
import numpy as np
x1=np. linspace(1,10,5)                #注意默认包括 stop
print("x1=",x1)
```

输出结果为：

```
x1= [ 1.    3.25  5.5   7.75 10.  ]
```

（3）常用函数 logspace()创建

logspace()函数用于产生连续的等比序列，语法如下：

logspace(start, stop, num=50, endpoint=True, base=10.0, dtype=None)

参数与 linspace()大致相同，唯一的区别就在于 base 表示对数 log 的底数，默认为 10。

示例：

```
import numpy as np
a = np.logspace(0,9,10,base=2)
print(a)
```

输出结果为：

```
[  1.    2.    4.    8.   16.   32.   64. 128. 256. 512.]
```

示例：

```
import numpy as np
x1=np.logspace(6,10,5)
print("x1=",x1)
```

输出结果为：

```
x1= [1.e+06 1.e+07 1.e+08 1.e+09 1.e+10]
```

除了上面说的三种创建数组方法外，还有很多其他的创建方法，NumPy 常用创建数组函数如表 2.5 所示。

表 2.5　NumPy 常用创建数组函数

函数	说明
np.ones(shape)	根据 shape 生成一个全 1 数组，shape 是元组类型
np.zeros(shape)	根据 shape 生成一个全 0 数组，shape 是元组类型
np.full(shape,val)	根据 shape 生成一个数组，每个元素值都是 val
np.eye(n)	创建一个正方的 $n \times n$ 单位矩阵，对角线为 1，其余为 0
np.ones_like(a)	根据数组 a 的形状生成一个全 1 数组
np.zeros_like(a)	根据数组 a 的形状生成一个全 0 数组
np.full_like(a,val)	根据数组 a 的形状生成一个数组，每个元素值都是 val
np.concatenate()	将多个数组合并成一个新数组，可指定 axis（axis 对应维度改变）
np.append()	默认先 ravel 再拼接成一维数组，也可指定 axis
np.stack()	提供 axis 参数，用于生成新的维度
np.hstack()	水平拼接，沿着行的方向按列进行拼接，相当于 concatenate 中 axis=1
np.vstack()	垂直拼接，沿着列的方向按行进行拼接，相当于 concatenate 中 axis=0
np.dstack()	沿着第三个轴（深度方向）进行拼接，相当于 concatenate 中 axis=3
np.column_stack()	水平拼接，沿着行的方向按列进行拼接，相当于 concatenate 中 axis=1
np.row_stack()	垂直拼接，沿着列的方向按行进行拼接，相当于 concatenate 中 axis=0

示例：

```
import numpy as np
a = np.array([[1, 2], [3, 4]])
b = np.array([[5, 6]])
c = np.concatenate((a, b), axis=0)
print(a)
print(b)
print(c)
```

输出结果为：

```
[[1 2]
 [3 4]]
[[5 6]]
[[1 2]
 [3 4]
 [5 6]]
```

其中部分函数涉及轴 axis 参数，通常 axis = 0 表示按行进行操作，axis = 1 表示按列进行操作，axis = 2 表示按深度进行操作。

2.3.3 索引方法

切片索引：切片索引和对列表 list 的切片索引一致。

布尔值索引：依据条件判断数组中每个值的真/假，从而将数组元素转为布尔值，再对原数组进行索引，对应为真（True）的元素会被抽取出来。

示例：

```
import numpy as np
np_ar=np.array([[1,2,3],[4,5,6]])
c=np_ar[np_ar>2]
print(c)
```

输出结果为：

```
[3 4 5 6]
```

2.3.4 数组维度的变换

示例：

```
import numpy as np
a=[[1,2,3],[4,5,6]]
np_ar=np.array(a)
print(np_ar)
print('*'*20)
np_ar2=np_ar.reshape(1,6)
print(np_ar2)
```

输出结果为：

```
[[1 2 3]
 [4 5 6]]
********************
[[1 2 3 4 5 6]]
```

NumPy 中除了 reshape()方法外，还提供了一些其他方法实现数组的变换，如表 2.6 所示。

表 2.6　数组变换方法

方法	说明
np.reshape(shape)	不改变数组元素，返回一个 shape 形状的数组，原数组不变
np.resize(shape)	与.reshape()功能一致，但会修改原数组
np.astype(new_type)	创建新的数组
np.swapaxes(ax1,ax2)	将数组 *n* 个维度中两个维度进行调换
np.flatten()	对数组进行降维，默认返回按行展开后的一维数组（按列需要设置参数 order='F'）。降维同时改变数组内容，则原数组不变
np.ravel()	对数组进行降维，默认返回按行展开后的一维数组（按列需要设置参数 order='F'）。降维同时改变数组内容，则原数组会一起变
np.tolist()	数组向列表转换

2.3.5　对象的属性

ndarray 对象部分属性见表 2.7。

表 2.7　ndarray 对象部分属性

属性	说明
np.ndim	秩，即轴的数量或维度的数量
np.shape	数组的维度（形状），对于矩阵为 *n* 行 *m* 列
np.size	ndarray 对象元素的个数，相当于 np.shape 中 $n\times m$ 的值
np.dtype	ndarray 对象的元素类型
np.itemsize	ndarray 对象中每个元素的大小，以字节为单位

示例：

```
import numpy as np
a=np.array([[0,1,2,3],[4,5,6,7],[8,9,10,11]])
print(a)
print(a.ndim)
print(a.shape)
print(a.dtype)#注意与print(type(a))的区别
```

输出结果为：

```
 [[ 0  1  2  3]
 [ 4  5  6  7]
 [ 8  9 10 11]]
2
(3, 4)
int32
```

表 2.8 为 ndarray 元素的类型（部分），在创建数组的同时指定类型（由参数 dtype 来指定），可以实现特殊的需求。

表 2.8　ndarray 的元素常用数据类型

数据类型	说明
bool_	布尔类型，True 或 False
int_	默认的整数类型（int32 或 int64）
int8	字节长度的整数，取值：[−128,127]
int16	16 位长度的整数，取值：[−32768,32767]
int32	32 位长度的整数，取值：[-2^{31},$2^{31}-1$]
int64	64 位长度的整数，取值：[-2^{63},$2^{63}-1$]
uint8	8 位无符号整数，取值：[0,255]
uint16	16 位无符号整数，取值：[0,65535]
uint32	32 位无符号整数，取值：[0,$2^{32}-1$]
uint64	64 位无符号整数，取值：[0,$2^{64}-1$]
float_	float64 类型的简写
float16	16 位半精度浮点数：1 位符号位，5 位指数，10 位尾数
float32	32 位半精度浮点数：1 位符号位，8 位指数，23 位尾数
float64	64 位半精度浮点数：1 位符号位，11 位指数，52 位尾数
complex_	complex128 类型的简写，即 128 位复数
complex64	复数，表示双 32 位浮点数（实数部分和虚数部分）
complex128	复数，表示双 64 位浮点数（实数部分和虚数部分）

2.3.6　数组的数学函数

（1）数组运算函数

当数组的形状（shape）相同时，可直接进行加法、减法、乘法和除法算术运算。

示例：

```
import numpy as np
a = np.array([1,2,3])
b = np.array([4,5,6])
print("a - b =",a-b) #等价 print("a - b =",np.subtract(a,b))
print("a + b =",a+b) #等价 print("a + b =",np.add(a,b))
print("a / b =",a/b) #等价 print("a / b =",np.divide(a,b))
print("a * b =",a*b) #等价 print("a * b =",np.multiply(a,b))
```

输出结果为：

```
a - b = [-3 -3 -3]
a + b = [5 7 9]
a / b = [0.25 0.4  0.5 ]
a * b = [ 4 10 18]
```

可见，数组的运算是对应元素的算数运算，若想实现类似高等数学里面矩阵的相乘，可采用 np.dot()实现。

示例：

```
import numpy as np
a = np.array([1,2,3])
b = np.array([4,5,6])
print("a * b =",a*b)
c = a.dot(b)                #等价 c = np.dot(a,b)
print("Matrix1: a * b =",c)
```

输出结果为：

```
a * b = [ 4 10 18]
Matrix1: a * b = 32
```

两个形状不同的数组做运算时，需要采用广播机制。为了保持数组形状相同，NumPy 对形状较小的数组在横向或纵向上进行一定次数的重复（即“广播”），使其与形状较大的数组拥有相同的维度。

示例：

```
import numpy as np
A = np.zeros((4))
B = np.zeros((3,4))
print((A+B).shape)
```

输出结果为：

```
(3, 4)
```

广播的规则：

① 让所有输入数组都向其中形状最长的数组看齐，不足的部分通过在前面加 1 补齐。

② 输出数组的形状是输入数组形状的各个维度上的最大值。

③ 如果输入数组的某个维度和输出数组的对应维度的长度相同或者其长度为 1（所有维度为 1，则为标量），则这个数组能够用来计算，否则出错。

④ 当输入数组的某个维度的长度为 1 时，沿着此维度运算时都用此维度上的第一组值。

NumPy 除了算数运算之外还包括大量数学运算函数，如三角函数、复数处理函数等。常用的有：sin()、cos()、tan()（若采用角度，需要通过乘 np.pi/180 转成弧度），arcsin()、arccos()、arctan()、tanh()、numpy.around()（函数返回四舍五入值），floor()（函数返回小于或者等于的最大整数，即向下取整），ceil()（函数返回大于或者等于的最小整数，即向上取整），abs()、fabs()（计算数组各元素的绝对值），log()、log10()、log2()（计算数组各元素的自然对数、以 10 为底的对数和以 2 为底的对数），等等。

除了数组和数组、数组和标量之间的各种运算外，还有数组自身的运算，比如：

① np.min：默认找出数组的所有元素中值最小的元素，可以通过设置 axis 的值来按行或者列查找元素中的最小值。

② np.max：默认找出数组的所有元素中值最大的元素，可以通过设置 axis 的值来按行或者列查找元素中的最大值。

③ np.sum：默认对数组中的所有元素进行求和运算，并返回运算结果，同样可以通过设置 axis 的值来按行或者列对元素进行求和运算。

④ np.exp：对数组中的所有元素进行指数运算。

⑤ np.sqrt：对数组中的所有元素进行平方根运算。

⑥ np.square：对数组中的所有元素进行平方运算。

⑦ np.mean：根据给定轴 axis 计算数组相关元素的期望。

⑧ np.average：根据给定轴 axis 计算数组相关元素的加权平均值。

⑨ np.std：根据给定轴 axis 计算数组相关元素的标准差。

⑩ np.var：根据给定轴 axis 计算数组相关元素的方差。

（2）随机数函数

NumPy 中有许多方法可以生成不同属性的随机数，以满足在计算中使用随机数字的需求，比如：

① np.random.seed：随机因子，在随机数生成器的随机因子被确定后，无论运行多少次随机程序，最后生成的数字都是相同的，随机因子类似把随机的过程变成伪随机，这有利于结果的复现。

② np.random.rand：生成一个在[0,1)范围内满足均匀分布的随机样本数。

③ np.random.randn：生成一个均值为 0、方差为 1 的正态分布随机样本数。

④ np.random.normal：生成一个指定维度且满足正态分布的随机样本数。

⑤ np.random.shuffle：根据数组的第 1 轴进行随机打乱排列。

⑥ np.random.uniform：产生具有均匀分布的数组。

⑦ np.random.poisson：产生具有泊松分布的数组。

2.3.7　NumPy 中几个典型函数

（1）np.argmax()、np.max()、np.argmin()、np.min()

argmax()返回的是最大元素的索引。argmax()有一个参数 axis，默认是 0。max()的用法和 argmax()相似，也有一个 axis 参数，但其返回最大元素。argmin()和 min()用法相同，只是对应返回最小元素的索引和最小元素。

示例：

```
import numpy as np
a = np.array([[1, 5, 5, 2],
              [9, 6, 2, 8],
              [3, 7, 9, 1]])
print(np.argmax(a, axis=0))
a = np.array([[1, 5, 5, 2],
              [9, 6, 2, 8],
              [3, 7, 9, 1]])
print(np.argmax(a, axis=1))
```

输出结果为：

```
[1 2 2 1]
[1 0 2]
```

（2）np.where(condition[, x, y])

① 这里 x、y 是可选参数，condition 是条件，这三个输入参数都是 array_like 的形式，而且三者的维度相同；

② 当 conditon 的某个位置为 True 时，输出 x 中对应位置的元素，否则选择 y 中对应位置

的元素；

③ 如果只有参数 condition，则函数返回为 True 的元素的坐标位置信息。

示例：

```
import numpy as np
x = np.arange(6)                      #0 1 2 3 4 5
print(np.where( x > 3 ))              #元素大于 3 的下标，并输出下标值
print(np.where( x > 3, x, 0 ))        #元素大于 3 则不变，否则改为 0，并输出元素值
```

输出结果为：

```
(array([4, 5], dtype=int64),)
[0 0 0 0 4 5]
```

（3）np.random 中的 shuffle 与 permutation

函数 np.random.shuffle()与 np.random.permutation()都是对原来的数组进行重新洗牌（即随机打乱原来的元素顺序）。区别在于，shuffle()直接在原来的数组上进行操作，改变原来数组的顺序，无返回值；permutation()不直接在原来的数组上进行操作，而是返回一个新的打乱顺序的数组，并不改变原来的数组。

示例：

```
import numpy as np
# 使用 shuffle 函数对列表进行原地随机打乱
my_list = [1, 2, 3, 4, 5]
np.random.shuffle(my_list)
print(my_list)
# 使用 permutation 函数生成一个新的随机排列数组
my_array = np.array([1, 2, 3, 4, 5])
new_array = np.random.permutation(my_array)
print(my_array)
print(new_array)
```

输出结果为：

```
[2, 3, 5, 4, 1]
[1 2 3 4 5]
[4 1 3 2 5]
```

（4）np.argsort()和 np.sort()

np.argsort()：返回元素从小到大排序后的索引。np.sort()：返回从小到大排序的元素值。

示例：

```
import numpy as np
a=np.array([1,3,2,4])
print (np.sort(a))              # 返回从小到大的排序
print (np.argsort(a))           # 返回从小到大的排序索引
print (np.argsort(-a))          # 返回从大到小的排序索引
```

输出结果为：

```
[1 2 3 4]
[0 2 1 3]
[3 1 2 0]
```

（5）np.cumsum()

该函数返回当前列（或行）与之前的所有元素和构成的数组。其中按行还是列求和由 axis 参数来控制，如果多维中省略 axis，则返回的是一维数组。

示例：

```
import numpy as np
a=[1,2,3,4,5,6,7]
print (np.cumsum(a))
c=[[1,2,3],[4,5,6],[7,8,9]]
print (np.cumsum(c,axis=0))   # 0(第一行不动，其他行累加)
print (np.cumsum(c,axis=1))   # 1(第一列不动，其他列累加)
print (np.cumsum(c))
```

输出结果为：

```
[ 1  3  6 10 15 21 28]
[[ 1  2  3]
 [ 5  7  9]
 [12 15 18]]
[[ 1  3  6]
 [ 4  9 15]
 [ 7 15 24]]
[ 1  3  6 10 15 21 28 36 45]
```

2.4　可视化库 Matplotlib 简介

Matplotlib 是 Python 2D 可视化领域使用较广泛的库之一。它能让使用者轻松地将数据图形化，并且提供多样化的输出格式。它的文档相当完备，并且官网提供了上百幅缩略图和对应的源程序。因此，如果需要绘制某种类型的图，只需要在官网借鉴对应示例即可轻松完成。

2.4.1　最基础的绘图示例

在浏览器搜索 Matplotlib，打开官网主页，找到“Examples”，单击鼠标进入示例页面（如图 2.7 所示），单击示例的图形即可打开相应的说明和示例代码。比如单击 plot(x,y)对应的图形，可打开如图 2.8 所示示例及代码页面，并且下方还提供了代码的下载链接。本小节将以此示例介绍 Matplotlib 的常用方法。

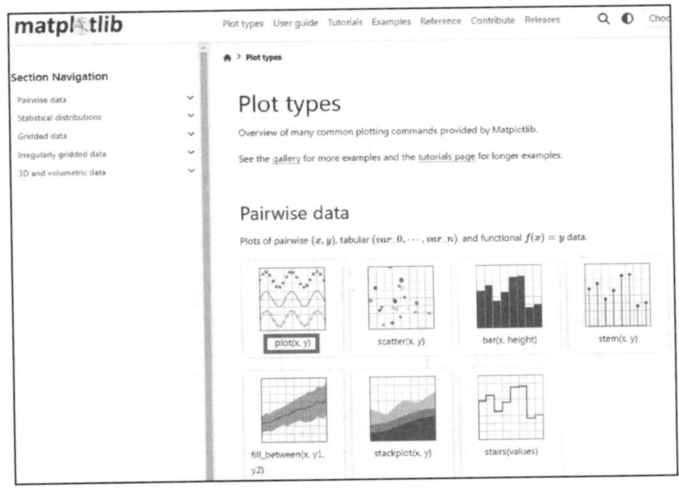

图 2.7　Matplotlib 的示例页面

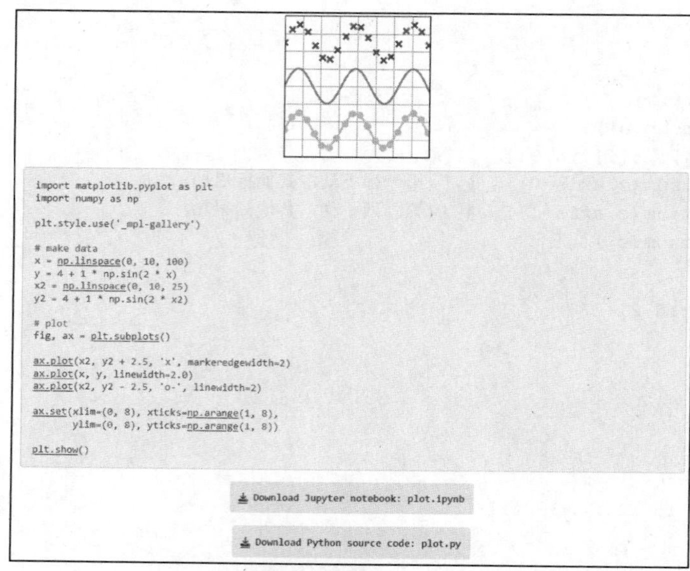

图 2.8 plot(x,y)页面

Matplotlib 常常和 NumPy 一起使用。Matplotlib 的 pyplot 子库提供了和 MATLAB 类似的绘图 API，方便用户快速绘制 2D 图表。该子库的引用语法为：

```
import matplotlib.pyplot as plt#尽管别名可以省略或更改，但仍建议使用此别名
```

复制图 2.8 中代码到 Spyder 代码编辑区，发现“plt.style.use('_mpl-gallery')”这条语句报错，此语句为设置绘图风格，出错是因为找不到_mpl-gallery 库（可能该版本没有该库），可通过控制台输入 plt.style.available 来查询绘图风格库列表，然后由列表中想要的绘图风格（如 dark_background）替换_mpl-gallery 即可。实际操作中可采用默认，所以该语句可删除或屏蔽弃用。为了使读者更好地理解代码意思，本节除了删除“plt.style.use ('_mpl-gallery')”代码外，对其他代码也做了修改。

示例：

```
import matplotlib.pyplot as plt
import numpy as np
x = np.linspace(0, 10, 100)
y = 4 + 2 * np.sin(2 * x)
plt.plot(x, y)                #绘图
plt.show()#删除该行也能绘图，但建议加上，以保证代码完整性和可移植性
```

输出结果如图 2.9 所示。

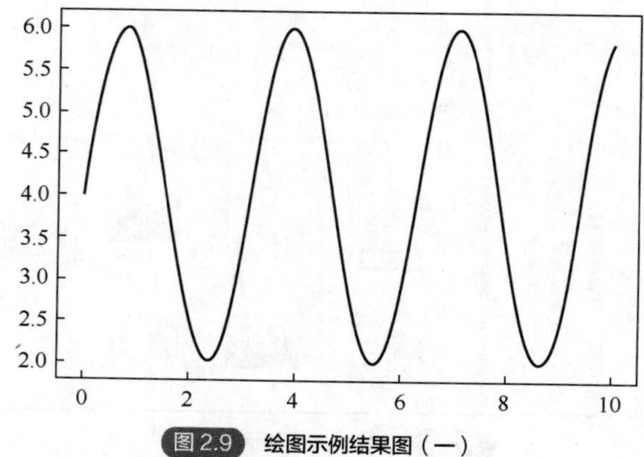

图 2.9 绘图示例结果图（一）

可见，程序运行后在绘图区显示了该段代码的绘图结果。

上述程序核心函数就是 plt.plot()，该函数参数除了输入的两个坐标外，还有其他的参数可以设置，但只在很少的情况下才会更改这些设置。通常可能用到的参数有：

① color(c)：指定画图的颜色，如“red”为红色。

② linewidth：指定线的粗细，默认为 1。

③ linestyle(ls)：指定画出的样式，如“-”为实线，“--”为虚线，“-.”为点画线。

④ marker：坐标点标记，如“o”为圆形点。

示例：

```
import matplotlib.pyplot as plt
import numpy as np
x = np.linspace(0, 10, 100)
y = 4 + 2 * np.sin(2 * x)
plt.plot(x,y,marker='o',ls='-.',c='red')#等价 plt.plot(x, y,'o-.r')
plt.show()
```

输出结果如图 2.10 所示。

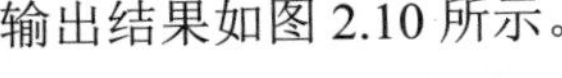

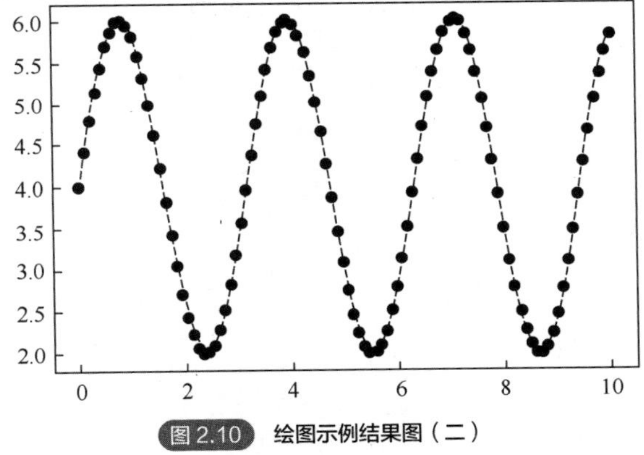

图 2.10　绘图示例结果图（二）

2.4.2　标签和图例

为了让所绘制的图像更易理解，可以增加一些绘图的说明，比如轴标签和图例。

示例：

```
import matplotlib.pyplot as plt
import numpy as np
x = np.linspace(0, 10, 100)
y = 2 * np.sin(2 * x)
z = np.cos(x**2)
plt.plot(x, y,'o-.r')
plt.plot(x, z,'b--')
plt.title("Example")        #设置图形标题
plt.xlabel("X")             #设置 x 轴标签
plt.ylabel("Y")             #设置 y 轴标签
plt.legend(labels=['2sin(x)','cos(x**2)'],loc='lower left')#图例说明，labels 按绘图先
后顺序给出，loc 定义图例显示位置
plt.show()
```

输出结果如图 2.11 所示。

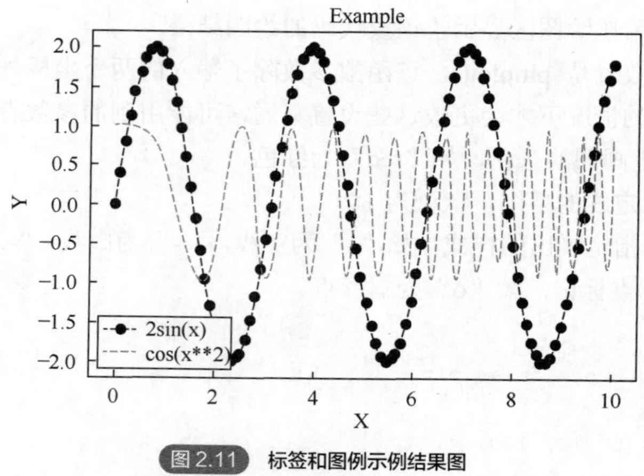

图2.11 标签和图例示例结果图

2.4.3 子图

如果想在一张图的不同区域分别显示几个图形，此时可使用子图来实现。

示例：

```
import matplotlib.pyplot as plt
import numpy as np
x = np.linspace(0, 20, 50)
y1 = np.sin(x)
y2 = np.cos(x**0.5)
y3 = np.sin(x)
plt.subplot(2, 2, 1)#2行2列的第1个位置
plt.plot(x, y1, 'b--')
plt.ylabel('y1')
ax2 = plt.subplot(2, 2, 2)#2行2列的第2个位置
plt.scatter(x, y2)
plt.ylabel('y2')
plt.xlabel('x')
plt.subplot(2, 2, 3)#2行2列的第3个位置
plt.plot(x, y3,'y-.')
plt.ylabel('y3')
plt.show()
```

输出结果如图2.12所示。

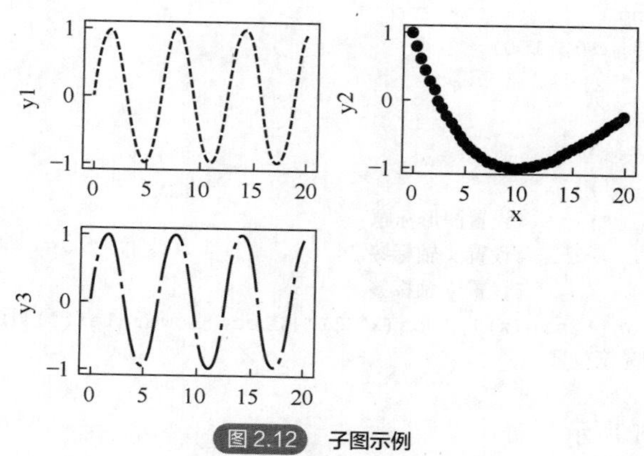

图2.12 子图示例

2.5　机器学习 Scikit-learn 库简介

Scikit-learn（简称 Sklearn）库是一个通用型开源机器学习库，它几乎涵盖了所有的机器学习算法，并且搭建了高效的数据挖掘的框架。其主要有如下特点：

① 简单高效的数据挖掘和数据分析工具；

② 对于所有人都是易用的，而且可以在各个环境中使用；

③ 基于 NumPy、Scipy 和 Matplotlib 库；

④ 开源，可商用；

⑤ 库的设计十分有条理。

基于此，2017 年开始诸多无私的奉献者专门对其进行了翻译，帮助英文薄弱的开发人员使用，感兴趣的读者不妨通过搜索引擎进行检索。

Sklearn 主要有六个板块（如图 2.13 所示）：分类（Classification）、回归（Regression）、聚类（Clustering）、降维（Dimensionality reduction）、模型选择（Model selection）、预处理（Preprocessing）。

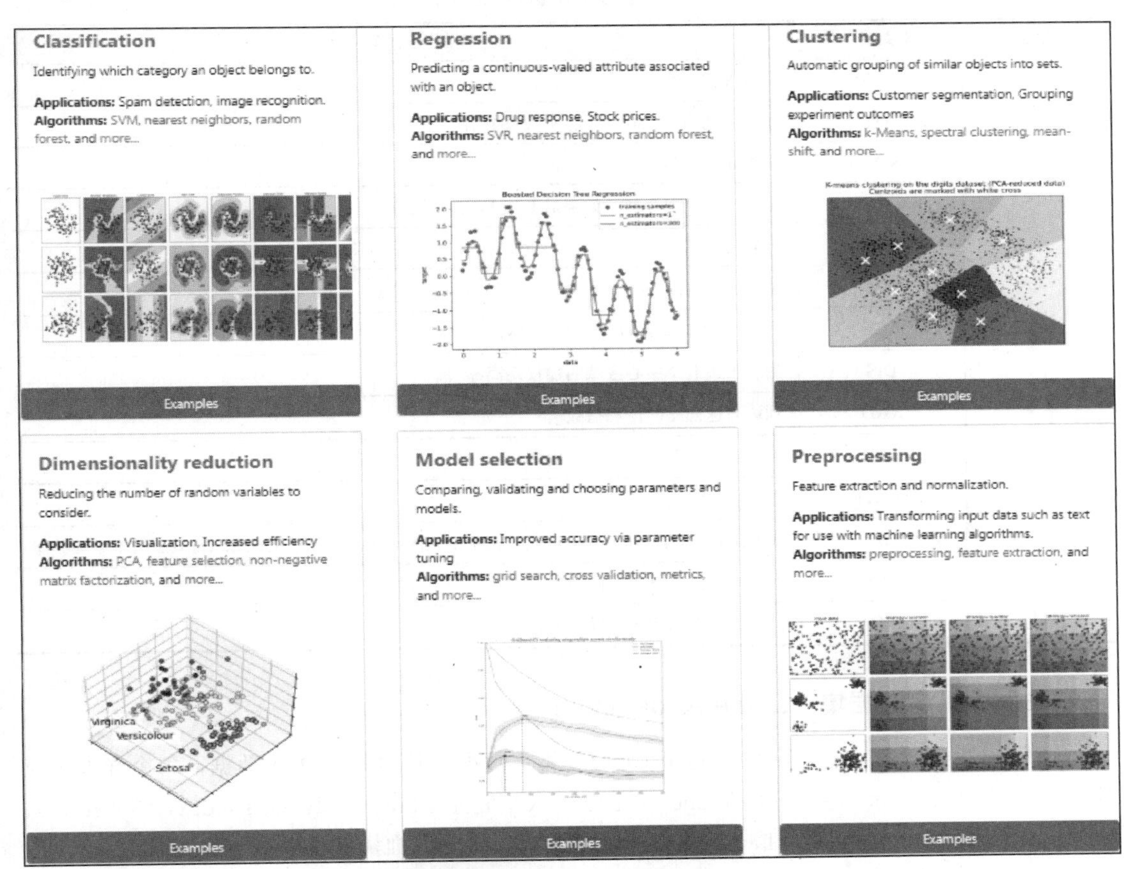

图 2.13　Scikit-learn 六大功能模块

一般情况下，分类和回归问题被称为有监督学习，而聚类问题被称为无监督学习。

2.5.1 数据集

Sklearn 提供了非常强大的数据库资源，里面包含了很多数据集，可直接拿来使用。如常用于学习的波士顿房价数据集（Boston housing dataset）、糖尿病数据集（Diabetes dataset）、手写字体识别数据集（Optical recognition of handwritten digits dataset）、鸢尾花数据集（Iris plants dataset）、红酒数据集（Wine recognition dataset）、人脸数据集（Olivetti faces dataset）等。

在 Sklearn 官网，对于每一个数据集，在后面都给出了使用该数据集的示例。

（1）波士顿房价数据集（Boston housing dataset）

使用 sklearn.datasets.load_boston()即可加载相关数据。数据集中共有 506 条数据（样本）、13 个输入变量（特征或属性）和 1 个输出变量（目标或标签）。

每条数据包含房屋以及房屋周围的详细信息。其中包含城镇犯罪率、一氧化氮浓度、住宅平均房间数、到中心区域的加权距离以及自住房平均房价等，具体信息见表 2.9。

表 2.9　波士顿房价数据集参数信息表

项目	英文简称	代表意义
特征	CRIM	城镇人均犯罪率
	ZN	住宅用地超过 25000 平方英尺[❶]的比例
	INDUS	城镇非零售商用土地的比例
	CHAS	是否沿着查理斯河，如果沿着为 1，否则为 0
	NOX	一氧化氮浓度
	RM	住宅平均房间数
	AGE	1940 年之前建成的自用房屋比例
	DIS	到波士顿五个中心区域的加权距离
	RAD	到达高速公路的便利指数
	TAX	每 10000 美元的全值财产税率
	PTRATIO	城镇师生比例
	B	$1000(Bk-0.63)^2$，其中 Bk 指代城镇中黑人的比例，该条数据在 Sklearn1.2 版本中被移除
	LSTAT	人口中地位低下者的比例
目标	MEDV	自住房的平均房价，以千美元计

（2）糖尿病数据集（Diabetes dataset）

使用 sklearn.datasets.load_diabete()即可加载相关数据。其中共 442 条数据，每个样本对应 10 个特征和 1 个目标，特征分别是 age（年龄）、sex（性别）、bmi（body mass index，体质指数）、bp（blood pressure，血压）、s1、s2、s3、s4、s5、s6（s1～s6 血清的化验数据）。目标为一年后患疾病的定量指标值在 25～346 之间。

❶ 英尺（ft）。1ft=0.3048m。

(3) 手写字体识别数据集 (Optical recognition of handwritten digits dataset)

使用 sklearn.datasets.load_digits()即可加载相关数据。其中共有 1797 个样本（43 个人的手写数字），每个样本包括 8×8 像素的图像（64 个特征）和一个 0～9 的整数标签（10 个标签）。图 2.14 为部分手写数字。

图 2.14　手写字体识别数据集中部分手写数字

(4) 鸢尾花数据集 (Iris plants dataset)

鸢尾花的属名 Iris 为希腊语"彩虹"之意，因此鸢尾花有个音译过来的俗称"爱丽丝"，别称：紫蝴蝶、蓝蝴蝶、乌鸢、扁竹花。

使用 sklearn.datasets.load_iris()即可加载鸢尾花数据集。该数据集内包含 3 类共 150 条记录，每类各 50 个数据，每条记录都有 4 项特征（单位为 cm）：花萼（sepal）长度、花萼宽度、花瓣（petal）长度、花瓣宽度。可以通过这 4 个特征预测鸢尾花卉属于山鸢尾花（iris-setosa）、杂色鸢尾花（iris-versicolour）、弗吉尼亚鸢尾花（iris-virginica）中的哪一品种，3 种鸢尾花如图 2.15 所示。

图 2.15　3 种鸢尾花示意图

(5) 红酒数据集 (Wine recognition dataset)

使用 sklearn.datasets.load_wine()即可加载相关数据。该数据集内包含 178 个样本、13 个特征[乙醇（Alcohol）、苹果酸（Malic acid）、灰分的碱度（Alcalinity of ash）、镁元素（Magnesium）、总酚含量（Total phenols）、黄酮类化合物（Flavanoids）、黄酮类酚（Nonflavanoid phenols）、原花青素（Proanthocyanins）、色泽度（Color intensitys）、色调（Hue）、淡酒（OD280/OD315 of diluted wines）、脯氨酸（Proline）]，总共分为 3 类。

（6）人脸数据集（Olivetti faces dataset）

使用 sklearn.datasets.fetch_olivetti_faces()即可加载相关数据。该数据集包含 400 张照片，每张照片为 64×64 像素灰度图像（4096 个特征），因此总的数据大小为 400×4096。总共有 40 个人的照片，每个人有 10 张照片即标签为 400 个，每个人的 10 张照片是在不同时间、不同照明、不同的面部表情（睁开/闭上眼睛，微笑/不微笑）、不同的面部细节（戴眼镜/不戴眼镜）下拍摄。所有的图像采用黑色均匀的背景，个体处于直立的正面位置（允许有一定的侧移）。图 2.16 为该数据集的部分人脸照片。

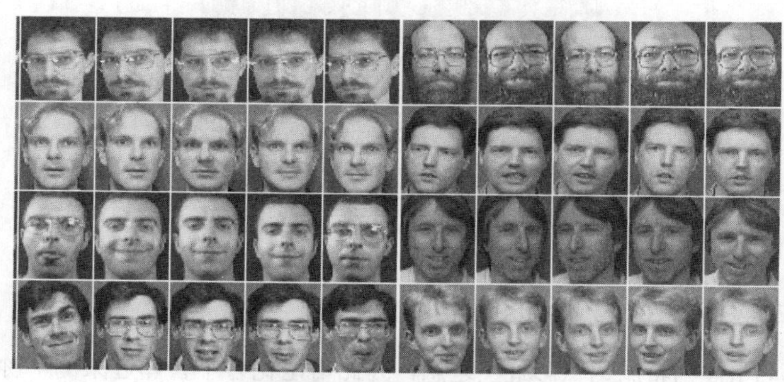

图 2.16 人脸数据集部分照片

2.5.2 数据集划分

在模型训练时，一般会把数据集划分成训练集、验证集和测试集三部分，其中训练集用来估计模型（获得模型参数），验证集用来确定网络结构或控制模型复杂程度的参数（超参数调优），而测试集用于检验最终模型的性能。

使用 sklearn.model_selection 模块内的 train_test_split()函数进行数据集划分，其功能是从样本中按比例随机选取训练集和测试集。

示例：

```
from sklearn.model_selection import train_test_split
X_train,X_test,y_train,y_test=train_test_split(train_data,train_target,test_size=0.4,random_state=0)
```

参数说明如下：

① train_data：所要划分的样本特征集，名称由此前代码决定。

② train_target：所要划分的样本标签集，名称由此前代码决定。

③ test_size：测试集占总样本数的比例。如果是 train_size 则为训练集占总样本数的比例。

④ random_state：随机数的种子（随机数种子其实就是该组随机数的编号，在需要重复试验时，可保证得到一组一样的随机数。例如，每次试验时随机数种子都填 1，在其他参数不变的情况下得到的随机数组是相同的。但若填 0 或不填，每次生成的随机数都不同。随机数的产生取决于种子，随机数和种子之间的关系遵从两个规则，即种子不同、产生不同的随机数，种子相同、即使实例不同也产生相同的随机数）。

⑤ X_train：生成的训练集特征，自定义名称。

⑥ X_test：生成的测试集特征，自定义名称。

⑦ y_train：生成的训练集标签，自定义名称。

⑧ y_test：生成的测试集标签，自定义名称。

2.5.3 数据预处理

Sklearn 中提供了很多的函数来实现数据的预处理，可以实现数据清洗、转换等操作，其目的就是使数据更适合机器学习，下面介绍几种比较常用的方法。

（1）标准化（标准缩放）

所谓“标准”，就是标准正态分布，标准化就是把数据转换成标准正态分布。

$$x' = \frac{x-\overline{x}}{\sigma}$$

其中，$\overline{x}$ 表示均值；σ 为标准差。如果均值取 0，标准差取 1，标准化后，数据会变成均值为 0、标准差为 1 的分布。即零-均值标准化。

示例：

```
from sklearn.preprocessing import StandardScaler
scaler = StandardScaler()
train_scaled = scaler.fit_transform(train_data)      #计算（拟合、转化）训练集
test_scaled = scaler.fit_transform(test_data)        #计算（拟合、转化）测试集
```

标准化方法适用于特征最大值和最小值未知的情况，或有超出取值范围的离群数据的情况。该种方式要求原始数据的分布近似为正态分布（又称高斯分布），否则结果可能变得很糟糕。

需要强调的是，标准化本质上是对数据进行线性变换，并不会改变数据的分布类型。

（2）归一化（最大最小值缩放）

所谓“归一”，就是把数据归到[0,1]区间内，Sklearn 归一化函数默认值即为此范围，实际可以通过设置归一化到任意范围。归一化到$[m,n]$范围的公式为：

$$x' = \frac{x-\min(x)}{\max(x)-\min(x)} \times (m-n)+n$$

其中，$\max(x)$为 x 数据集最大值；$\min(x)$为 x 数据集最小值。

示例：

```
from sklearn.preprocessing import MinMaxScaler
scaler = MinMaxScaler(feature_range=(3, 5))         #feature_range 定义归一化范围
train_scaled = scaler.fit_transform(train_data)     #计算（拟合、转化）训练集
test_scaled = scaler.fit_transform(test_data)       #计算（拟合、转化）测试集
```

归一化可以是数据无量纲化，并转化为处于同一数量级，可以消除指标之间的量纲和量纲单位的影响，提高不同数据指标之间的可比性。

（3）独热编码（One–Hot Encoding）

在很多机器学习任务中，特征并不总是连续数值，而有可能是离散的分类值，比如特征肤色有黑、白、黄、棕四种。机器学习是数据驱动的，所以需要将分类转化为数字，假如简单地

用 0～3 分别表示黑、白、黄、棕颜色的话，那么是不是意味着棕色（值最大：3）对目标的影响是最大的呢？显然这样的简单映射不合理，此时就需要使用 One-Hot 编码。One-Hot 编码又称一位有效编码或哑变量，直译为独热编码。其方法是使用 N 位状态寄存器来对 N 个状态进行编码，每个状态都有其独立的寄存器位，并且在任何时候，其中只有一位有效。比如原先肤色的黑、白、黄、棕四个特征，其每个特征对应编码可能为 0001、0010、0100、1000（并非二进制），即新特征下只有一位为 1，其他位为 0，4 位相当于四维空间，任意两个特征的直线距离均为 $\sqrt{2}$，从距离上看重要程度不再分彼此。

示例：

```
from sklearn.preprocessing import OneHotEncoder
encoder = OneHotEncoder()
li = [['黑'],['白'],['黄'],['棕']]
encoded_vector = encoder.fit_transform(li).toarray()
print("Encoded vector =\n", encoded_vector)
```

输出结果为：

```
Encoded vector =
 [[0. 0. 0. 1.]
 [0. 1. 0. 0.]
 [0. 0. 1. 0.]
 [1. 0. 0. 0.]]
```

独热编码的优点为：

① 能够处理非连续型数值特征。

② 在一定程度上也扩充了特征。比如上例中，肤色本来是一个特征，经过 One-Hot 编码以后，就变成了黑、白、黄、棕四个特征。

2.5.4 通用学习模式

Sklearn 中学习模式的调用有很强的统一性，很多都是类似的。下面简单演示一下 KNN 算法和线性回归算法的实现过程，具体算法内容后面会讲到，这里重在掌握 Sklearn 基础的使用方法。

（1）使用 KNN 算法对鸢尾花数据集进行分类预测

示例：

```
#导入模块
from sklearn.model_selection import train_test_split
from sklearn import datasets                             #导入数据集
from sklearn.neighbors import KNeighborsClassifier       #导入 knn 算法
#加载数据集
loaded_data = datasets.load_iris()
#分解为数据和标签
data_X = loaded_data.data                                #.data 是特征数据
data_y = loaded_data.target                              #.target 是目标数据
#划分为训练集和测试集数据两部分
X_train, X_test, y_train, y_test = train_test_split(data_X, data_y, test_size=0.3)
#设置 KNN 分类器
```

```
model = KNeighborsClassifier()
#进行训练
model.fit(X_train,y_train)
#使用训练好的模型进行预测
print(model.predict(X_test))
print(y_test)
```

输出结果为:

```
[2 2 1 2 1 2 1 2 1 2 2 2 2 0 0 2 1 1 0 1 0 0 0 0 2 2 1 2 1 0 0 2 1 1 2 0
 1 0 0 1 2 1 0 2]
[2 2 1 2 1 1 1 2 1 2 2 2 2 1 0 0 2 1 1 0 1 0 0 0 0 2 2 1 2 1 0 0 2 1 1 2 0
 1 0 0 1 2 1 0 2]
```

(2) 使用线性回归算法对波士顿房价进行预测

示例:

```
#导入模块
from sklearn import datasets                                    #导入数据集
from sklearn.linear_model import LinearRegression               #导入线性回归模型
#加载数据集
loaded_data = datasets.load_boston()
#分解为数据和标签
data_X = loaded_data.data
data_y = loaded_data.target
#这里将全部数据用于训练，并没有对数据进行划分
#上例中将数据划分为训练数据和测试数据两部分
#设置线性回归模型
model = LinearRegression()
#进行训练
model.fit(data_X, data_y)
#使用训练好的模型进行预测
print(model.predict(data_X[:4,:]))
print(data_y[:4])
```

输出结果为:

```
[30.00384338 25.02556238 30.56759672 28.60703649]
[24.  21.6 34.7 33.4]
```

上面两个示例的主要不同在于数据集和算法（加粗字体），而过程是类似的。

2.6　图像处理 OpenCV 库简介

OpenCV 全称为 Open Source Computer Vision Library（开源计算机视觉库），是一款由 Intel 公司开发的跨平台开源计算机视觉和机器学习软件库，可用于开发实时的图像处理、计算机视觉以及模式识别程序，如图像拼接、图像降噪、产品质检、人机交互、人脸识别、动作识别、动作跟踪、无人驾驶等。同时，OpenCV 是跨平台的，可以在 Windows、Linux、Mac OS、Android、iOS 等操作系统上运行。其使用 C/C++开发，同时也提供了 Python、Java、MATLAB 等其他语言的接口。

2.6.1 OpenCV 核心模块

① core：核心功能模块。该模块主要包含 OpenCV 库的基础结构以及基本操作，如 OpenCV 基本数据结构、绘图函数、数组操作相关函数、动态数据结构等。

② dnn：深度学习模块。这个模块是 OpenCV 4.0 版本的一个特色，其主要包括构建神经网络、加载序列化网络模型等内容。但是该模块目前仅适用于正向传递计算（测试网络），原则上不支持反向计算（训练网络）。

③ features2d：特征提取模块。这个模块的名称是由 features（特征）和 2D 这两个单词的缩写组合而成，其功能主要为处理图像特征点，如特征检测、描述与匹配等。

④ flann：快速近似最近邻模块。这个模块全称是 fast library for approximate nearest neighbors（快速近似最近邻库）。这个模块是高维的近似近邻快速搜索算法库，主要包含快速近似最近邻搜索与聚类等算法。

⑤ gapi：这个模块是 OpenCV4.0 之后新增加的模块，旨在加速常规的图像处理，与其他模块相比，这个模块主要充当框架而不是某些特定的计算机视觉算法。

⑥ highgui：图形用户界面模块。实现高层 GUI 图形用户界面定制，包含创建和操作显示图像的窗口、处理鼠标事件以及键盘命令、提供图形交互可视化界面等内容。

⑦ imgcodecs：图像文件读取与保存模块。主要用于图像文件读取与保存。

⑧ imgproc：图像处理模块。这个模块名称是由 image（图像）和 process（处理）两个单词的缩写组合而成，是重要的图像处理模块，其主要包括图像滤波、几何变换、直方图、特征检测与目标检测等功能。

⑨ ml：机器学习模块。主要包含统计分类、回归和数据聚类等。

⑩ objdetect：目标检测模块。主要用于图像目标检测，例如检测 Haar 特征。

⑪ photo：计算摄影模块。主要包含图像修复和去噪等。

⑫ stitching：图像拼接模块。主要包含特征点寻找与匹配图像、估计旋转、自动校准、接缝估计等图像拼接过程的相关内容。

⑬ calib3d：3D 重建模块。这个模块名称是由 calibration（校准）和 3D 这两个单词的缩写组合而成。通过名字我们可以知道，该模块主要包含相机标定与立体视觉等功能，如物体位姿估计、三维重建、摄像头标定等。

⑭ shape：形态分析模块。可以识别图像中对象的形状、分析形状之间的相似性、转换对象形状等。

⑮ face：人脸检测与识别模块。实现人脸检测、人脸特征检测和人脸识别功能。OpenCV 实现了基于 Haar 级联分类和基于深度学习的人脸检测算法，以及 EigenFace、FisherFaces 和局部二进制直方图（Local Binary Patterns Histograms，LBPH）等人脸识别算法。

⑯ surface_matching：表面匹配模块。该模块提供了 3D 对象识别和 3D 特征姿态估计算法，用于根据图像的深度和强度信息识别对象。

⑰ text：文本检测与识别模块。用于识别和检测图像中的文本，可实现车牌识别、道路标志识别、内容数字化等相关应用。

⑱ video：视频分析模块。主要包含运动估计、背景分离、对象跟踪等视频处理相关内容。

⑲ videoio：视频输入输出模块。主要用于读取与写入视频或者图像序列。

OpenCV 安装

OpenCV 官方教程

2.6.2 OpenCV 图像基础操作

（1）读、写、显示图像及相关操作

OpenCV 的 imread()、imwrite()和 imshow()函数分别表示读、写和保存图像的操作。

① 读取图像 imread()。

函数原型：imread(filename[, flags])。

作用：读取各种静态图像文件（如 BMP、PNG、JPEG、TIFF 等）到内存，返回图像矩阵（numpy.ndarray 数组）。

参数说明：

filename：图片的路径（文件名不可使用中文）。路径错误时不会报错，但返回的图片对象为 None。

flags：

- cv2.IMREAD_.COLOR，读取彩色图片，图片透明度会被忽略，为默认参数，也可以传入 1 代替。
- cv2.IMREAD_GRAYSCALE，按灰度模式读取图像，也可以传入 0 代替。
- cv2.IMREAD_UNCHANGED，读取图像，包括 alpha 通道（反映透明度），也可以传入 −1 代替。

② 保存图像 imwrite。

函数原型：imwrite(filename, img)。

作用：保存图片到指定路径。

参数说明：

filename：图片的路径。

img：NumPy 数组（图像数组）。

③ 显示图像 imshow()。

函数原型：imshow(winname, mat)。

作用：在指定的窗口中显示图像，默认创建新窗口，即可以省略创建窗口函数 namedWindow()。

参数说明：

winname：窗口名称。

mat：图像矩阵，可以是读取图像 imread()函数的返回值，也可以是读取摄像头（视频）函数 VideoCapture().read()返回的图像矩阵值。

④ 等待函数 waitKey()。

函数原型：waitKey([, delay])。

作用：等待用户（或计时）关闭窗口。因使用 imshow()函数创建窗口显示图像后会立刻关闭，故需要该函数。

参数说明：

delay：延时时长，单位 ms。如果为 0，将在当前图像或当前帧一直等待。默认为 0。

该函数的返回值为 ASCII 码（对应键盘上的字符，比如 27 表示 Esc 键）。

⑤ 销毁窗口 destroyWindow()与 destroyAllWindows()。

函数原型：destroyWindow(name)，destroyAllWindows()。

作用：destroyWindow(name)关闭由 name 命名的窗口，释放内存，由程序控制销毁，类似于手动关闭窗口。

参数说明：

destroyAllWindows()关闭所有图像窗口（无参数），由程序控制销毁，类似于手动关闭窗口。

name：窗口名称，和显示图像 imshow()中的 winname 相对应。

示例：

```
import cv2
img = cv2. imread("lena.jpg")#lena.jpg 与该程序.py 文件位于同一目录
print(type(img))
print(img)
print(img.shape)
print(img.dtype)
cv2.imshow("lena", img)
cv2.waitKey()
```

输出结果如下，输出图片如图 2.17 所示：

```
<class 'numpy.ndarray'>
[[[128 138 225]
  [127 137 224]
  [126 136 224]
  ...
  [ 81  68 176]
  [ 81  72 183]
  [ 84  74 188]]]
(512, 512, 3)
uint8
```

示例：

```
import cv2
img = cv2. imread("lena.jpg")
cv2.imshow("lena", img)
eyes = img[240:240+50, 220:220+150, :]     # 索引切片进行抠图
cv2.imshow("eyes", eyes)
cv2.imwrite("eyes.jpg", eyes)              # 将图片数据写入本地文件
cv2.waitKey(0)
```

输出图片如图 2.18 所示。

图 2.17 OpenCV 图像基础操作示例（一）

图 2.18 OpenCV 图像基础操作示例（二）

同时在.py 文件的同文件夹下多出一个 eyes.jpg 文件，打开后为 lena 图像经过抠图后的眼睛图像。

⑥ 图像通道分离与合并。

split()：用于将一幅多通道图像的各个通道分离。

merge()：可以将多个单通道图像合成一幅多通道图像。

示例见“3.2 色彩空间”一节。

（2）读取摄像头（播放视频）

OpenCV 中的 VideoCapture()类用于捕获摄像头，类中的 read()方法可用来按帧读取图像，下面对其进行简要介绍。

① “cv2.VideoCapture(参数 1，参数 2)”。

作用：捕获摄像头。

常用参数有两个，第一个默认为 0，表示默认则调用计算机摄像头，如果没有摄像头则调用 USB 摄像头，如果有多个摄像头可以修改此参数。如果参数是视频文件路径，则打开对应视频，如“cap = cv2.VideoCapture("test.avi")”。第二个为可选参数，该参数的部分说明见表 2.10。

表 2.10　可选参数部分说明

参数	值	适用范围
cv2.CAP_ANY	0	自动检测（默认）
cv2.CAP_DSHOW	700	DirectShow（通过 videoInput）
cv2.CAP_MSMF	1400	Microsoft Media Foundation
cv2.CAP_FIREWIRE	300	适配 IEEE1394 设备的驱动
cv2.CAP_V4L	200	V4L/V4L2
cv2.CAP_FFMPEG	1900	使用 FFMPEG 库打开并录制视频文件或流
cv2.CAP_IMAGES	2000	图像序列

② “VideoCapture().read()”。

作用：读取一帧的图像，即按帧读取视频。

VideoCapture().read()方法有两个返回值：第一个为布尔值，如果读取帧成功则返回 True，否则返回 False；第二个参数为每一帧的图像矩阵。

示例：

```
import cv2
cap = cv2.VideoCapture(0, cv2.CAP_DSHOW)       #一般情况第二个参数可以省略
if not cap.isOpened():                         #判断是否打开摄像头
    print("摄像头未打开")
    exit(0)
while True:
    ret, img = cap.read()                      # 读取一帧图片
    cv2.imshow("cap", img)
    if cv2.waitKey(25) == 27:                  #延时 25ms,按 Esc 键退出
        break
cv2.destroyAllWindows()
```

输出结果如图 2.19 所示。

图 2.19 读取摄像头示例（一）

注：此时需要按键盘的 Esc 键才能关闭运行的摄像头窗口。

示例：

```
import cv2
cap = cv2.VideoCapture('Megamind.avi')          # 读取视频
while cap.isOpened():                           # 当视频被打开时
#读取视频，读取到的每一帧存储到 frame
#若是读取成功，ret 为 True，反之为 False
    ret, frame = cap.read()
    if ret:                                     # 若是读取成功
        cv2.imshow('frame', frame)              # 显示读取到的这一帧画面
        key = cv2.waitKey(25)                   # 等待一段时间，并且检测键盘输入
        if key == 27:                           # 若按键 Esc，则退出，释放视频
            cap.release()                       # 释放视频
            break
    else:
        cap.release()
cv2.destroyAllWindows()                         # 关闭所有窗口
```

输出结果为无声视频，如图 2.20 所示。

图 2.20 读取摄像头示例（二）

2.7 深度学习框架 PyTorch

深度学习框架是一种界面、库或工具，让使用者在无须深入了解底层算法细节的情况下，能够更容易、更快速地构建深度学习模型。深度学习框架利用预先构建和优化好的组件集合定义模型，为模型的实现提供了一种清晰而简洁的方法。目前主流框架有 TensorFlow、Caffe、PyTorch、PadllePadlle 等，具体区别请读者自行查阅资料了解，本书使用 PyTorch。

PyTorch 是美国互联网巨头 Facebook 在深度学习框架 Torch 的基础上使用 Python 重写的一个全新的深度学习框架，它更像 NumPy 的替代产物，不仅继承了 NumPy 的众多优点，还支持 GPUs 计算，在计算效率上要比 NumPy 有更明显的优势；不仅如此，PyTorch 还有许多高级功能，其中之一就是可以快速完成深度神经网络模型的搭建和训练。所以 PyTorch 一经发布，便

受到了众多开发人员和科研人员的追捧和喜爱，成为 AI 从业者的重要工具之一。

使用 PyTorch 构建深度学习模型大致有十个步骤：

① 第一步：安装 PyTorch。在开始使用 PyTorch 之前，首先需要在计算机上安装 PyTorch。可以通过官方网站或使用 pip 命令来安装 PyTorch。安装完成后，就可以开始使用这个强大的深度学习框架了。

② 第二步：了解 Tensor。在 PyTorch 中，Tensor 是最基本的数据结构。了解 Tensor 的概念和操作是使用 PyTorch 的关键。可以通过创建和操作 Tensor 来构建和训练深度学习模型。

③ 第三步：构建神经网络模型。PyTorch 提供了丰富的神经网络模型构建工具，用户可以使用这些工具来创建自己的深度学习模型。了解如何使用 PyTorch 构建各种类型的神经网络，如全连接网络、卷积神经网络和循环神经网络，将为深度学习之旅打下坚实的基础。

④ 第四步：数据预处理。在训练深度学习模型之前，通常需要对数据进行预处理。PyTorch 提供了一系列的数据预处理工具，如数据加载、数据转换和数据增强等。了解如何使用这些工具可以帮助用户更好地准备数据，并提高模型的性能。

⑤ 第五步：定义损失函数。在训练深度学习模型时，需要定义一个损失函数来衡量模型的性能。PyTorch 提供了各种常用的损失函数，如交叉熵损失和均方误差损失等。了解如何选择和使用适当的损失函数可以提高模型的训练效果。

⑥ 第六步：选择优化器。优化器是深度学习模型训练中的关键组件之一。PyTorch 提供了多种优化器，如随机梯度下降（Stochastic Gradient Descent，SGD）和 Adam 等。了解如何选择和使用适当的优化器可以帮助用户更好地调整模型的参数，并提高模型的性能。

⑦ 第七步：模型训练。在模型定义、数据预处理、损失函数和优化器准备好后，就可以开始训练模型了。通过迭代训练数据并调整模型参数，可以逐步提高模型的性能。了解如何使用 PyTorch 进行模型训练和评估是使用 PyTorch 的重要一步。

⑧ 第八步：模型保存和加载。在训练完成后，用户可能希望保存模型以备将来使用。PyTorch 提供了保存和加载模型的功能，可以通过简单的几行代码将模型保存到磁盘上，并在需要时重新加载。了解如何保存和加载模型可以方便用户在不同环境中使用已经训练好的模型。

⑨ 第九步：模型调优。模型调优是深度学习中不可或缺的一环。通过调整模型的超参数、正则化和学习率等，可以改善模型的性能。PyTorch 提供了许多调优技术和工具，如学习率调度器和正则化方法等。了解如何使用这些技术和工具可以帮助用户更好地调优模型。

⑩ 第十步：模型部署。在模型训练和调优完成后，可将模型部署到实际应用中。PyTorch 提供了多种部署方式，如将模型转换为 ONNX 格式、使用 TorchScript 进行模型转换和使用 PyTorch Lightning 等。了解如何使用这些部署方式可以帮助用户将模型应用到实际场景中。

通过掌握上述十个步骤，能够深入了解和使用这个强大的深度学习框架。无论是从事研究还是应用开发，PyTorch 都将成为得力助手，实现未来的无限可能！

PyTorch 安装

2.7.1 创建 Tensor

Tensor（张量：可表示零维标量、一维向量、二维矩阵、三维含 RGB 颜色深度的图像、四维包含时间序列的图像、五维多组视频文件组成的集合、六维……）类似于 NumPy 的 ndarray。Tensor 支持 GPU 运算。

常用的创建 Tensor 的方法有 5 种，具体介绍如下。

（1）直接创建 torch.Tensor()

原型为：

```
torch.Tensor(data,
             dtype=None,
             device=None,
             requires_grad=False,
             pin_memory=False)→Tensor
```

功能：从 data 创建 Tensor。

参数说明：

① data：数据，可以是 List、NumPy 创建的多维数组。

② dtypy：数据类型，默认与 data 的一致。

③ device：所在设备，cuda/cpu。

④ requires_grad：是否需要梯度。

⑤ pin_memory：是否存于锁页内存。

示例：

```
import torch
import numpy as np
arr = np.ones((2,3))
print("arr的数据类型:",arr.dtype)
t = torch.Tensor(arr)
print(t)
```

输出结果为：

```
arr的数据类型: float64
tensor([[1., 1., 1.],
        [1., 1., 1.]], dtype=torch.float64)
```

特别说明：当将 Tensor 的 requires_grad 属性设置为 True 时，PyTorch 的 torch.autograd()会自动追踪它的计算过程（包括导数和加减乘除等运算方式），当要计算导数的时候，只需要对最终结果的 Tensor 调用 backward 方法，然后通过成员 grad 即可获得导数值，通过成员 grad_fn 可获得运算方式。如果对某一 Tensor 不再执行求导计算，则可使用 Tensor 的 detach()方法。如果想对某一段代码不执行求导，则可以使用“with torch.no_grad()：代码段”来实现。

示例：

```
import torch
x = torch.ones(2, 2, requires_grad=True) #创建单位矩阵
print(x)
print(x.grad_fn)
```

输出结果为：

```
tensor([[1., 1.],
        [1., 1.]], requires_grad=True)
None
```

上例中，x 是直接创建的（没有做运算），所以没有 grad_fn 属性。

示例：

```
import torch
x = torch.ones(2, 2, requires_grad=True)#创建单位矩阵
y = x + 2
```

```
print(y)
print(y.grad_fn)
```

输出结果为：

```
tensor([[3., 3.],
        [3., 3.]], grad_fn=<AddBackward0>)
<AddBackward0 object at 0x0000000007AB4820>
```

上例中，因 $y = x+2$，所以 grad_fn 得到的值是 AddBackward0，可理解为求参数 y 的上一步（Backward）为加法（Add）。

示例：

```
import torch
a = torch.randn(2, 2) # 默认 requires_grad = False
a = ((a * 3) / (a - 1))
print(a.requires_grad)
a.requires_grad_(True)
print(a.requires_grad)
b = (a * a).sum()
print(b.grad_fn)
```

输出结果为：

```
False
True
<SumBackward0 object at 0x0000000007AB4CD0>
```

示例：

```
import torch
x = torch.Tensor(2., requires_grad=True)
a = torch.add(x, 1)#或 a = x+1
b = torch.add(x, 2)#或 b= x+2
y = torch.mul(a, b)#或 y= a*b，前三行也可写为 y = (x+1)*(x+2)，之所以这么写是为了结合后面的计算图来理解（复合函数链式求导机制）
y.backward()#backward 即为求导
print(x.grad)
```

输出结果为：

```
tensor(7.)
```

上例为已知 $y = (x+1)(x+2)$，计算 dy/dx，并假设已知 $x = 2$。

示例：

```
import torch
x = torch.Tensor(2., requires_grad=True)
y = 3*x+1
z = y.detach()
print(y.requires_grad)
print(z.requires_grad)
```

输出结果为：

```
True
False
```

示例：

```
import torch
x = torch.Tensor(2., requires_grad=True)
y = (x+1)*(x+2)
print(y.requires_grad)
```

```
with torch.no_grad():
    y = 2*x
    print(y.requires_grad)
```

输出结果为：

```
True
False
```

在 PyTorch 中有两个核心的包，分别是 torch 和 torchvision。前面已经接触了 torch 包的一部分内容，比如使用了 torch.autograd()实现自动梯度的功能。在神经网络中还有两个很重要的库，分别是 torch.nn 和 torch.optim，二者可完成模型的搭建和模型参数的优化，此部分将在后续章节结合实例来介绍。torchvision 包的主要功能是实现数据的处理、导入和预览等，所以如果需要对计算机视觉的相关问题进行处理，就可以借用 torchvision 包中提供的大量的类来完成相应的工作。

（2）通过 torch.from_numpy()函数创建 Tensor

torch.from_numpy(ndarray)：从 NumPy 创建 Tensor。

注意事项：torch.from_numpy()创建的 Tensor 与原 ndarray 共享内存，当修改其中一个的数据时，另外一个也将会被改动。

示例：

```
import torch
import numpy as np
arr = np.array([[1,2,3],[4,5,6]])
t = torch.from_numpy(arr)
print("numpy arr:",arr)
print("tensor:",t)
arr[0][0] = -1            # arr[0][0]可以写成 arr[0,0]
print("numpy arr:",arr)
print("tensor:",t)
t[0,0] = -5               # t[0,0]可以写成 t[0][0]
print("numpy arr:",arr)
print("tensor:",t)
```

输出结果为：

```
numpy arr: [[1 2 3]
        [4 5 6]]
tensor: tensor([[1, 2, 3],
        [4, 5, 6]], dtype=torch.int32)
numpy arr: [[-1  2  3]
         [ 4  5  6]]
tensor: tensor([[-1,  2,  3],
        [ 4,  5,  6]], dtype=torch.int32)
numpy arr: [[-5  2  3]
         [ 4  5  6]]
tensor: tensor([[-5,  2,  3],
        [ 4,  5,  6]], dtype=torch.int32)
```

（3）通过 torch.rand()函数创建均匀分布的 Tensor

可生成指定维度的随机浮点型 Tensor 数据，且随机生成的浮点数据在 0～1 区间均匀分布。

示例：

```
import torch
y = torch.rand(3,6)
print(y)
```

输出结果为：

```
tensor([[0.7093, 0.0132, 0.3392, 0.0049, 0.3629, 0.0716],
        [0.0446, 0.8999, 0.7035, 0.2773, 0.4114, 0.6185],
        [0.3953, 0.1869, 0.9991, 0.0344, 0.8148, 0.9271]])
```

（4）通过 torch.randn()函数创建正态分布的 Tensor

可生成指定维度的随机浮点型 Tensor 数据，且随机生成的浮点数取值满足均值为 0、方差为 1 的正态分布。

示例：

```
import torch
a = torch.randn(2,3)
print(a)
```

输出结果为：

```
tensor([[ 0.1580, -0.4897, -1.4879],
        [ 1.2161,  0.0708, -1.4580]])
```

（5）通过 torch.arange()函数创建 Tensor

用于生成数据类型为浮点型且自定义起始范围和结束范围的 Tensor。传递给 torch.arange()的参数最多可有三个，分别是范围的起始值、范围的结束值和步长，与 NumPy 的 ndarray 类似。

示例：

```
import torch
x1=torch. arange(5)
x2=torch. arange(3,7)
x3=torch. arange(1,10,2)
print("x1=",x1)
print("x2=",x2)
print("x3=",x3)
```

输出结果为：

```
x1= tensor([0, 1, 2, 3, 4])
x2= tensor([3, 4, 5, 6])
x3= tensor([1, 3, 5, 7, 9])
```

读者不妨与 2.3.2 节做对比分析。同理，linspace()、logspace()、ones()、zeros()等函数用法均与 NumPy 中类似，读者可自行尝试。

2.7.2　Tensor 运算

常用 Tensor 运算有加减乘除等，可组合实现一些算法。

（1）torch.add()

求和，输入参数既可以全部是 Tensor 数据类型的变量，也可以一个参数是 Tensor 数据类型，另一个参数是标量。

示例：

```
import torch
x = torch.Tensor([[1, 2, 3],
                  [4, 5, 6]])
y = torch.Tensor([1, 2, 3])
z = torch.add(x,y)
print(z)
```

输出结果为：

```
tensor([[2., 4., 6.],
        [5., 7., 9.]])
```

也可以直接用“+”来实现该运算。

示例：

```
import torch
x = torch.Tensor([[1, 2, 3],
                  [4, 5, 6]])
y = torch.Tensor([1, 2, 3])
z = y + x
print(z)
```

输出结果为：

```
tensor([[2., 4., 6.],
        [5., 7., 9.]])
```

对于 torch.add()还可以写成如下示例形式。

示例：

```
import torch
x = torch.Tensor([[1, 2, 3],
                  [4, 5, 6]])
y = torch.Tensor([1, 2, 3])
print(y.add(x))
print(y)
```

输出结果为：

```
tensor([[2., 4., 6.],
        [5., 7., 9.]])
tensor([1., 2., 3.])
```

为方便使用，Tensor 的大部分操作同时支持这两类接口，如 torch.sum(a,b)与 a.sum(b)均是求参数 a 与 b 的和，在功能上等价，本书后续对此类接口不再具体区分。

细心的读者可能发现此示例中并没有改写参数 y 的值。如果想改写参数 y 的值为求和之后的结果值，则需要在 add 后面跟一个下画线“_”（函数名以“_”结尾的都是 inplace 方式，即会修改调用者自己的数据，在实际应用中需注意），但要保证该变量前后的 size 一致。

示例：

```
import torch
x = torch.Tensor([[1, 2, 3],
                  [4, 5, 6]])
y = torch.Tensor([[1, 2, 3],
                  [1, 2, 3]])
print(y.add_(x))
print(y)
```

输出结果为：

```
tensor([[2., 4., 6.],
        [5., 7., 9.]])
tensor([[2., 4., 6.],
     [5., 7., 9.]])
```

（2）torch.mul()

求积（点乘），参与运算的参数可以全部是 Tensor 数据类型的变量，也可以是 Tensor 数据类型的变量和标量的组合。当相乘的两个 Tensor 维度不一致时，会自动填充到相同维度进行点乘。

示例：

```
import torch
x = torch.Tensor([[1, 2, 3],
                  [4, 5, 6]])
y = torch.Tensor([1, 2, 3])
z = torch.mul(x,y)
print(z)
```

输出结果为：

```
tensor([[ 1.,  4.,  9.],
        [ 4., 10., 18.]])
```

同理，可以使用“*”实现该操作。

（3）torch.mm()

求积（叉乘），此方法和 torch.mul()运算方式不同，torch.mm()运用矩阵之间的乘法规则进行计算，所以被传入的参数会被当作矩阵进行处理，参数的维度自然也要满足矩阵乘法的前提条件，即前一个矩阵的行数必须和后一个矩阵的列数相等，否则不能进行计算。

示例：

```
import torch
x = torch.Tensor([[1, 2, 3],
                  [4, 5, 6]])
y = torch.Tensor([[1, 2, 3],
                  [4, 5, 6],
                  [7, 8, 9]])
z = torch.mm(x,y)
print(z)
```

输出结果为：

```
tensor([[30., 36., 42.],
        [66., 81., 96.]])
```

其也可以使用“@”来实现相同功能，如“z = x@y”。注：@并非专用于替换 torch.mm()的，其功能远比 torch.mm()强大，详细用法可自行到官网了解。

（4）torch.mv()

求积，此方法和 torch.mul()及 mm()运算方式均不同，torch.mv()运用矩阵与向量之间的乘法规则进行计算（可理解为 m 行 n 列的矩阵与 n 行 1 列的矩阵相乘，最后得到 m 维的数据），被传入的参数中的第 1 个参数代表矩阵，第 2 个参数代表向量，顺序不能颠倒。

示例：

```
import torch
x = torch.Tensor([[1, 2, 3],
                  [4, 5, 6]])
y = torch.Tensor([1,1,1])
z = torch.mv(x,y)
print(z)
```

输出结果为：

```
tensor([ 6., 15.])
```

（5）torch.pow()

求幂，参与运算的参数可以全部是 Tensor 数据类型的变量，也可以是 Tensor 数据类型的变量和标量的组合。

示例：

```
import torch
y = torch.Tensor([1,2,3])
z = torch.pow(y,2)
print(z)
```

输出结果为：

```
tensor([1., 4., 9.])
```

（6）torch.div()

求商，参与运算的参数可以全部是 Tensor 数据类型的变量，也可以是 Tensor 数据类型的变量和标量的组合。

示例：

```
import torch
x = torch.Tensor([[1, 2, 3],
                  [4, 5, 6]])
y = torch.Tensor([1,2,3])
z = torch.div(x,y)
print(z)
```

输出结果为：

```
tensor([[1.0000, 1.0000, 1.0000],
        [4.0000, 2.5000, 2.0000]])
```

其也可以使用“/”实现，如“z = x/y”。

（7）归并操作

此类操作会使输出形状小于输入形状，并可以沿着某一维度进行指定操作。如求和函数 sum()，既可以计算整个 Tensor 的和，也可以计算 Tensor 中每一行或每一列的和。常用的归并操作有：mean（均值）、sum（求和）、median（中位数）、mode（众数）、norm（范数）、dist（距离）、std（标准差）、var（方差）、cumsum（累加）、cumprod（累乘）。

示例：

```
import torch
x = torch.Tensor([[1, 2, 3],
```

```
                [4, 5, 6]])
y = torch.sum(x)
print(y)
y = torch.sum(x,dim=1)
print(y)
```

输出结果为：

```
tensor(21.)
tensor([ 6., 15.])
```

本示例中参数 dim 的值可以取 0 或 1，0 表示“行变列不变”，即相当于 axis=0，沿着列的方向按行进行元素求和，得到的结果为一维 Tensor。同理，1 表示“列变行不变”，同样也是得到一维 Tensor。

2.7.3 PyTorch 网络搭建所需函数/类

本节建议作为手册工具来参考使用，所以相关内容以附件的形式提供，参考“PyTorch 网络搭建所需函数/类”。对于不理解的名词术语可在学完相应章节后再来翻阅，如池化、线性变换等。

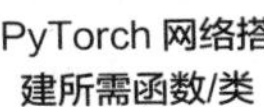

本章小结

- 搭建开发环境 Anaconda。其包括了使用 Python 等语言的开发工具和库，如 Jupyter Notebook、Spyder、NumPy、Matplotlib、Scikit-learn 等。
- 编程语言 Python 是具有解释性、编译性、互动性和面向对象的脚本语言，其诸多优点受到了人们的关注，特别在人工智能领域。
- 科学计算库 NumPy 是一个开源的高性能科学计算基础包，在现在的数据分析领域有很多应用，可快速生成和处理线性代数、傅里叶变换和随机数等大数据问题。
- 可视化库 Matplotlib 是基于 Python 进行 2D 可视化使用较广泛的库之一。它能让使用者轻松地将数据图形化，并且提供多样化的输出格式。
- 机器学习 Scikit-learn 库是一个通用型开源机器学习库，它几乎涵盖了所有的机器学习算法，并且搭建了高效的数据挖掘框架。
- 图像处理 OpenCV 库是一款跨平台开源计算机视觉和机器学习软件库，可用于开发实时的图像处理、计算机视觉以及模式识别程序。
- 深度学习框架可让使用者在无须深入了解底层算法的细节的情况下，能够更容易、更快速地构建深度学习模型，为模型的实现提供了一种清晰而简洁的方法。PyTorch 就是主流框架之一。

习题

2-1 有以下程序，输出结果是________。

```
a = [3,1,1]
b = a
b[0] = 1
print(a)
```

2-2 有以下程序，输出结果是________。

```
a = "aaa"
b = a
b = "bbb"
print(a)
```

2-3 有以下程序，输出结果是________。【提示：注意优先级】

```
a = 10
b = 20
c = 10 + a if a > b else b
print(c)
```

2-4 编程实现：请使用 Matplotlib 库绘制 $y = 5\cos(5x)$、$y = \cos x$ 和 $y = 2\cos(2x)+\cos x$ 的图像。要求：绘制到一个绘图区中，采用不用颜色或线型区分三种函数图像。

2-5 编程实现：使用 NumPy 编程实现下面二维数组所有元素的求和。

```
[[ 0  1  2  3]
 [ 4  5  6  7]
 [ 8  9 10 11]]
```

2-6 编程实现：请使用 OpenCV 相关函数编程实现读取一张图像并显示，然后另存为名称为“2-4.jpeg”的图像。注：图像可以通过截屏、网络下载、拍照等方式获取。

2-7 通过网络检索或翻阅相关书籍了解深度学习框架都有哪些、各属于什么公司、哪些属于国内自主研发。

2-8 通过网络检索或翻阅相关书籍了解图像卷积和平均池化实现过程。

第3章

数字图像预处理

本章思维导图

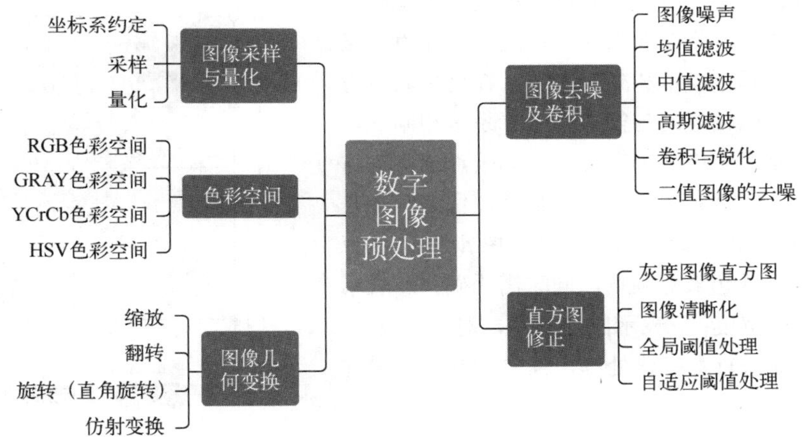

本章学习目标

1. 了解色彩空间与图像增强的意义；
2. 掌握图像采样、量化、几何变换、直方图修正、去噪与卷积等常用图像预处理手段；
3. 能进行一些简单的图像处理工作。

图像预处理的主要目的是消除图像中的无关信息，恢复有用的、真实的信息，增强有关信息的可检测性和最大限度地简化数据。通过预处理，可以提高特征提取、图像分割、识别及检测的精度等。本章首先介绍图像采样，量化的基本概念及色彩空间，然后介绍几何变换、直方图修正、图像去噪和卷积这 4 种常用的图像预处理方法。

3.1 图像采样与量化

在计算机内部，所有信息都表示为一连串的 0 或 1。每一个二进制位（bit）有 0 和 1 两种状态，8 个二进制位可以组合出 2^8=256 种状态（0～255），这被称为 1 个字节（byte）。也就是说，1 个字节可以用来表示从 0000 0000 到 1111 1111 的 256 种状态，每一个状态对应一个符号，这些符号包括英文字母、阿拉伯数字和标点符号等（ASCII 码中每个字符即为 1 个字节表示）。采用国标 GB/T 2312—1980 编码的汉字是 2 个字节，理论上可以表示 32768 个汉字（0～$2^{15}-1$）。标准的数字图像数据也是采用一个字节的 256 个状态来表示。

现实生活中看到的许多人物、景象等，具有连续的空间和灰度，称之为模拟图像。计算机和数码照相机、手机等数码设备中的图像都是数字图像，在拍摄照片或者扫描文件时输入的是连续模拟图像，将输入的模拟信号转化为最终的数字信号，需要经过采样和量化两个步骤。

3.1.1 坐标系约定

数字图像处理是利用计算机对数字图像的像素位置或像素值进行处理的过程。要确定像素位置就要先确定坐标系。通常，将图像的左上角定义为原点，这是为了方便在屏幕上显示和处理图像。在这种表示方式下，图像的坐标轴方向与笛卡儿坐标系是相同的，矩阵的第一个元素应该位于左上角，x 轴向右延伸，y 轴向下延伸，如图 3.1 所示。由于数字图像实际上是由矩阵表示的，因此在数学上将数字图像 $f(x,y)$的原点选择在左上角表达起来更顺畅，同时需明确：x 表示图像的列，对应宽度；y 表示图像的行，对应高度。

为了对图像进行数字化处理，需要对其进行采样和量化。

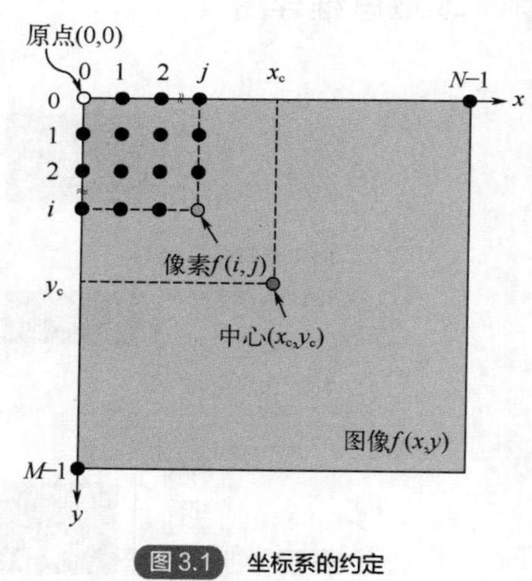

图 3.1 坐标系的约定

3.1.2 采样

模拟图像是连续的，这就意味着一张模拟图像由无数个连续亮度（或灰度）的连续的点组成，如果要用计算机表示，就要把无数个点存储下来，这显然是不可能的而且是没有必要的。可以将图像划分成有限网格（如图 3.2 所示），将有限的网格坐标点（该点不再是连续的无数个点，而是隔一段距离一个的离散点）及对应的亮度（或灰度）作为数据进行存储，存储的点就是对这张模拟图像的采样（sampling）。换句话说，采样就是把二维空间中连续图像分割成离散像素的集

图 3.2 图像网格划分

合，它是实现图像数字化的重要环节，决定着图像的空间分辨率。

采样决定着图像的空间分辨率(空间分辨率是图像中可分辨的最小细节的度量)。在数量上，空间分辨率可以有很多方法来说明，通常用“每单位距离内点数（像素数）”来度量，这是印刷和出版业及数码相机、手机常用的图像分辨率的度量。最常用的单位是每英寸点数（dots per inch，DPI）和每英寸像素数（pixel per inch，PPI）。

举例来说，如果电脑屏幕是 2K 分辨率，即 1920×1080 像素，它的图像宽为 1920 像素。而如果这个电脑屏幕的物理宽度是 19.2 英寸[❶]，电脑屏幕的分辨率就是 1920/19.2=100PPI。

相同道理，如果要打印一张 2K 分辨率的图片，即可以认为有 1920×1080 个点，而打印纸张刚好是 19.2 英寸，那么一行全打满点的情况下，打印机的分辨率就要求是 1920/19.2=100DPI。

由图 3.3 可以看出，采样越细（空间分辨率越大），像素越小，越能精细地表现图像。

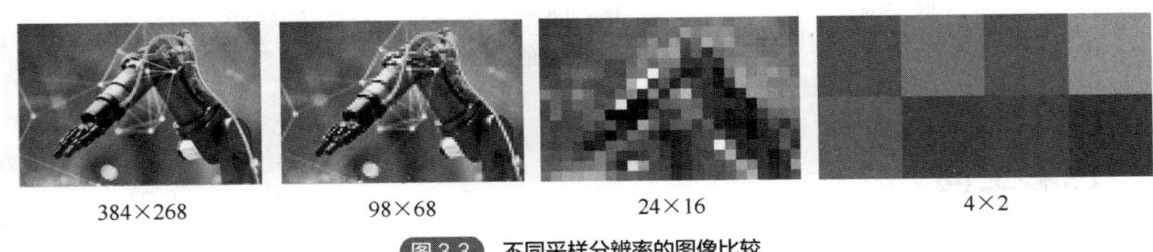

图 3.3　不同采样分辨率的图像比较

3.1.3　量化

采样后的模拟图像被离散化为了像素。但是像素的灰度值（亮度值）依然是连续的，不便于处理，因而需要量化（quantization）。所谓量化，就是将每个像素点的灰度值从模拟量转化为离散量，并用离散量代替像素的灰度值，使像素看起来简单方便，有利于进行各种操作。

量化决定着图像的灰度分辨率。灰度分辨率是指在灰度级中可分辨的最小变化。最简单的量化方法是用黑（0）和白（1）的 2 个数值［即 1 比特（bit）（2 级）］来进行量化，称为二值图像（binary image）。图 3.4 表示在图像大小为 384×268 像素灰度图的基础上，不同量化比特数与图像质量的关系。可知：量化越细（比特数越大），灰度级数表现越丰富。对于 6bit（64 级）以上的图像，人眼几乎看不出它与原灰度图的区别。计算机中的图像亮度值一般采用 8 比特（2^8=256 级）存储，也就是 1 个字节，这意味着像素的亮度是 0～255 之间的数值，0 表示最黑，255 表示最白。

比较采样与量化，总结如下：

① 对坐标值（x, y）进行数字化叫作采样，对亮度 $f(x, y)$进行数字化叫作量化。

② 对一幅图像，当量化级数一定时，采样点数对图像质量有着显著的影响。采样点数越多，图像质量越好；当采样点数减少时，图上的块状效应就逐渐明显。

③ 同理，当图像的采样点数一定时，采用不同量化级数的图像质量也不一样。量化级数越多，图像质量越好；当量化级数越少时，图像质量越差；量化级数最小的极端情况就是二值图像，图像出现假轮廓。

说明：彩色图像可理解为对三原色 Red 通道、Green 通道、Blue 通道分别进行的 3 次采样和量化。

❶ 英寸（in）。1in=25.4mm。

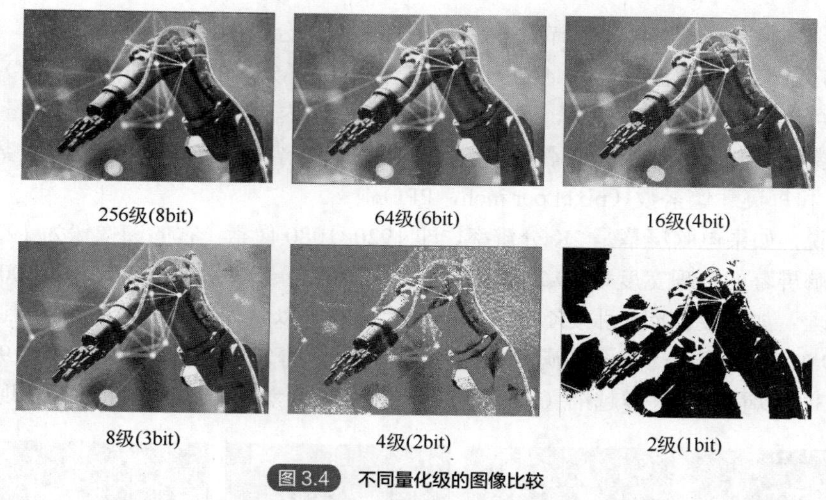

图 3.4 不同量化级的图像比较

3.2 色彩空间

色彩空间（Color Space）又称作色域、色彩模型、颜色空间、颜色模型等。色彩是人的眼睛对于不同频率的光线的不同感受，色彩既是客观存在的（不同频率的光）；又是主观感知的，有认识差异。人类对于色彩的认识经历了极为漫长的过程，直到近代才逐步完善起来，但人类仍不能说对色彩完全了解并能准确表述。色彩学中，人们建立了多种色彩模型，以一维、二维、三维甚至四维空间坐标来表示某一色彩，这种坐标系统所能定义的色彩范围即色彩空间。我们经常用到的色彩空间主要有 RGB、GRAY、YCrCb、HSV 四种类型。每种色彩空间都有其擅长的问题解决领域，所以在解决具体色彩问题时往往需要进行色彩空间类型的转换。

OpenCV 的 cv2.cvtColor()函数可用于转换色彩空间类型，基本格式如下：

cv2.cvtColor(src, code[, dstCn])

参数说明如下：

① src：要更改色彩空间的（原始）图像。

② code：色彩空间转换码。

③ dstCn：是目标图像的通道数，为可选参数。如果参数为 0，则通道数自动从 src 和代码得出。

返回值：返回与 src 图像大小和深度相同的图像。

其中，code 常用转换码有：

① cv2.COLOR_BGR2RGB：将 BGR 色彩空间转换为 RGB 色彩空间。

② cv2.COLOR_BGR2GRAY：将 BGR 色彩空间转换为 GRAY 色彩空间。

③ cv2.COLOR_BGR2HSV：将 BGR 色彩空间转换为 HSV 色彩空间。

④ cv2.COLOR_BGR2YCrCb：将 BGR 色彩空间转换为 YCrCb 色彩空间。

⑤ cv2.COLOR_RGB2BGR：将 RGB 色彩空间转换为 BGR 色彩空间。

⑥ cv2.COLOR_RGB2GRAY：将 RGB 色彩空间转换为 GRAY 色彩空间。

⑦ cv2.COLOR_RGB2HSV：将 RGB 色彩空间转换为 HSV 色彩空间。

⑧ cv2.COLOR_RGB2YCrCb：将 RGB 色彩空间转换为 YCrCb 色彩空间。

更多内容可以搜索 OpenCV 安装文件夹内 imgproc.hpp 文件，其中枚举 ColorConversionCodes 内包括了 OpenCV 全部的色彩空间转换码，约有 150 种。

3.2.1 RGB 色彩空间

理论上，自然界中所有颜色都可以由 R（red，红）、G（green，绿）、B（blue，蓝）3 个单色调配而成，计算机里所有颜色都是 RGB 三原色按不同比例组成的。三种颜色被称为三色通道（如图 3.5 所示为 lena 图片局部图像的颜色在计算机内的组成），每种单色都被人为地分成了 256 个等级（0～255，即一个字节），所以根据 R、G、B 的不同组合可以表示 256×256×256=16777216 种颜色，这种图像被称为全彩色图像（full-color image）或者真彩色图像（true-color image）或者 24 位图图像。一幅全彩色图像如果不压缩，文件将会很大。例如，一幅 640×480 像素的全彩色图像，一个像素由 3 个字节来表示 R、G、B 各个分量，需要保存 640×480×3=921600 字节（约 1MB）。

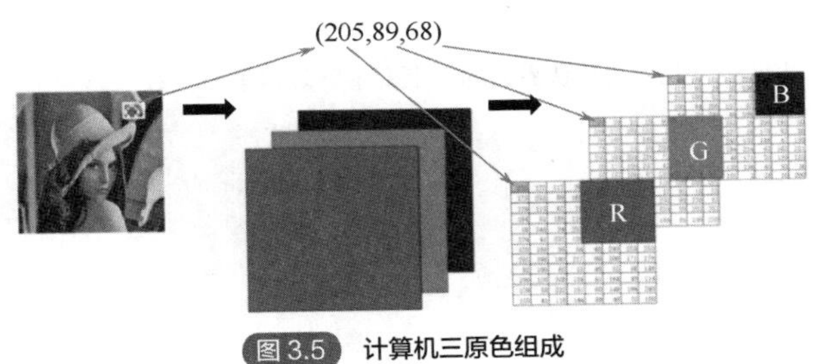

图 3.5 计算机三原色组成

除了全彩色图像之外，还有 256 色、128 色、32 色、16 色、8 色、2 色（也叫单色）图像等，这些非全彩色图像在保存时，为了减少保存的字节数，一般采用调色板或颜色表来保存。颜色表中的每一行记录一种颜色的 R、G、B 值。例如，第一行表示红色（255, 0, 0），那么当某个像素为红色时，只需标明索引 0 即可，这样就可以通过颜色索引来减少表示图像的字节数。进一步地，再例如，对于 16 色图像，用颜色索引的方法来表示 16 种状态（16 种颜色），可以用 4 位（0000～1111），也就是用半个字节来表示，对于一幅 640×480 像素的 16 色图像，整个图像数据需要用 640×480×0.5 = 153600 个字节，另加颜色表的字节数。颜色表在 Windows 上是固定的结构格式，有 4 个参数，各占一个字节，前 3 个参数分别代表 R、G、B，第 4 个参数为备用，这样 16 个颜色的颜色表共需要 4×16=64 个字节。这样采用颜色表来表示 16 色图像时，总共需要 153600+64 = 153664 个字节，只占前述保存方法所用字节数的 1/6 左右，节省了许多存储空间。历史上由于计算机和数码设备的内存有限，为了节省存储空间，用非全彩色图像的情况较多，而现在所有彩色数码相机（包括手机）都是全彩色图像。

上述用 R、G、B 三原色表示的图像被称为位图（bitmap），后缀是 BMP。除了位图以外，图像的格式还有许多。例如，TIFF（Tag Image File Format，标签图像文件格式）用于在应用程序之间和计算机平台之间交换文件。TIFF 是一种灵活的图像格式，被所有绘画、图像编辑和页面排版应用程序支持，几乎所有的桌面扫描仪都可以生成 TIFF 图像，属于一种数据不失真的压缩文件格式。JPEG（Joint Photographic Experts Group，联合图片专家组）是目前所有格式中压缩率最高的格式。目前大多数彩色和灰度图像都使用 JPEG 格式压缩图像，其压缩比很大（约 95%），而且支持多种压缩级别的格式。在网络 HTML 文档中，JPEG 用于显示图片和其他连续色调的图像文档。JPEG 格式保留 RGB 图像中的所有颜色信息，通过选择性地去掉数据来压缩文件。JPEG 是数码设备广泛采用的图像压缩格式。GIF（Graphic Interchange Format，图像交换格式）是一种压缩格式，用来最小化文件大小和减少电子传递时间。在网络 HTML 文档中，GIF 文件格式普遍用于显示索引颜色和图像，也支持灰度模式。PNG 是由四通道组成的，即 Red、Green、Blue 和 Alpha，其中 Alpha 通道一般用作透明度参数，这就是为什么透明图像都保存成了 PNG 格式。一般在程序开发过程中会用到透明背景的图片，这些图片都是 PNG 类型。

不管如何，OpenCV 读取的图片均会以 BGR 色彩空间打开，即以 B、G 和 R 通道顺序表示图像，若需要 RBG 色彩空间，则需要进行转换。

示例：

```
import cv2
img = cv2.imread('rt.jpg')
cv2.imshow('BGR',img)
print(img)
img2 = cv2.cvtColor(img,cv2.COLOR_BGR2RGB)
cv2.imshow('RGB',img2)
print(img2)#也可以在 Spyder 的默认界面的右上变量管理器里面查看
cv2.waitKey(0)
```

输出结果如下：

```
[[[174  81  48]
  [174  81  48]
  [175  82  49]
  ...
[[[ 48  81 174]
  [ 48  81 174]
  [ 49  82 175]
  ...
```

输出图片如图 3.6 所示。

图 3.6 BGR 转 RGB 色彩空间示例结果

图中，BGR 和原始图像色彩一样，说明 OpenCV 显示的时候也是采用的 BGR 顺序（即将原来的 R 赋值给了 B 通道显示，原来的 B 赋值给了 R 通道显示）。

优点：应用广泛，特别是在保存图像信息等方面。

缺点：颜色分量具有相关性，难以通过亮度的变化判断颜色与确定颜色的阈值范围。比如：应用于人脸肤色分析、肤色处理的效果较差。

3.2.2 GRAY 色彩空间

GRAY 色彩空间通常指 8 位灰度图像（灰度也就是通常说的亮度），由一个字节来存储，所以颜色取值范围为 0～255，共 256 个灰度级。从 RGB 色彩空间到 GRAY 色彩空间的转换是由国际电信联盟（International Telecommunication Union，ITU）根据人眼的适应性而确定的，其公式为：

$$Gray = 0.299R+0.587G+0.114B$$

其中，R、G 和 B 为 RGB 颜色空间中 R、G 和 B 通道的图像像素值。该公式也反映了图像的亮度。

示例：

```
import cv2
img = cv2.imread('rgb.jpg')
cv2.imshow('BGR',img)
print(img.shape)
img2 = cv2.cvtColor(img,cv2.COLOR_BGR2GRAY)
cv2.imshow('GRAY',img2)
cv2.imshow('B',img[:,:,0])#也可以使用 b, g, r = cv2.split(img) 将三个通道分离出来
cv2.imshow('G',img[:,:,1])#使用 cv2.imshow('G',g) 显示
cv2.imshow('R',img[:,:,2])
cv2.waitKey(0)
```

输出结果为：

```
(187, 283, 3)
```

输出图片如图 3.7 所示。

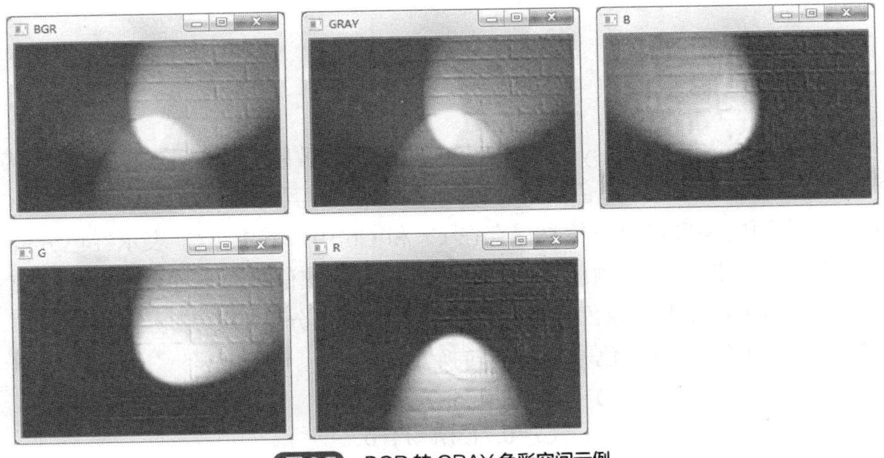

图 3.7　BGR 转 GRAY 色彩空间示例

由输出结果可知，彩色图像的 R、G、B 分量，肉眼看上去还是三个灰度图像，只是显示的区域与原始图像的红、绿、蓝对应。这是因为当调用 imshow()时，把图像的 R、G、B 三个通道的值都统一成了一个通道的值来显示。若想显示彩色的图像，则需要将不显示的通道颜色关闭（设置为 0）。

示例：

```
import numpy as np;
import cv2;
img=cv2.imread("rgb.jpg")
b,g,r = cv2.split(img)
zeros = np.zeros_like(b)#创建与 b 相同大小的零矩阵，b、g、r 大小一样，此处只取了 b
cv2.imshow("B",cv2.merge([b,zeros,zeros]))#显示 (B, 0, 0) 图像
```

```
cv2.imshow("G",cv2.merge([zeros,g,zeros]))#显示（0，G，0）图像
cv2.imshow("R",cv2.merge([zeros,zeros,r]))#显示（0，0，R）图像
cv2.waitKey(0)
```

输出结果如图3.8所示。

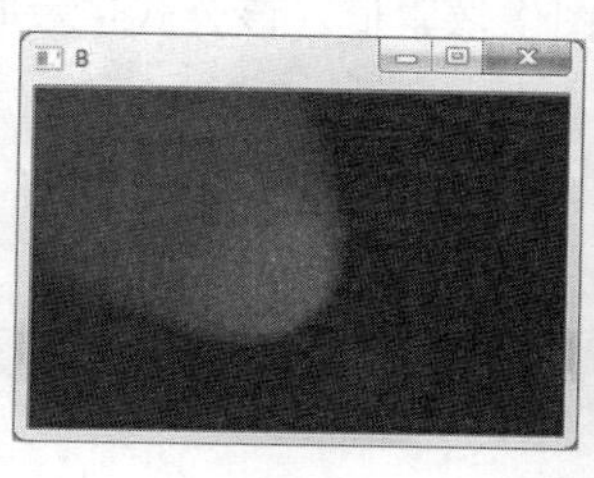
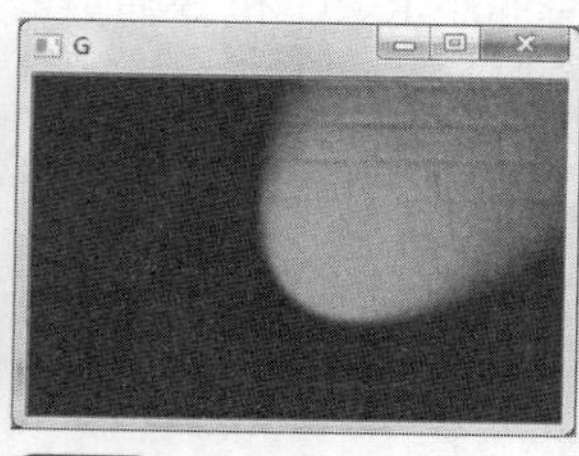
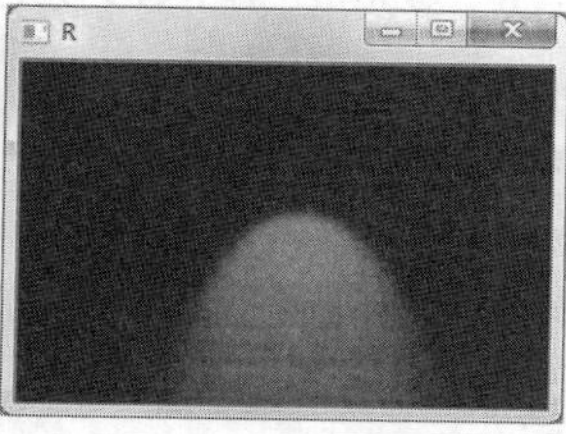

图3.8 GRAY色彩空间示例

可见，不管是彩色还是灰度图，单通道图像在大部分情况下和灰度图像比较接近，所以可以根据实际情况不一定必须进行灰度转换，只需对其中的一个分量进行分析或数值处理即可，特别是对于实时图像处理，这样可以显著提高处理速度。现有的成熟分析算法多是基于灰度图像的，例如视频目标跟踪和识别时，第一步就是要转换为灰度图或采用R、G、B某一通道。除了利用彩色图像的各个分量以及对彩色图像进行变换获得灰度图像之外，还有专门用于拍摄灰度图像的数码摄像机，这种灰度摄像机一般用于工厂的在线图像检测。历史上的黑白电视机、黑白照相机等显示和拍摄的也是灰度图像，这种设备的灰度图像是模拟灰度图像，现在已经基本淘汰。

3.2.3 YCrCb色彩空间

人眼视觉系统（human visual system，HVS）对颜色的敏感度要低于对亮度的敏感度。在传统的RGB色彩空间内，RGB三原色具有相同的重要性，但其忽略了亮度信息。在YCrCb色彩空间中，Y代表光源的亮度，色度信息保存在Cr和Cb中，其中，Cr表示红色分量信息，Cb表示蓝色分量信息。亮度给出了颜色亮或暗的程度信息，该信息可以通过照明中强度成分的加权和来计算。在RGB光源中，绿色分量的影响最大，蓝色分量的影响最小。

从RGB色彩空间到YCrCb色彩空间的转换公式为：

$$Y=0.299R+0.587G+0.114B$$
$$Cr=0.713(R-Y)+\delta$$
$$Cb=0.564(B-Y)+\delta$$

其中，Y和GRAY空间转换公式一样。当图像为8位图像时，$\delta=128$；当图像为16位图像时，$\delta=32767$；当图像为单精度图像时，$\delta=0.5$。

应用示例说明：在人脸检测中常常用到YCrCb空间，因为一般的图像都是基于RGB空间的，在RGB空间里人脸的肤色受亮度影响相当大，所以肤色点很难从非肤色点中分离出来。也就是说，在此空间经过处理后，肤色点是离散的点，中间嵌有很多非肤色，这为肤色区域标定（人脸标定、眼睛等）带来了困难。如果把RGB转为YCrCb空间，则可以忽略Y（亮度）的影响，因为该空间受亮度影响很小，肤色会产生很好的类聚。这样就把三维的空间降为二维的CrCb，肤色点会形成一定的形状，比如人脸会形成一个人脸的区域，手臂会形成一条手臂形态的区域，这对处理模式识别很有好处。根据经验，某点的CrCb值满足$133\leqslant Cr\leqslant 173$，$77\leqslant Cb\leqslant 127$，那么该点被认为是肤色点，其他的就为非肤色点。

优点：YCrCb 颜色空间构成原理与人类视觉感知过程相似，YCrCb 色彩格式具有与其他色彩格式（如 HSV 色彩格式）相类似的将色彩中的亮度分量分离出来的优点。

缺点：转换的过程较为复杂，通常图像保存为 RGB 格式，需要建立相关的转换关系并用一定程序才能将图像转化到 YCrCb 颜色空间；同时其空间坐标表示形式复杂。

3.2.4　HSV 色彩空间

RGB 是从硬件的角度提出的颜色模型，在与人眼匹配的过程中可能存在一定的差异，HSV 色彩空间是一种面向视觉感知的颜色模型。HSV 色彩空间从心理学和视觉的角度出发，指出人眼的色彩知觉主要包含三要素：色调（hue，也称为色相）、饱和度（saturation）、亮度（value）。

色调：指光的颜色。色调与混合光谱中的主要光波长相关，例如“赤橙黄绿青蓝紫”分别表示不同的色调。如果从波长的角度考虑，不同波长的光表现为不同的颜色，实际上它们体现的是色调的差异。

饱和度：指色彩的深浅程度。表示相对纯净度，或一种颜色混合白光的数量。纯谱色是全饱和的，像浅红色（红加白）和淡紫色（紫加白）这样的彩色是欠饱和的。饱和度与所加白光的数量成反比。

亮度：指人眼感受到光的明暗程度。该指标与物体的反射度有关。对于色彩来讲，在其中掺入的白色越多，则其亮度越高；在其中掺入的黑色越多，则其亮度越低。

示例：

```
import cv2
img = cv2.imread('rt.jpg')
img0 = cv2.cvtColor(img,cv2.COLOR_BGR2GRAY)
img2 = cv2.cvtColor(img,cv2.COLOR_BGR2YCrCb)
img3 = cv2.cvtColor(img,cv2.COLOR_BGR2HSV)
print(img0)
print(img2[:,:,0])
print(img3[:,:,2])
```

输出结果为：

```
[[ 82  82  83 ... 121 121 122]
 [ 81  82  83 ... 122 123 123]
 [ 81  81  83 ... 122 122 121]
 ...
[[ 82  82  83 ... 121 121 122]
 [ 81  82  83 ... 122 123 123]
 [ 81  81  83 ... 122 122 121]
 ...
[[174 174 175 ... 213 211 212]
 [173 174 175 ... 214 213 213]
 [173 173 175 ... 214 212 211]
 ...
```

分析结果可知，GRAY 色彩空间的灰度值与 YCrCb 色彩空间的 Y 值，尽管都称为亮度，但它们是不一样的概念，主要因为它们的转换公式不同。有的教材会把 HSV 中的 V 叫作明度或明亮度。这里我们不做详细分析，碰到具体问题请读者对色彩空间进行变化后寻求最佳色彩空间即可。

HSV 色彩空间优点：建立 H 分量或 V 分量对灰度图像分割和处理，色调不随灰度改变而改变。在色度分布发散的情况下，对图像处理得到的分割准确度较高，因此在对象跟踪（颜色跟踪）方面可能具有优势。

HSV 色彩空间缺点：色调取值波动较大，可能会出现奇异性问题，会对颜色的检测造成影响。当亮度很高或很低时，色调分量不稳定。

3.3 图像几何变换

对于图像进行几何上的变形，在图像处理领域被称为几何变换。几何变换在许多场合都有应用。例如，在天气预报中看到的云层图像，就是经过几何变换后获得的图像。由于从人造卫星上用照相机拍摄的图像包含有镜头引起的变形，所以需要通过几何变换进行校正，才能得到无变形的图像。

几何变换是通过改变像素的位置来实现的。与此相对，本节以外的处理都是改变灰度值的处理。几何变换有缩放、翻转、旋转等方式，下面以简单的例子进行说明。

3.3.1 缩放

OpenCV 的 cv2.resize()函数可用于缩放图像，基本格式如下：

cv2.resize(src, dsize=[new_width, new_height], fx, fy, interpolation)

参数说明：

① src：要缩放的（原始）图像。

② dsize：输出图像的大小。第一个参数（new_width）指定输出图像的宽度（列数），第二个参数（new_height）指定输出图像的高度（行数）。

③ fx、fy：水平方向与垂直方向缩放比例。大于 1 放大，小于 1 缩小。

④ interpolation：插值方式，为可选参数，默认取 INTER_LINEAR（双线性插值）。

返回值：返回经缩放后的图像。

interpolation 插值方式具体有：

① cv2.INTER_NEAREST：最近邻插值。

② cv2.INTER_LINEAR：双线性插值（默认方式）。

③ cv2.INTER_CUBIC：三次样条插值。

④ cv2.INTER_AREA：区域插值。

⑤ cv2.INTER_LANCZOS4：一种使用 8×8 近邻的 Lanczos 插值方法。

⑥ cv2.INTER_LINEAR_EXACT：位精确双线性插值。

⑦ cv2.INTER_MAX：差值编码掩码。

⑧ cv2.WARP_FILL_OUTLIERS：标志，填补目标图像中的所有像素。

⑨ cv2.WARP_INVERSE_MAP：标志，逆变换。

当缩小图像时，使用区域插值方式（INTER_AREA）能够得到最好的效果；当放大图像时，使用三次样条插值（INTER_CUBIC）方式和双线性插值（INTER_LINEAR）方式都能够取得较好的效果。三次样条插值方式速度较慢，双线性插值方式速度相对较快且效果并不逊色。

注意：

① 参数 dsize 的优先级比 fx、fy 高。也就是说，如果指定了 dsize 的值，则无论是否指定

了参数 fx、fy，图像大小都由参数 dsize 来决定。

② 注意 dsize 的参数顺序，第一个参数是指定列数（水平方向，图片宽度），第二个参数是指定行数（垂直方向，图片高度）。

③ 如果由参数 fx、fy 指定图像缩放大小，参数 dsize 需设置为 None。

④ fx 和 fy 赋值时候不可以省略“fx”和“fy”，必须写为“fx=宽度比例值”“fy=高度比例值”的形式。

示例：

```
import cv2
img = cv2.imread('rt.jpg')
cv2.imshow('rt',img)
img1 = cv2.resize(img,None,fx=0.5,fy=0.5)      #缩小一半
img2 = cv2.resize(img,None,fx=2,fy=2)          #放大 2 倍
cv2.imshow('0.5',img1)
cv2.imshow('2',img2)
cv2.waitKey(0)
```

输出结果如图 3.9 所示。

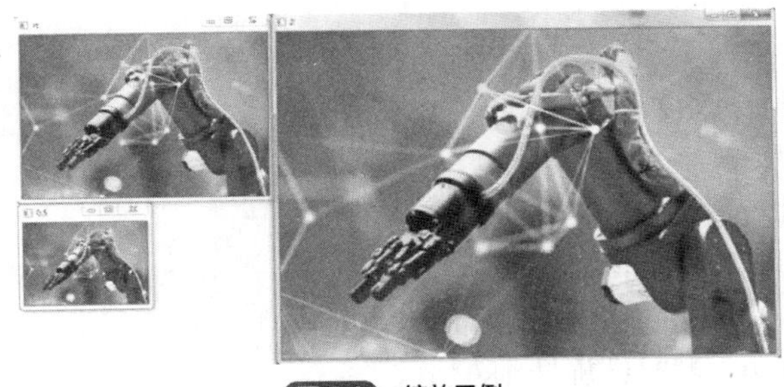

图 3.9　缩放示例

3.3.2　翻转

OpenCV 的 cv2.flip()函数可用于翻转（镜像）图像，该函数可以将图像沿水平方向、垂直方向或水平/垂直方向同时进行翻转，基本格式如下：

cv2.flip(src, flipCode)

参数说明：

① src：要翻转的（原始）图像。

② flipCode：控制参数，整型（int），flipCode＞0 水平（上下）翻转，flipCode=0 垂直（左右）翻转，flipCode＜0 水平和垂直翻转。

返回值：返回经翻转后的图像。

示例：

```
import cv2
img = cv2.imread('rt.jpg')
cv2.imshow('rt',img)
img0 = cv2.flip(img,1)          #水平翻转
img1 = cv2.flip(img,0)          #垂直翻转
img2 = cv2.flip(img,-1)         #水平+垂直翻转
cv2.imshow('H',img0)
cv2.imshow('V',img1)
```

```
cv2.imshow('HV',img2)
cv2.waitKey(0)
```

输出结果如图 3.10 所示。

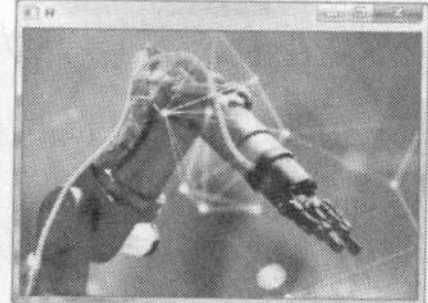
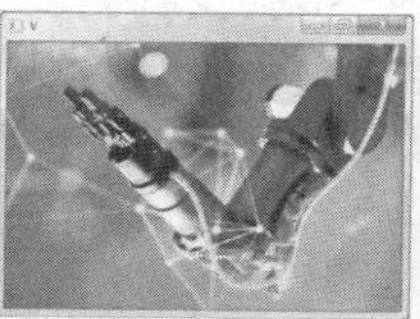
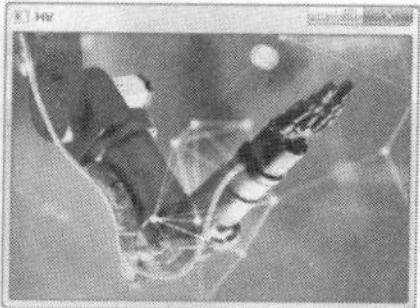

图 3.10 翻转示例

3.3.3 旋转（直角旋转）

OpenCV 的 cv2.rotate()函数可用于等 90° 间隔的图像旋转，即该函数可以将图像旋转 90°、180°、270°，该方法实际上是通过矩阵转置实现的，因此相较于旋转任意角度的函数速度更快。基本格式如下：

cv2.rotate(src, rotateCode)

参数说明：

① src：要旋转的（原始）图像。

② rotateCode：指定旋转角度。

返回值：返回经旋转后的图像。

其中，rotateCode 取值为枚举类型：

① cv2.ROTATE_90_CLOCKWISE：顺时针旋转 90°。

② cv2.ROTATE_180：顺时针旋转 180°。

③ cv2.ROTATE_90_COUNTERCLOCKWISE：逆时针旋转 90°。

示例：

```
import cv2
img = cv2.imread('rt.jpg')
cv2.imshow('rt',img)
img0 = cv2.rotate(img,0)      #枚举值 0，等价 ROTATE_90_CLOCKWISE
img1 = cv2.rotate(img,1)      #枚举值 1，等价 ROTATE_180
img2 = cv2.rotate(img,2)      #枚举值 2，等价 ROTATE_90_COUNTERCLOCKWISE
cv2.imshow('90',img0)
cv2.imshow('180',img1)
cv2.imshow('270',img2)
cv2.waitKey(0)
```

输出结果如图 3.11 所示。

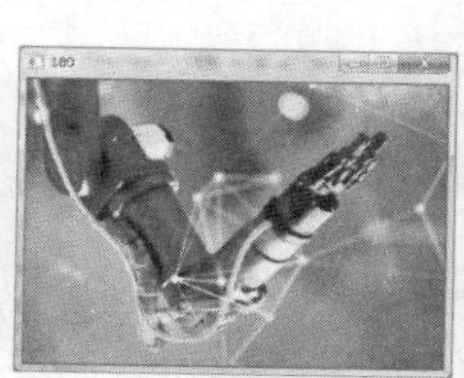

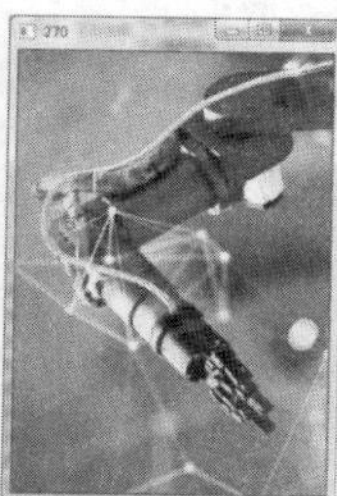

图 3.11 旋转示例

3.3.4 仿射变换

仿射变换是一种由二维坐标（x，y）到二维坐标（u，v）的线性变换，其数学表达式形式如下：

$$\begin{cases} u=a_1x+b_1y+c_1 \\ v=a_2x+b_2y+c_2 \end{cases}$$

对应的齐次坐标矩阵的表示形式为：

$$\begin{bmatrix} u \\ v \end{bmatrix} = \boldsymbol{M}\begin{bmatrix} x \\ y \\ 1 \end{bmatrix} = \begin{bmatrix} a_1 & b_1 & c_1 \\ a_2 & b_2 & c_2 \end{bmatrix}\begin{bmatrix} x \\ y \\ 1 \end{bmatrix}$$

式中，$\boldsymbol{M}$ 是变换矩阵；（x,y）为原坐标，（u,v）为变换后的坐标，不同的变换对应不同的变换矩阵，巧妙地设置变换矩阵 $\boldsymbol{M}$ 就可以实现平移、旋转、缩放等操作。仿射变换的主要特点是：原图像中所有的平行线在转换后的图像中仍然平行。

OpenCV 的 cv2.warpAffine()函数可用于图像的仿射变换，但需要提供一个 2×3 的变换矩阵，基本格式如下：

cv2.warpAffine(src, M, dsize[, flags,borderMode,borderValue])

参数说明：

① src：原始图像。

② M：变换矩阵。

③ dsize：输出图像的大小。

④ flags：插值方式，默认为 cv2.INTER_LINEAR，可选参数。

⑤ borderMode：边界像素模式，默认为 cv2.BORDER_CONSTANT，可选参数。

⑥ borderValue：边界填充值，默认为 0，可选参数。

返回值：经仿射后的图像。

（1）平移

若让图像沿着 x 轴平移 t_x，沿着 y 轴移动 t_y，则对应的表达式形式如下：

$$\begin{cases} u=x+t_x \\ v=y+t_y \end{cases}$$

对应的变换矩阵为：

$$\boldsymbol{M}=\begin{bmatrix} 1 & 0 & t_x \\ 0 & 1 & t_y \end{bmatrix}$$

示例：

```
import cv2
import numpy as np
img = cv2.imread('rt.jpg')
cv2.imshow('rt',img)
height = img.shape[0]                #获取图像的高
width = img.shape[1]                 #获取图像的宽
```

```
dsize=(width,height)                    #设置输出图像的大小
m = np.float32([[1,0,100],[0,1,50]])# np.float32 表示建立 float32 类型的 np.array
img1 = cv2.warpAffine(img,m,dsize)
cv2.imshow('imgx+100y+50',img1)
cv2.waitKey(0)
```

输出结果如图 3.12 所示。

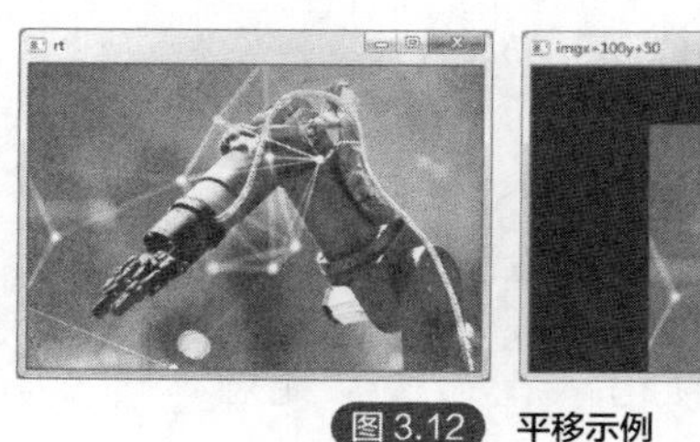
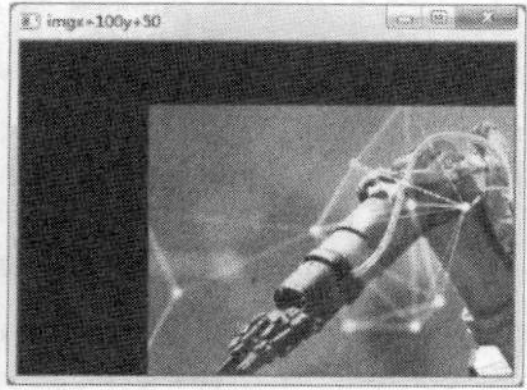

图 3.12 平移示例

（2）缩放

若图像沿着宽度方向缩放比例为 w，沿着高度方向缩放比例为 h，则对应的表达式形式如下：

$$\begin{cases} u=wx \\ v=hy \end{cases}$$

对应的变换矩阵为：

$$\boldsymbol{M}=\begin{bmatrix} w & 0 & 0 \\ 0 & h & 0 \end{bmatrix}$$

示例：

```
import cv2
import numpy as np
img = cv2.imread('rt.jpg')
cv2.imshow('rt',img)
height = img.shape[0]                   #获取图像的高
width = img.shape[1]                    #获取图像的宽
dsize=(width,height)                    #设置输出图像的大小
m = np.array([[0.5,0,0],[0,0.5,0]])#设置转换矩阵
img1 = cv2.warpAffine(img,m,dsize)
cv2.imshow('img/2',img1)
cv2.waitKey(0)
```

输出结果如图 3.13 所示。

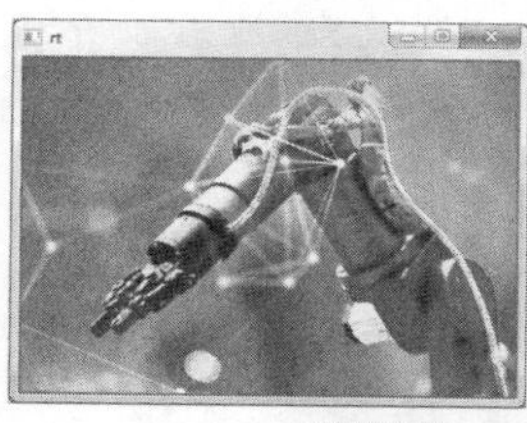
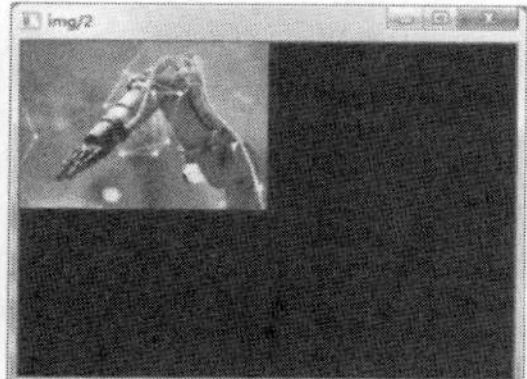

图 3.13 缩放示例结果图

（3）旋转

若让图像绕着原点逆时针旋转 θ，则对应的坐标变换表达式形式如下：

$$\begin{cases} u = x\cos\theta - y\sin\theta \\ v = \sin\theta x + \cos\theta y \end{cases}$$

对应的变换矩阵为：

$$\boldsymbol{M} = \begin{bmatrix} \cos\theta & -\sin\theta & 0 \\ \sin\theta & \cos\theta & 0 \end{bmatrix}$$

但在实际中往往不是绕着原点旋转的，所以还需要做进一步的坐标变换，OpenCV 提供了一个函数 cv2.getRotationMatrix2D()，可以方便地得到旋转变换矩阵，这个函数需要给定三个参数，即旋转中心、旋转角度和旋转后图像的缩放比例。基本格式如下：

cv2.getRotationMatrix2D(centor, angle, scale)

参数说明：

① centor：相对原始图像的旋转中心坐标。

② angle：旋转角度，正数表示逆时针方向，负数表示顺时针方向旋转。

③ scale：缩放比例。

返回值：转换矩阵。

示例：

```
import cv2
img = cv2.imread('rt.jpg')
cv2.imshow('rt',img)
height,width = img.shape[:2]
dsize=(width,height)
m = cv2.getRotationMatrix2D((width/2,height/2),30,0.5)
img1 = cv2.warpAffine(img,m,dsize)
cv2.imshow('rotation',img1)
cv2.waitKey(0)
```

输出结果如图 3.14 所示。

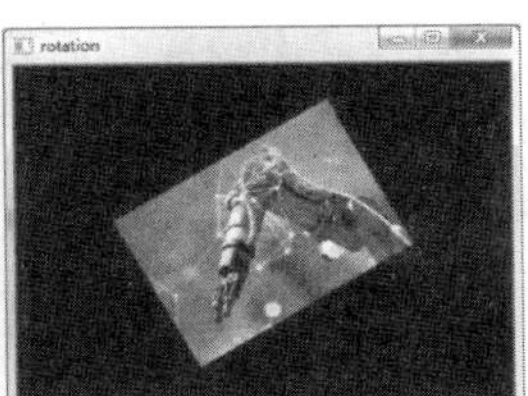

图 3.14　旋转示例结果图

显然，获取变换矩阵过程中若旋转角度取 0°，仅设置比例，可以实现以特定点为中心缩放。

（4）三点映射（转换为平行四边形）

若要将图像转换为任意的平行四边形，则变换矩阵将十分复杂。OpenCV 提供了函数 cv2.getAffineTransform()，可以方便地得到转换为平行四边形的变换矩阵。这个函数需要给定两个参数，即原图像的三个参照点坐标、与原图像三个参照点相对应的目标图像三个点坐标。基本格式如下：

cv2.getAffineTransform(pos1, pos2)

参数说明：

① pos1：原始图像的三个点的坐标。

② pos2：在目标图像上与原始图像三个点相对应的坐标。

返回值：转换矩阵。

示例：

```
import cv2
import numpy as np
img = cv2.imread('rt.jpg')
cv2.imshow('rt',img)
height,width = img.shape[:2]
dsize=(width,height)
pos1 = np.float32([[0,0.],[width-10,0],[0,height-10]])    #原始图像的三个点
pos2 = np.float32([[40,40],[width-50,20],[30,height-50]]) #目标图像的三个点
m = cv2.getAffineTransform(pos1,pos2)
img1 = cv2.warpAffine(img,m,dsize)
cv2.imshow('...',img1)
cv2.waitKey(0)
```

输出结果如图 3.15 所示。

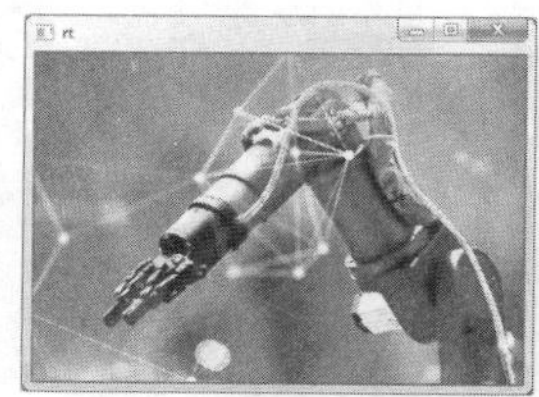

图 3.15 三点映射示例结果图

(5) 透视（转换为任意四边形）

透视，即将图像转换为任意四边形，并使转换前后图像中的直线仍然保持为直线。OpenCV 通过函数 cv2.warpPerspective()进行透视变换［注意，不再使用 cv2.warpAffine()，但函数的参数与 cv2.warpAffine()一致］。同理，该函数也需要变换矩阵，变换矩阵采用四点映射的方式获得，获取变换矩阵的函数是 cv2.getPerspectiveTransform()。

获取图像透视的变换矩阵函数原型如下：

cv2.getPerspectiveTransform(pos1, pos2)

参数说明：

① pos1：原始图像的四个点的坐标。

② pos2：在目标图像上与原始图像四个点相对应的坐标。

返回值：变换矩阵。

示例：

```
import cv2
import numpy as np
img = cv2.imread('rt.jpg')
cv2.imshow('rt',img)
height,width = img.shape[:2]
dsize=(width,height)
pos1 = np.float32([[0,0.],[width-10,0],[0,height-10],[width-1,height-1]])
pos2 = np.float32([[40,40],[width-50,20],[30,height-50],[width-150,height-50]])
m = cv2.getPerspectiveTransform(pos1,pos2)
```

```
img1 = cv2.warpPerspective(img,m,dsize)
cv2.imshow('...',img1)
cv2.waitKey(0)
```

输出结果如图 3.16 所示。

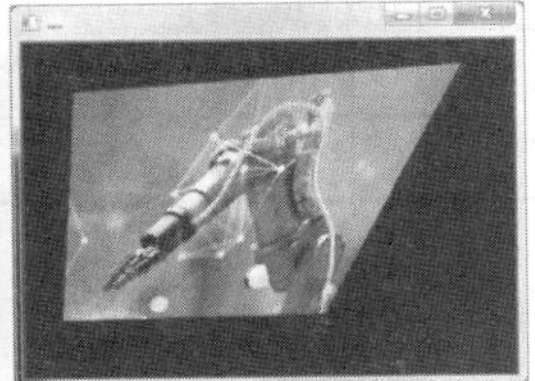

图 3.16 透视示例结果图

3.4 直方图修正

图像是由不同数值（颜色）的像素构成的，像素值在图像中的分布情况是图像的重要属性。直方图是一个简单的表，它给出了一幅图像或一组图像中拥有给定数值的像素的数量。如灰度图像的直方图有 256 个条目（或称为容器），0 号容器给出值为 0 的像素个数，1 号容器给出值为 1 的像素个数，依此类推。显然，如果对直方图的所有项求和，会得到像素的总数。直方图也可以被归一化，归一化后的所有项之和等于 1。在这种情况下，每一项给出的都是拥有特定数值的像素在图像中占的比例，使用归一化直方图做目标匹配不易受到目标翻转和目标大小变化的影响。可以利用直方图修改图像的清晰度、标识图像的内容、检测图像中特定的物体或纹理等。

3.4.1 灰度图像直方图

在灰度图像中每个像素都有一个 0（黑）～255（白）之间的数值与之对应，若将灰度图像看作一个大矩阵，像素值矩阵中每个元素的大小就是像素值。直方图就是统计这个矩阵中某个像素值有多少个元素。灰度图像的直方图由 256 个像素值（灰度级）组成，统计每个像素值的元素个数（像素数），并以图的方式表示出来就可得到灰度图像的直方图。例如，图 3.17 中（a）为灰度图原图，（b）为原图上截取 6×6 区域放大后的图像，表 3.1 为图 3.17（b）图像对应的像素“矩阵”，表 3.2 为对应的统计数据，图 3.18 为对应的直方图。

(a)

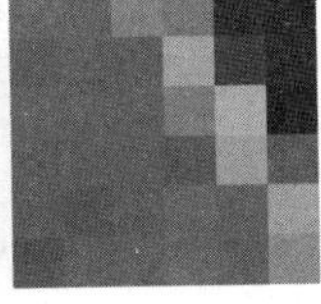

(b)

图 3.17 截取 6×6 灰度图像

表 3.1 灰度图像像素矩阵

114	113	133	126	60	54
107	110	111	157	82	62
114	110	111	131	163	57
109	110	111	106	153	107
109	104	116	116	114	154
101	110	113	115	111	140

表 3.2　灰度级与像素数统计表

灰度级	54	57	60	62	82	101	104	106	107	109	110	111
像素数	1	1	1	1	1	1	1	1	2	2	4	4
灰度级	113	114	115	116	126	131	133	140	153	154	157	163
像素数	2	3	1	2	1	1	1	1	1	1	1	1

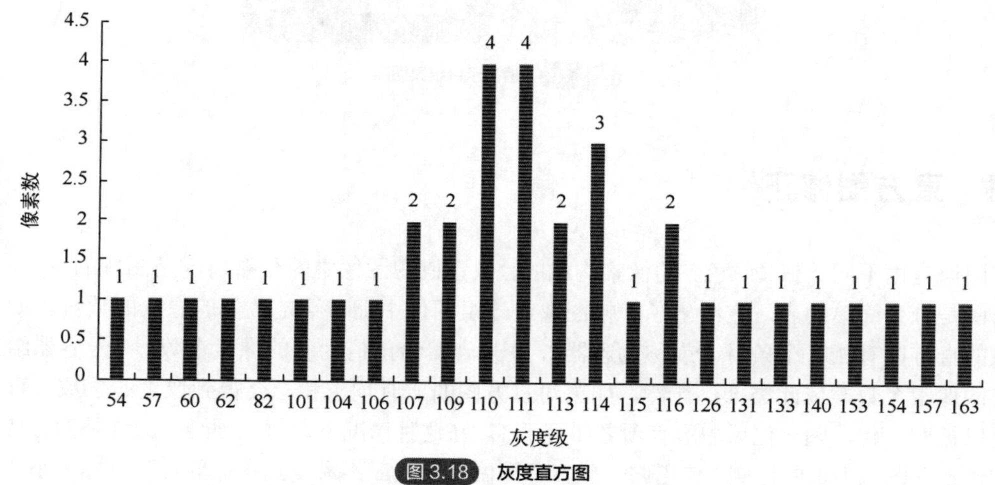

图 3.18　灰度直方图

Matplotlib 的 hist()函数即为绘制直方图函数。其原型为：

matplotlib.pyplot.hist(x, bins=10, range=None, normed=False, weights=None, cumulative=False, bottom=None, histtype='bar', align='mid', orientation='vertical', rwidth=None, log=False, color=None, label=None, stacked=False)

其中，几个常用参数说明如下，其他参数请读者自行到 Matplotlib 的官网查阅。

① x：指定要绘制直方图的数据。绘制 BGR 图像的直方图时，通常 OpenCV 中的 BGR 图像是三维数组，可用 ravel()函数将其转成一维数组。

② bins：指定直方图条形的个数，图像直方图中表示灰度级的分组数量，默认 10。

③ normed：是否将得到的直方图向量归一化，可选项，默认为 0，代表不归一化，显示频数。normed=1，表示归一化，显示频率。

④ orientation：设置直方图的摆放方向，默认为垂直方向。

⑤ color：设置直方图的填充色。

⑥ label：设置直方图的标签，可通过 legend 展示其图例。

⑦ stacked：当有多个数据时，是否需要将直方图呈堆叠摆放，默认水平摆放。

3.4.2　图像清晰化

清晰的图像不仅人眼看上去有美感，而且也有助于提高计算机进行相关操作的准确率。清晰图像是指对象物体的亮度和色彩的细微差别被清楚地拍摄下来的图像，但摄像机所得到图像并不一定是清晰的。例如，黑暗中拍摄的动物或者草丛中拍摄的蝗虫，这类目标物融入了具有相似亮度或者色彩的背景之中，这样的图像就难以分辨。对这样的图像，可对动物、蝗虫与背景之间在色彩和亮度上微小的差值进行增幅，从而可使背景中的动物和蝗虫的姿态显现出来。像这样对图像中包含的亮度和色彩等信息进行增幅，或者将这些信息变换成其他形式的信息等，通过各种手段来获得清晰图像的方法被称为图像增强。图像增强技术用于解决由于图像的灰度级范围较小造成的对比度较低的问题，目的就是将输出图像的灰度值放大到指定的程度，使得图像看起来更加清晰。

（1）对比度增强

画面的明亮部分与阴暗部分的灰度比值称为对比度（contrast）。对比度高的图像中物体的轮廓分明可见，为清晰图像；相反，对比度低的图像中物体轮廓模糊，为不清晰图像。对于对比度低的图像，可使其白的部分更白、黑的部分更黑，即对比度增强，从而得到清晰图像。

一种对比度增强的处理方法是把图像中的像素的灰度值都扩大 n 倍并整体增加或减少灰度值，即

$$g(x,y)=nf(x,y)+b$$

其中，$g(x,y)$为变换后的图像；$f(x,y)$为原始图像；n 和 b 为变换系数。如果 $n>1$，则输出图像的对比度比原图有所增大；如果 $0<n<1$，则输出图像的对比度比原图有所减小。b 值的改变，影响的是输出图像的亮度：当 $b>0$ 时，亮度增加；当 $b<0$ 时，亮度减小。

此种变换属于线性变换，计算的输出值可能大于 255，此时就需要将这些值截断为 255，而不是按默认情况由计算机溢出处理。

示例：

```
import cv2
import matplotlib.pyplot as plt
img = cv2.imread('rtb.jpg')
cv2.imshow('rtb',img)
img1 = cv2.cvtColor(img,cv2.COLOR_BGR2GRAY)
cv2.imshow('rtbg',img1)
plt.hist(img1.ravel(),256)
cv2.waitKey(0)
```

输出结果如图 3.19 所示。

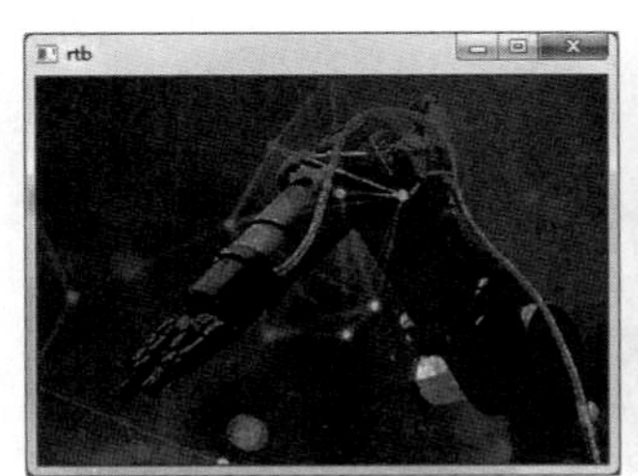

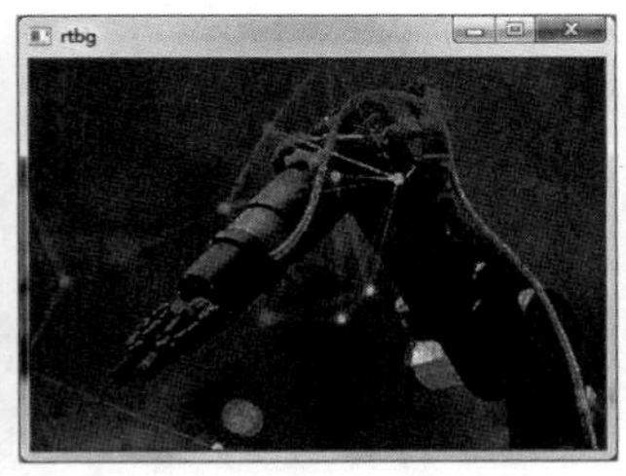

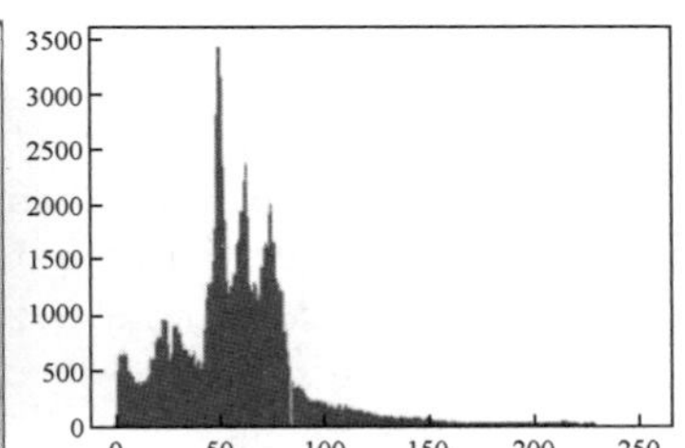

图 3.19 对比度增强示例结果图（一）

上述程序运行结果中，第一幅为原始的较暗的彩色图片，第二幅为原始图片转成的灰度图，第三幅为第二幅的灰度直方图。由第三幅图可见，像素值主要集中在 0～120，少量在 120 之外。所以给图像做 2 倍对比度增强可能会有明显的变亮效果。

示例：

```
import cv2
import numpy as np
img = cv2.imread('rtb.jpg')
cv2.imshow('rtb',img)
img1 = cv2.cvtColor(img,cv2.COLOR_BGR2GRAY)
cv2.imshow('rtbg',img1)
#print(img1.dtype)                          #输出数组类型 unit8
img2 = 2.0*img1                             #.0 是将 img1 的类型转化为 float。可直接用于彩色图像
#print(img2.dtype)                          #输出数组类型 float64
img2[img2>255]=255                          #将大于 255 的转成 255
img2 = img2.astype(np.uint8)                #将类型再转回 uint8
#也可以使用类似 C 语言的办法实现
'''
img2 = img1
for i in range(img1.shape[0]):
    for j in range(img1.shape[1]):
        if(2*img1[i,j]>255):
            img2[i,j]=255
        else:
            img2[i,j] = 2*img1[i,j]
'''
cv2.imshow('rtbgz',img2)
cv2.waitKey(0)
```

输出结果如图 3.20 所示。

图 3.20　对比度增强示例结果图（二）

同样，第一幅为原始的较暗的彩色图片，第二幅为原始图片转成的灰度图，第三幅则为经过将灰度值扩大 2 倍后的结果（扩大后若像素值超过 255 则强制改写成 255）。

示例：

```
import cv2
import numpy as np
import matplotlib.pyplot as plt
img = cv2.imread('rtb.jpg')
img1 = cv2.cvtColor(img,cv2.COLOR_BGR2GRAY)
img2 = 2.0*img1                         #.0 是为了将 img1 的 uint8 转为范围更大的 float
img2[img2>255]=255                      #将大于 255 的转成 255
img2 = img2.astype(np.uint8)            #将类型再转回 uint8
plt.hist(img2.ravel(),256)
```

输出结果如图 3.21 所示。

此例为原始灰度图经过 2 倍对比度增强后的直方图，可见像素值不再集中，呈现一定的分散，而图中 250 的位置（实际是 255）尤为突出，主要是因为对 2 倍增强后图像中大于 255 的

像素做了强制 255 变换。

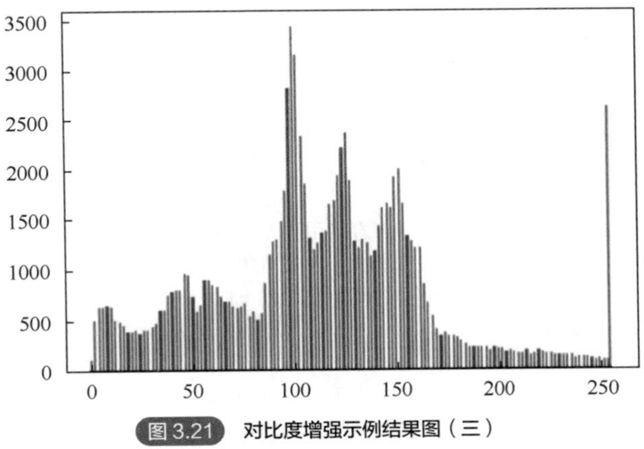

图 3.21　对比度增强示例结果图（三）

（2）伽马变换

伽马变换对像素值做的是幂次方变换，主要使图像的灰度级发生改变。转换的原理为将原始图像像素归一化（原来像素值除以 255，可理解为将亮度变化为 0%～100%），然后按下式进行变换，再将结果反归一化变换到 0～255（乘以 255）。

$$g(x,y)=[f(x,y)]^{\gamma}$$

其中，$g(x,y)$为变换后的亮度值；$f(x,y)$为原始图像归一化后的亮度值。当 γ 取 2.2 和 1/2.2 时，其图像如图 3.22 所示，水平轴为归一化后的亮度值，纵轴为经伽马变换后的亮度值。

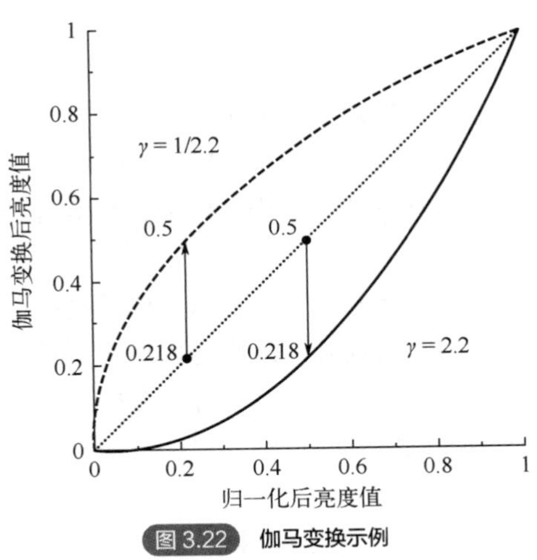

图 3.22　伽马变换示例

由图像分析知：

当 $\gamma<1$ 时，在低灰度值区域内，动态范围变大，图像对比度增加；在高灰度值区域，动态范围变小，图像对比度降低。同时，图像的整体灰度值变大，即图像变亮。

当 $\gamma>1$ 时，在低灰度值区域内，动态范围变小，图像对比度降低；在高灰度值区域，动态范围变大，图像对比度提高。同时，图像的整体灰度值变小，即图像变暗。

明显，此种变换属于非线性变换，计算的输出值可能大于 255，此时就需要将这些值截断为 255，而不是按默认情况由计算机溢出处理。

示例：

```
import cv2
import numpy as np
img = cv2.imread('rtb.jpg')
cv2.imshow('rtb',img)
img1 = cv2.cvtColor(img,cv2.COLOR_BGR2GRAY)
cv2.imshow('rtbg',img1)
img1 = img1/255                         #归一化
img2 = np.power(img1,0.5)*255           #可直接用于彩色图像，γ=0.5
img2[img2>255]=255                      #将大于 255 的转成 255
img2 = img2.astype(np.uint8)            #将类型再转回 uint8
cv2.imshow('0.5',img2)
img3 = np.power(img1,1.5)*255           #γ=1.5
img3[img3>255]=255                      #将大于 255 的转成 255
img3 = img3.astype(np.uint8)            #将类型再转回 uint8
cv2.imshow('1.5',img3)
cv2.waitKey(0)
```

输出结果如图 3.23 所示。

图 3.23 伽马变换示例结果图

（3）对数变换

图像的对数变换主要是对原图像取对数，如下式所示：

$$g(x,y)=c\times\ln(1+[f(x,y)])$$

其中，$g(x,y)$为变换后的图像；$f(x,y)$为原始图像；c 为缩放因子，用来对变换后图像的亮度进行整体缩放。

因为对数曲线在像素值较低的区域斜率大，在像素值较高的区域斜率较小，因此图像经过对数变换后，较暗区域的对比度将有所提升，从而可以增强图像的暗部细节。所以，对数变换可以将图像的低灰度值部分扩展，显示出低灰度部分更多的细节，将高灰度值部分压缩，减少高灰度值部分的细节，从而达到图像增强的目的。

示例：

```
import cv2
import numpy as np
img = cv2.imread('rtb.jpg')
cv2.imshow('rtb',img)
img1 = cv2.cvtColor(img,cv2.COLOR_BGR2GRAY)
cv2.imshow('rtbg',img1)
c = 255 / np.log(1 + np.max(img))       #控制最大值不超过 255
img2 = c*np.log(1+img1)                 #可直接用于彩色图像
img2 = img2.astype(np.uint8)            #将类型再转回 uint8
cv2.imshow('rtbglog',img2)
cv2.waitKey(0)
```

输出结果如图 3.24 所示。

图 3.24　对数变换示例结果图

利用上述几种方法进行对比度增强后的图像明暗分明，增强后图像的直方图也不再集中在某一区域。在实际过程中，可以调整 n 和 b 或 γ 或 c 来寻求最佳增强效果，以便能得到清晰图像。当然，也可以将直方图分段进行图像增强，只是需要手动调整的量更多。那么，有没有对原始图像进行自动分析、实现自动增强对比度的方法呢？答案是有，即直方图均衡化。

（4）直方图均衡化

直方图均衡化的主要思想是：把原始图像的灰度直方图从比较集中的某个灰度区间均匀分布到全部灰度范围内（“均匀”分布的直方图）。直方图均衡化就是对图像进行非线性拉伸，重新分配图像像素值，使一定灰度范围内的像素数量大致相同。OpenCV 的 cv2.equalizeHist()函数用于实现直方图均衡化。

示例：

```
import cv2
import matplotlib.pyplot as plt
img = cv2.imread('rtb.jpg')
img1 = cv2.cvtColor(img,cv2.COLOR_BGR2GRAY)
cv2.imshow('rtbg',img1)
img2 = cv2.equalizeHist(img1)      #直方图均衡化
cv2.imshow('rtbge',img2)
plt.hist(img2.ravel(),256)
cv2.waitKey(0)
```

输出结果如图 3.25 所示。

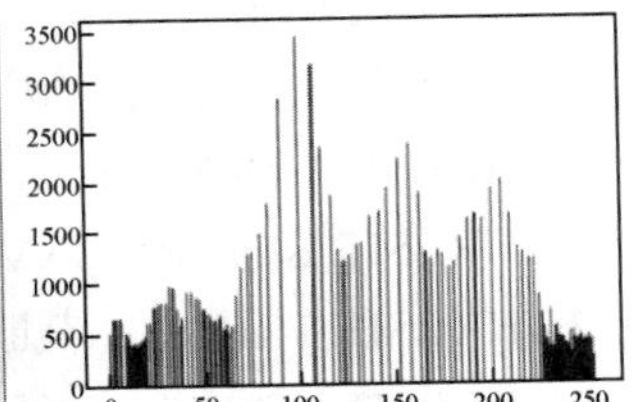

图 3.25　直方图均衡化示例结果图（一）

可见，经过直方图均衡化后的直方图数值越高的“线条”越稀疏，数值越低的看上去越密。

一般地，图像对比度增强都是在灰度图上进行的，最常用的办法就是直方图均衡化。彩色图像的对比度增强其实道理相同，可以对 R、G、B 三个通道中的任意多个通道进行直方图均衡化，然后通过合并函数组合成新三通道图像。

示例：

```
import cv2
img = cv2.imread('hei.jpg')
cv2.imshow('hei',img)
b,g,r=cv2.split(img)
b = cv2.equalizeHist(b)     #直方图均衡化
g = cv2.equalizeHist(g)     #直方图均衡化
r = cv2.equalizeHist(r)     #直方图均衡化
img2=cv2.merge([b,g,r])
cv2.imshow('hei_equalize',img2)
cv2.waitKey(0)
```

输出结果如图 3.26 所示。

图 3.26 直方图均衡化示例结果图（二）

也可以将 RGB 色彩空间图像转到 YCrCb 色彩空间，对 Y 分量上的图像进行直方图均衡化，读者可自行尝试。

3.4.3 全局阈值处理

阈值处理用于剔除图像中像素值高于或低于指定值像素点。

OpenCV 的 cv2.threshold()函数用于实现全局阈值处理，基本格式如下：

cv2.threshold(src, thresh, maxval, type)

参数说明：

① src：待处理的图像，必须是单通道的灰度图像。

② thresh：阈值，即与图像中每一个像素的灰度值进行比较的值。

③ maxval：满足 type 特定条件时像素点需要设置的灰度值。

④ type：阈值处理的方法，常用的有以下几种：

- cv2.THRESH_BINARY：二值化。若大于 thresh 置 maxval，反之 0。
- cv2.THRESH_BINARY_INV：反二值化。若大于 thresh 置 0，反之 maxval。
- cv2.THRESH_TRUNC：截断阈值处理。若大于 thresh 置 thresh，反之不变。
- cv2.THRESH_TOZERO：低阈值零处理。若小于 thresh 置 0，反之不变。
- cv2.THRESH_TOZERO_INV：超阈值零处理。若大于 thresh 置 0，反之不变。

返回值：该函数有两个返回值，分别是：阈值（如果 type 在上述处理方法上加 cv2.THRESH_OTSU 或 cv2.THRESH_TRIANGLE，则该值为自动计算出的最优阈值）、处理后的图像。

cv2.THRESH_OTSU、cv2.THRESH_TRIANGLE 分别为使用最小二乘法和使用三角算法处理像素点，会与 type 给定参数配合得到最优阈值。cv2.THRESH_OTSU 一般适合灰度直方图呈双峰的图像；cv2.THRESH_TRIANGLE 一般适合灰度直方图呈单峰的图像。

示例：

```
import cv2
img = cv2.imread("rt.jpg",0)#将读取的图像转成灰度格式
thr1,img1 = cv2.threshold(img,127,255,cv2.THRESH_BINARY)
thr2,img2 = cv2.threshold(img,127,255,cv2.THRESH_BINARY_INV)
thr3,img3 = cv2.threshold(img,127,255,cv2.THRESH_TRUNC)
thr4,img4 = cv2.threshold(img,127,255,cv2.THRESH_TOZERO)
thr5,img5 = cv2.threshold(img,127,255,cv2.THRESH_TOZERO_INV)
thr6,img6 = cv2.threshold(img,127,255,
                cv2.THRESH_BINARY+cv2.THRESH_OTSU)
thr7,img7 = cv2.threshold(img,127,255,
                cv2.THRESH_BINARY+cv2.THRESH_TRIANGLE)
cv2.imshow("rt",img)
cv2.imshow("binary",img1)
cv2.imshow("binary_inv",img2)
cv2.imshow("binary_trunc",img3)
cv2.imshow("binary_tozero",img4)
cv2.imshow("binary_tozero_inv",img5)
cv2.imshow("binary_otsu",img6)
cv2.imshow("binary_triangle",img7)
print(thr1,thr2,thr3,thr4,thr5,thr6,thr7)
cv2.waitKey(0)
```

输出结果如下：

```
127.0 127.0 127.0 127.0 127.0 114.0 114.0
```

输出图像如图 3.27 所示。

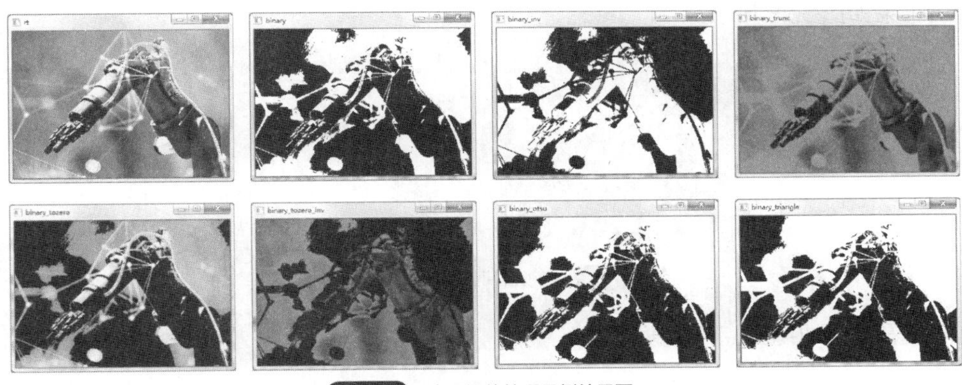

图 3.27　全局阈值处理示例结果图

由本例结果可知，cv2.THRESH_OTSU（通常称为大津算法或最大类间方差法）和 cv2.THRESH_TRIANGLE 可以帮助寻找最优阈值。

3.4.4　自适应阈值处理

自适应阈值处理也称为局部阈值处理，它通过计算每个像素点领域的加权平均值来确定阈值，并用该阈值处理当前像素点。全局阈值处理适用于色彩均衡的图像，自适应阈值处理适用于明暗差异较大的图像。

OpenCV 的 cv2.adaptiveThershold()函数用于实现自适应阈值处理，其格式如下：

cv2.adaptiveThreshold(src,maxValue,adaptiveMethod,thresholdType,blockSize,C)

这个函数的原理是把图片中每个像素点作为中心取 $N\times N$ 的区域，然后计算这个区域的阈值，来决定这个像素点置 0 还是置 255。

参数说明：

① src：需要进行二值化的一张灰度图像。

② maxValue：满足条件的像素点需要设置的灰度值。

③ adaptiveMethod：自适应阈值算法。可选 ADAPTIVE_THRESH_MEAN_C（取邻域所有像素点均值，即邻域权重相同）或 ADAPTIVE_THRESH_GAUSSIAN_C（取邻域像素点正态分布均值，即邻域权重按正态分布）。

④ thresholdType：二值化方法，取 THRESH_BINARY 或 THRESH_BINARY_INV。

⑤ blockSize：要分成的区域大小，一般取奇数。

⑥ C：常数，在每个区域计算出的阈值的基础上再减去这个常数作为这个区域的最终阈值，可取负数。

返回值：二值化后的图像。

示例：

```
import cv2
img = cv2.imread("rt.jpg",0)#将读取的图像转成灰度格式
img1 = cv2.adaptiveThreshold(img,255,cv2.ADAPTIVE_THRESH_MEAN_C,
cv2.THRESH_BINARY,5,10)
cv2.imshow("rt",img)
cv2.imshow("adaptiveThreshold",img1)
cv2.waitKey(0)
```

输出结果如图 3.28 所示。

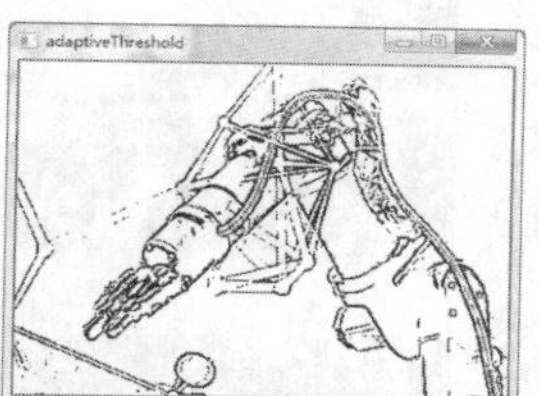

图 3.28 自适应阈值处理示例结果图

本例可看出，边缘重点突出明显。

3.5 图像去噪及卷积

3.5.1 图像噪声

噪声在图像上常表现为具有较强视觉效果的孤立像素点或像素块。一般，噪声信号与要研究的对象不相关，它以无用的信息形式出现，扰乱图像的可观测信息。通俗地说，噪声会导致图像质量下降，甚至失真，为了抑制噪声、提高图像质量，需对图像进行平滑处理。图 3.29 为

椒盐噪声（又称为脉冲噪声，它在随机的位置上改变一些像素的亮度值，导致正常图像产生了亮白点或暗黑点或黑白杂点），除此之外还有随机噪声（在位置和亮度值均由随机产生的噪声）、高斯噪声（图像中存在服从高斯分布的噪声像素）等。消除图像中这类噪声的方法称为图像平滑或滤波。

下面介绍几种常用的图像滤波处理方法。

图 3.29　带有噪声的图像

3.5.2　均值滤波

均值滤波是最简单的消除噪声方法。以一个像素为核心（锚点），其周围像素可以组成一个 n 行 n 列的单位矩阵，这样的矩阵结构在滤波操作中被称为滤波核（或卷积核、模板、掩膜），矩阵的行和列决定了滤波核的大小。均值滤波原理是：滤波核在图像上滑动，将核的锚点放在特定位置的像素上，同时，核内的其他值与该像素邻域的各像素重合，对滤波核内的所有像素值求平均，将所得结果放到与锚点对应的像素位置上，然后对图像所有像素重复上述过程（注意：一般不是替换，而是重新生成一张新图像）。比如一幅如图 3.30（a）所示的灰度值图像，中间点的灰度值相比周围其他像素格外显眼（大或小），说明该点处可能就是出现的噪声，欲消除该噪声，可以在该点处以它为中心加周围 8 个点的值（3×3 的滤波核）取平均（128+135+133+115+2+135+120+134+133）/9 = 115 来替换，结果如图 3.30（b）所示。尽管此方法能对噪声起到一定的抑制效果，但是，这种方法是不管噪声还是边缘都一视同仁地模糊化，结果是噪声被消除的同时，目标图像也模糊了。

128	135	133
115	2	135
120	134	133

(a)

128	135	133
115	115	135
120	134	133

(b)

图 3.30　均值滤波计算示例

OpenCV 将均值滤波器封装为 cv2.blur()函数，该函数常用的三个重要参数分别是需要去噪的原图像、滤波核大小（高、宽）、锚点位置[默认值是（−1,−1），表示当前计算均值的点位于核的中心点位置]。其返回值为均值滤波后的图像。

示例：

```
import cv2
img = cv2.imread("noisy_img.jpg")   # 读取原图
img1 = cv2.blur(img, (3,3))         # 使用大小为 3×3 的滤波核进行均值滤波
img2 = cv2.blur(img, (5, 5))        # 使用大小为 5×5 的滤波核进行均值滤波
```

```
img3 = cv2.blur(img, (9, 9))          # 使用大小为 9×9 的滤波核进行均值滤波
cv2.imshow("img",img)                 # 显示原图
cv2.imshow("3*3",img1)                # 显示滤波效果
cv2.imshow("5*5", img2)
cv2.imshow("9*9", img3)
cv2.waitKey(0)
```

输出结果如图 3.31 所示。

图 3.31 均值滤波示例结果图

由运行结果可知，滤波核越大，滤波之后的图像就越模糊，主要是因为滤波核越大，就会考虑边缘周围越多像素点的情况，那么最后的结果就是边缘的过渡更平滑，边缘也就更加模糊了。因此，滤波核越大，去噪效果越好，当然花费的计算时间也会越长，同时图像失真越严重。在实际处理中，要在失真和去噪效果之间取得平衡，选取合适大小的滤波核。

消除噪声最好的结果应该是，噪声被消除了，而边缘（图内物体之间的分界线）还完好地保留着。达到这种处理效果的最有名的方法是中值滤波。

3.5.3 中值滤波

中值滤波的原理与均值滤波器非常相似，唯一的不同就是不计算像素的平均值，而是将所有像素值排序，把像素值中值取出赋给核心像素。比如一幅如图 3.32（a）所示的灰度值图像，对中间核心点的替换方法是，首先将该点及周围的 9 个值做排序（由小到大 2、115、120、128、133、133、134、135、135 或由大到小 135、135、134、133、133、128、120、115、2），然后找出正中间位置的点（133），最后原来 2 的值由 133 替换，结果如图 3.32（b）所示。

(a)

128	135	133
115	2	135
120	134	133

(b)

128	135	133
115	133	135
120	134	133

图 3.32 均值滤波计算示例

OpenCV 将中值滤波器封装为了 cv2.medianBlur()函数，该函数常用的两个重要参数分别是需要去噪的原图像、滤波核的边长（必须是大于 1 的奇数，该方法根据此边长自动创建一个正方形的滤波核），其返回值为中值滤波后的图像。

示例：

```
import cv2
img = cv2.imread("noisy_img.jpg")    # 读取原图
img1 = cv2.medianBlur(img, 3)         # 使用大小为 3×3 的滤波核进行中值滤波
img2 = cv2.medianBlur(img, 5)         # 使用大小为 5×5 的滤波核进行中值滤波
img3 = cv2.medianBlur(img, 9)         # 使用大小为 9×9 的滤波核进行中值滤波
```

```
cv2.imshow("img",img)                  # 显示原图
cv2.imshow("3*3",img1)                 # 显示滤波效果
cv2.imshow("5*5", img2)
cv2.imshow("9*9", img3)
cv2.waitKey(0)
```

输出结果如图 3.33 所示。

由运行结果可知，滤波核越大，进行滤波之后的图像就越模糊，3×3 的滤波核能保留更好的边缘，同时与均值滤波比较而言，中值滤波（原图为有黑白点的椒盐噪声）效果更佳。主要原因是：在均值滤波中由于噪声成分被放入平均计算之中，所以输出受到了噪声的影响。但是在中值滤波中由于噪声成分难以被选择，所以几乎不会影响到输出。因此，用同样的 3×3 区域进行比较，中值滤波的去噪能力更胜一筹。

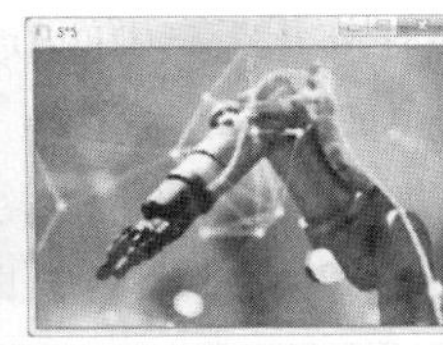

图 3.33 中值滤波示例结果图

3.5.4 高斯滤波

高斯滤波就是对整幅图像进行加权平均的过程，每一个像素点的值，都由其本身和邻域内的其他像素值经过加权平均后得到，只是这个加权的滤波核要符合正态分布（越靠近中心点权重越大，越远离中心点权重越小）。这一点和均值滤波也非常相似，只是均值滤波的滤波核所有元素的权重相等，即滤波核的元素值/滤波核所有元素值的和，如 3×3 均值滤波核，对应的权重是 1/9。均值为 0 的高斯函数为：

$$g=\frac{1}{2\pi\sigma^2}\mathrm{e}^{-\frac{x^2+y^2}{2\sigma^2}}$$

式中，σ 为方差，x、y 为像素点相对中心点坐标。

若给定方差值，其图形如图 3.34 所示。

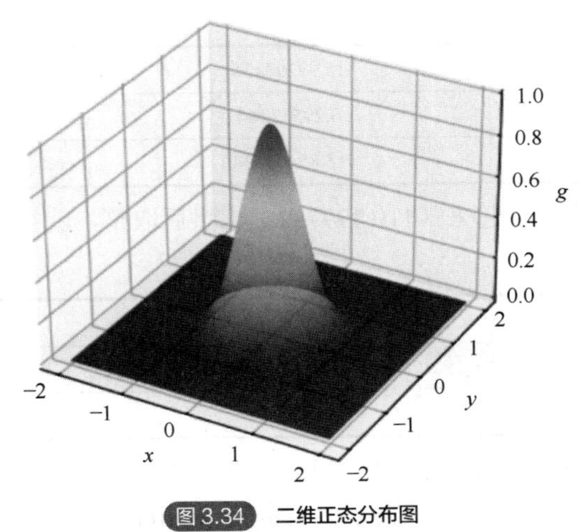

图 3.34 二维正态分布图

下面就以构造高斯核，并用高斯核手动滤波举例说明。

假设均值为 0 的 3×3 的 9 点坐标为：

(−1,1)	(0,1)	(1,1)
(−1,0)	(0,0)	(1,0)
(−1,−1)	(0,−1)	(1,−1)

假定 σ=1.5，将上述坐标点代入高斯函数得：

0.045354235	0.05664058	0.045354235
0.056640585	0.07073553	0.056640585
0.045354235	0.05664058	0.045354235

可见，其中间值最大，越往外［距离中间(0,0)点］越小，这其实就是高斯滤波核。这 9 个点的权重总和等于 0.478714809，如果只计算这 9 个点的加权平均，还必须让它们的和等于 1，因此上面的 9 个值还要分别除以 0.478714809，得到最终的权重矩阵（除以 0.478714809 会将每个数都进行调整，保证相加为 1，即做归一化），即得归一化后的滤波核。

0.09471658	0.11831801	0.094741658
0.118318013	0.14776132	0.118318013
0.094741658	0.11831801	0.094741658

假设有 9 个像素点，灰度值如下：

128	135	133
115	2	135
120	134	133

每个点乘以对应权重值：

128×0.094741658	135×0.11831801	133×0.094741658
115×0.118318013	2×0.14776132	135×0.118318012
120×0.094741658	134×0.11831801	133×0.094741658

即：

12.12693222	15.97293135	12.60064051
13.6065715	0.29552264	15.97293162
11.36899896	15.85461334	12.60064051

最后我们将这个 9 个值加起来（110.3997827），然后取整，就得到了中心点的高斯滤波结果（加权和）。

128	135	133
115	110	135
120	134	133

对所有点重复这个过程，就得到了高斯滤波处理后的图像。

OpenCV 同样也提供了高斯滤波函数 cv2.GaussianBlur()，该函数常用的有 4 个重要参数，分别是需要去噪的原图像、滤波核大小（宽度×高度，且必须是奇数）、沿 x 方向的高斯滤波核标准差、沿 y 方向的高斯滤波核标准差（如果不设置则和 x 方向滤波核标准差一致），其返回值为高斯滤波后的图像。

示例：

```
import cv2
img = cv2.imread("noisy_img.jpg")
img1 = cv2.GaussianBlur(img, (3,3), 1.5)
img2 = cv2.GaussianBlur(img, (5,5), 1.5)
img3 = cv2.GaussianBlur(img, (7,7), 1.5)
cv2.imshow("img",img)
cv2.imshow("3*3",img1)
cv2.imshow("5*5", img2)
cv2.imshow("9*9", img3)
cv2.waitKey(0)
```

输出结果如图 3.35 所示。

图 3.35　高斯滤波示例结果图

表 3.3 对三种常用的平滑处理方式进行了简单总结。

表 3.3　三种滤波器的对比

滤波器种类	基本原理	特点
均值滤波	使用模板内所有像素的平均值代替模板中心像素灰度值	易受到噪声的干扰，不能完全消除噪声，只能相对减弱噪声
中值滤波	计算模板内所有像素的中值，并用所计算出来的中值替代模板中心像素的灰度值	对噪声不是那么敏感，能够较好地消除椒盐噪声，但是容易导致图像不连续
高斯滤波	对图像邻域内像素进行平滑时，邻域内不同位置的像素被赋予不同的权值	对图像进行平滑的同时，能够更多地保留图像的总体灰度分布特征

3.5.5　卷积与锐化

（1）互相关算子

定义：

$$g=f \otimes h$$

即

$$g(i,j)=\sum_{k,l} f(i+k,j+l)h(k,l)$$

其中，h 称为互相关核。互相关示例如图 3.36 所示。

	j−1	j	j+1	
1	2	3	4	5
i−1	6	7	8	9	10
i	11	12	13	14	15
i+1	16	17	18	19	20
	21	22	23	24	25

(a) 图像 f 数据

	l=−1	l=0	l=1
k=−1	2	1	3
k=0	3	4	1
k=1	2	3	5

(b) 3×3互相关核 h 数据

图 3.36 互相关示例

以图 3.36 为例，按公式计算图像 i 行 j 列处的值为：

$f(i-1, j-1)h(-1,-1)+f(i-1, j)h(-1,0)+f(i-1, j+1)h(-1,1)+f(i, j-1)h(0,-1)+f(i, j)h(0,0)+f(i, j+1)h(0,1)+f(i+1, j-1)h(1,-1)+f(i+1, j)h(1,0)+f(i+1, j+1)h(1,1)= 7\times2+8\times1+9\times3+12\times3+13\times4+14\times1+17\times2+18\times3+19\times5=334$。

一般情况下，对图像的互相关操作过程为：

① 滑动核，使其中心位于输入图像 f 的（i, j）像素上；

② 利用公式求和，得到输出图像的（i, j）像素值；

③ 再次执行上述操作，直到求出输出图像的所有像素值。

由此可知，上述均值滤波和高斯滤波就等同于互相关操作的过程。图 3.37 为均值滤波和高斯滤波的两种互相关核。

1/9	1/9	1/9
1/9	1/9	1/9
1/9	1/9	1/9

(a) 均值滤波核

1/16	2/16	1/16
2/16	4/16	2/16
1/16	2/16	1/16

(b) 高斯滤波核

图 3.37 两种滤波方法的互相关核

（2）卷积算子

定义：

$$g = f * h$$

即

$$g(i,j) = \sum_{k,l} f(i-k, j-l)h(k,l)$$

其中，h 称为卷积核。卷积计算示例如图 3.38 所示。

	j−1	j	j+1	
1	2	3	4	5
i−1	6	7	8	9	10
i	11	12	13	14	15
i+1	16	17	18	19	20
	21	22	23	24	25

(a) 图像 f 数据

	l=−1	l=0	l=1
k=−1	2	1	3
k=0	3	4	1
k=1	2	3	5

(b) 3×3卷积核 h 数据

图 3.38 卷积计算示例

以图 3.38 为例，按公式计算图像 i 行 j 列处的值为：

$f(i-1,j-1)h(1,1)+f(i-1,j)h(1,0)+f(i-1,j+1)h(1,-1)+f(i,j-1)h(0,1)+f(i,j)h(0,0)+f(i,j+1)h(0,-1)+f(i+1,j-1)h(-1,1)+f(i+1,j)h(-1,0)+f(i+1,j+1)h(-1,-1)=7\times5+8\times3+9\times2+12\times1+13\times4+14\times3+17\times3+18\times1+19\times2=290$。

可见，互相关算子和卷积算子的主要区别是：在运算过程中互相关核与卷积核之间是否要进行翻转（沿着核的两条对角线翻转两次或关于核中心旋转 180°）。因卷积核需要进行翻转，所以互相关也可以称为不翻转卷积。

在机器学习和图像处理领域，卷积的主要功能是在一个图像（或某种特征）上滑动卷积核（即滤波器），通过卷积操作得到一组新的特征。在具体实现上，一般会以互相关操作来代替卷积（特别是卷积核内数据关于中心旋转对称时），从而减少卷积因翻转引入的一些不必要的操作或开销，所以本书表述中不再区分卷积与互相关，统称为卷积，如果有翻转的情况会特别说明。在神经网络中使用卷积是为了进行特征提取，卷积核是否进行翻转和其特征提取的能力无关。特别是当卷积核是可学习的参数时，卷积和互相关在能力上是等价的。

另外，在卷积操作开始之前，一般要扩展边界像素，以确保图像边界能被处理（不扩充会导致图像变小，比如应用 3×3 卷积核后，图像四周一圈像素将消失）。边界扩展的常用方法有常量法、复制法和对称法等。图 3.39 展示了图 3.38（a）的三种边界扩展的方法，原始图像的尺寸为 5×5，图示中将原始图像扩展至 7×7，也就是对边界扩展两个像素。常量法对扩展的边界值直接用常量填充，如图 3.39（a）中将常量 0 填充至需要扩展的边缘处；复制法对最边缘的像素复制填充至扩展边界，如图 3.39（b）所示；对称法以边界像素为轴，对称填充扩展边界，如图 3.39（c）所示。OpenCV 中的图像卷积默认使用对称法扩展边界。

0	0	0	0	0	0	0
0	1	2	3	4	5	0
0	6	7	8	9	10	0
0	11	12	13	14	15	0
0	16	17	18	19	20	0
0	21	22	23	24	25	0
0	0	0	0	0	0	0

(a) 常量法

1	1	2	3	4	5	5
1	1	2	3	4	5	5
6	6	7	8	9	10	10
11	11	12	13	14	15	15
16	16	17	18	19	20	20
21	21	22	23	24	25	25
21	21	22	23	24	25	25

(b) 复制法

7	6	7	8	9	10	9
2	1	2	3	4	5	4
7	6	7	8	9	10	9
12	11	12	13	14	15	14
17	16	17	18	19	20	19
22	21	22	23	24	25	24
17	16	17	18	19	20	19

(c) 对称法

图 3.39　边界填充示意图

OpenCV 的 cv2.filter2D()函数可实现 2D 卷积，该函数有三个常用参数，分别是原始图像、目标图像深度（一般使用−1 来表示与原图像一致）、单通道卷积核。其返回值为卷积后的图像。

示例：

```
import cv2
import numpy as np
img = cv2.imread("noisy_img.jpg")
k1 = np.ones((3,3),np.float32)/9                    #均值滤波的卷积核
k2 = np.array([[0,0,0],[0,0,1],[0,0,0]])            #图像整体左移一个像素的卷积核
img1 = cv2.filter2D(img,-1,k1)
img2 = cv2.filter2D(img,-1,k2)
for i in range(30):
    img2 = cv2.filter2D(img2,-1,k2)                 #共移动了 31 个像素
cv2.imshow("img",img)
cv2.imshow("3*3",img1)
```

```
cv2.imshow("left",img2)
cv2.waitKey(0)
```

输出结果如图 3.40 所示。

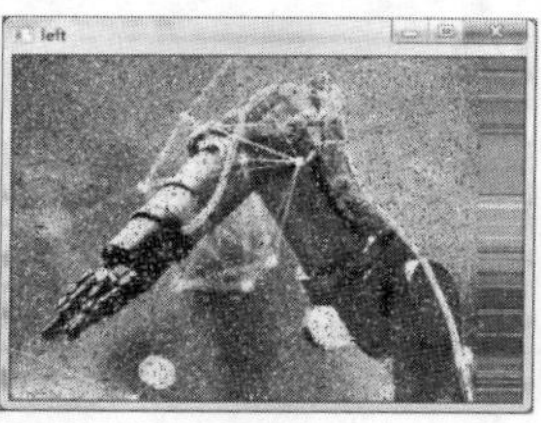

图 3.40 卷积示例结果图

(3)图像锐化

图像锐化是为了突出图像上物体的边缘、轮廓，或某些线性目标要素的特征。这种滤波方法增强了物体边缘与周围像素之间的反差，因此图像锐化也被称为边缘增强。特别地，对于经过图像平滑（去噪）处理后的图像，其边界、轮廓往往变得模糊，为了降低这类不利影响的程度，同样需要利用图像锐化技术，使图像的边缘变得清晰。

OpenCV 没有直接提供图像锐化的函数，可以通过自定义卷积核来自己实现锐化。常用的 3×3 锐化卷积核有：

$$\begin{bmatrix} 0 & -1 & 0 \\ -1 & 5 & -1 \\ 0 & -1 & 0 \end{bmatrix}, \begin{bmatrix} -1 & -1 & -1 \\ -1 & 9 & -1 \\ -1 & -1 & -1 \end{bmatrix}, \begin{bmatrix} -k & -k & -k \\ -k & 9k+1 & -k \\ -k & -k & -k \end{bmatrix}$$

使用该卷积核对图像进行处理的时候，如果处理的不是边缘（周围像素灰度值差别不大），则处理后的像素值一般和原来差别不大（卷积核中间点的权值要比周围点权值和大 1，意味着原来像素灰度值若相同，则这个像素能保持原来的值）；如果处理的是边缘（周围像素灰度值差别较大），卷积核一半是和边缘点的相近灰度值做计算，另一半和差别较大的灰度值做计算，最终会使边缘处大的值更大，小的值更小，使图片边缘位置明显增亮，更加清晰。

示例：

```
import cv2
import numpy as np
img = cv2.imread("rt.jpg")
k = np.array([[0,-1,0],[-1,5,-1],[0,-1,0]])#可尝试将 5 改成 4 或 6 看看效果
img1 = cv2.filter2D(img,-1,k)
cv2.imshow("rt",img)
cv2.imshow("3*3",img1)
cv2.waitKey(0)
```

输出结果如图 3.41 所示。

还有一种锐化的方式是 USM 锐化（Unsharpen Mask，非锐化掩模）。这种锐化方法先对原图像做一次高斯模糊，然后对原图像加权再减去加权后的高斯模糊图像，最后再把值缩放到 0～255 的灰度值范围之内。基于 USM 锐化的方法可以去除一些细小的干扰细节和噪声，比直接使用卷积核锐化效果更好。

图 3.41　图像锐化示例结果图（一）

OpenCV 提供了图像融合（叠加）函数 cv2.addWeighted()，该函数原型为：

cv2.addWeighted(src1, alpha, src2, beta,gamma, dtype)

参数说明：

① src1：原图像 1。

② src2：原图像 2。

③ alpha：加权系数，是图像 1 的权重　。

④ beta：加权系数，图像 2 的权重。

⑤ gamma：加权后图像的偏移量。

返回值：经过 $src1 \times alpha + src2 \times beta + gamma$ 计算融合后的图像。

示例：

```
import cv2
img = cv2.imread("rt.jpg")
img1 = cv2.GaussianBlur(img, (3,3), 1.5)
img2 = cv2.addWeighted(img, 1.5, img1, -0.5, 0)
cv2.imshow("img",img)
cv2.imshow("gauss",img1)
cv2.imshow("usm", img2)
cv2.waitKey(0)
```

输出结果如图 3.42 所示。

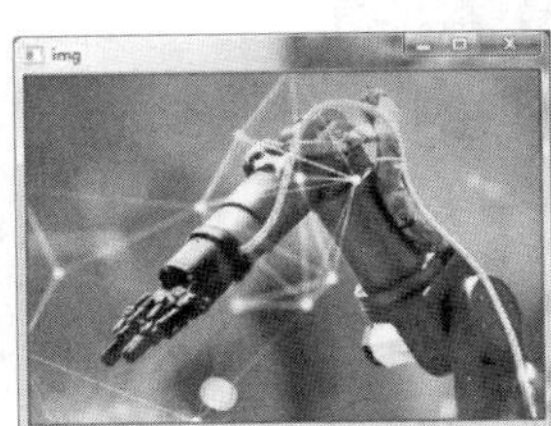

图 3.42　图像锐化示例结果图（二）

3.5.6　二值图像的去噪

二值图像的噪声如图 3.43 所示（该图是图 3.29 取阈值 127 二值化后的图片），一般都是椒盐噪声。当然，这种噪声能够用中值滤波消除，但是由于它只有两个值，所以也可以采用膨胀与腐蚀的方法来消除。

膨胀是某像素的邻域内只要有一个像素是白像素，该像素就由黑变为白，其他保持不变（类似卷积的过程，给定一个单位卷积核，经过卷积计算后，某点的像素值等于以该点为中心的卷积核范围内的最大值）；腐蚀是某像素的邻域内只要有一个像素是黑像素，该像素就由白变为黑，其他保持不变的（同理，也类似卷积的过程，只是取最小值）。

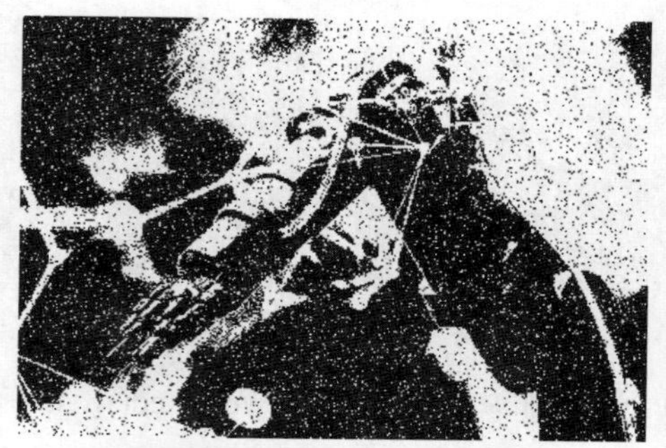

图 3.43 带有椒盐噪声的二值图

（1）腐蚀

OpenCV 的 cv2.erode()函数可实现腐蚀操作，该函数常用的有三个参数，分别是原始图像、滤波核、腐蚀操作的迭代次数 iterations（默认为 1）。其返回值为腐蚀后的图像。

示例：

```
import cv2
import numpy as np
img = cv2.imread("bin.jpg")
ke = np.ones((3,3),np.uint8)
img1 = cv2.erode(img,ke,iterations=1)
cv2.imshow("rt",img)
cv2.imshow("erode",img1)
cv2.waitKey(0)
```

输出结果如图 3.44 所示。

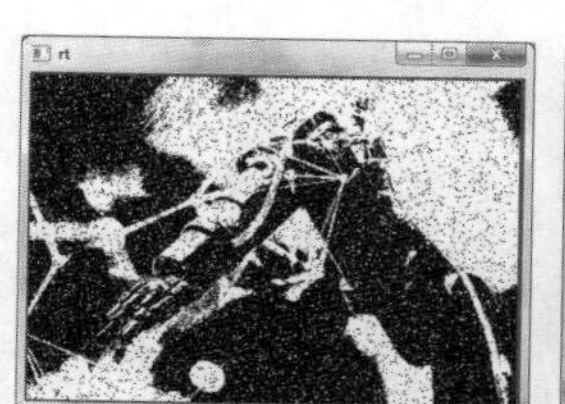

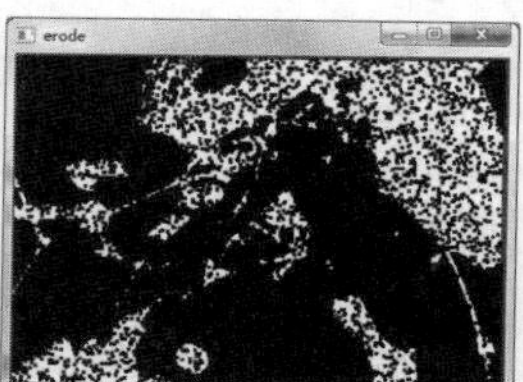

图 3.44 腐蚀示例结果图

可见，腐蚀操作后白色范围缩小，黑色范围变大。

（2）膨胀

OpenCV 的 cv2.dilate()函数可实现膨胀操作，该函数常用的也有三个参数，和腐蚀类似，即原始图像、滤波核、膨胀操作的迭代次数 iterations（默认为 1）。其返回值为膨胀后的图像。

示例：

```
import cv2
import numpy as np
img = cv2.imread("bin.jpg")
ke = np.ones((3,3),np.uint8)
img1 = cv2.dilate(img,ke,iterations=1)
cv2.imshow("rt",img)
```

```
cv2.imshow("dilate",img1)
cv2.waitKey(0)
```

输出结果如图 3.45 所示。

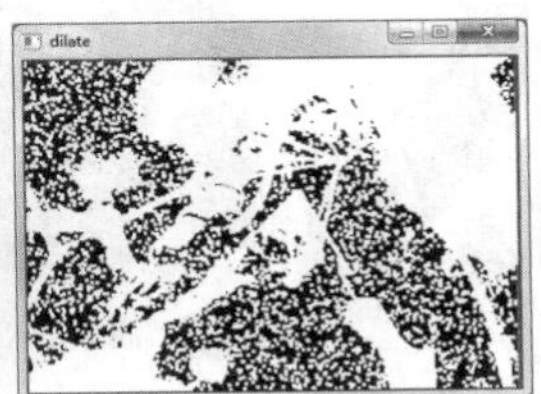

图 3.45　膨胀示例结果图

可见，膨胀与腐蚀结果相反，即白色范围变大，黑色范围缩小。

腐蚀与膨胀在应用上简单来说就是：当白色为物体，黑色为背景时，膨胀用来处理缺陷问题（白色区域变大），腐蚀用来处理毛刺问题（白色区域变小）。

（3）高级形态学操作

对于膨胀与腐蚀，一个属于放大白色区域，一个属于放大黑色区域，若将二者组合一起，是不是能对图像有不一样的结果？结果是肯定的。基于腐蚀与膨胀的组合操作称为高级形态学操作，包括开运算（先腐蚀后膨胀）、闭运算（先膨胀后腐蚀）、形态学梯度运算（膨胀减腐蚀）、黑帽运算（闭运算减原图像）、礼帽运算（原图像减开运算）等操作。

高级形态学操作可以使用前面的腐蚀膨胀函数来分步实现。当然，在 OpenCV 里面还提供了专门用来做高级形态学操作的函数 cv2.morphologyEx()，该函数常用的有四个参数，其在膨胀与腐蚀的参数基础上增加了设置形态类型的参数，即原始图像、滤波核、设置形态操作类型、迭代次数 iterations（默认为 1）。其返回值为膨胀或腐蚀后的图像。

其中设置形态操作类型参数有（枚举类型 0～6）：

① cv2.MORPH_ERODE：腐蚀。

② cv2.MORPH_DILATE：膨胀。

③ cv2.MORPH_OPEN：开运算。

④ cv2.MORPH_CLOSE：闭运算。

⑤ cv2.MORPH_GRADIENT：形态学梯度运算。

⑥ cv2.MORPH_TOPHAT：礼帽运算。

⑦ cv2.MORPH_BLACKHAT：黑帽运算。

示例：

```
import cv2
import numpy as np
img = cv2.imread("bin.jpg")
ke = np.ones((3,3),np.uint8)
img1 = cv2.morphologyEx(img,cv2.MORPH_OPEN,ke)
img2 = cv2.morphologyEx(img,cv2.MORPH_CLOSE,ke)
cv2.imshow("rt",img)
cv2.imshow("open",img1)
cv2.imshow("close",img2)
cv2.waitKey(0)
```

输出结果如图 3.46 所示。

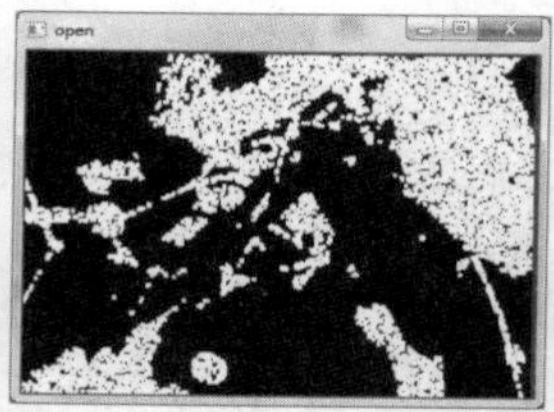
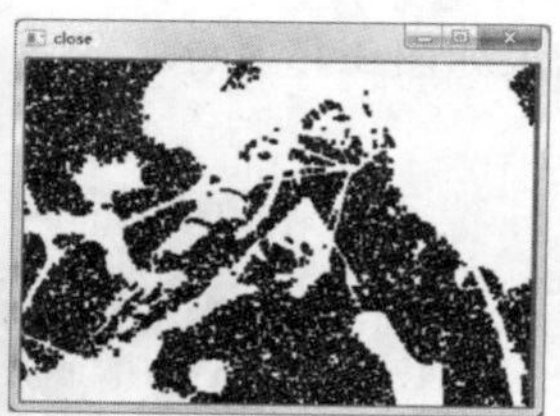

图 3.46 高级形态学操作示例结果图

由运行结果可知，经过开运算（腐蚀→膨胀）处理后，白色孤立点噪声在腐蚀时被消除了。相反，经过闭运算（膨胀→腐蚀）处理后，黑色孤立点噪声在膨胀时被消除了。所以，开运算可有效去除二值图中的白色噪声，闭运算可以去除黑色噪声。进一步分析之，礼帽运算可提取被开运算去除的“白色孤立噪声”，黑帽运算可提取被闭运算添加的“黑色孤立噪声”。

本章小结

- 对连续图像（模拟图像）从坐标角度进行数字化（离散化）叫作采样，其决定着图像的空间分辨率。
- 对连续图像（模拟图像）从亮度角度进行数字化（离散化）叫作量化，其决定着图像的灰度分辨率。
- 色彩空间又称色域、色彩模型、颜色空间、颜色模型等。色彩是人的眼睛对于不同频率的光线的不同感受，其既是客观存在的（不同频率的光）又是主观感知的。常用的色彩空间有 RGB、GRAY、YCrCb、HSV 等。
- RGB 色彩空间指颜色是由红（R）、绿（G）、蓝（B）3 个单色调配而成，计算机里所有颜色都是 RGB 三原色按不同比例组成的，即三种颜色称为三色通道，每种单色有 0~255 的 256 个等级（占一个字节）。
- GRAY 色彩空间通常指 8 位灰度图像。
- YCrCb 色彩空间指的是颜色由亮度（Y）、红色分量（Cr）、蓝色分量（Cb）组成。其基于人眼视觉系统对颜色的敏感度要低于对亮度的敏感度提出，所以构成原理与人类视觉感知相似。
- HSV 色彩空间是一种面向视觉感知的颜色模型，由色调（H）、饱和度（S）和亮度（V）组成。其中，色调指光的颜色，饱和度指色彩的深浅程度，亮度指人眼感受到的光的明暗程度。
- 图像几何变换是通过改变像素的位置来实现的，有缩放、翻转、旋转、仿射变换等方式。
- 直方图是指一幅图像中由亮度值和对应亮度值的像素数量绘制的图像，反映的是像素值在图像中的分布情况。可以利用直方图修改图像的清晰度、标识图像的内容、检测图像中特定的物体或纹理等。
- 阈值处理用于剔除图像中像素值高于或低于指定值像素点，比较典型的应用就是图像的二值化。
- 均值滤波会使图像模糊，达到看不到细小噪声的目的，一般情况下不能完全消除噪声，只能相对减弱噪声。在实际处理中，要选取合适大小的滤波核，在模糊失真和去噪效果之间取得平衡。

- 中值滤波可有效去除椒盐噪声，但容易导致图像的不连续。随着滤波核的增大图像也会变模糊。
- 高斯滤波的原理与均值滤波非常相似，但其能够更多地保留图像的总体灰度分布特征。
- 图像卷积的大致过程为：将卷积核放在输入图像的某个像素位置上，并将卷积核与输入图像对应位置的像素值相乘，然后将乘积相加得到输出图像的一个像素值，最后通过滑动卷积核使整个图像进行卷积运算，即可得到卷积后的新图像。

习题

3-1 图像数字化包括哪两个过程？每个过程对数字化图像的质量有何影响？

3-2 下列哪个变换矩阵代表对像素坐标进行旋转变换？

A. $\begin{bmatrix} 1 & 0 & x_0 \\ 0 & 1 & y_0 \\ 0 & 0 & 1 \end{bmatrix}$ B. $\begin{bmatrix} S_x & 0 & 0 \\ 0 & S_y & 0 \\ 0 & 0 & 1 \end{bmatrix}$ C. $\begin{bmatrix} \cos\theta & \sin\theta & 0 \\ -\sin\theta & \cos\theta & 0 \\ 0 & 0 & 1 \end{bmatrix}$ D. 以上都不是

3-3 一幅彩色数字图像，其分辨率为 1024×768 像素。若采用 RGB 色彩空间，红、绿、蓝三色的灰度等级为 8 比特，在无压缩的情况下，在计算机中存储该图像将占用多少比特的存储空间？用 OpenCV 图像处理软件去掉图像的彩色信息，只留下灰度信息，灰度等级为 4 比特，在无压缩的情况下，存储该图像将占用多少字节的存储空间？

3-4 有一幅图像如图 3.47 所示，由于干扰，在接收时图中有若干个亮点（灰度为 255），试问此类图像如何处理？并画出处理后的图像（边界填充采用复制法）。

1	1	1	1	1	1
2	255	2	3	3	3
3	3	255	4	3	3
3	3	3	255	4	6
3	3	4	5	255	8
2	3	4	6	7	8

图 3.47 题 3-4 图

3-5 图 3.48 是一幅受到噪声干扰的 10×10 灰度图像，试求出该图像经过 3×3 滤波核中值滤波后的图像数据矩阵（边界点保持不变）。

1	1	1	1	1	1	1	1	1	1
1	1	1	1	1	1	1	1	1	1
1	1	5	5	5	5	5	5	1	1
1	1	5	5	5	5	5	5	1	1
1	1	5	5	8	8	5	5	1	1
1	1	5	5	8	8	5	5	1	1
1	1	5	5	5	5	5	5	1	1
1	1	5	5	5	5	5	5	1	1
1	1	1	1	1	1	1	1	1	1
1	1	1	1	1	1	1	1	1	1

图 3.48 题 3-5 图

3-6 编程实现：将一幅彩色图像转化为灰度图像，并采用高斯滤波处理，最后将图像保存为“3-6.bmp”。

3-7 编程实现：将 10 幅均为 jpg 格式的图像手动命名为纯数字的 0～9，然后通过编程将其批量缩放到大小为 50 像素×50 像素，并保存为“3-7-0”～“3-7-9”的 jpg 格式图像，试比较缩放后的 10 张图像在电脑上存储空间大小是否一样？如果另存为 bmp 格式存储空间大小是否一样？请通过网络检索或相关书籍查看 jpg 和 bmp 格式的异同。

3-8 通过网络检索或相关书籍自行学习二维码的构成，并回答问题：以 25×25 矩阵组成的二维码（如微信收款码）为例，如果由同一台设备同一套软件的同一个程序生成 100 亿个二维码，是否能保证这 100 亿个二维码不重复？试说明理由。

3-9 简述腐蚀、膨胀、开运算、闭运算各自特点。

第4章

图像特征与检测

本章思维导图

本书配套资源

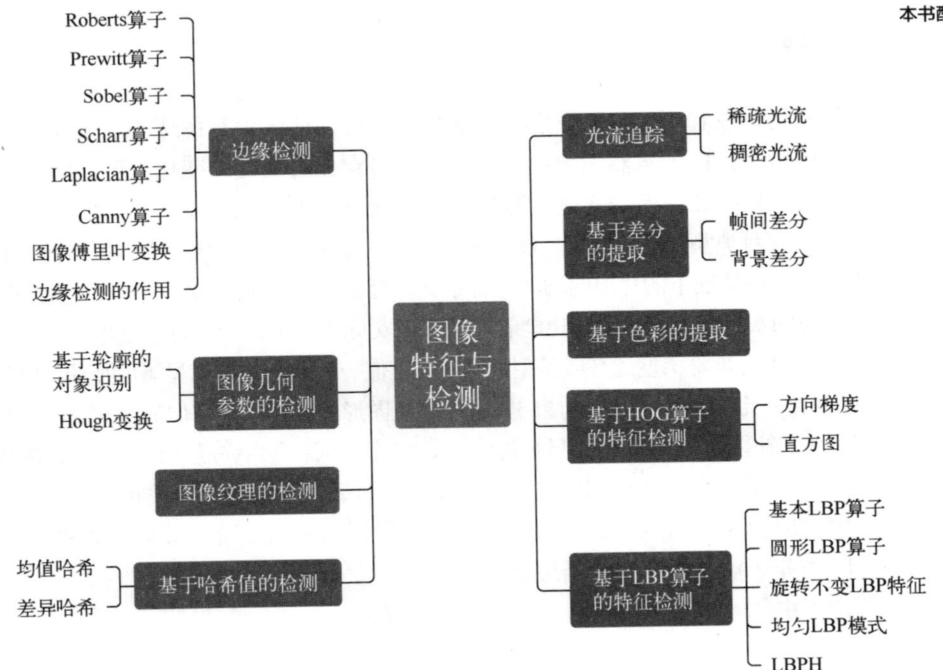

本章学习目标

1. 了解图像的相关特征描述；
2. 掌握图像几何参数、纹理检测的方法；
3. 掌握基于阈值、颜色、差分等方法的特征提取方法；
4. 培养以问题导向来思考如何进行图像检测和提取的能力。

众所周知，计算机不认识图像，只认识数字。为了使计算机能够“理解”图像，从而具有真正意义上的“视觉”，本章将研究如何从图像中提取有用的数据或信息，得到图像的“非图像”表达或描述，如数值、向量和符号等。这一过程就是特征提取，而提取出来的这些“非图像”的表达或描述就是特征。有了这些数值或向量形式的特征就可以通过训练教会计算机如何识别这些特征，从而使计算机具有识别图像的本领。

特征是某一类对象区别于其他类对象的相应（本质）特点或特性，或是这些特点和特性的集合。特征是通过测量或处理能够抽取的数据。对于图像而言，每一幅图像都有能够区别于其他图像的自身特征，有些是可以直观感受到的自然特征，如几何边缘、角点、纹理和色彩等；有些则是需要通过变换或处理才能得到的，如直方图、主成分等。

4.1 边缘检测

图像中物体与物体或者物体与背景之间的交界是边缘，能够设想图像的灰度及颜色急剧变化的地方可以看作边缘。由于自然图像中颜色的变化必定伴有灰度的变化，因此对于边缘增强或检测，只要把焦点集中在灰度的变化剧烈程度和变化趋势上就可以了。

图 4.1 是图像的三种典型边缘。图 4.1（a）表示阶梯型边缘的灰度变化，可以很明显地看出是边缘，也称之为轮廓。一般情况下图片中的物体与背景交界处会产生这种阶梯状的灰度变化。图 4.1（b）和（c）是线条本身的灰度变化，当然这也能看作边缘。实际情况下，人眼可清楚地确定背景与物体的边缘，实际图像中不管是阶梯型还是线条型边缘，灰度值一般看上去均有显著的变化，但放大后发现并非跳跃式的变化（比如 0 直接变化到 255，由计算机图形学制作出的图像另当别论）。也就是说，这个变化是过渡的（图中模糊分界线），只是过渡一般在较小的距离内完成（距离可以理解成像素，而过渡像素的多少与分辨率和图片模糊程度等有关），这一小段可以称之为斜坡状变化。

对图 4.1 中对应的变化曲线分析可知，阶梯型边缘可以采用一阶微分算子来进行检测，线条型可采用二阶微分（拉普拉斯）算子进行检测。

在微积分知识中，一维函数的一阶微分基本定义为：

$$\frac{\mathrm{d}f}{\mathrm{d}x}=\lim_{\varepsilon\to 0}\frac{f(x+\varepsilon)-f(x)}{\varepsilon}$$

而基本的二维图像是一个二维函数 $f(x, y)$，一阶微分是偏微分。因此有：

$$\frac{\mathrm{d}f(x,y)}{\mathrm{d}y}=\lim_{\varepsilon\to 0}\frac{f(x+\varepsilon,y)-f(x,y)}{\varepsilon}\qquad\frac{\mathrm{d}f(x,y)}{\mathrm{d}y}=\lim_{\varepsilon\to 0}\frac{f(x,y+\varepsilon)-f(x,y)}{\varepsilon}$$

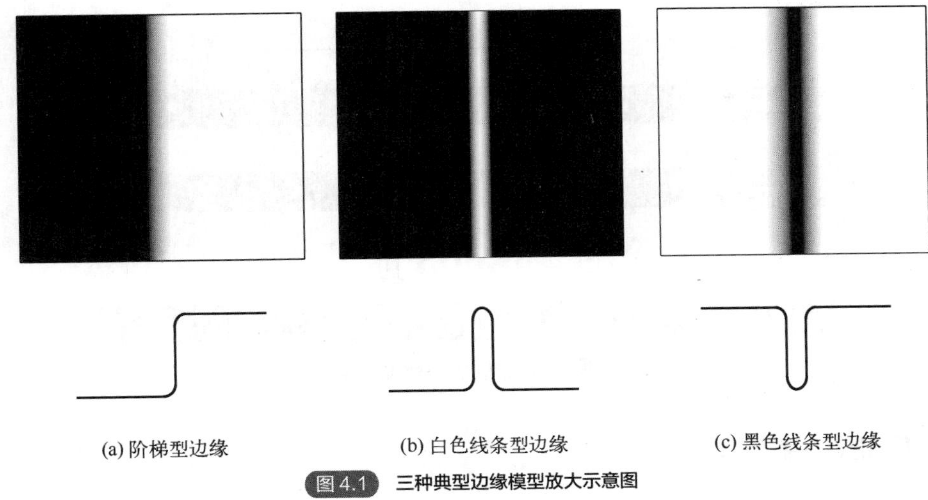

(a) 阶梯型边缘　　(b) 白色线条型边缘　　(c) 黑色线条型边缘

图 4.1　三种典型边缘模型放大示意图

因为图像是一个离散的二维函数，所以 ε 不能无限小。图像是按照像素来离散的，最小的 ε 就是 1 像素。因此，上面的图像微分又变成了如下的形式(ε=1)：

$$\frac{\mathrm{d}f(x,y)}{\mathrm{d}y}=f(x+1,y)-f(x,y) \qquad \frac{\mathrm{d}f(x,y)}{\mathrm{d}y}=f(x,y+1)-f(x,y)$$

这分别是图像在(x, y)点处 x 方向和 y 方向上的梯度。从上面的表达式可以看出，图像的梯度相当于两个相邻像素之间的差值（可用卷积来实现）。

我们先考虑图 4.2 中红色像素的 x 方向，假设其像素值是 100，沿 x 方向的相邻像素分别是 90、90、90，则根据上面的计算，其 x 方向梯度分别是 10、0、0。这里只取变化率的绝对值，表明变化的大小即可。

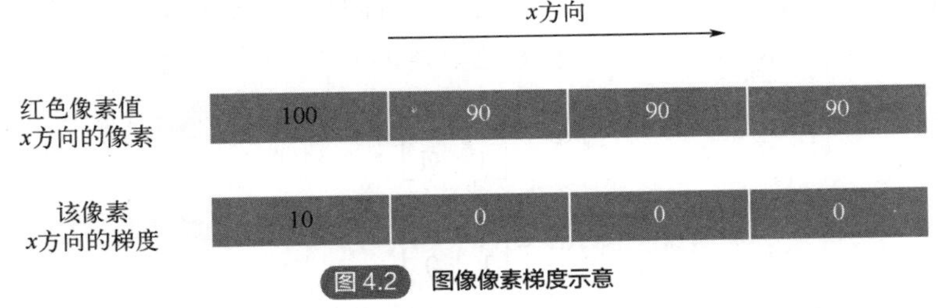

图 4.2　图像像素梯度示意

从图 4.2 可知，100 和 90 之间亮度相差 10，这个差距并不是很明显，与连续灰度值为 90 的像素在一起，轮廓必然是模糊的。注意到，如果相邻像素灰度值有变化，那么梯度就不为 0，如果相邻像素灰度值没有变化，那么梯度就为 0。如果把梯度值与对应的像素相加，如图 4.3 所示，可见边缘位置的像素差变大，边缘更加清晰。同理，y 方向也是一样的。

将两个方向的梯度结合起来，梯度可以表示为：

$$G(x,y)=\sqrt{g_x^2+g_y^2}$$

式中，g_x 和 g_y 分别表示 x、y 方向的梯度。

当图像尺寸大的时候，该公式计算量会很大。为了更加快捷地计算，一般用绝对值来近似平方和平方根的操作，以降低计算量：

$$G(x,y)=|g_x|+|g_y|$$

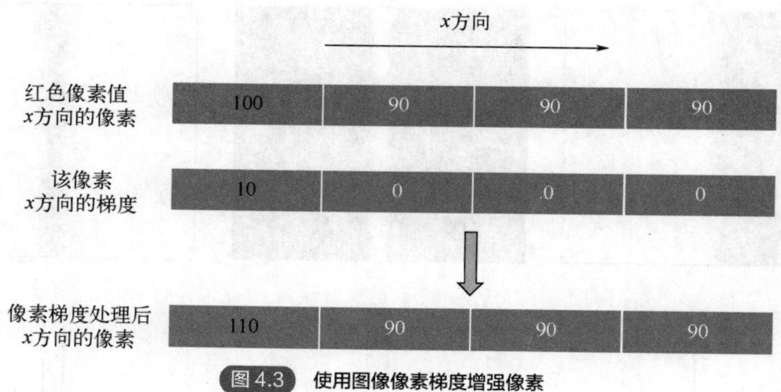

图 4.3 使用图像像素梯度增强像素

4.1.1 Roberts 算子

Roberts 算子是利用局部差分寻找边缘的一种算子，是最简单的边缘检测算子。Roberts 算子利用对角线方向相邻两像素之差近似梯度幅值来检测边缘，定位精度高，但对噪声的抑制能力较弱。

对于原始图像 $f(x,y)$，Roberts 边缘检测输出图像为 $g(x,y)$，图像的 Roberts 边缘检测可表示为：

$$g(x,y)=\left\{\left[f(x,y)-f(x+1,y+1)\right]^2+\left[f(x+1,y)-f(x,y+1)\right]^2\right\}^{0.5}$$

其中，各个像素 $f(x,y)$、$f(x+1,y+1)$、$f(x+1,y)$、$f(x,y+1)$之间的位置关系为：

$f(x,y)$	$f(x,y+1)$
$f(x+1,y)$	$f(x+1,y+1)$

根据上面的公式，Roberts 算子的模板分为水平方向和垂直方向两种，即 dx 和 dy，如下所示。从其模板可以看出，Roberts 算子能较好地增强正负 45°的图像边缘。

$$\mathrm{d}x=\begin{bmatrix}-1 & 0\\ 0 & 1\end{bmatrix}$$

$$\mathrm{d}y=\begin{bmatrix}0 & -1\\ 1 & 0\end{bmatrix}$$

Roberts 算子边缘定位准，但是对噪声敏感。常用来处理具有陡峭边缘的低噪声图像，当图像边缘接近于+45°或−45°时，该算法处理效果更理想。它适用于边缘明显而且噪声较少的图像分割。

OpenCV 没有提供 Roberts 算子的边缘检测函数，但是通过上述分析知，可以应用 dx 和 dy 对图像 x 和 y 方向分别进行卷积运算，最后将图像合并即可（卷积相关函数说明见 3.5.5 节）。

示例：

```
import cv2
import numpy as np
img = cv2.imread('rt.jpg',0)
#roberts 算子
kx = np.array([[-1, 0], [0, 1]])                    #模板
```

```
ky = np.array([[0, -1], [1, 0]])
x = cv2.filter2D(img, -1, kx)                   #卷积
y = cv2.filter2D(img, -1, ky)
Roberts = cv2.addWeighted(x, 0.5, y, 0.5, 0)   #加权和
cv2.imshow("rt",img)
cv2.imshow('+45',x)
cv2.imshow('-45',y)
cv2.imshow('roberts',Roberts)
cv2.waitKey(0)
```

输出结果如图 4.4 所示。

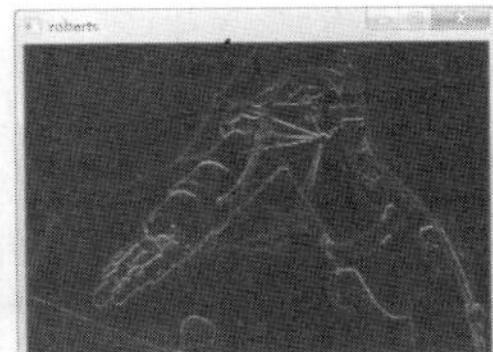
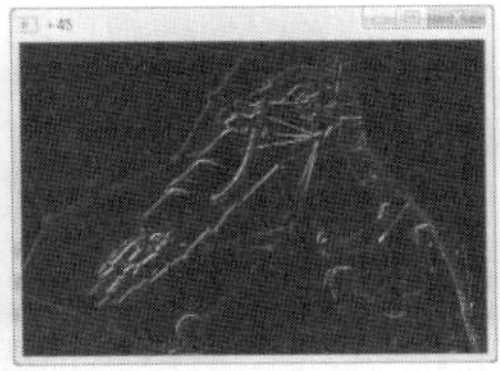
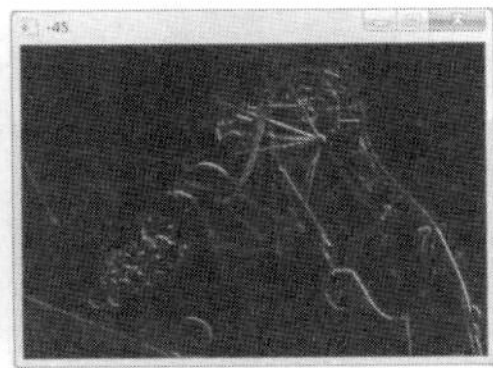

图 4.4　Roberts 算子示例结果图

由程序结果可知，d*x* 卷积核可有效检测出+45° 的线条（实际是阶梯型边缘），d*y* 卷积核可有效检测出−45° 线条。

提示：因卷积核中有负数，可能导致卷积计算的结果并不在 0～255 之间，所以上述代码可能导致少部分的像素失真，若要获得更精确的结果，还需要在计算前后做类型的转化（比如可以先将原始图像 uint8 类型转成 float32，计算后再转回 uint8）操作。

4.1.2　Prewitt 算子

Prewitt 也是一种图像边缘检测的微分算子，其原理是利用特定区域内像素灰度值产生的差分实现边缘检测。由于 Prewitt 算子采用 3×3 大小的模板对区域内的像素值进行计算，而 Roberts 算子的模板为 2×2，故 Prewitt 算子适合用来识别噪声较多、灰度渐变的图像。其卷积模板如下所示：

$$\mathrm{d}x=\begin{bmatrix}1 & 0 & -1\\ 1 & 0 & -1\\ 1 & 0 & -1\end{bmatrix}$$

$$\mathrm{d}y=\begin{bmatrix}-1 & -1 & -1\\ 0 & 0 & 0\\ 1 & 1 & 1\end{bmatrix}$$

当图像边缘接近于水平或垂直方向时，该算法处理效果更理想。OpenCV 同样也未提供 Prewitt 算子相关函数，因其与 Roberts 算子区别就在于卷积核不同，所以实现过程与 Roberts 算子类似。

示例：

```
import cv2
import numpy as np
img = cv2.imread('rt.jpg',0)
#Prewitt 算子
kx = np.array([[1, 0, -1], [1, 0, -1], [1, 0, -1]])     #模板
```

```
ky = np.array([[-1, -1, -1], [0, 0, 0], [1, 1, 1]])
x = cv2.filter2D(img, -1, kx)                                    #卷积
y = cv2.filter2D(img, -1, ky)
Prewitt = cv2.addWeighted(x, 0.5, y, 0.5, 0)                     #加权和
cv2.imshow("rt",img)
cv2.imshow('V',x)
cv2.imshow('H',y)
cv2.imshow('Prewitt',Prewitt)
cv2.waitKey(0)
```

输出结果如图 4.5 所示。

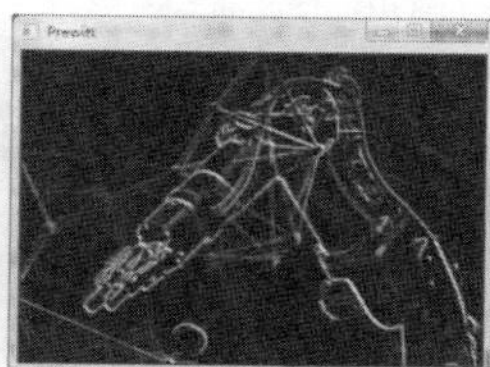
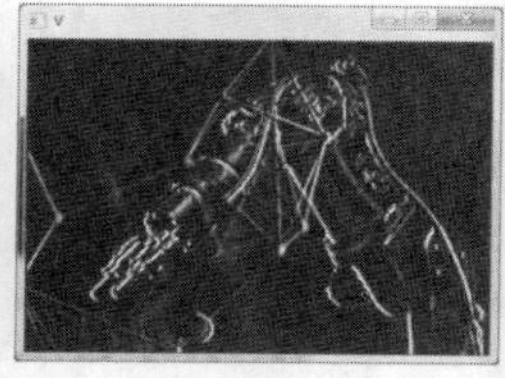
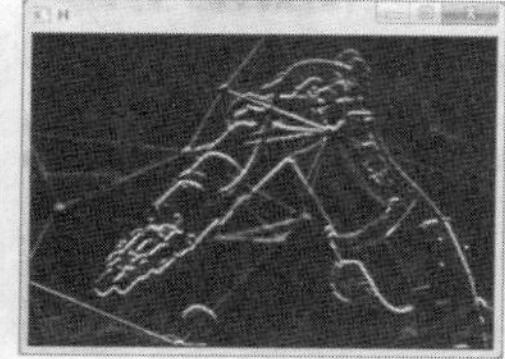

图 4.5 Prewitt 算子示例结果图

Prewitt 算子在一个方向求微分，而在另一个方向求平均，因而对噪声相对不敏感，有抑制噪声的作用。但是像素平均相当于对图像的平滑（均值滤波），所以 Prewitt 算子对边缘的定位不如 Roberts 算子。

4.1.3 Sobel 算子

Sobel 算子是一种用于边缘检测的离散微分算子，它结合了高斯平滑和微分求导两种技术。该算子计算图像明暗程度近似值，根据图像边缘旁边明暗程度把该区域内超过某个值的特定点记为边缘。Sobel 算子在 Prewitt 算子的基础上增加了权重的概念，认为相邻点的距离远近对当前像素点的影响是不同的，距离越近的像素点对应当前像素的影响越大，从而实现图像锐化并突出边缘轮廓。

Sobel 算子的边缘定位更准确，常用于噪声较多、灰度渐变的图像。其算法模板如下所示（一种典型算子）：

$$\mathrm{d}x=\begin{bmatrix}1 & 0 & -1\\ 2 & 0 & -2\\ 1 & 0 & -1\end{bmatrix}$$

$$\mathrm{d}y=\begin{bmatrix}-1 & -2 & -1\\ 0 & 0 & 0\\ 1 & 2 & 1\end{bmatrix}$$

其中，dx 表示水平方向，dy 表示垂直方向。

Sobel 算子一个方向对噪声具有平滑作用（相当于高斯滤波），另一个方向提供较为精确的边缘方向信息。因为 Sobel 算子结合了高斯平滑（高斯滤波）和微分求导，因此结果会具有更多的抗噪性。当对定位精度要求不是很高时，Sobel 算子是一种可以使用的边缘检测方法。

OpenCV 提供了函数 cv2.Sobel()，该函数有 5 个重要参数，分别是原始的处理的图像、目标图像所需深度（针对不同的输入图像，输出目标图像有不同的深度）、x 方向上的差分阶数（取

值 1 或 0)、y 方向上的差分阶数（取值 1 或 0)、扩展的 Sobel 内核大小（ksize 必须是正数和奇数)。其返回值为处理后的图像。

表示图像深度的一些常用数据类型常量：

① cv2.CV_8U：无符号 8 位整型，表示范围为 0～255。

② cv2.CV_8S：有符号 8 位整型，表示范围为-128 到 127。

③ cv2.CV_16U：无符号 16 位整型，表示范围为 0～65535。

④ cv2.CV_16S：有符号 16 位整型，表示范围为-32768～32767。

⑤ cv2.CV_32S：有符号 32 位整型，表示范围为-2147483648～2147483647。

⑥ cv2.CV_32F：单精度浮点型，表示范围为-3.4028235e+38～3.4028235e+38。

⑦ cv2.CV_64F：双精度浮点型，表示范围为-1.7976931348623157e+308～1.7976931348623157e+308。

示例：

```
import cv2
img = cv2.imread("rt.jpg",0)
img1 = cv2.Sobel(img, cv2.CV_8U,1,1,ksize=3)#将 1 分别换为 0 观察分析结果
cv2.imshow("rt",img)
cv2.imshow("sobel",img1)
cv2.waitKey(0)
```

输出结果如图 4.6 所示。

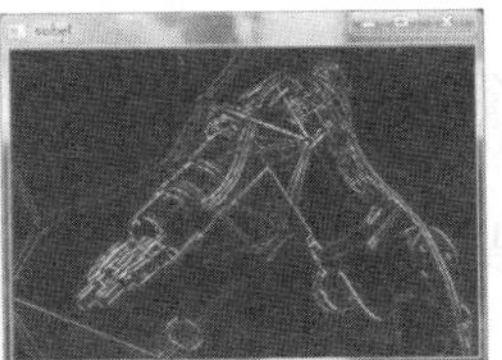

图 4.6 Sobel 算子示例结果图

上述示例代码也可以采用自定义卷积核，与 cv2.filter2D()和 cv2.addWeighted()组合来实现边缘检测，感兴趣的读者可模仿 Roberts 或 Prewitt 示例代码自行尝试。

4.1.4 Scharr 算子

Sobel 算子在计算亮度变化相对较小的边缘位置时，其近似计算导数的精度比较低，比如一个 3×3 的 Sobel 算子，当水平或者垂直方向的梯度变化较小时，其不精确性就越发明显。Scharr 算子同 Sobel 算子的运算速度一样，但是精确度更高，尤其是计算较小滤波核的情景，所以利用 3×3 滤波核实现图像边缘提取更推荐使用 Scharr 算子。可以将 Scharr 算子看作对 Sobel 算子的改进。其模板为：

$$\mathrm{d}x=\begin{bmatrix}-3 & 0 & 3\\ -10 & 0 & 10\\ -3 & 0 & 3\end{bmatrix}$$

$$\mathrm{d}y=\begin{bmatrix}-3 & -10 & -3\\ 0 & 0 & 0\\ 3 & 10 & 3\end{bmatrix}$$

OpenCV 同样也提供了函数 cv2.Scharr()，该函数常用的有 4 个重要参数：原始要处理的图像、目标图像所需深度（针对不同的输入图像，输出目标图像有不同的深度）、x 方向上的差分阶数（取值 1 或 0）、y 方向上的差分阶数（取值 1 或 0）。其返回值为处理后的图像。

示例：

```
import cv2
img = cv2.imread("rt.jpg",0)
img1 = cv2.Scharr(img, cv2.CV_8U, 0, 1)
cv2.imshow("rt",img)
cv2.imshow("Scharr",img1)
cv2.waitKey(0)
```

输出结果如图 4.7 所示。

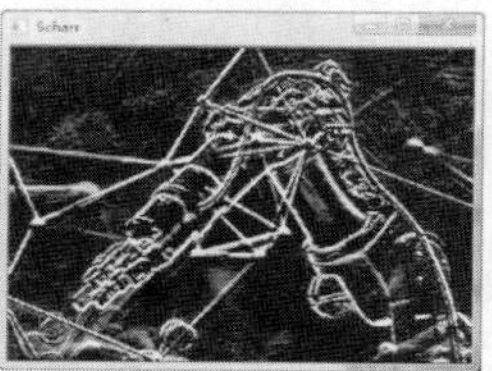

图 4.7 Scharr 算子示例结果图

上述示例代码也可以采用自定义卷积核，与 cv2.filter2D 和 cv2.addWeighted 组合来实现边缘检测，感兴趣的读者模仿 Roberts 或 Prewitt 示例代码自行尝试。

4.1.5 Laplacian 算子

拉普拉斯（Laplacian）算子是 n 维欧几里得空间中的一个二阶微分算子，常用于图像增强和边缘提取。

对一个连续函数 $f(x,y)$，它在图像中的位置为 (x,y)，拉普拉斯值定义为：

$$\nabla^2 f = \frac{\partial^2 f}{\partial x^2} + \frac{\partial^2 f}{\partial y^2}$$

Laplacian 算子是对 x 方向和 y 方向分别求二阶导数，其在 x 和 y 方向的二阶导数如下：

$$\frac{\partial^2 f}{\partial x^2} = f(x+1,y) + f(x-1,y) - 2f(x,y)$$

$$\frac{\partial^2 f}{\partial y^2} = f(x,y+1) + f(x,y-1) - 2f(x,y)$$

二阶 Laplacian 算子的表达式为：

$$\nabla^2 f = \frac{\partial^2 f}{\partial x^2} + \frac{\partial^2 f}{\partial y^2} = f(x+1,y) + f(x-1,y) + f(x,y+1) + f(x,y-1) - 4f(x,y)$$

所以，对应的滤波核为：

$$G = \begin{bmatrix} 0 & 1 & 0 \\ 1 & -4 & 1 \\ 0 & 1 & 0 \end{bmatrix}$$

可见，Laplacian 算子利用了二阶导数，具有各向同性，即与坐标轴方向无关，坐标轴旋转后梯度结果不变，因此使用 Laplacian 算子提取边缘不需要分别检测 x 方向的边缘和 y 方向的边缘，只需要一次边缘检测即可，但其对噪声敏感。观察滤波核还可以发现，当邻域内像素灰度相同时，模板的卷积运算结果为 0；当中心像素灰度高于或低于邻域内其他像素的平均灰度时，模板的卷积运算结果将变为正数或负数，若对卷积运算的结果用适当的衰弱因子处理后叠加在原图像对应的中心像素上，就可以实现图像的锐化处理。

Laplacian 算子分为四邻域和八邻域两种，四邻域是对邻域中心像素的四方向求梯度（上述推导即为四邻域），八邻域是对八方向求梯度。

Laplacian 算子的八邻域模板如下：

$$\mathrm{d}y=\begin{bmatrix}1 & 1 & 1\\ 1 & -8 & 1\\ 1 & 1 & 1\end{bmatrix}$$

通常使用的拉普拉斯算子 3×3 模板为：

$$\boldsymbol{d}_1=\begin{bmatrix}-1 & -1 & -1\\ -1 & 8 & -1\\ -1 & -1 & -1\end{bmatrix}\quad \boldsymbol{d}_2=\begin{bmatrix}-1 & 0 & 1\\ -2 & 4 & 2\\ -1 & 0 & 1\end{bmatrix}\quad \boldsymbol{d}_2=\begin{bmatrix}-1 & -2 & -1\\ 0 & 0 & 0\\ 1 & 2 & 1\end{bmatrix}$$

比较四领域模板与锐化模板（见 3.5.5 节）可知：原图像−拉普拉斯图像=锐化图像。做差是因为拉普拉斯算子中心为负。由此可知：原图像与边缘检测卷积核相加就可以得到锐化核。读者可自行尝试如何使用其他边缘检测的模板导出锐化核。

OpenCV 提供了 Laplacian 函数 cv2.Laplacian()，该函数常用的参数有：原始要处理的图像、目标图像所需深度（针对不同的输入图像，输出目标图像有不同的深度）、Laplacian 二阶导数系数（ksize 必须是正数和奇数，默认为 1）。其返回值为处理后的图像。

示例：

```
import cv2
img = cv2.imread("rt.jpg",0)
img1 = cv2.Laplacian(img, cv2.CV_8U)
cv2.imshow("rt",img)
cv2.imshow("Laplacian",img1)
cv2.waitKey(0)
```

输出结果如图 4.8 所示。

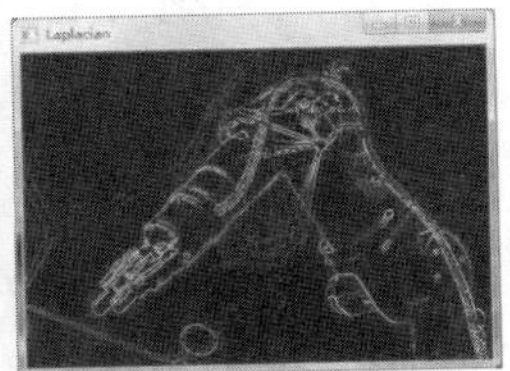

图 4.8　Laplacian 算子示例结果图

上述示例代码也可以采用自定义卷积核，与 cv2.filter2D()和 cv2.addWeighted()组合来实现边缘检测，感兴趣的读者模仿 Roberts 或 Prewitt 示例代码自行尝试。

4.1.6 Canny 算子

Canny 边缘检测属于组合式算法，大致分为如下 5 步。

① 使用高斯滤波来平滑噪声。边缘检测的算法主要是基于图像强度的一阶和二阶微分操作，但导数通常对噪声很敏感。边缘检测算法常常需要根据图像源的数据进行预处理操作，因此必须采用滤波器来改善与噪声有关的边缘检测的性能。

② 利用已有的一阶偏导算子计算梯度，得到可能的边缘。一般用 Sobel 算子来实现。

③ 应用非极大值抑制来消除边缘误检。在 Canny 算法中，非极大值抑制是消除边缘误检的重要步骤。通俗意义上是指寻找像素点局部的最大值，将非极大值点所对应的灰度值设置为背景像素点，像素邻域区域满足梯度值的局部最优值则判断为该像素的边缘，对其余非极大值的相关信息进行抑制。利用该准则可以剔除大部分非边缘点。这一步骤主要排除非边缘像素，仅仅保存候选图像边缘。

④ 双阈值法筛选边缘信息。经过非极大抑制后的图像中仍然有很多噪声点。Canny 算法中应用了一种叫双阈值的技术，即设定一个高阈值和低阈值，图像中的像素点如果大于高阈值则认为必然是边缘（称为强边缘），将其像素值变为 255；小于低阈值则认为必然不是边缘，将其像素值变为 0；两者之间的像素被认为是边缘候选点（称为弱边缘），像素值不变。需要注意的是，高阈值和低阈值不是固定的，需要针对不同的图像进行定义。

⑤ 利用滞后技术来跟踪边界。

在上述过程中我们得到了弱边缘，如果该弱边缘与强边缘连接，则将该弱边缘处理为边缘；与强边缘无连接，则该边缘抑制，即不再定义为边缘。

OpenCV 同样也提供了 Canny 函数 cv2.Canny()，该函数常用参数分别是：原始要处理的图像、第一个阈值（低阈值）、第二个阈值（高阈值）。其返回值为处理后的图像。

示例：

```
import cv2
img = cv2.imread("rt.jpg",0)
img1 = cv2.Canny(img, 100, 200)
cv2.imshow("rt",img)
cv2.imshow("Canny",img1)
cv2.waitKey(0)
```

输出结果如图 4.9 所示。

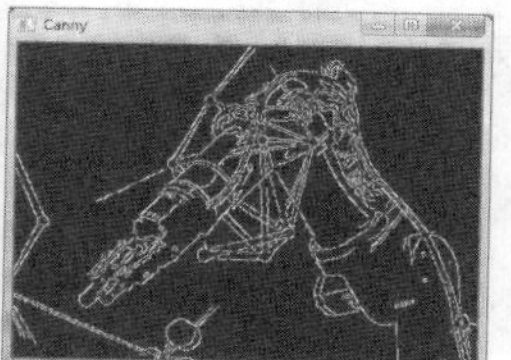

图 4.9　Canny 算子示例结果图

Canny 算法是一种经典的边缘检测算法，它通过在图像中寻找梯度的极大值来检测边缘，并通过非极大值抑制和双阈值处理来提高检测结果的准确性和稳定性。它通常能够较好地检测出图像中的边缘。Canny 算法对噪声有较好的抑制效果。

在实际应用中，可以根据具体场景和要求调整高斯平滑的标准差以及高低阈值的设定，以获得最佳的边缘检测结果。

4.1.7　图像傅里叶变换

在信号分析中我们知道，周期信号从时域到频域的变换是通过傅里叶级数来实现的，而非周期信号则是通过傅里叶变换来实现的，其在变换公式上略有差别，但为了方便表述下文统称为傅里叶变换。从频域到时域则要通过傅里叶反变换。法国数学家、物理学家和天文学家约瑟夫·傅里叶（Joseph Fourier）于 1807 年在其所著的《热的解析理论》一书中提出了傅里叶级数和傅里叶变换的概念，可见傅里叶变换并不是信号专用的，而是一个单纯的数学理论。傅里叶变换简单地说就是“任何函数都可以写成一系列正弦函数和余弦函数的加权和”，所以对于信号来说，任何函数（波）可以是以时间为自变量的信号强度［$y=f(t)$，t 为时间，y 为函数值］。而对于一张图像来说，其像素与时间是没有关系的，或者说在图像上没有留下像素在时间上的记录，但图像有空间的位置（行和列），所以对于图像来说，可以这样表述：任何函数（图像）可以是以空间坐标位置为自变量的像素灰度值［$z=f(x,y)$，其中 x 和 y 为像素平面上坐标点的行和列，z 为该点像素灰度值，如图 4.10 所示的三维图，其是由左上角黑色背景中形似手写的两个数字 1 的二维图像所生成］。

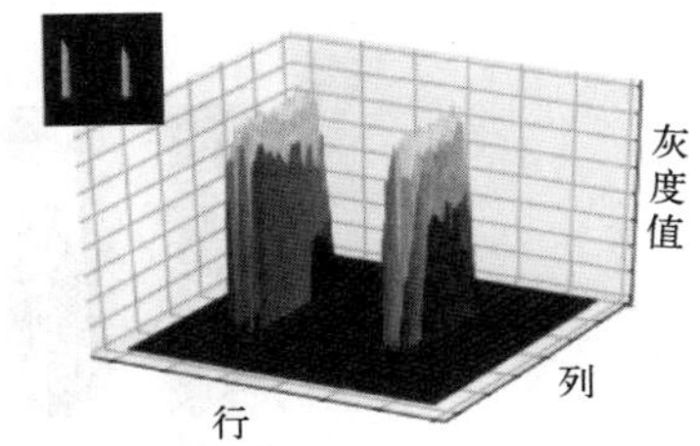

图 4.10　图像函数空间域示意图

对于信号分析来说，时间为单一变量，即时域到频域使用一维傅里叶变换；对于图像而言，其像素坐标为双变量，即空域到频域的变换使用二维傅里叶变换。二维傅里叶变换是一维傅里叶变换在每一个行扫描和列扫描上的傅里叶变换的叠加。经过傅里叶变换后的值将变为像素值，可以显示为傅里叶谱频图，那么傅里叶频谱图上的每一个像素点都代表一个频率（位置）及该频率的数量（亮暗程度）。为了分析和处理方便，通常将频谱图做移频到原点的处理，对频谱移频到原点以后的频谱图，最中心的亮点是指直流分量（0 频率分量，梯度变化等于 0 或接近 0 的最多），频谱图像的频率分布也是以原点为中心对称分布。频谱图上每个点均代表一个频率分量，离中心越近表示频率值越小，从中心到该点的连线方向表示分解后波的传播方向。频谱图中点越亮表示对应的梯度变化越强烈。如果频谱图中暗的点数较多，那么实际图像是比较柔和的（因为各点与邻域差异都不大，梯度相对较小）；如果频谱图中亮的点数多，那么实际图像一定是边界分明且边界两边像素差异较大的。比如图 4.11（a）为竖直方向黑白相间原始的图像，从下向上看，可以理解为一维的波，所以此图像做傅里叶变换相当于仅沿着水平方向做傅里叶变换（因竖直方向并没有像素灰度值的变化，即竖直方向没有梯度变化）。其变换结果为图 4.11（b），其中可见在水平方向有 3 个不同亮度的斑点，实质是对应该图像分解出的 2 个频率分量，即 1 个无频率变化的直流分量和 1 个梯度变换较剧烈的分量（原点对称的两个亮斑看作一个分量）。图 4.12 中展示了原图像进行叠加后傅里叶频谱图也存在会叠加的现象。另外，要明确的是频谱图上的各点与图像上各点不存在一一对应的关系。

图像的频率是表征图像中灰度变化剧烈程度的指标，是灰度在平面空间上的梯度。在噪声点和图像边缘处的频率为高频，所以傅里叶变换能够将图像从空域转换到频域，帮助理解图像的频率特征并进行相应的处理，如频域滤波、图像增强、去噪等。图 4.13 为 lena 图像通过频谱图实现的一种低通滤波处理，其中图（a）为 lena 原图，图（b）是图（a）经傅里叶变换后的频谱图，图（c）为保留中间区域并其他区域灰度值为 0 的频谱图（保留低频，去除高频），图（d）是图（c）的逆傅里叶变换图。由结果可见，低通滤波明显会使图像变得模糊（边界不再分明）。图 4.14 为高通滤波处理的效果，可见高通滤波后保留了图像的边缘信息，能实现边缘检测。

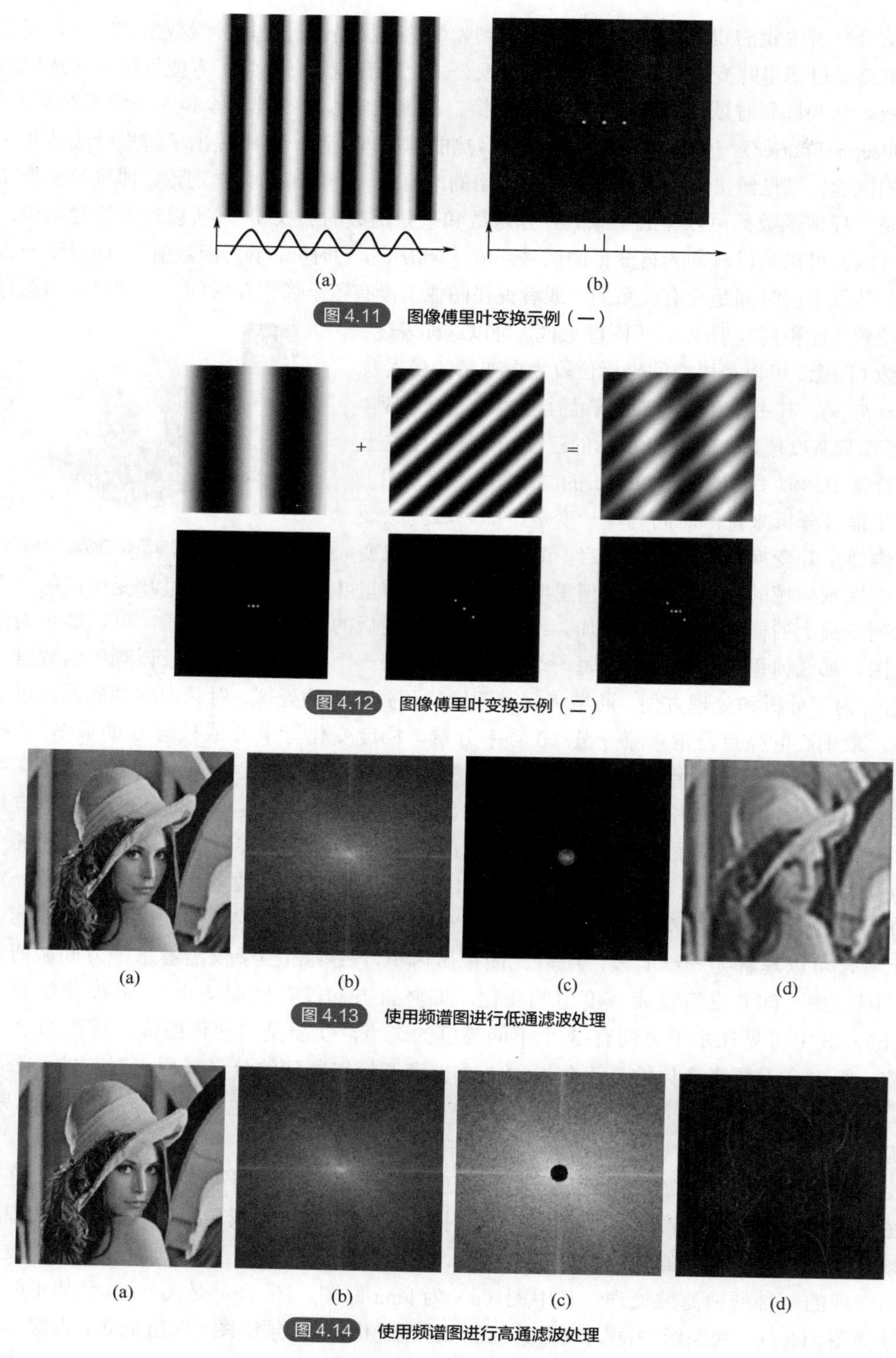

图 4.11 图像傅里叶变换示例（一）

图 4.12 图像傅里叶变换示例（二）

图 4.13 使用频谱图进行低通滤波处理

图 4.14 使用频谱图进行高通滤波处理

图像的傅里叶变换和逆傅里叶变换在 OpenCV 和 NumPy 均有现成的库函数，感兴趣的读者可自行检索学习，本节不再多述。

4.1.8　边缘检测的作用

在很多图像处理任务中，边缘检测是第一步，它的结果对后续的处理和分析起着至关重要的作用，例如：

① 物体检测：边缘检测可以帮助识别图像中物体的轮廓和形状，从而实现物体检测和分割。在目标检测任务中，边缘检测可以用于提取目标的边界，帮助识别和定位目标。

② 特征提取：边缘是图像中最重要的特征之一，它包含了图像中的纹理、形状和结构信息。通过边缘检测，可以提取出图像中的主要特征，用于图像分类、识别和匹配等任务。

③ 图像增强：边缘检测可以用于图像增强，突出图像中物体的边缘和轮廓，使图像更加清晰和易于理解。

④ 目标跟踪：在视频分析中，边缘检测可以用于目标的跟踪和运动分析，通过不断检测目标的边缘变化来实现目标的跟踪。

⑤ 图像分割：边缘检测可以用于图像分割，将图像分成不同的区域和对象，从而方便进一步的图像分析和处理。

4.2　图像几何参数的检测

目前，通过计算机对物体进行自动识别（判别）的例子已经很多，如手机的人脸解锁识别、支付宝付款的指纹识别支付，自动售货机的脸部识别付款、宿舍的人脸识别进出、脐橙的自动分级、家庭摄像头的防入侵报警装置等。本节开始就对这些特征，尤其是图像的集合特征检测进行说明。

为了便于理解，本节以简单的二值图像为对象，针对物体的形状、大小等特征，介绍提取所需要的物体、除去不必要噪声的方法。

4.2.1　基于轮廓的对象识别

如果想从图4.15中提取螺母，该怎么办？对于计算机来说，它并不知道人们讲的螺栓、螺母为何物，所以只能将所要提取物体的特征告知计算机，例如，图中螺母相对于螺栓来说，具有短粗（或较圆）的特征。也就是说，必须告诉计算机图像中物体的大小、形状等特征。当然，这种仅仅依靠的是描述物体轮廓特征（或形状特征）的参数。

螺栓螺母图片

图像轮廓是指由位于边缘、连续的、具有相同颜色和强度的点构成的曲线，它可用于形状分析以及对象检测和识别。

下面介绍几个有代表性的轮廓特征参数及在计算机图形学中的计算方法。

面积：计算物体（或区域）中包含的像素数。

周长：物体（或区域）轮廓线的周长是指轮廓线上像素间距离之和。像素间距离有两种情况。一种是水平或垂直方向并列的像素，这种并列像素间的距离是 1 个像素。另一种是倾斜 45°或−45°方向连接的像素，这种倾斜方向像素间的距离是 $\sqrt{2}$ 个像素。在进行周长测量时，需要根据像素间的连接方式，分别计算距离。

圆形度：表征平面图形与圆的接近程度，是基于面积和周长得出的一个参数。圆形度的计算公式是：e=(4π×面积)/周长^2，其中 e 为圆形度。e 越小，图形与圆形的差距越大。例如，圆的圆形度为 1，正方形的圆形度为 π/4，正三角形的圆形度为 $\sqrt{3}\,\pi/9$。

重心（位置）：重心就是求物体（或区域）中像素坐标的平均值。

除上述参数外，还有对图形进行包裹的近似多边形参数，如矩形包裹的长和宽等、圆包裹的半径等。

利用上述参数，似乎可以把螺栓与螺母区别开来了。螺母是这两个零件中圆形度最大的。不过，首先需要把所有零件从背景中提取出来，这可以利用二值化处理提取明亮部分来得到；其次通过滤波方法去噪（或使用形态学方法去噪）；然后查找并标记所有的轮廓；最后根据几何参数提取轮廓。

OpenCV 的 cv2.findContours()函数用于实现查找轮廓功能，基本格式如下：

cv2.findContours(image, mode, method)

参数说明：

① image：输入的二值图像，黑色为背景。

② mode：轮廓的检索模式，可设置为如下参数。

- cv2.RETR_EXTERNAL：只检测外轮廓。
- cv2.RETR_LIST：检测所有轮廓，不创建任何等级关系。
- cv2.RETR_CCOMP：检测所有轮廓，但是仅仅建立两层包含关系（父级：外边界。子级：内孔边界），如果内孔内还有一个连通物体，这个物体的边界也属父级层。
- cv2.RETR_TREE：检测所有轮廓，并且建立所有的继承（包含）关系，如父级、子级、孙子级等。

③ method：轮廓的近似方法，常用参数如下。

- cv2.CHAIN_APPROX_NOME：存储所有的轮廓点，相邻两个点的像素位置差不超过 1。
- cv2.CHAIN_APPROX_SIMPLE：压缩水平方向、垂直方向、对角线方向的元素，只保留该方向的终点坐标，例如一个矩形轮廓只需要 4 点保存轮廓信息。

返回值：该函数有两个返回值，一个是轮廓数组（轮廓数组的每个元素都表示一个轮廓对象），另一个是轮廓层级关系属性。

其中，返回的轮廓层级关系属性和 mode 参数（轮廓的检索模式）有直接的关系。假定设置“mode = cv2.RETR_CCOMP”，返回的结果是表 4.1 所示结果。该结果中序号表示轮廓的序号标识，从 0 开始。后/前表示同一级（层）轮廓之间前后对应序号关系，−1 表示不存在。子/父表示不同级（层）轮廓之间父子对应序号关系，如序号 0 的后一个是 2，2 的后一个是 4，4 的后一个是−1（不存在），即序号 0、2、4 是最外层轮廓；0 的子轮廓是 1，1 的父轮廓是 0，并且轮廓 1 没有并列的轮廓，所以前后都是−1（不存在）；轮廓 2 和轮廓 3，轮廓 4 和轮廓 5 同理，即序号 1、3、5 是 0、2、4 对应的内层轮廓。

表 4.1　轮廓属性结果示意表

序号	后	前	子	父	示意图
0	2	−1	1	−1	
1	−1	−1	−1	0	
2	4	0	3	−1	
3	−1	−1	−1	2	
4	−1	2	5	−1	
5	−1	−1	−1	4	

得到轮廓的参数后，可按需绘制轮廓。OpenCV 提供的 cv2.drawContours()可在图像上绘制轮廓。该函数常用的参数有：绘制轮廓的图像、轮廓数组[cv2.findContours()返回的第一个参数]、指定绘制轮廓 List 中的哪条轮廓（如果是−1，则绘制其中的所有轮廓）、轮廓的颜色（BGR 的元组，如果是单通道的二值图可以直接用一个灰度值）、轮廓线的宽度（如果是−1 或 cv2.FILLED，则为填充模式）。返回值为轮廓图像。

示例：

```
import cv2
import numpy as np
img = cv2.imread('lslm.jpg')
img2 = cv2.cvtColor(img,cv2.COLOR_BGR2GRAY)
cv2.imshow('GRAY',img2)
thr1,img3 = cv2.threshold(img2,140,255,cv2.THRESH_BINARY)
cv2.imshow('threshold',img3)
ke = np.ones((9,9),np.uint8)
img3 = cv2.morphologyEx(img3,cv2.MORPH_OPEN,ke)
cv2.imshow('open',img3)
c,h= cv2.findContours(img3,cv2.RETR_TREE,cv2.CHAIN_APPROX_SIMPLE)
print("轮廓长度:",len(c))
print("第 2 个轮廓数据:\n",c[1])
print("轮廓层级关系:\n",h)
img4 = cv2.drawContours(img,c,-1,(0,0,255),3)#-1 改 1～3、3 改-1，分析结果
cv2.imshow('Contours',img4)
cv2.waitKey(0)
```

输出结果为：

```
轮廓长度: 3
第 2 个轮廓数据:
 [[[275 293]]
 [[276 292]]
…
 [[265 293]]]
轮廓层级关系:
[[[-1 -1  1 -1]
  [ 2 -1 -1  0]
  [-1  1 -1  0]]]
```

输出结果如图 4.16 所示。

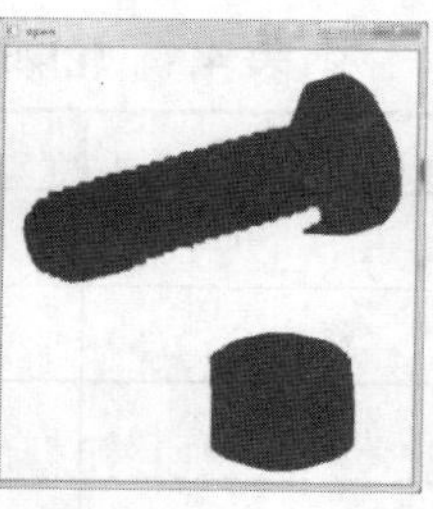
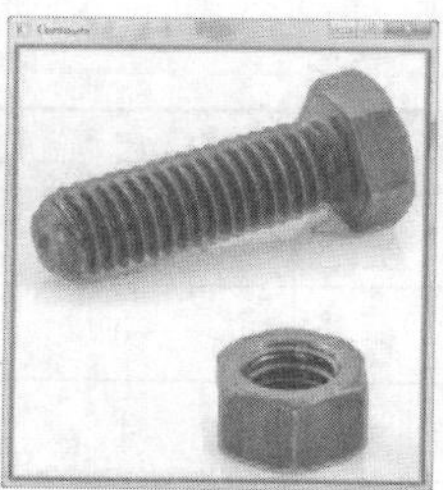

图 4.16 基于轮廓的对象识别示例（一）

由输出的轮廓长度可知共检测出了 3 个轮廓，由绘制图像（最后一幅图）可知 3 个轮廓分别是背景、螺栓和螺母的轮廓，由层级关系和绘制图像可知，背景位于第 0 号（属于父级），螺栓、螺母分别是第 1 号或第 2 号，均属于子级（因父级是 0 号背景）。

得到轮廓的参数后，理应计算圆形度，圆形度是基于面积和周长计算的。OpenCV 提供 cv2.contourArea()和 cv2.arcLength()函数用来计算面积和周长。两个函数常用的参数都有两个，第一个为输入的单个轮廓值［cv2.findContours()返回的第一个参数］，第二个为布尔变量。对于计算面积函数，第二个参数为 True 时函数返回值的正与负表示轮廓是顺时针还是逆时针，为 False（默认）时，函数返回绝对值，对于计算周长函数，第二个参数设置为 True 时，表示轮廓是封闭的。

将上例 cv2.waitKey(0)前面增加计算面积、周长、圆形度代码。

示例：

```
import cv2
import numpy as np
img = cv2.imread('lslm.jpg')
img2 = cv2.cvtColor(img,cv2.COLOR_BGR2GRAY)
cv2.imshow('GRAY',img2)
thr1,img3 = cv2.threshold(img2,140,255,cv2.THRESH_BINARY)
ke = np.ones((9,9),np.uint8)
img3 = cv2.morphologyEx(img3,cv2.MORPH_OPEN,ke)
c,h=cv2.findContours(img3,cv2.RETR_TREE,cv2.CHAIN_APPROX_SIMPLE)
m = cv2.contourArea(c[0])     #第 0 号轮廓面积
l = cv2.arcLength(c[0],True)  #第 0 号轮廓周长
max = 4*3.14*m/(l**2)         #将第 0 号轮廓圆形度设置为预求最大值的初始值
max_i = 0
for i in range(len(c)):
    m = cv2.contourArea(c[i])
    l = cv2.arcLength(c[i],True)
    print(m,'\t',l,'\t',4*3.14*m/(l**2))
    if max<4*3.14*m/(l**2):
        max = 4*3.14*m/(l**2)
        max_i = i
img4 = cv2.drawContours(img,c,max_i,(0,0,255),-1)
cv2.imshow('Contours',img4)
cv2.waitKey(0)
```

输出结果如下：

```
185505.0    1724.0                0.7839181798116936
18414.0     521.0782078504562     0.8517888613657606
41219.0     1139.778778910637     0.39851617860473415
```

输出图像如图 4.17 所示。

图 4.17　基于轮廓的对象识别示例（二）

由结果可知，序号 1（从 0 开始）的圆形度最大，说明序号 1 对应的就是螺母。

说明：因 0 号为背景，所以计算圆形度时候可以从 1 号开始。该图片大小为 416×448，故面积为 415×447=185505，周长为 415×2+447×2=1724，即结果中第一行输出的前两个数据。

本例的二值图像滤波采用了开运算（先腐蚀后膨胀），因为噪声通常是小的白点或黑点，所以还可以根据面积大小来识别噪声，进而去噪。比如本例中对二值化后的图像找出其轮廓，计算每个轮廓的面积，如果面积小于某个值（比如 500），则将此区域内二值图像的颜色修改为黑色。该方法通常对于光滑且非平面的物体受到光照反光呈现的亮斑的消除效果较为显著。

OpenCV 还提供了两个较为常用的函数可以实现轮廓的包裹：

① cv2.boundingRect()，计算可容纳轮廓的最小矩形（矩形边界不随轮廓形状倾斜而变化，为与 x 轴和 y 轴平行的直边界）。输入的参数为单个轮廓值[cv2.findContours()返回的第一个参数]，返回值为一个四元组，格式为“(矩形左上角 x 坐标，矩形左上角 y 坐标，矩形的宽度，矩形的高度)”。

② cv2.minEnclosingCircle()，计算可容纳轮廓的最小外包裹圆。输入的参数为单个轮廓值[cv2.findContours()返回的第一个参数]，返回值有两个，一个为圆心坐标，一个为半径。

4.2.2　Hough 变换

Hough 变换是实现边缘形状识别的一种有效方法，其基本思想是将测量空间的一点变换到参量空间的一条曲线或曲面，而具有同一参量特征的点变换后在参量空间中相交，通过判断交点处的积累程度来完成特征曲线的检测。基于参量性质的不同，Hough 变换可以检测直线、圆、椭圆、双曲线等。直线和圆是智能制造领域较为常见的规则型图形，接下来重点来讲述如何实现直线和圆的检测。

（1）直线检测

保罗·霍夫于 1962 年提出了 Hough 变换法，并申请了专利。该方法将图像空间中的检测问题转换到参数空间，通过在参数空间里进行简单的累加统计完成检测任务，并用大多数边界点满足的某种参数形式来描述图像的区域边界曲线。这种方法对于被噪声干扰或间断区域边界的图像具有良好的容错性。Hough 变换最初主要应用于检测图像空间中的直线，最早的直线变换是在两个笛卡儿坐标系之间进行的，这给检测斜率无穷大的直线带来了困难。1972 年，杜达（Duda）将变换形式进行了转化，将数据空间中的点变换为 ρ-θ 参数空间中的曲线，改善了其检测直线的性能。该方法不断发展，在图像分析、计算机视觉、模式识别等领域得到了非常广泛的应用，已经成为模式识别的一种重要工具。

设已知二值图像上有一条直线，要求出这条直线所在的位置。因在图像坐标空间 x-y 上直线的方程可以用 $y=kx+b$ 来表示，其中 k 和 b 分别是斜率和截距。过某一点（x_0,y_0）的所有直线的参数都会满足方程 $y_0=kx_0+b$，即点（x_0,y_0）确定了一簇直线。改写方程为 $b=-x_0k+y_0$，可看作参数坐标空间 k-b 上的一条直线（其中$-x_0$ 和 y_0 分别是斜率和截距）。这样，图像坐标空间 x-y 上的一个（像素）点（x_0,y_0），在参数坐标空间 k-b 平面上对应的是一条直线 $b=-x_0k+y_0$。反之也成立，即参数坐标空间上的一个点在图像坐标空间对应的是一条直线。根据这个特性，给定图像坐标空间的一些边缘点，就可以通过 Hough 变换确定连接这些点的直线方程。

例如，图像坐标空间 x-y 中经过点（x_1,y_1）和点（x_2,y_2）的直线上的每一点在参数坐标空间 k-b 上各自对应一条直线，这些直线都相交于点（k,b），而 k、b 就是图像坐标空间 x-y 中点（x_1,y_1）和点（x_2,y_2）所确定的直线的参数（斜率与截距）。反之，在参数空间中相交于同一点的所有直线，在图像坐标空间都有共线的点与之对应。根据这个特性，给定图像坐标空间的一些边缘点，通过 Hough 变换确定连接这些点的直线方程，如果这些方程交于一点，则说明这些边缘点为一条直线。

使用直角坐标表示直线，当直线为一条垂直直线或者接近垂直直线时，该直线的斜率为无限大或者接近无限大，从而无法在参数空间 k-b 中表示出来。为了解决这一问题，一般采用极坐标参数方程的形式来表示。过程与直角坐标类似，也就是将图像坐标空间中的点变换到极坐标空间中，如图 4.18 所示。此时在图像坐标空间 x-y 上的直线方程为 $\rho=x\cos\theta+y\sin\theta$（其中，$\rho$ 代表直线到原点的垂直距离，θ 代表 x 轴到直线垂线的角度，取值范围为±90°），对应图像坐标空间 ρ-θ 的一个点（该点是一些类似正弦曲线的交点）。

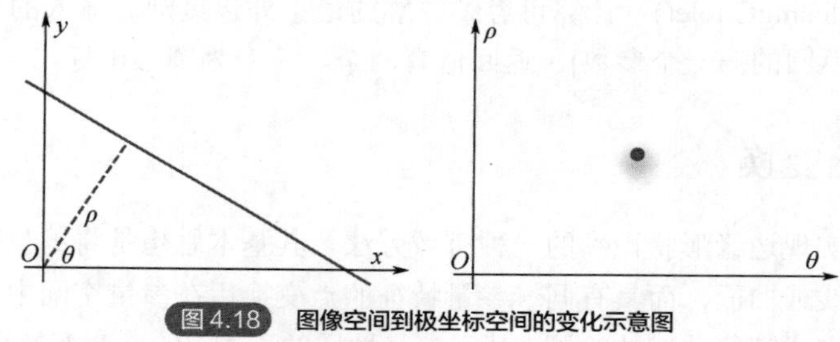

图 4.18 图像空间到极坐标空间的变化示意图

更直观的，直角坐标系的三点共线，对应于 ρ-θ 空间的三线共点，如图 4.19 所示。

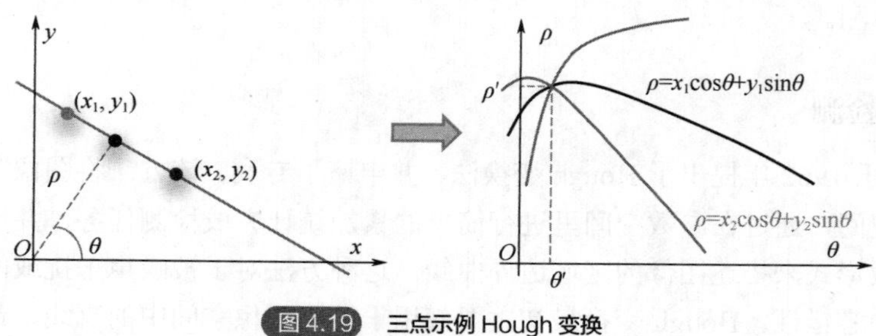

图 4.19 三点示例 Hough 变换

换句话说，在极坐标下，原图像坐标空间中共线的点变换到参数空间中后，在参数空间都相交于同一点，此时得到的 ρ、θ 即为所求的直线的极坐标参数。

在实际的直线检测情况中，如果图像坐标空间中超过一定数目的点在参数坐标空间中的曲线交于相同的点（ρ,θ），那么就可以判定图像空间中这些点组成了一条直线。即，在 ρ-θ 坐标系图中，明显的交汇点就标示一条检测出的直线。如图 4.20 所示，可以判定该图中两个亮点在图像空间中共构成了两条直线，即检测出两条直线。

图 4.20　极坐标下的一个实例显示

OpenCV 的 cv2.HoughLines()函数用于实现 Hough 变换的直线检测，常用参数有 4 个，基本格式如下：

cv2.HoughLines(image, rho, theta, threshold)

参数说明：

① image：经边缘检测得到的二值图像。

② rho：ρ 的精度。

③ theta：θ 的精度。

④ threshold：阈值，参数坐标交于一点的曲线数（或保留直线的像素点数）。所以值越小直线越多。

返回值：数组，数组的每个元素都是一条直线对应的（ρ,θ），ρ 以像素为单位，θ 以 rad 为单位。

示例：

```
import cv2
import numpy as np
img = cv2.imread("rt.jpg",0)
img1 = cv2.Canny(img, 100, 200)
cv2.imshow("rt",img)
lines = cv2.HoughLines(img1,1,np.pi/180,115)
for line in lines:
    rho,theta = line[0]
    k,b = np.cos(theta),np.sin(theta)
    x0,y0 = k*rho,b*rho
    pt1 = (int(x0+1000*(-b)),int(y0+1000*(k)))  #1000 是为了放大（延长）直线
    pt2 = (int(x0-1000*(-b)),int(y0-1000*(k)))  #可尝试改成其他值看看结果
    cv2.line(img,pt1,pt2,0,2)                   #通过两点画直线
cv2.imshow("HoughLines",img)
cv2.waitKey(0)
```

输出结果如图 4.21 所示。

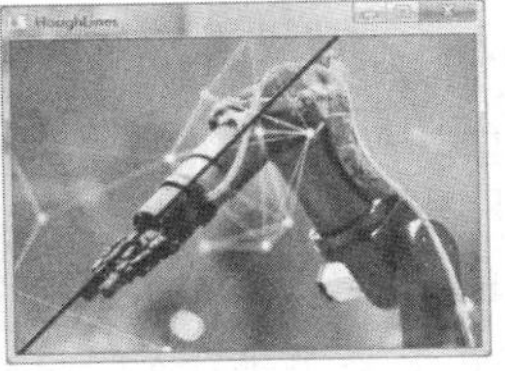

图 4.21　直线检测示例结果图（一）

OpenCV 的 cv2.HoughLinesP()函数也可用于实现 Hough 变换的直线检测，与 cv2.HoughLines()主要区别就在于返回值不同，其返回值也为数组，但数组的每个元素是一条直线对应的首末点

坐标（x_1,y_1,x_2,y_2）。

示例：

```
import cv2
import numpy as np
img = cv2.imread("rt.jpg")
img0 = cv2.cvtColor(img,cv2.COLOR_BGR2GRAY)
img1 = cv2.Canny(img0, 100, 200)
lines = cv2.HoughLinesP(img1,1,np.pi/180,100)
for line in lines:
    x1,y1,x2,y2 = line[0]
    cv2.line(img,(x1,y1),(x2,y2),(0,0,255),2)
cv2.imshow("HoughLines",img)
cv2.waitKey(0)
```

输出结果如图 4.22 所示。

图 4.22 直线检测示例结果图（二）

Hough 变换是一种全局性的检测方法，具有极佳的抗干扰能力，可以很好地抑制数据点集中存在的干扰，同时还可以将数据点集拟合成多条直线。但是，Hough 变换的精度不容易控制，因此，不适合对拟合直线的精度要求较高的场景。同时，它所要求的巨大计算量使其处理速度很慢，从而限制了它在实时性要求很高的领域的应用。

（2）圆检测

其实检测圆形和检测直线的原理差别不大，只不过检测直线是在二维空间中进行的，因为直线方程 $y=kx+b$ 只有 k 和 b 两个参数。而圆一般方程表示为$(x-a)^2+(y-b)^2=r^2$，那么就有三个参数，分别是圆心坐标 a、b 和半径 r，说明参数空间将是三维的，这就意味着需要更多的计算量。

OpenCV 中提供了 cv2.HoughCircle()函数，该函数可以实现圆的检测。其基本格式为：

HoughCircles(image, method, dp, minDist[,param1[, param2[, minRadius[, maxRadius]]]]])

参数说明：

① image：经边缘检测得到的二值图像。

② method：查找方法（通常设置为 cv2.HOUGH_GRADIENT）。

③ dp：累加器分辨率（它与图像分辨率成反比。例如，值取 1 则累加器和输入图像有一样的分辨率，值取 2 则累加器的宽度和高度是输入图像的一半）。

④ minDist：圆心间的最小距离（如果这个参数太小，会在真的圆形周围检测到很多假的圆。如果该值太大，一些圆会被丢失掉）。

⑤ param1：Canny 边缘检测高阈值（表示传递给 Canny 检测器的高限阈值，低限阈值是高阈值的一半，默认取 100）。

⑥ param2：圆心检测阈值（这个值越小，越多的假圆会被检测到；值越大，检测出的圆就

越少，但检测出真圆的可能性越高；默认取 100）。

⑦ minRadius：允许检测的最小半径（默认值为 0，此时不起作用）。

⑧ maxRadius：允许检测的最大半径（默认值为 0，此时不起作用）。

示例：

```
import cv2
import numpy as np
img = cv2.imread("dp.jpg")
cv2.imshow("dp",img)
img0 = cv2.cvtColor(img,cv2.COLOR_BGR2GRAY)
img1 = cv2.Canny(img0, 100, 200)
circles = cv2.HoughCircles(img1,cv2.HOUGH_GRADIENT,1,80,param2=45)
for c in circles[0,:]:
    cv2.circle(img,(c[0],c[1]),c[2].astype(np.int32),(255,0,255),2)#画圆
cv2.imshow("HoughCircle",img)
cv2.waitKey(0)
```

输出结果如图 4.23 所示。

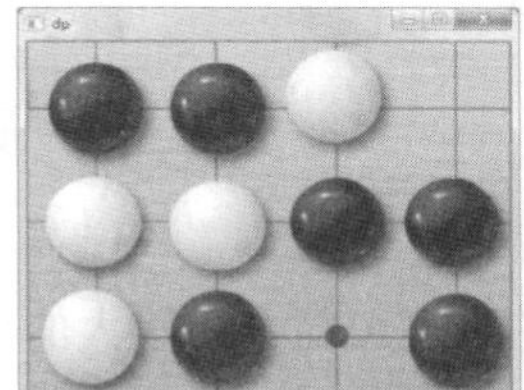
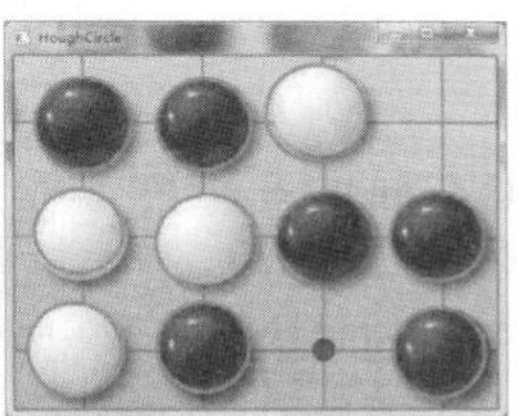

图 4.23　圆检测示例结果图

4.3　图像纹理的检测

纹理是一种反映图像中同质现象的视觉特征，它体现了物体表面的具有缓慢变化或者周期性变化的表面结构组织排列属性。纹理具有三大特点：

① 某种局部序列不断重复；

② 非随机排列；

③ 纹理区域内大致为均匀的统一体。

与灰度、颜色等图像特征不同，纹理是通过像素及其周围空间邻域的灰度分布来表现的，即局部纹理信息。另外，局部纹理信息在不同程度上的重复性构成了全局纹理信息。

纹理特征在体现全局特征性质的同时，也描述了图像或图像区域所对应景物的表面性质。但由于纹理只是一种物体表面的特性，并不能完全反映出物体的本质属性，所以仅仅利用纹理特征是无法获得高层次图像内容的。与颜色特征不同，纹理特征不是基于像素点的特征，它需要在包含多个像素点的区域中进行统计计算。

在检索具有明显纹理差异的图像时，利用纹理特征是一种有效的方法。但当纹理之间的粗细、疏密等易于分辨的信息差异不大时，常规的纹理特征很难准确地反映出人的视觉感觉中不同的纹理之间的差别。例如，水中的倒影、光滑的金属面互相反射造成的影响等都会导致纹理的变化。由于这些不是物体本身的特性，因此将纹理信息应用于检索时，有时这些虚假信息会对检索造成“误导”。

纹理作为一种重要的视觉线索，广泛存在于自然界各种物体的表面。如图 4.24 所示，人工

绘画的老虎、豹和斑马之所以一眼就能认出来，其主要是因为绘画抓住了动物身上的纹理特点（虎纹、豹纹、斑马条纹）。甚至从图 4.24（c）中的水纹（倒影）也可辨认出斑马在水中喝水。纹理检测广泛应用于视觉导航、场景分类、物体识别、人脸识别、智能视频分析、基于内容的图像和视频检索、遥感图像分析、工业检测、医学图像分析和文本分类等领域。

(a) (b) (c)

图 4.24 人工绘画的老虎、豹和斑马

图像纹理检测具有以下优点：

① 在包含多个像素点的区域中进行统计计算；

② 具有旋转不变性；

③ 对于噪声有较强的抵抗能力。

然而，它也存在一些缺点：

① 当图像的分辨率变化的时候，计算出来的纹理可能会有较大的偏差；

② 有可能受到光照和反射情况的影响；

③ 从 2D 图像中反映出来的纹理不一定能真实地反映 3D 物体表面的实际纹理。

Gabor 滤波器是一种线性滤波器，其核心是二维高斯余弦调制的高斯滤波器，原理如图 4.25 所示。其在频率和方向表达上与人类视觉系统类似，能够提供良好的方向选择和尺度选择特性，而且对于光照变化不敏感，因此十分适合用于纹理分析。

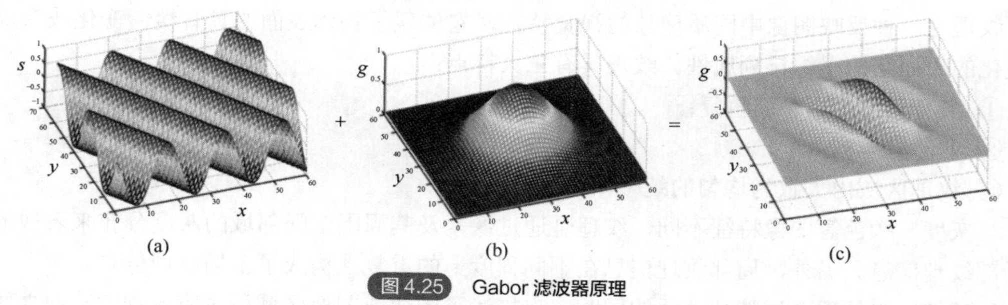

(a) (b) (c)

图 4.25 Gabor 滤波器原理

OpenCV 使用 cv2.getGaborKernel()函数可以定义内核，它接收内核大小、高斯标准差、波的方向、波长、空间比和相位等参数。可通过 help(cv2.getGaborKernel)来获取该函数的帮助信息。

函数原型如下：

getGaborKernel(ksize, sigma, theta, lambd, gamma[, psi[, ktype]])

参数说明：

① ksize：滤波器大小。

② sigma：高斯函数的方差。

③ theta：Gabor 核函数图像的倾斜角度。

④ lambd：余弦函数的波长，直接影响滤波器的滤波尺度。

⑤ gamma：二维高斯函数的宽高比，决定了滤波核椭圆程度，取 1 为圆形，通常取 0.5。

⑥ psi：余弦函数的相位，取值−180°～180°，其值对非检测纹理处亮度影响较大，默认亮度可认为是 0。

⑦ ktype：滤波器系数类型，可取 CV_32F 或 CV_64F，通常默认无须设置。

返回值为 Gabor 函数核（模板）。

下面对 Gabor 进行可视化。

示例：

```
import cv2
import numpy as np
# γ的变化
kernel1 = cv2.getGaborKernel((200, 200), 10, 0, 10, 0.5)
kernel2 = cv2.getGaborKernel((200, 200), 10, 0, 10, 1.0)
cv2.imshow("gamma: 0.5", kernel1)
cv2.imshow("gamma: 1", kernel2)
# λ（波长）变化
kernel1 = cv2.getGaborKernel((200,200),10,0,5,0.5)
kernel2 = cv2.getGaborKernel((200,200),10,0,20,0.5)
cv2.imshow("lambda: 5", kernel1)
cv2.imshow("lambda: 20", kernel2)
# θ变化
kernel1 = cv2.getGaborKernel((200, 200), 10, 0, 10, 0.5)
kernel2 = cv2.getGaborKernel((200, 200), 10, np.pi * 0.75, 10, 0.5)
cv2.imshow("theta: 0", kernel1)
cv2.imshow("theta: 135", kernel2)
# σ的变化：
kernel1 = cv2.getGaborKernel((200, 200), 5, 0, 10, 0.5)
kernel2 = cv2.getGaborKernel((200, 200), 20, 0, 10, 0.5)
cv2.imshow("sigma: 5", kernel1)
cv2.imshow("sigma: 20", kernel2)
cv2.waitKey()
cv2.destroyAllWindows()
```

输出结果如图 4.26 所示。

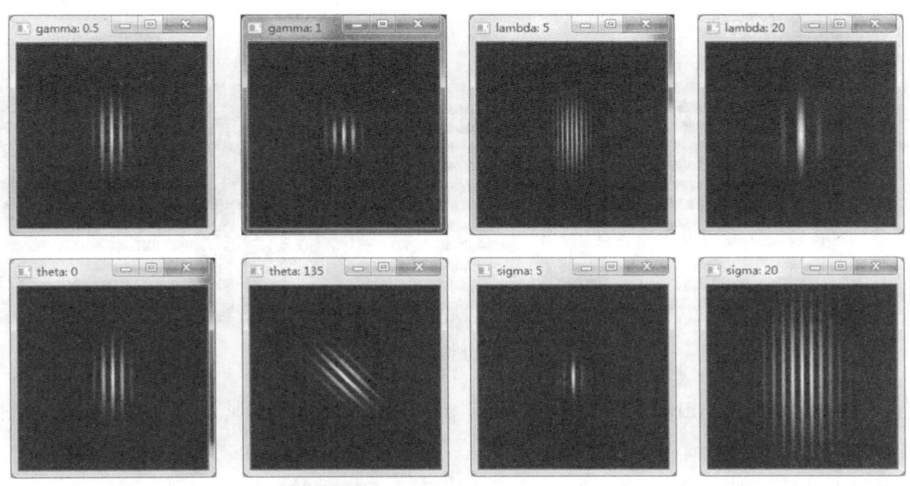

图 4.26　Gabor 滤波器示例（一）

可见，γ 值影响了 Gabor 核函数的宽高比，滤波的波长 λ 越大，黑白相间的间隔越大；Gabor 核函数图像的倾斜角度通过 θ 来设置；σ 的大小决定了 Gabor 核的范围。

对比边缘检测算子，分析可知：若图像与相应的 Gabor 核函数作卷积即可检测出相应方向的纹理（条纹）。在实际计算中，一般情况下会根据输入的 theta 参数与 lambda 参数的不同，得到一系列经 Gabor 滤波器滤波后的图像，然后将滤波后的图像进行融合［相加 cv2.add()或 cv2.addWeighted()或按位或 cv2.bitwise_or()］运算，可得清晰的纹理图像，这在纹理提取、图像分割、纹理分类中特别有用。Gabor 滤波器的任意组合提供了非常强大的图像分类能力，被认为是最接近现代深度学习方式进行图像分类的算法之一。Gabor 滤波器应用也非常广泛，在图像处理、分割、分类、对象匹配、人脸识别、文字 OCR 等领域都有应用。

示例：

```
import cv2
import numpy as np
imgbgr = cv2.imread("bmx.jpg")
img = cv2.cvtColor(imgbgr, cv2.COLOR_BGR2GRAY)
ke0 = cv2.getGaborKernel((3, 3), 1, np.pi*0, 10, 0.5, 1.4)
img0 = cv2.filter2D(img,-1,ke0)
ke1 = cv2.getGaborKernel((3, 3), 1, np.pi*0.25, 7, 0.5, 1.4)
img1 = cv2.filter2D(img,-1,ke1)
ke2 = cv2.getGaborKernel((3, 3), 1, np.pi*0.5, 7, 0.5, 1.4)
img2 = cv2.filter2D(img,-1,ke2)
ke3 = cv2.getGaborKernel((3, 3), 1, np.pi*0.75, 7, 0.5, 1.4)
img3 = cv2.filter2D(img,-1,ke3)
img4 = cv2.bitwise_or(img0,img1)
img4 = cv2.bitwise_or(img4,img2)
img4 = cv2.bitwise_or(img4,img3)
ret_3,frame=cv2.threshold(img4,200,255,cv2.THRESH_BINARY)
cv2.imshow("imgbgr",imgbgr)
cv2.imshow("bit_or",img4)
cv2.imshow('threshold', frame)
cv2.waitKey(0)
```

输出结果如图 4.27 所示。

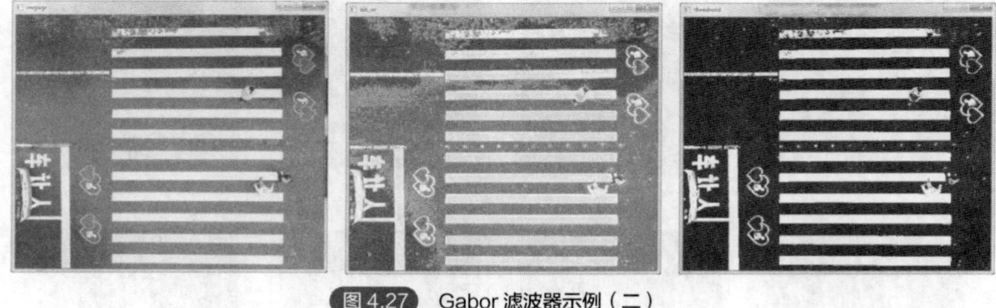

图 4.27 Gabor 滤波器示例（二）

读者可以对 cv2.getGaborKernel()函数的 psi 值进行修改，观察提取纹理后的图像变化情况。

上述代码中使用了位操作函数 cv2.bitwise_or()，OpenCV 中的位操作函数还有 cv2.bitwise_not()、 cv2.bitwise_and()和 cv2.bitwise_xor()，分别表示按位取反、与、异或[1]。

代码

示例：

示例代码见：代码 4.3-3.py

输出结果如图 4.28 所示。

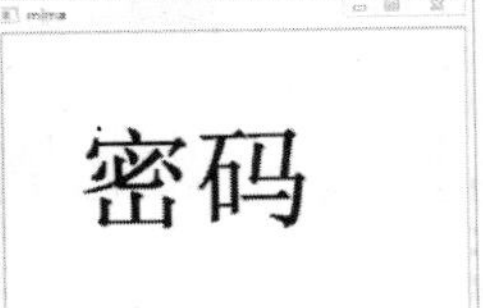

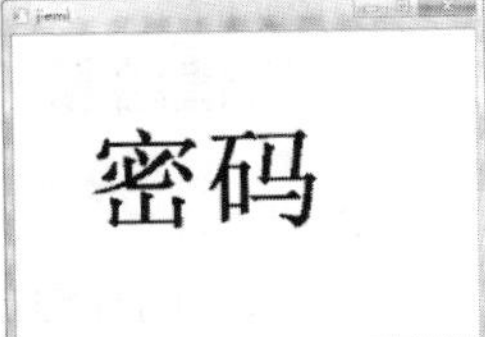

图 4.28　信息隐藏示例结果图

该示例为“信息隐藏”，原理为对于灰度图或单通道上的 256 个亮度，其值增加或减少 1 的结果在人眼视觉上并不明显（比如 252 改成 253 或 251 后，视觉上并没有太显著的差别），所以可以将要隐藏的内容变换为奇数或偶数，背景图像变换为与其相反的偶数或奇数。

代码

示例：

示例代码见：代码 4.3-4.py

输出结果如图 4.29 所示。

图 4.29　异或结合律示例结果图

该示例使用的基本原理是异或结合律，即：若有 A 图 xor B 图=C 图，则 C 图 xor B 图=A 图 xor B 图 xor B 图=A 图 xor(B 图 xor B 图)=A 图 xor 0=A 图，同理 C 图 xor A 图=B 图。

4.4　基于哈希值的检测

目前有许多算法用于衡量两幅图像的相似性，其中图像哈希（hash）算法是工程领域较常用的图像相似性算法。图像哈希算法通过获取图像的哈希值并比较两幅图像的哈希值的汉明距离来衡量两幅图像是否相似。两幅图像越相似，其哈希值的汉明距离越小。在实际应用中，图像哈希算法可以用于图片检索、重复图片剔除、以图搜图以及图片相似度比较等任务。

要理解为什么图像哈希算法能够评估两幅图像的相似性，我们首先需要了解哈希值的概念。哈希值计算算法的本质是对原始数据进行有损压缩，生成固定长度的哈希值，这个哈希值可以作为原始数据的唯一标识，类似于数据的“指纹”。通常情况下，只要改变原始数据的任意一个

[1] 异或是一种基于二进制的位运算，通常用符号 xor 或者^表示，其运算法则是对运算符两侧数的每一个二进制位执行“同值取 0，异值取 1”。简单理解就是不进位的加法，如 1+1=0，0+0=0，1+0=1，0+1=1，所以其具有交换律、结合率

部分，哈希值就会变化。

有多种不同的哈希算法，如均值哈希、差异哈希、块均值哈希、感知哈希、小波变换哈希和边缘算子哈希等。这些算法各有特点，下面我们将介绍两种最基础、最简单的哈希算法的工作原理。

4.4.1 均值哈希

步骤如下：

① 缩放：图片缩放为 8×8 像素大小。

② 灰度化：转换为 256 阶灰度图。步骤①与②顺序可以互换。

③ 求平均值：计算灰度图所有像素的平均值。

④ 比较：像素值大于平均值记作 1，相反记作 0，总共 64 位。

⑤ 生成哈希值：将上述步骤生成的 1 和 0 按顺序排列，即得到了图片的标识（指纹，aHash）。通常采用从左到右、自上而下的顺序依次取值排列。

⑥ 对比指纹：对比两幅图的“指纹”，计算汉明距离（hamming distance，两个等长字符串对应位置的不同字符的个数），即两幅图像对应的两个 64 位的哈希值按位做比较，不同为 1，相同为 0，再统计结果中所有 1 的个数。汉明距离越小，图片越相似。

均值哈希算法速度比较快，但是精确度不高。

实例分析：计算图 4.30（a）所示图像的哈希值。其中，图 4.30（b）为 8×8 缩放后的图像，图 4.30（c）为灰度化后的图像。图 4.31 为图 4.30（c）8×8 灰度图对应的像素值。

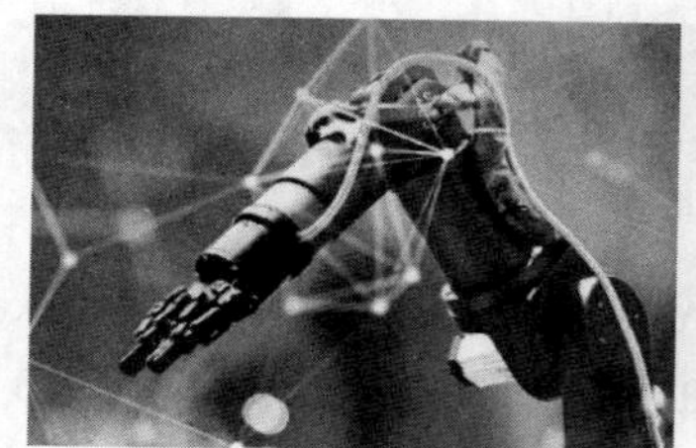
(a) 原图

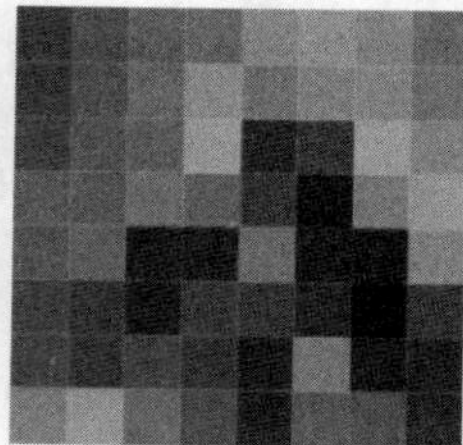
(b) 8×8缩放

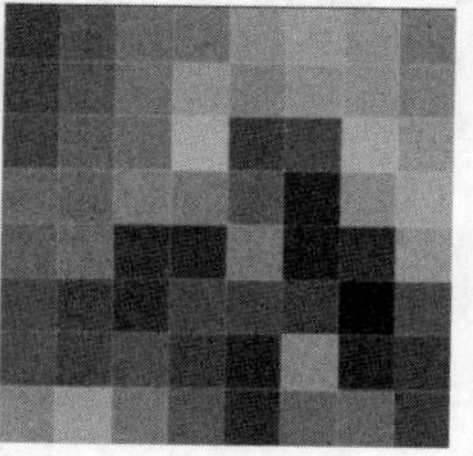
(c) 灰度化

图 4.30 图像缩放和灰度化

95	112	132	123	149	132	157	132
102	113	140	214	123	109	157	154
94	130	106	240	42	57	165	157
106	104	108	89	210	54	174	163
233	128	104	131	127	62	50	155
101	119	5	76	80	36	2	51
101	39	103	103	71	224	34	31
147	161	73	103	70	106	159	53

图 4.31 图 4.30（c）的 8×8 灰度图对应的像素值

计算灰度图所有像素的均值为 112.2031，将表 4.2 中大于 112.2031 的元素置为 1，小于 112.2031 的元素置为 0，可得图 4.32 所示结果。

0	0	1	1	1	1	1	1
0	1	1	1	1	0	1	1
0	1	0	1	0	0	1	1
0	0	0	0	1	0	1	1
1	1	0	1	1	0	0	1
0	1	0	0	0	0	0	0
0	0	0	0	0	1	0	0
1	1	0	0	0	0	1	0

图 4.32　二值化像素值

将图 4.32 所示矩阵向量化，可得哈希值为：

0011111101111011010100110000101111011001010000000000010011000010

如果将图 4.30（a）与图 4.33 做比较，则需要同样的过程计算图 4.33 的哈希值，过程与上述过程类似，哈希值为：

0111111100111011010100110000101111011001010000000000010011000010

通常，汉明距离小于 5，就说明两张图像很相似；如果大于 10，就说明这是两张不同的图像。上例两个图像的哈希值做汉明运算结果为 2，则说明两图像非常相似。

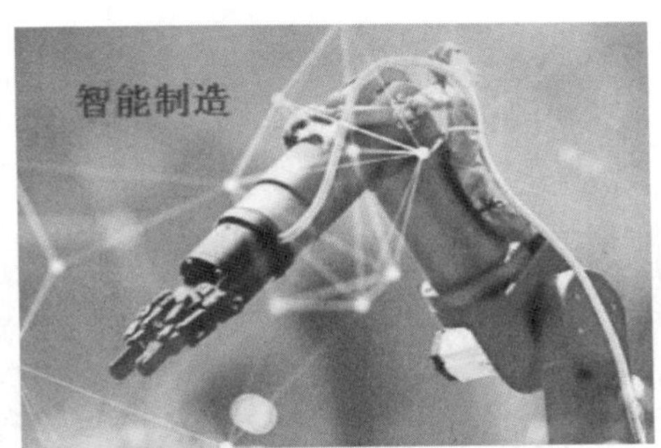

图 4.33　带有文字的图像

OpenCV 没有提供现成的函数计算均值哈希，需要手动编程来实现。

示例：

```
import cv2
import numpy as np
#图片 1 均值哈希计算
img = cv2.imread("rt.jpg")
cv2.imshow("fig1",img)
img=cv2.resize(img,(8,8))
gray=cv2.cvtColor(img,cv2.COLOR_BGR2GRAY)
#print("8x8 灰度图 1\n",gray)
np_mean = np.mean(gray)                      # 求 numpy.ndarray 平均值
ahash_01 = np.int64(gray>np_mean)            # 大于均值为真→1，否则为假→0
ahash_flatten1 = ahash_01.flatten()          # 展平为 1 维
print("图 1 哈希值\n",ahash_flatten1)

#图片 2 均值哈希计算
```

```
img1 = cv2.imread("rtzn.jpg")
cv2.imshow("fig2",img1)
img1=cv2.resize(img1,(8,8))
gray1=cv2.cvtColor(img1,cv2.COLOR_BGR2GRAY)
#print("8x8 灰度图 2\n",gray1)
np_mean1 = np.mean(gray1)                    # 求 numpy.ndarray 平均值
ahash_02 = np.int64(gray1>np_mean1)          # 大于均值为真→1，否则为假→0
ahash_flatten2 = ahash_02.flatten()          # 展平为 1 维
print("图 2 哈希值\n",ahash_flatten2)

#图片 1 与图片 2 汉明距离计算
hm = np.sum(np.int64(ahash_flatten1 != ahash_flatten2))#不等为真→1，再求和
print("汉明距离为：",hm)
cv2.waitKey(0)
```

输出结果为：

```
图 1 哈希值
 [0 0 1 1 1 1 1 1 0 1 1 1 1 0 1 1 0 1 0 1 0 0 1 1 0 0 0 0 1 0 1 1 1 1 0 1 1
 0 0 1 0 1 0 0 0 0 0 0 0 0 0 0 0 1 0 0 1 1 0 0 0 0 1 0]
图 2 哈希值
 [0 1 1 1 1 1 1 1 0 0 1 1 1 0 1 1 0 1 0 1 0 0 1 1 0 0 0 0 1 0 1 1 1 1 0 1 1
 0 0 1 0 1 0 0 0 0 0 0 0 0 0 0 0 1 0 0 1 1 0 0 0 0 1 0]
汉明距离为：2
```

输出图像如图 4.34 所示。

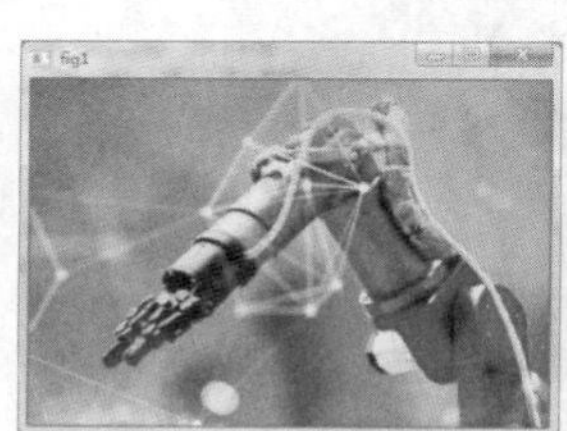
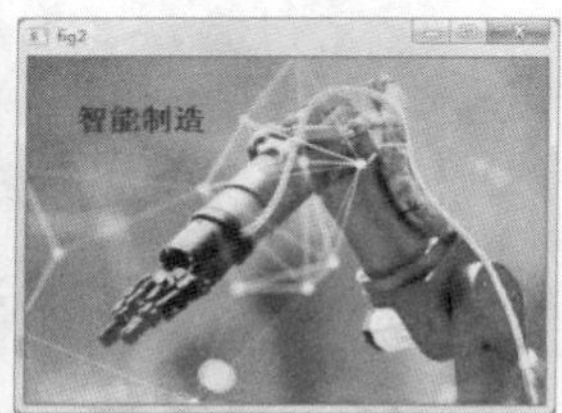

图 4.34 均值哈希示例结果图

4.4.2 差异哈希

步骤如下：

① 缩放：图片缩放为 9×8 像素大小。

② 灰度化：转换为 256 阶灰度图。步骤①与②顺序可以互换。

③ 比较：后一行像素值与前一行像素值对应列比较大小，大则记为 1，相反为 0。共 9 行，比较 8 次，每次 8 个值，共计 64 位。

④ 生成哈希值：将上述步骤生成的 1 和 0 按顺序排列，即得到了图片的标识（指纹，dHash）。通常采用从左到右、自上而下的顺序依次取值排列。

⑤ 对比指纹：将两幅图的指纹对比，计算汉明距离。

差异哈希精确度较高，且速度也非常快。

实例分析：计算图 4.35（a）所示图像的哈希值。其中，图 4.35（b）为 9×8 缩放后的图像，图 4.35（c）为灰度化后的图像。图 4.36 为图 4.35（c）9×8 灰度图对应的像素值。

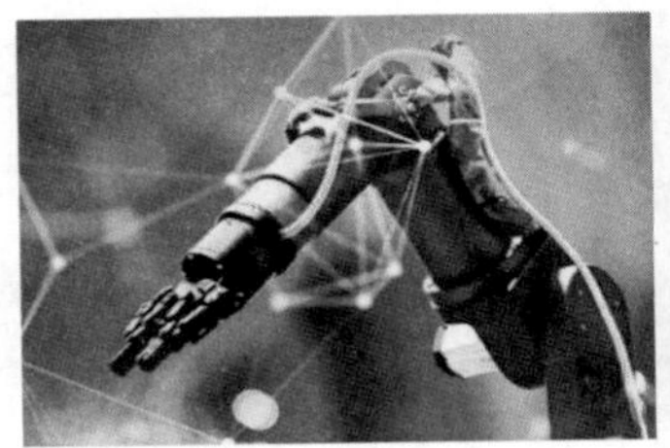
(a) 原图

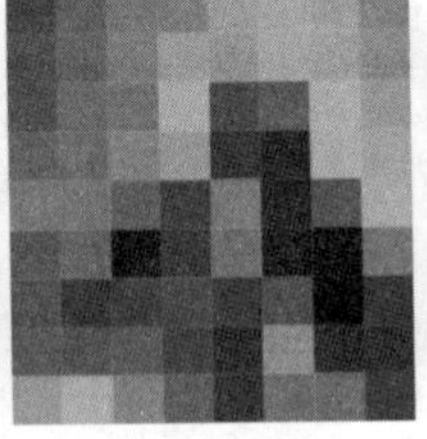
(b) 9×8缩放

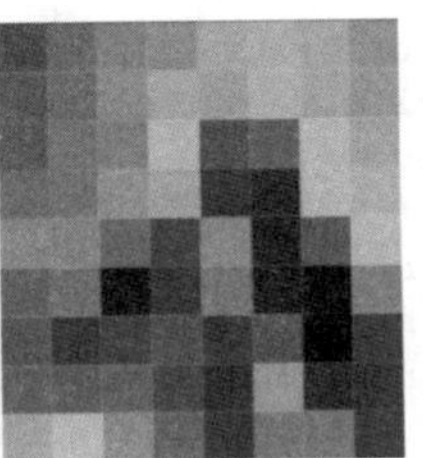
(c) 灰度化

图 4.35 图像缩放和灰度化

95	112	132	124	151	202	158	130
102	115	138	162	93	226	155	150
90	125	114	15	37	94	165	154
103	125	127	101	44	5	171	161
127	153	235	219	147	48	118	165
101	131	62	109	153	48	26	141
99	128	137	86	74	78	2	72
104	128	84	114	71	222	31	40
149	179	77	104	73	105	181	53

图 4.36 图 4.35（c）的 9×8 灰度图对应的像素值

从第二行开始，用当前行与前一行对应列进行比较操作，若当前行对应列的值大于前一行对应列的值则结果为 1，否则为 0，可得 8×8 的二值化的矩阵，如图 4.37 所示。

1	1	1	1	0	1	0	1
0	1	0	0	0	0	1	1
1	0	1	1	1	0	1	1
1	1	1	1	1	1	0	1
0	0	0	0	1	0	0	0
0	0	1	0	0	1	0	0
1	0	0	1	0	1	1	0
1	1	0	0	1	0	1	1

图 4.37 二值化像素值

自然，将其从左到右、自上而下排列后即为哈希值。后续操作参考均值哈希自行推演完成。下面以均值哈希使用的图 4.30（a）与图 4.33 为例，编程实现差异哈希算法。

示例：

```
import cv2
import numpy as np
#图片 1 差异哈希计算
img = cv2.imread("rt.jpg")
img=cv2.resize(img,(8,9))#注意：第一个参数 8 为宽度，对应列，9 为高度，对应行
gray=cv2.cvtColor(img,cv2.COLOR_BGR2GRAY)
#每行前一个像素大于后一个像素为 1，相反为 0，生成哈希
hash_str = []
for i in range(8):
    hash_str.append(np.int64(gray[i+1, :] > gray[i, :]))
ahash_flatten1 = np.array(hash_str).flatten()    # 展平为一维
print("图 1 哈希值\n",ahash_flatten1)

#图片 2 差异哈希计算
```

```
img1 = cv2.imread("rtzn.jpg")
img1=cv2.resize(img1,(8,9))
gray1=cv2.cvtColor(img1,cv2.COLOR_BGR2GRAY)
#每行前一个像素大于后一个像素为 1，相反为 0，生成哈希
hash_str1 = []
for i in range(8):
    hash_str1.append(np.int64(gray1[i+1, :] > gray[i, :]))
ahash_flatten2 = np.array(hash_str1).flatten()    # 展平为一维
print("图 2 哈希值\n",ahash_flatten2)
#图片 1 与图片 2 汉明距离计算
hm = np.sum(np.int64(ahash_flatten1 != ahash_flatten2))
print("汉明距离为: ",hm)
cv2.waitKey(0)
```

输出结果为：

```
图 1 哈希值
 [1 1 1 1 0 1 0 1 0 1 0 0 0 0 1 1 1 0 1 1 1 0 1 1 1 1 1 1 1 1 0 1 0 0 0 0 1
 0 0 0 0 0 1 0 0 1 0 0 1 0 0 1 0 1 1 0 1 1 0 0 1 0 1 1]
图 2 哈希值
 [1 0 0 1 0 1 0 1 0 1 0 0 0 0 1 1 1 0 1 1 1 0 1 1 1 1 1 1 1 1 0 1 0 0 0 0 1
 0 0 0 0 0 1 0 0 1 0 0 1 0 0 1 0 1 1 0 1 1 0 0 1 0 1 1]
汉明距离为: 2
```

4.5 基于 LBP 算子的特征检测

LBP（Local Binary Pattern，局部二值模式）是一种用于图像处理和计算机视觉的纹理特征描述方法，它具有旋转不变性和灰度不变性等显著的优点。提取的特征是图像的局部纹理特征，因此经常应用于人脸识别、纹理分类和目标检测等任务中。

此外，LBP 算法还可以进行扩展，如采用旋转不变性 LBP（RI-LBP）、均匀 LBP（U-LBP）和多尺度 LBP（MS-LBP）等。这些扩展的 LBP 算法可以进一步增强其特征描述能力，使其在各种图像处理和计算机视觉任务中更加有效。

4.5.1 基本 LBP 算子

基本的 LBP 算子定义为在 3×3 的窗口内，以窗口中心像素为阈值，将相邻的 8 个像素的灰度值与其进行比较，若周围像素值大于中心像素值，则该像素点的位置被标记为 1，否则为 0。这样，3×3 邻域内的 8 个点经比较可产生 8 位二进制数，将 8 位二进制数转换为十进制数，即可得到 LBP 值（共 256 种），该值反映的就是该区域的纹理信息。如图 4.38 所示，其中图（a）为原始图像，图（b）为眼睛黄色圆点处对应的 3×3 窗口，图（c）为对应窗口灰度值，图（d）为 8 位二进制数（从窗口左上角开始顺时针编码：11100001），其转为十进制后为 225。

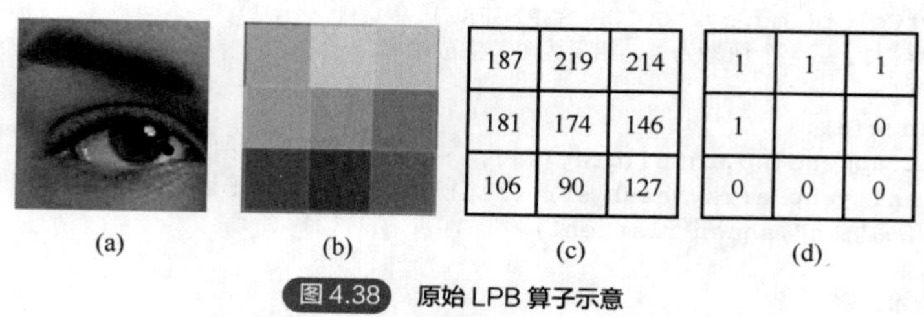

图 4.38 原始 LPB 算子示意

显而易见，图像的每个像素点都可以得到一个 LBP“编码”，那么，对一幅图像（记录的是每个像素点的灰度值）提取其原始的 LBP 算子之后，得到的原始 LBP 特征依然是“一幅图片”（记录的是每个像素点的 LBP 值）。通过 LBP 特征的定义可以看出，LBP 特征对光照变化是鲁棒的，如图 4.39 所示。

图 4.39　原始 LPB 算子对光照是鲁棒的

4.5.2　圆形 LBP 算子

基本的 LBP 算子只局限在 3×3 的邻域内，对于较大图像的结构不能很好地提取需要的纹理特征，因此研究者们对 LBP 算子进行了扩展。新的 LBP 算子 LBP（P，R）可以计算不同半径邻域大小和不同像素点数的特征值，其中 P 表示周围像素点个数，R 表示邻域半径，同时把原来的方形邻域扩展到了圆形。图 4.40 给出了 4 种扩展后的 LBP 例子，其中，R 可以是小数，对于没有落到整数位置的点，根据离其最近的两个整数位置像素灰度值，利用插值的方法可以计算该点的灰度值。

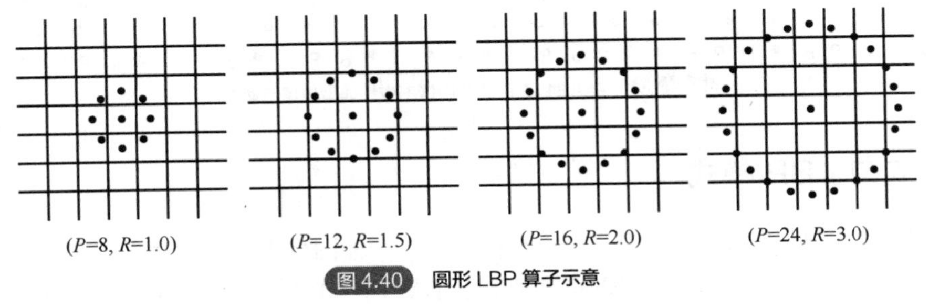

图 4.40　圆形 LBP 算子示意

4.5.3　旋转不变 LBP 特征

从上文可以看出，不管是基本 LBP 还是圆形 LBP，其均具有灰度不变性，但还不具备旋转不变性，因此研究人员又在此基础上进行了扩展，提出了具有旋转不变性的 LBP 特征。

旋转不变性的 LBP 特征：首先不断地旋转圆形邻域内的 LBP 特征，根据旋转后位置的不同会得到一系列 LBP 特征值，从这些 LBP 特征值中选择最小值作为中心像素点的 LBP 特征。如图 4.41 所示，对应的旋转不变的 LBP 模式都是 00001111（最小值），即 LBP 值为 15。

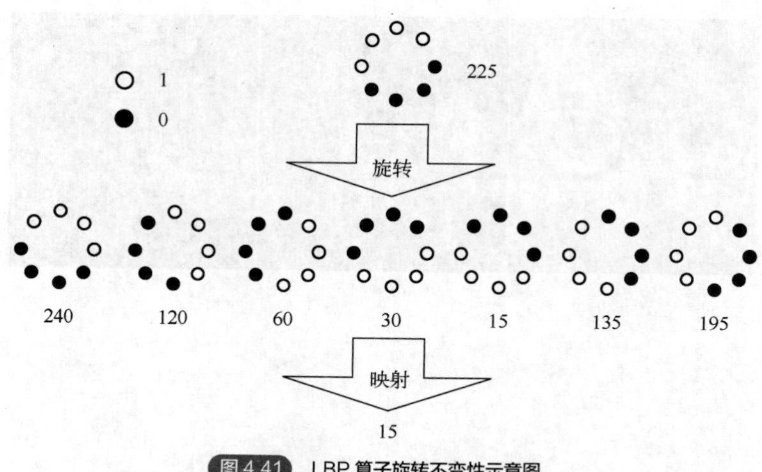

图 4.41 LBP 算子旋转不变性示意图

对经过旋转不变性处理后 P=8 的情况，LBP 编码后共有 36 种，大大减小了特征量。P=8 的 36 种分布情况如图 4.42 所示。

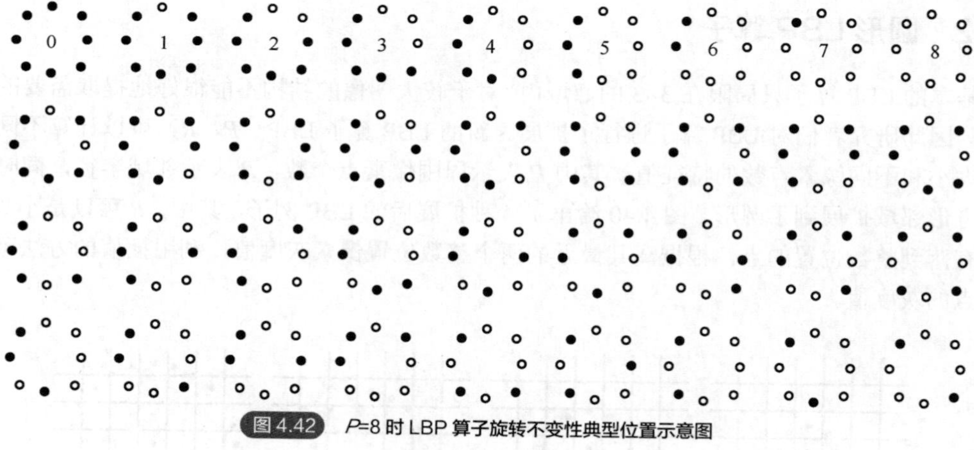

图 4.42 P=8 时 LBP 算子旋转不变性典型位置示意图

4.5.4 均匀 LBP 模式

大量的实验证明，旋转 LBP 模式的 36 种情况在一幅图像中分布出现的频率差异较大，得到的效果有时并不是很好。因此，研究者又提出了均匀 LBP 模式，即 uniform LBP。

对于圆形 LBP 有 2^P 个值，也就是说图像共有 2^P 种二进制模型。实际研究中发现，所有模式表达信息的重要程度是不同的。统计研究表明，一幅图像中少数模式特别集中，达到总模式的 90%左右，Ojala 等人（基本 LBP 算子提出者）定义这种模式为均匀（uniform）LBP 模式，即：如果把一个二进制序列看成一个圆圈，0→1 以及 1→0 的变化出现的次数总和不超过两次，那么这个序列就是均匀模式，如 00000000（0 次变化）、00011111（2 次变化）、00110000（2 次变化）。在使用 LBP 表达图像纹理时，通常只关心均匀模式，而其他情况都归为另一类，称为混合模式，如 100100011（4 次变化）。

通过这样的改进，模式数量由原来的 2^P 种减少为 $P(P-1)+2$ 种。对于 3×3 邻域内 8 个采样点来说，二进制模式由原始的 256 种减少为 58 种（变化次数为 0 的有 2 种，变化次数为 1 的有 0 种，变化次数为 2 的有 56 种），对应的值按照从小到大分别编码为 1～58，即在 LBP 特征图像中的灰度值为 1～58，而除了均匀模式类之外的混合模式类被编码为 0，即在 LBP 特征中的灰度值为 0，因此均匀 LBP 模式的特征图像整体偏暗。这使得特征向量的维数更少，并且可以减少高频噪声带来的影响。

4.5.5 LBPH（LBP 特征统计直方图）

在 LBP 的应用领域中，如纹理分类、指纹识别、字符识别、人脸识别、车牌识别等领域，一般都不将 LBP 图谱作为特征向量进行分类识别，而是采用 LBP 特征的统计直方图作为特征向量进行分类识别。

LBPH（Local Binary Patterns Histograms，LBP 直方图），即 LBP 特征的统计直方图。LBPH 将 LBP 特征与图像的空间（位置）信息结合在一起，将 LBP 特征图像分成多个局部块，并提取每个局部块的直方图，然后将这些直方图依次连接在一起形成 LBP 特征的统计直方图，即 LBPH。例如，一幅 100×100 像素大小的图片，划分为 10×10=100 个子区域（局部块），也就有了 100 个统计直方图。

使用 LBPH 的一般过程：

① 计算图像的 LBP 特征图像；

② 将 LBP 特征图像进行分块，OpenCV 中默认将 LBP 特征图像分成 8 行 8 列 64 块区域；

③ 计算每块区域特征图像的直方图，将直方图进行归一化；

④ 将每块区域的直方图按空间顺序依次排列成一行，形成 LBP 特征向量；

⑤ 用机器学习的方法对 LBP 特征向量进行训练，用来检测和识别目标。

在 OpenCV 中，提供了函数 cv2.face.LBPHFaceRecognizer_create()用于生成 LBPH 识别器实例模型，并采用 LBPH 识别器实例.train()函数完成训练，最后用 LBPH 识别器实例.predict()函数可完成人脸识别。上述“训练”涉及机器学习，可能有读者不明白什么意思，不妨学完下一章再返回来看此段文字。

（1）生成 LBPH 识别器实例函数原型：

LBPHFaceRecognizer_create(radius=None, neighbors=None, grid_x=None, grid_y=None, threshold=None)

参数说明：

① radius：半径值，默认 1。

② neighbors：领域点的个数，默认采用 8 领域。

③ grid_x：将 LBP 特征图像划分为一个个单元格时，每个单元格在水平方向上的像素个数。默认值 8，即将 LBP 特征图像在行方向上以 8 个像素为单位分组。

④ grid_y：将 LBP 特征图像划分为一个个单元格时，每个单元格在垂直方向上的像素个数。默认值 8，即将 LBP 特征图像在列方向上以 8 个像素为单位分组。

⑤ threshold：预测时所使用的阈值。如果大于该阈值，就认为没有识别到任何目标对象。

返回值为 LBPH 识别器实例。

（2）train 函数原型：

LBPH 识别器实例.train(self, src, labels)

参数说明：

① src：训练图像，相当于前面识别图像的训练集，用来学习的人脸图像。

② labels：标签，人脸图像所对应的标签。

（3）predict 函数原型：

LBPH 识别器实例.predict(self, src)

参数说明：

src：需要识别的人脸图像。

返回值有两个，一个是前面训练集匹配的人脸识别的标签 labels，另一个是用来衡量识别结果与原有模型之间的距离。通常情况下，小于 50 的值是可以接受的，如果该值大于 80 则认为差别较大。

示例：

```
import cv2
import numpy as np
images = []
images.append(cv2.imread("liudehua1.jpg", 0))
images.append(cv2.imread("huangbo1.jpg", 0))
labels = [0, 1]
recognizer = cv2.face.LBPHFaceRecognizer_create()
recognizer.train(images,np.array(labels))
predict_image=cv2.imread('liudehua2.jpg', 0)
label,confidence=recognizer.predict(predict_image)
if label==0:
    print("刘德华")
elif label==1:
    print("黄渤")
print("距离值 =",confidence)
```

输出结果为：

```
刘德华
距离值 = 63.795089969989824
```

该示例识别的准确度不高（距离约 63.8），其中很大的原因是图像并不是完全使用人脸中的眼睛、鼻子、嘴巴等特征进行的识别。读者可尝试将 liudehua2.jpg 换成 huangbo2.jpg 或 liudehuamf.jpg，看看结果如何。理论上在人脸识别之前应先做人脸检测，对于人脸检测使用比较多的方法是 Haar 级联检测器，OpenCV 也提供了相关函数，可用于检测人脸、眼睛、鼻子、猫脸、眼镜等。其次，对于人脸识别 OpenCV 还提供了两种方法：Eigenfaces（使用的是主成分分析 PCA 算法）、Fisherfaces（使用的是线性判别分析 LDA 算法）。感兴趣的读者可自行查阅相关书籍或网络检索进行学习。

4.6 基于 HOG 算子的特征检测

方向梯度直方图（Histogram of Oriented Gradient，HOG）算子是一种在计算机视觉和图像处理中用来进行物体检测的特征描述子。它通过计算和统计图像局部区域的梯度方向直方图来构成特征。HOG 特征结合 SVM 分类器已经被广泛应用于图像识别中，尤其在行人检测中获得了极大的成功。

HOG 特征的计算步骤如下：

① 图像预处理：将输入图像转换为灰度图像，以便更好地提取边缘和纹理信息。

② 梯度计算：对灰度图像进行梯度计算，以获得图像中每个像素点的梯度幅值和方向，这主要是为了捕获轮廓信息，同时进一步弱化光照的干扰。常用的梯度计算方法是使用 Sobel、Prewitt 等滤波器来计算水平和垂直方向上的梯度，然后根据 $d(x,y)=\sqrt{\mathrm{d}x^2+\mathrm{d}y^2}$ 、$\alpha(x,y)=\arctan(\mathrm{d}y/\mathrm{d}x)$ 计算像素点的梯度大小和方向。

③ 胞元划分：将图像划分为多个小的局部区域，称为胞元（cell），例如每个 cell 为 6×6 个像素。相邻的 cell 之间不重叠。如果划分中不能分成整数个单元，可以先将图像进行缩放。

④ 胞元方向梯度直方图：对每个胞元内的梯度方向进行梯度值的统计，生成该胞元方向梯度直方图。生成胞元方向梯度直方图时，将梯度方向划分为若干区间（bins），通常是 9 个区间，每个区间 20°（如图 4.43 所示），对于胞元内的每个像素，根据其梯度方向 $\alpha(x,y)$将其梯度值 $d(x,y)$累加到对应的区间中，形成一个胞元方向梯度直方图。例如，如果一个像素的梯度方向是 30°，其梯度大小为 5，那么将 5 累加到对应的 20°～40°这个区间的直方图中。

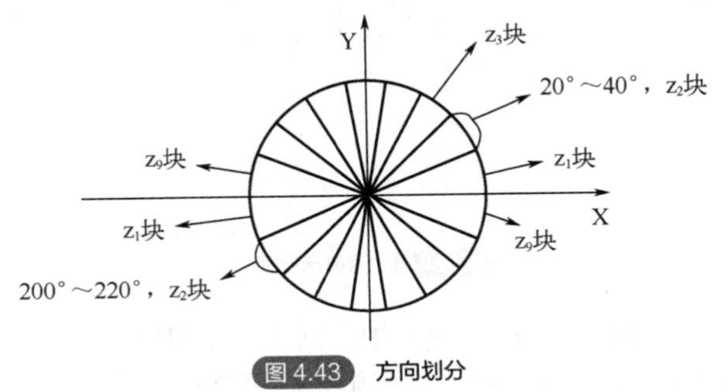

图 4.43 方向划分

⑤ 块及块 HOG 特征向量：为了考虑胞元之间的空间关系，将相邻的几个胞元组合成一个块（block）。对于每个块，将其包含的所有胞元的方向梯度直方图进行串联，形成一个块的 HOG 特征向量。例如，3×3 个胞元组成一个块，每个胞元如果是 6×6 像素组成，那么此块就是由 18×18 个像素组成，如果每个胞元有 9 个通道的方向梯度直方图，那么这个块的 HOG 特征向量的长度就是 3×3×9=81。块之间可以有重叠，这样可以有效利用相邻像素信息。

⑥ 特征向量：将图像中所有块的 HOG 特征向量组合起来，形成最终的 HOG 特征向量。该特征向量反映了图像中不同位置、尺度和方向上的边缘和纹理信息。

例如，对于 64×128 的图像而言，每 16×16 的像素组成一个 cell，每 2×2 个 cell 组成一个块，因为每个 cell 有 9 个特征，所以每个块内有 4×9=36 个特征，以 8 个像素为步长，那么，水平方向将有 7 个扫描窗口，垂直方向将有 15 个扫描窗口。也就是说，64×128 的图片总共有 36×7×15=3780 个特征。

实际上，我们通常选取一幅图像中的一个窗口来进行特征提取。例如，220×310 大小的图像，若采用 8×8 像素作为一个 cell，220 或 310 均不能整除 8，所以缩放为 216×304，由 216×304 的图像可以得到(216÷8)×(304÷8)=27×38 个 cell。但是，并不直接提取整个图像的 HOG 特征，而是用一个固定大小的窗口在图像上滑动（滑窗，如图 4.44 所示），滑动的间隔通常为 cell 的整数倍（此例为 8 个像素）。OpenCV 中默认的滑窗大小为 64×128，即一个滑窗有(64÷8)×(128÷8)=8×16 个 cell，若每个 block 由 2×2 个 cell 组成，则一个滑窗有 7×15 个 block，这样一来，一幅图像就可以取到(27−8+1)×(38−16+1)=20×23=460 个窗口。现在提取每个滑窗的 HOG 特征，则可得到 3780 维 HOG 特征向量。将这 460 个 3780 维的 HOG 特征当作测试样本，用支持向量机（SVM）分类器来判别出这些窗口的 HOG 特征是否是所检测的人或物。HOG 行人特征及所对应的 SVM 分类器的参数在 OpenCV 中已经训练好了，读者只需要得到 HOG 特征，然后调用 SVM 即可得到判别结果。

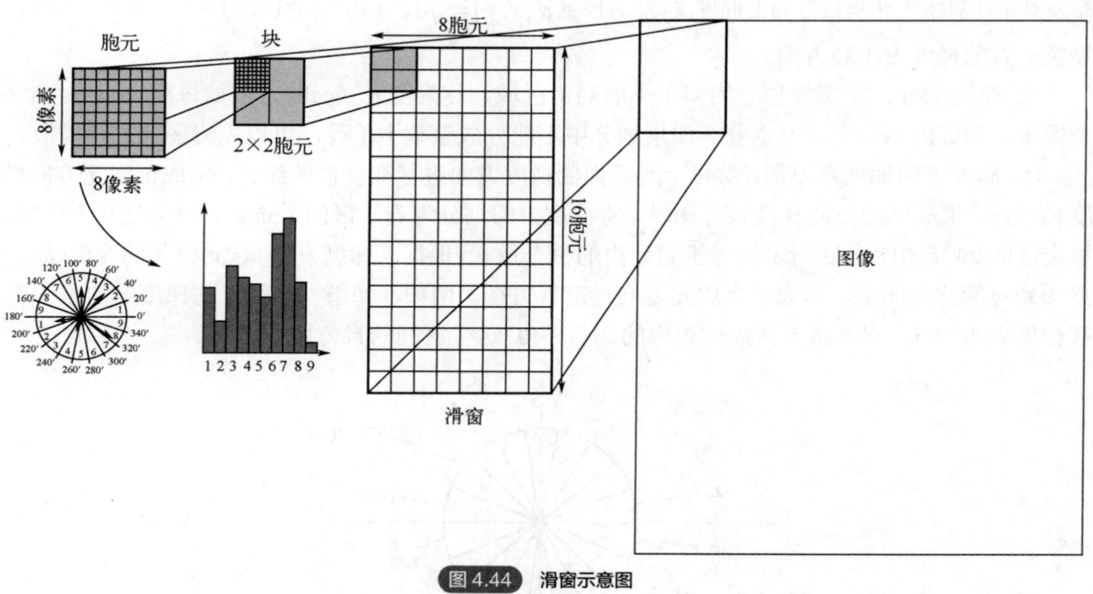

图 4.44 滑窗示意图

OpenCV 提供了 cv2.HOGDescriptor()函数用于创建一个 HOG 算子。其常用参数有 winSize、blockSize、blockStride、cellSize、nbins，分别代表窗口大小[单位为像素，默认 win_size=(64, 128)]、block 大小[单位为像素，默认 block_size=(16, 16)]、block 步长[单位为像素，默认 block_stride=(8, 8)]、cell 大小[单位为像素，默认 cell_size=(8, 8)]、梯度方向划分数目（nbins=9）。HOGDescriptor()函数参数说明如图 4.45 所示。

HOGDescriptor 类中的 setSVMDetector()函数用于设置线性 SVM 分类器的系数。该函数的参数可设置为 cv2.HOGDescriptor_getDefaultPeopleDetector()，表示采用默认检测窗口来获取行人分类器，此函数是用很多图片预先训练得来的。

对输入图片进行行人检测时，由于图片的大小不一样，所以要用到多尺度检测，可使用

HOGDescriptor 类中的 detectMultiScale()函数进行多尺度检测。该函数表示对输入的图片进行多尺度行人检测，常用的参数：第一个参数为输入待检测的图片；第二个参数为滑窗步长 winStride；第三个参数为图像边缘扩充像素的大小 padding；第四个参数为比例系数 scale，默认 1.05；第五个参数为组阈值 finalThreshold，当一个目标被多个窗口检测出来时，该参数起调节作用，为 0 时表示不起调节作用，默认为 2。返回值为二元元组，其中一个元组成员是检测到目标区域列表，另一个元组成员是检测到的特征到 SVM 分类超平面的距离。

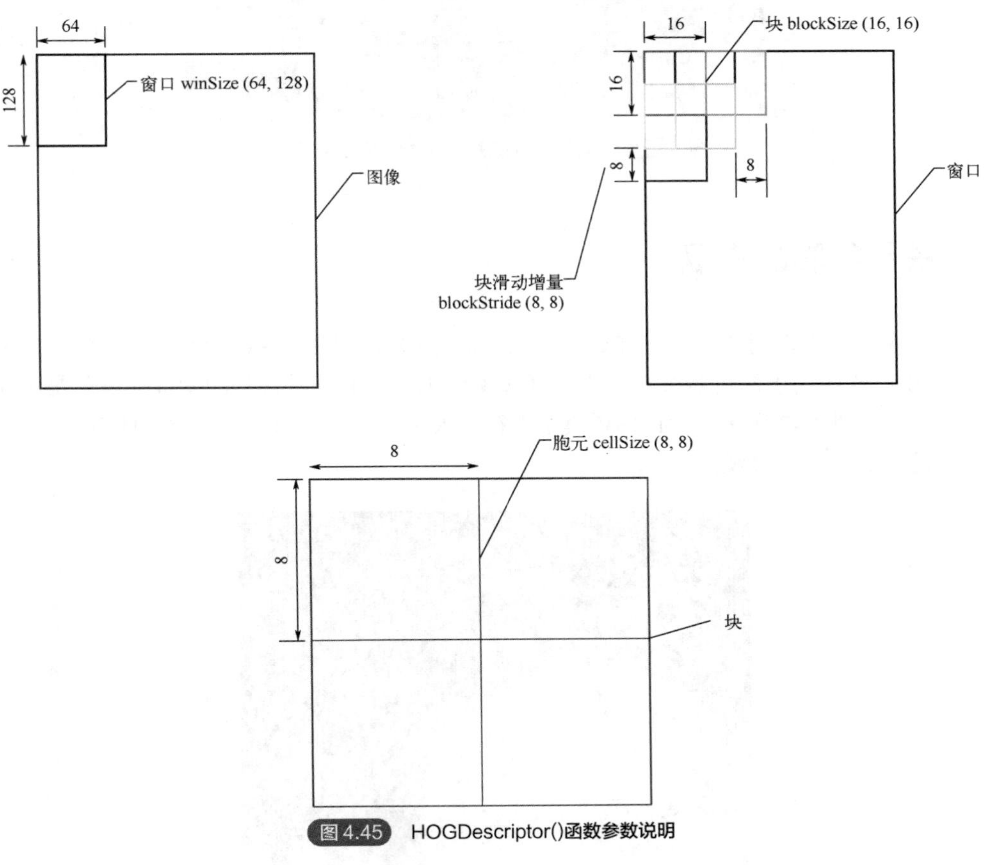

图 4.45 HOGDescriptor()函数参数说明

示例：

```
import cv2
src = cv2.imread("winner.jpg")
cv2.imshow('winner',src)
hog = cv2.HOGDescriptor()
hog.setSVMDetector(cv2.HOGDescriptor_getDefaultPeopleDetector())
(rects,weight) = hog.detectMultiScale(src,
                                      winStride=(2,4),#影响较大
                                      padding=(8,8),
                                      scale=1.2, #影响较大
                                      useMeanshiftGrouping=False)
for (x,y,w,h) in rects:
    cv2.rectangle(src,(x,y),(x+w,y+h),(0,255,0),2)
```

```
cv2.imshow("hog-winner",src)
cv2.waitKey(0)
```

输出结果如图 4.46 所示。

图 4.46 基于 HOG 算子的特征检测示例结果图

4.7 基于色彩的提取

数字图像处理中常用的模型是 RGB（红、绿、蓝）模型和 HSV（色调、饱和度、亮度）模型，RGB 广泛应用于彩色监视器和彩色视频摄像机。我们平时常见的图片一般都是 RGB 模型（颜色组成如图 4.47 所示）。而 HSV 模型更符合人描述和解释颜色的方式，HSV 的色彩描述对人来说是自然且非常直观的。

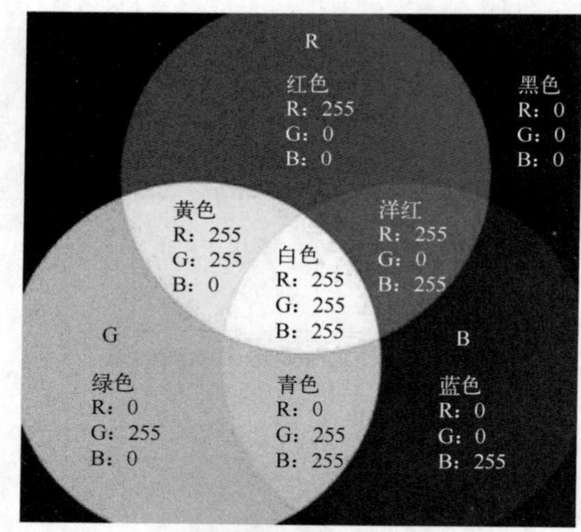

图 4.47 RGB 颜色模型

HSV 模型中颜色的参数分别是：色调（hue，H）、饱和度（saturation，S）、亮度（value，V）。HSV 也称 HSB（B：brightness，亮度）。HSV 是由 A. R. Smith 在 1978 年创建的一种颜色空间，也称六角锥体模型（hexcone model），如图 4.48 所示。

① 色调（H）：用角度度量，取值范围为 0°～360°，从红色开始按逆时针方向计算，红色为 0°，绿色为 120°，蓝色为 240°。它们的补色是：黄色为 60°，青色为 180°，品红为 300°。

② 饱和度（S）：取值范围为 0.0～1.0，值越大，颜色越饱和。

③ 亮度（V）：取值范围为 0（黑色）～255（白色）。

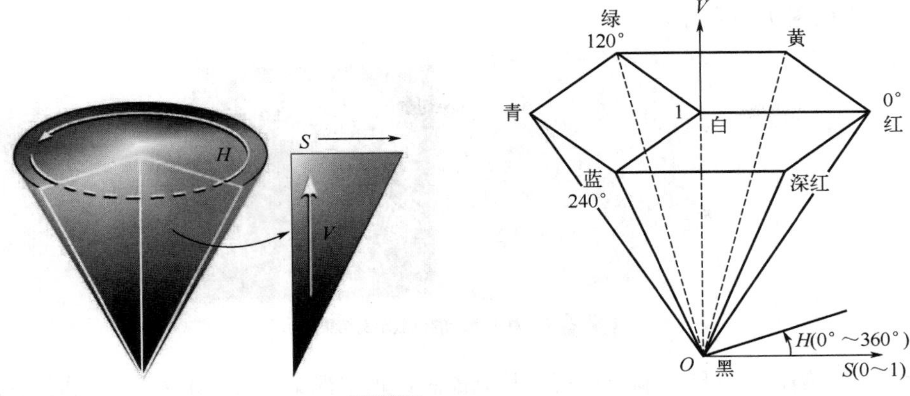

图 4.48　HSV 颜色模型

OpenCV 中 $H\in[0, 180)$，$S\in[0, 255]$，$V\in[0, 255]$。H 分量基本能表示一个物体的颜色，但是 S 和 V 的取值也要在一定范围内。简单的理解就是：S 代表的是 H 所表示的颜色和白色的混合程度，也就是说，S 越小，颜色越发白，也就越浅，V 代表的是 H 所表示的颜色和黑色的混合程度，也就是说，V 越小，颜色越发黑。经过实验，一些基本颜色 HSV 的模糊取值可以参考表 4.2。实际使用时候可以借助其他软件进行更精确的范围确定，比如可通过 Photoshop 的颜色取样器工具得到 HSB 颜色值，但要注意每个软件的 H、S、V 分量的范围可能不同。

表 4.2　HSV 颜色上下限常用值

分量	黑	灰	白	红		橙	黄	绿	青	蓝	紫
H_{min}	0	0	0	0	156	11	26	35	78	100	125
H_{max}	180	180	180	10	180	25	34	77	99	124	155
S_{min}	0	0	0	43		43	43	43	43	43	43
S_{max}	255	43	30	255		255	255	255	255	255	255
V_{min}	0	46	221	46		46	46	46	46	46	46
V_{max}	46	220	255	255		255	255	255	255	255	255

OpenCV 中提供了 cv2. inRange ()函数，该函数可以实现色彩的阈值化。其主要参数有 3 个：第 1 个为待处理的图像；第 2 个、第 3 个参数均为阈值数组，介于这两个阈值之间的图像值将被置为 255，而高于第三阈值或低于第二阈值的置为 0，返回值为阈值化处理后的结果图。

示例：

```
import cv2
import numpy as np
img = cv2.imread("sm.jpg")
cv2.imshow("rt",img)
hsv = cv2.cvtColor(img, cv2.COLOR_BGR2HSV)
lower_red = np.array([0,43,46])
upper_red = np.array([10, 255, 255])
mask = cv2.inRange(hsv, lower_red, upper_red)
cv2.imshow('hsv',mask)
cv2.waitKey(0)
```

输出结果如图 4.49 所示。

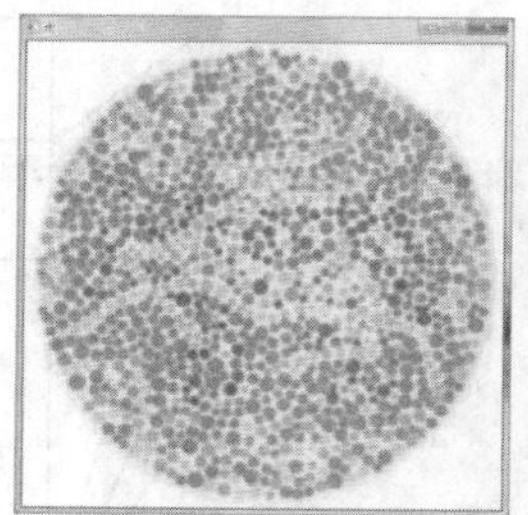
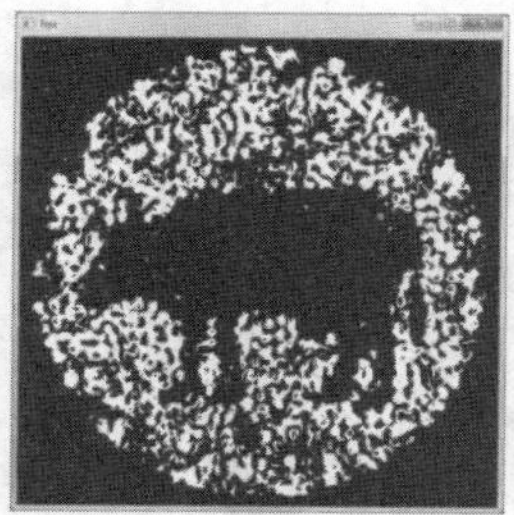

图 4.49 基于色彩的提取示例结果图

此示例为一幅检测红绿色弱或色盲的常见图片，正常视觉的人识别为牛，色弱或色盲的人识别为鹿。这说明人眼能分清的计算机可以分清，即使人眼分不清的计算机也可以分清，这正是计算机视觉的强大之处。

4.8 基于差分的提取

基于差分的提取，一般用于运动图像的目标提取，有帧间差分和背景差分两种方式。下面分别利用工程实践项目来说明两种差分目标提取方式。

4.8.1 帧间差分

帧间差分法（简称帧差法）是通过对视频中相邻两帧图像做差分运算来标记运动物体的方法。

帧差法依据的原则是：当视频中存在移动物体的时候，相邻帧（或相邻三帧）之间在灰度上会有差别，求取两帧图像灰度差的绝对值，则静止的物体在差值图像上表现出来全是 0，而移动物体，特别是移动物体的轮廓处由于存在灰度变化而为非 0，这样就能大致计算出移动物体的位置、轮廓和移动路径等。

帧间差分法的优点是算法简单，不易受环境光线影响。缺点是不能用于运动的摄像头中，且无法识别静止或运动速度很慢的目标；在运动目标表面有大面积灰度值相似区域的情况下，做差分时图像会出现孔洞。

（1）相邻帧间差分法

相邻帧间差分法直接对相邻的两帧图像做差分运算，并取差分运算的绝对值构成移动物体，优点是运算快速、实时性高，缺点是无法应对光照的突变，物体间一般具有空洞。

OpenCV 中提供了 cv2.absdiff()函数，该函数可以实现差分操作，即实现两幅图像作差。其主要参数有 2 个，均为两幅图像的数组数据，返回结果为差分后的图像。

示例：

```
import cv2
cap = cv2.VideoCapture('vtest.avi')  # 读取视频
while cap.isOpened():                # 当视频被打开时
    ret_1, image_1 = cap.read()
```

```
    ret_2, image_2 = cap.read()
    if ret_1 and ret_2:                    # 若是读取成功
        gray_image_1 = cv2.cvtColor(image_1, cv2.COLOR_BGR2GRAY)
        gray_image_1 = cv2.GaussianBlur(gray_image_1, (5, 5), 0)
        gray_image_2 = cv2.cvtColor(image_2, cv2.COLOR_BGR2GRAY)
        gray_image_2 = cv2.GaussianBlur(gray_image_2, (5, 5), 0)
        d_frame = cv2.absdiff(gray_image_1, gray_image_2)#帧间差分
        ret_3,d_frame=cv2.threshold(d_frame,25,255,cv2.THRESH_BINARY)
        cv2.imshow('vtest', image_1)       # 显示原视频
        cv2.imshow('diff', d_frame)        # 显示结果
        key = cv2.waitKey(50)              # 等待一段时间，并且检测键盘输入
        if key == 27:                      # 若按键 Esc，则退出，释放视频
            cap.release()                  # 释放视频
            break
    else:
        cap.release()
cv2.destroyAllWindows()                    # 关闭所有窗口
```

输出结果如图 4.50 所示。

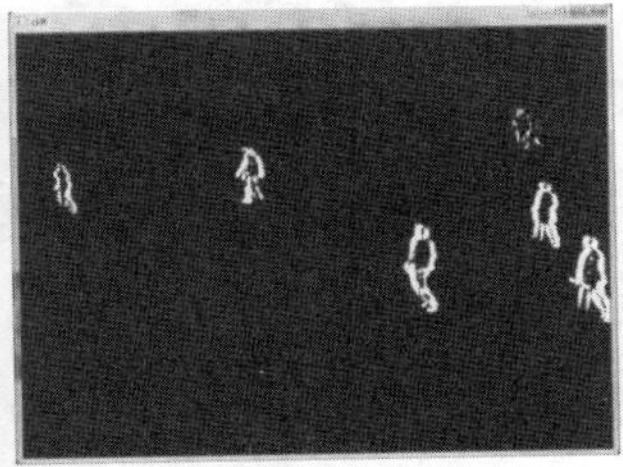

图 4.50　相邻帧间差分法示例结果图

(2) 三帧差分法

三帧差分法是在相邻帧差法基础上改进的算法，在一定程度上优化了运动物体双边、粗轮廓的现象。相比之下，三帧差法比相邻帧差法更适用于物体移动速度较快的情况，如道路上车辆的智能监控。

三帧差法基本实现步骤是，首先将前两帧及后两帧图像分别做灰度差，然后将得到的两张灰度差图像做按位“与”操作。

示例：

```
import cv2
cap = cv2.VideoCapture('vtest.avi')        # 读取视频
while cap.isOpened():                      # 当视频被打开时
    ret_1, image_1 = cap.read()
    ret_2, image_2 = cap.read()
    ret_3, image_3 = cap.read()
    if ret_1 and ret_2 and ret_3:          # 若是读取成功
        gray_image_1=cv2.cvtColor(image_1,cv2.COLOR_BGR2GRAY)
        gray_image_1 = cv2.GaussianBlur(gray_image_1, (5, 5), 0)
        gray_image_2 = cv2.cvtColor(image_2, cv2.COLOR_BGR2GRAY)
        gray_image_2 = cv2.GaussianBlur(gray_image_2, (5, 5), 0)
```

```
            gray_image_3 = cv2.cvtColor(image_3, cv2.COLOR_BGR2GRAY)
            gray_image_3 = cv2.GaussianBlur(gray_image_3, (5, 5), 0)
            d_frame_1 = cv2.absdiff(gray_image_1, gray_image_2)    #帧间差分 1
            d_frame_2 = cv2.absdiff(gray_image_2, gray_image_3)    #帧间差分 2
            thresh = cv2.bitwise_and(d_frame_1, d_frame_2)         #与
            ret_4,d_frame=cv2.threshold(thresh, 25, 255, cv2.THRESH_BINARY)
            cv2.imshow('vtest', image_1)      # 显示原视频
            cv2.imshow('diff', d_frame)       # 显示结果
            key = cv2.waitKey(50)             # 等待一段时间，并且检测键盘输入
            if key == 27:                     # 若按键 Esc，则退出，释放视频
                cap.release()                 # 释放视频
                break
    else:
        cap.release()
cv2.destroyAllWindows()                       # 关闭所有窗口
```

输出结果如图 4.51 所示。

图 4.51 三帧差分法示例结果图

4.8.2 背景差分

背景差分法简单地说就是“找不同”，是通过建立背景模型，比较当前帧与背景模型对应像素的差异点来检测运动目标，常用来在“静止”场景中进行运动分割。

背景模型的建立主要有两种方式：一种是选取一帧不含运动目标的图像作为背景模型；另一种是建立数学模型表示背景。

第一种方式简单方便。如果背景是静止的画面，且有不含前景物体的背景图片，提取前景的工作就相对容易，只需要比对当前帧和背景图片的不同，调用函数 absdiff()即可实现。但是这种方式在背景也有变化的场景中则显得准确率较低，例如波动的水面、摇曳的树叶、飘浮的云或烟雾、室内灯光突然打开或熄灭等情况。此时一般需要通过建立数学模型的方式表示背景，这种方式相对来说理论性更强一些，需要借助数学工具按照背景元素运行的特性来构建模型，模型的准确性会直接影响识别的结果。

（1）基于高斯混合模型的背景前景区分

在运动目标检测中，需要建立的模型是背景的模型，那么在所检测的视频中，什么算是前景，什么算是背景呢？常常把在视频中可以认为不变的、静止的图像看作背景，而在视频中有意义的运动的物体认为是前景。那么问题来了，因为环境的复杂性，我们希望不变的背

景实际上是不停地小幅变化着的，所以对背景建模就是让原来定义的静止不动的背景模型呈现出一定的变化趋势，这个变化趋势就是让定义的背景帧能体现当前背景的基本特性。基本方法就是利用当前帧和视频序列中的当前背景帧进行加权平均来更新背景，而这一过程并不容易。利用高斯混合模型（Gaussian Mixture Model，GMM）进行背景前景区分是目前较成功的方法之一。

高斯混合模型以 2004 年和 2006 年 Z.Zivkovic 的两篇文章为基础，分别是 *Improved adaptive Gaussian mixture model for background subtraction* 和 *Efficient Adaptive Density Estimation per Image Pixel for the Task of Background Subtraction*。这个算法的一个特点是能更好地在光照不同等各种场景下检测出背景，其使用每个像素的值（在整个视频中）存在时间的长短作为混合的权重。背景的颜色一般持续时间最长，也就是说背景中每一个像素点所在的位置在整个时间序列中会有很多值，将这些值构成的正态分布作为背景模型。使用时用当前图像中的每个像素点与更新后的高斯混合模型进行匹配，如果匹配成功则判定该点为背景点，否则为前景点。

OpenCV 提供创建背景模板函数，原型为：

```
cv2.createBackgroundSubtractorMOG2(history=500,
                                   varThreshold=100,
                                   detectShadows=0)
```

参数说明：

① history：用于训练背景的帧数，默认为 500 帧。如果不手动设置 learningRate[融合背景模板的方法是使用 apply()函数，此函数中的一个重要参数为 learningRate，表示背景模板的更新速度。通常取值范围为 0～1。默认值为-1，负数为程序自动选取。0 表示背景模板建立之后就不再更新，1 表示对于视频的每一帧背景模板都要更新]，history 就被用于计算当前的 learningRate，此时 history 越大，learningRate 越小，背景更新越慢。

② varThreshold：方差阈值，用于判断当前像素是前景还是背景。一般默认为 16，如果光照变化明显，如阳光下的水面，建议设为 25～36，具体还需测试。此值越大，灵敏度越低。

③ detectShadows：是否检测影子，设 True 为检测，False 为不检测，检测影子会增加程序时间复杂度，如无特殊要求，建议设为 False。

示例：

```
import cv2
cap = cv2.VideoCapture('vtest.avi')              # 读取视频
bg = cv2.createBackgroundSubtractorMOG2()        #构建高斯混合模型
while cap.isOpened():                            # 当视频被打开时
    ret, image = cap.read()
    if ret:                                      # 若是读取成功
        mask = bg.apply(image)                   #对 image 使用高斯混合模型，返回二值图
        cv2.imshow('vtest', image)               # 显示原视频
        cv2.imshow('diff', mask)                 # 显示结果
        key = cv2.waitKey(50)                    # 等待一段时间，并且检测键盘输入
        if key == 27:                            # 若按键 Esc，则退出，释放视频
            cap.release()                        # 释放视频
            break
```

```
    else:
        cap.release()
cv2.destroyAllWindows()                             # 关闭所有窗口
```

输出结果如图 4.52 所示。

图 4.52 基于高斯混合模型的背景前景区分示例结果图

可见其有效地避免了空洞现象。

(2) 基于 K 最近邻混合模型的背景前景区分

该算法基于 KNN（K 最近邻算法）实现。当前景像素数量比较少的时候，算法运行得非常快。创建背景的函数与 createBackgroundSubtractorMOG2()类似，原型为 createBackgroundSubtractorKNN()，参数和使用也类似，故不再多述。

示例：

```
import cv2
cap = cv2.VideoCapture('vtest.avi')                         # 读取视频
bg = cv2.createBackgroundSubtractorKNN()
while cap.isOpened():                                       # 当视频被打开时
    ret, image = cap.read()
    if ret:                                                 # 若是读取成功
        mask = bg.apply(image)
        contours, hier = cv2.findContours(mask, cv2.RETR_EXTERNAL, cv2.CHAIN_APPR
OX_SIMPLE)                                                  # 轮廓检测，可在句前加入形态学
        for c in contours:
            if cv2.contourArea(c) > 1000:                   #利用格林公式计算轮廓面积
                (x, y, w, h) = cv2.boundingRect(c)          #求矩形边界
                cv2.rectangle(image, (x, y), (x + w, y + h), (255, 255, 0), 2)
        cv2.imshow('vtest', image)                          # 显示原视频
        cv2.imshow('diff', mask)                            # 显示结果
        key = cv2.waitKey(50)                               # 等待一段时间，并且检测键盘输入
        if key == 27:                                       # 若按键 Esc，则退出，释放视频
            cap.release()                                   # 释放视频
            break
    else:
        cap.release()
cv2.destroyAllWindows()                                     # 关闭所有窗口
```

输出结果如图 4.53 所示。

细心的读者可能已经发现上述两个例子的结果并不是真正的二值图，而是除了黑白之外还有灰色成分（影子部分），所以如果想把标识人的方框缩得更精确，还需要通过二值化将影子去

掉（二值化阈值推荐 244），同时可以借助腐蚀、膨胀等方法将噪声清理得更“干净”后再做轮廓检测、按轮廓面积筛选、轮廓边界计算、绘制边框等操作。由上面两个例子对比可知，利用高斯混合模型和 K 最近邻混合模型进行背景前景区分两种方法很相似，只需把

cv2.createBackgroundSubtractorMOG2()和 cv2.createBackgroundSubtractorKNN()

交换即可使用 KNN 实现。

图 4.53　基于 K 最近邻混合模型的背景前景区分示例结果图

如果采用摄像头采集图像，建议把摄像头的自动亮度和自动调焦距的功能关闭，否则会带入较多的噪声。

4.9　光流追踪

光流（Optical Flow）是计算机视觉领域中的一项重要技术，用于描述图像序列中像素在时间上的运动。光流算法可以估计相邻帧之间的像素位移，从而推断出物体在图像中的运动轨迹。光流算法的基本原理是通过观察一个像素在两个连续帧之间的亮度变化情况来推测其运动。它假设在一个非常短的时间间隔内，一个像素的亮度不会发生大的变化。根据这个假设，可以通过计算两个相邻帧之间像素灰度值的差异来推断像素的运动方向和速度。

计算机视觉中通常有两种光流：一种是稀疏光流，即通过 Lucas-Kanade 方法计算稀疏特征集的光流（可使用 Shi-Tomasi 算法检测角点），另一种是密集光流，即通过 Gunner Farneback 方法来寻找密集光流（它计算帧中所有点的光流）。

4.9.1　稀疏光流

OpenCV 提供了 cv2.calcOpticalFlowPyrLK()函数用于实现追踪视频中的稀疏特征点，这些特征点通常采用 Shi-Tomasi 角点检测器来确定。

OpenCV 中提供 Lucas-Kanade 方法函数 cv2.calcOpticalFlowPyrLK()，主要输入参数有 3 个：第 1 个为前一张灰度图，第 2 个为当前灰度图，第 3 个为要匹配的点（如拐点、角点）。返回结果有 3 个，第 1 个为根据要匹配的点以及当前灰度图计算的新点；第 2 个为两张灰度图上点的匹配状态，1 为匹配，0 为不匹配；第 3 个为光流点匹配错误的信息。

Shi-Tomasi 角点检测函数为 cv2.goodFeaturesToTrack()，主要输入参数有 4 个：第 1 个为输入的单通道图像；第 2 个为最大的角点数，如果这个参数小于 0，则表示没有角点数限制；第 3 个为品质因子（介于 0～1），用于筛选角点，品质因子越大，得到的角点越少；第 4 个为角点

之间最小的欧氏距离。返回值为角点坐标。

代码

示例：

示例代码见：代码 4.9-1.py

输出结果如图 4.54 所示。

图 4.54 稀疏光流示例结果图

4.9.2 密集光流

密集光流也叫稠密光流，该方法中每个像素点都有一个光流向量。

OpenCV 中提供 Gunner Farneback 方法函数 cv2.calcOpticalFlowFarneback()，主要输入参数有 4 个：第 1 个为前一张灰度图，第 2 个为当前灰度图，第 3 个为金字塔缩放比例，第 4 个为金字塔缩放层数（原图像算第一层）。返回结果为一张光流图片，数据格式为 CV_32FC2。

代码

示例：

示例代码见：代码 4.9-2.py

输出结果如图 4.55 所示。

图 4.55 密集光流示例结果图

本章小结

- 图像的灰度及颜色急剧变化的地方可以看作边缘。边缘的灰度值并不是跳跃式的变化，而是模糊分界线的逐渐变化。通常采用一阶微分算子或二阶微分（拉普拉斯）算子进行边缘检测。
- Roberts 算子是利用局部差分寻找边缘的一种算子，是最简单的边缘检测算子。Roberts 算子边缘定位准，但是对噪声敏感。常用来处理具有陡峭边缘的低噪声图像，当图像边缘接近于 +45° 或 -45° 时，该算法处理效果更理想。

- Prewitt 算子原理是利用特定区域内像素灰度值产生的差分实现边缘检测。Prewitt 算子对噪声相对不敏感，有抑制噪声的作用，适合用来识别噪声较多、灰度渐变的图像。Prewitt 算子对边缘的定位能力不如 Roberts 算子。
- Sobel 算子在 Prewitt 算子的基础上引入了高斯平滑。Sobel 算子认为相邻点的距离远近对当前像素点的影响是不同的，距离当前像素越近的像素点对当前像素的影响越大，从而实现图像锐化并突出边缘轮廓。因此，Sobel 算子具有更强的抗噪能力，当对定位精度要求不是很高时，Sobel 算子是一种较为常用的边缘检测方法。
- Scharr 算子是对 Sobel 算子的改进，适合于使用较小滤波核进行图像的边缘检测或提取。
- Laplacian 算子具有各方向同性的特点，能够对任意方向的边缘进行提取，具有无方向性的优点。Laplacian 算子是一种二阶导数算子，对噪声比较敏感，因此常需要配合高斯滤波一起使用。
- Canny 边缘检测属于组合式算法，其在原有的边缘检测技术上结合了图像平滑处理技术，从而在一定程度上避免了噪声的影响。同时，引入了非极大值抑制来消除边缘的误检，采用双阈值法进一步筛选出有用的边缘信息，以及利用滞后技术来跟踪有效边界。
- 图像的频率是表征图像中灰度变化剧烈程度的指标，是灰度在平面空间上的梯度，在噪声点和图像边缘处的频率为高频。傅里叶变换能够将图像从空域转换到频域，帮助理解图像的频率特征并进行相应的处理，如频域滤波、图像增强、去噪等。
- 基于轮廓的对象识别：通过二值图像的轮廓检测得到检测区域的面积、周长、圆形度、重心位置等信息，来对特定几何形状的物体进行识别。
- Hough 变换是实现边缘形状识别的一种有效方法，其基本思想是将测量空间的一点变换为参量空间中的一条曲线或曲面，而具有同一参量特征的点变换后在参量空间中相交，通过判断交点处的积累程度来完成特征曲线的检测。基于参量性质的不同，Hough 变换可以检测直线、圆、椭圆、双曲线等。
- 纹理是一种反映图像中同质现象的视觉特征，它体现了物体表面的具有缓慢变化或者周期性变化的表面结构组织排列属性。纹理作为一种重要的视觉线索，广泛存在于自然界各种物体的表面。检测具有明显纹理差异的图像时，利用纹理特征是一种有效的方法。
- 哈希算法是工程领域最常用的图像相似性算法。图像哈希算法通过获取图像的哈希值并比较两幅图像的哈希值的汉明距离来衡量两幅图像是否相似。如果两幅图像越相似，其哈希值的汉明距离越小。
- 局部二值模式（LBP）是一种用于图像处理和计算机视觉的纹理特征描述方法，它具有旋转不变性和灰度不变性等显著的优点。提取的特征是图像的局部纹理特征，因此经常应用于人脸识别、纹理分类和目标检测等任务。
- 方向梯度直方图（HOG）算子是一种在计算机视觉和图像处理中用来进行物体检测的特征描述子。它通过计算和统计图像局部区域的梯度方向直方图来构成特征。HOG 特征结合 SVM 分类器已经被广泛应用于图像识别中。
- 色彩特征明显的对象可通过颜色空间来进行识别提取。特别地，由于 HSV 模型更符合人类描述和解释颜色的方式，所以如果人眼可通过颜色来识别的物体，采用 HSV 的颜色空间来进行针对性的提取可获得理想效果。

- 对于连续的图像或视频文件，可借助时间轴上相邻图像之间的差异来实现运动物体的提取。有帧间差分和背景差分两种方式。
- 帧间差分法是通过对视频中相邻两帧图像做差分运算来标记运动物体的方法。
- 背景差分法是通过建立背景模型，比较当前帧与背景模型对应像素的差异点来检测运动目标的方法，所以常用来在“静止”场景中进行运动分割。背景模型的建立主要有两种方式：一种是选取一帧不含运动目标的图像作为背景模型；另一种是通过建立数学模型表示背景。对于数学模型建立背景的方法目前比较成功的有高斯混合模型和K最近邻混合模型。
- 光流用于描述图像序列中像素在时间上的运动。光流算法的基本原理是通过观察一个像素在两个连续帧之间的亮度变化情况来推测其运动方向和速度。通常有两种实现方法：一种只计算关键点（如角点）的稀疏光流，另一种是计算图像中所有像素点的密集光流。

习题

4-1 简述Canny算子的一般步骤。

4-2 LBP为什么具有灰度不变的特性？

4-3 编程实现：自己准备一张图像，将该图像上下翻转得到一张新的图像，然后通过差异哈希来比较原始图像和新图像是否相似，并说明原因。

4-4 编程实现：手持一纯色的物体（物体与背景肉眼可见颜色不同），在电脑摄像头捕获的视频中跟踪物体（可采用不同的颜色标记）。

4-5 编程实现：对路上的行人进行检测，可采用手机拍摄一段含有行人的录像，也可用电脑摄像头实时检测。

第 5 章

机器学习

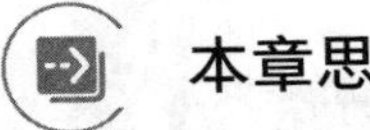

本章思维导图

本书配套资源

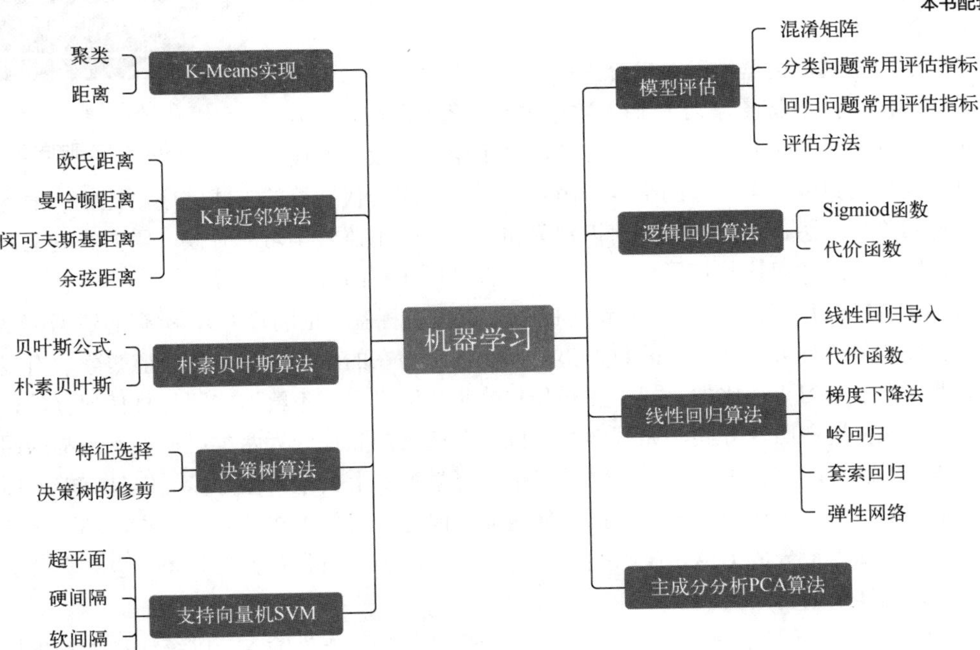

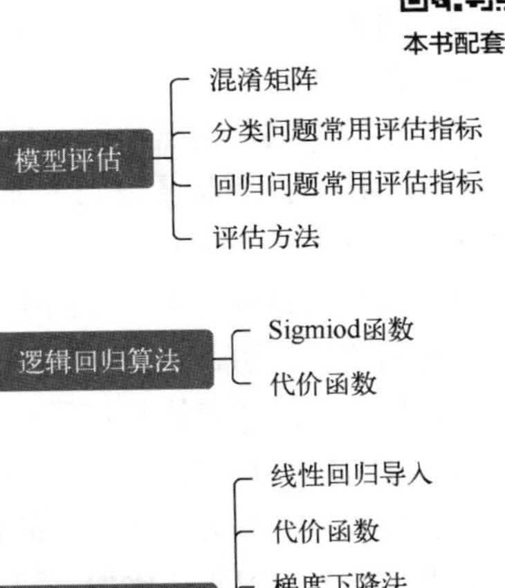

本章学习目标

1. 掌握 K 最近邻算法、朴素贝叶斯算法、决策树算法、K-Means 算法、线性回归算法、逻辑回归算法的思想；

2. 了解上述算法的应用领域；

3. 培养采用传统机器学习算法进行图像处理的能力。

机器学习是一门多领域交叉学科，涉及概率论、统计学、逼近论、凸分析、算法复杂度理论等多门学科。其专门研究计算机怎样模拟或实现人类的学习行为，以获取新的知识或技能，重新组织已有的知识结构使之不断改善自身的性能。它是人工智能核心，是使计算机具有智能的根本途径。

机器学习不是某种具体的算法，而是很多算法的统称。机器学习包含了很多种不同的算法，深度学习就是其中之一，其他方法有如决策树、聚类、贝叶斯等。

深度学习的灵感来自大脑的结构和功能，即许多神经元的互连。人工神经网络（Artifical Neural Network，ANN）是模拟大脑生物结构的算法。

不管是机器学习还是深度学习，都属于人工智能（AI）的范畴。人工智能、机器学习、深度学习的关系可以用图 5.1 来表示。可以说，机器学习是一种实现人工智能的方法，深度学习是一种机器学习的技术。

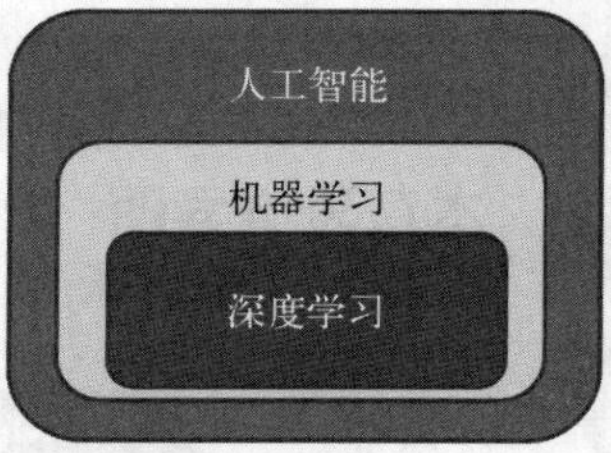

人工智能

机器学习

深度学习

图 5.1 人工智能、机器学习、深度学习之间的关系

基于学习方式，机器学习可以分为：

① 监督学习（有标签学习）：输入数据中有标签（正确答案），机器通过数据来学习正确答案的计算方法，这个学习一般借助概率函数、代数函数或人工神经网络等基函数模型，采用迭代计算的方式完成。比如：准备了一些猫和狗的照片，想让机器学会如何识别猫和狗。当使用监督学习的时候，需要给这些照片打上标签。机器通过学习这些打了标签的照片，就可以在新照片中认出猫和狗。

② 无监督学习（无标签学习）：给定的数据集没有标签（正确答案），所有的数据都是一样的。无监督学习的任务是从给定的数据集中，挖掘出潜在的结构。典型的无监督学习有发现学习、聚类、竞争学习等。比如：把一些猫和狗的照片给机器，不给这些照片打任何标签，但是希望机器能够将这些照片分类。通过学习，机器会把这些照片分为两类：一类都是猫的照片，一类都是狗的照片。这样来看，无监督学习跟监督学习看上去结果差不多，但是有着本质的差别：无监督学习中，虽然照片分为了猫和狗两类，但是机器并不知道哪个是猫，哪个是狗。对于机器来说，相当于分成了 A、B 两类。而且也不一定会按照猫和狗来分类，也许会分成尖耳朵动物和其他耳朵动物两类。

③ 强化学习（增强学习）：是以环境反馈（奖/惩信号）作为输入，以统计和动态规划技术为指导的一种学习方法。强化学习更接近生物学习的本质，因此有望获得更高的智能。它关注的是智能体如何在环境中采取一系列行为，从而获得最大的累积回报。通过强化学习，一个智能体应该知道在什么状态下应该采取什么行为。比如：主人养了一只狗，想训练狗站立道谢，狗是主人训练的对象。如果狗完成了站立道谢的动作，就会获得一定的食物奖励，如果没有完成，就没有食物奖励。时间久了，每当主人喊谢谢，狗自然而然地就知道要站立道谢，因为这

个动作是当前环境下获得收益最大的动作，其他动作就不会有食物。2017 年 Alpha Go 战胜了当时围棋世界排名第一的柯洁，其采用的就是强化学习。

这一章介绍几个常用的机器学习算法入门知识，若想深入了解请查阅相关书籍自行学习。

5.1 K-Means 实现

K-Means 聚类是最常用的聚类算法，属于无监督学习模型，最初起源于信号处理，其目标是将数据点划分为 K 个类簇，找到每个簇的中心并使其度量最小化。该算法的最大优点是简单、便于理解、运算速度较快，缺点是只能应用于连续型数据，并且要在聚类前指定聚集的类簇数。

下面是 K-Means 聚类算法的分析流程，步骤如下：

① 确定 K 值，即将数据集聚集成 K 个类簇或小组。

② 从数据集中随机选择 K 个数据点作为质心（Centroid）或数据中心。

③ 分别计算每个点到每个质心的距离，并将每个点划分到离最近质心的小组。

④ 当每个质心都聚集了一些点后，重新定义算法选出新的质心。

⑤ 比较新的质心和老的质心，如果新质心和老质心之间的距离小于某一个阈值，则表示重新计算的质心位置变化不大，收敛稳定，则认为聚类已经达到了期望的结果，算法终止。

⑥ 如果新的质心和老的质心变化很大，即距离大于阈值，则继续迭代执行③～⑤，直到算法终止。

图 5.2（a）是原始图中的一些点，图 5.2（b）是经过 K=2 聚类后的结果，图 5.2（c）是经过 K=3 聚类后的结果。

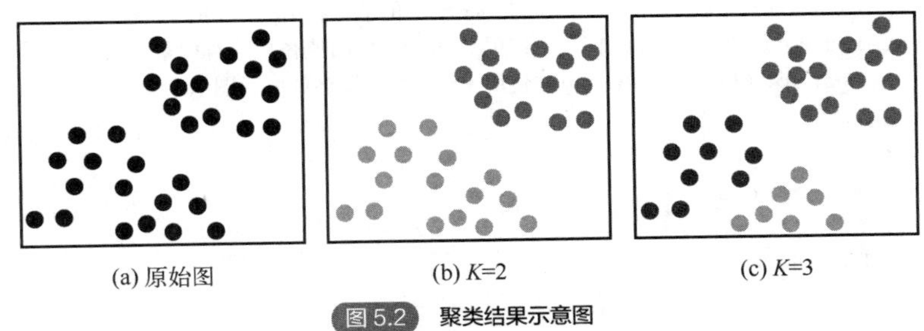

(a) 原始图　(b) K=2　(c) K=3

图 5.2　聚类结果示意图

在图像处理中，通过 K-Means 算法可以实现图像分割、图像聚类、图像识别等操作，本小节主要介绍用 K-Means 算法进行图像颜色分割。假设存在一张 100×100 像素的灰度图像，它由 10000 个 RGB 灰度级组成，通过 K-Means 算法可以将这些像素点聚类成 K 个簇，然后使用每个簇内的质心点来替换簇内所有的像素点，这样就能实现在不改变分辨率的情况下量化压缩图像颜色，实现图像颜色层级分割。

在 OpenCV 中，cv2.kmeans()函数可实现 K-Means 算法，其函数原型为：

cv2.kmeans(data, K, bestLabels, Criteria, attempts, flags)

参数说明：

① data：要进行聚类的数据矩阵，必须是 np.float32 数据类型的数组。

② K：聚类簇数。

③ bestLabels：预设的标签（一维数组），用来作为每个数据点的初始分组。如果是 None，

则会随机生成标签。

④ Criteria：表示停止迭代的条件，可以是（type，max_iter，eps）元组。其中 type 可以是 cv2.TERM_CRITERIA_EPS（代表达到指定精度后停止迭代）、cv2.TERM_CRITERIA_MAX_ITER（代表达到指定迭代次数后停止迭代）或 cv2.TERM_CRITERIA_EPS+cv2.TERM_CRITERIA_MAX_ITER（代表同时满足两个条件后停止迭代）。

⑤ attempts：用不同的初始中心执行算法的次数，然后返回最优值输出。

⑥ flags：K-Means 的配置选项，如初始中心的算法等。K-Means 可以运行在 cv2.KMEANS_RANDOM_CENTERS、cv2.KMEANS_USE_INITIAL_LABELS、cv2.KMEANS_PP_ CENTERS 模式下。

返回值有 3 个：

① 每个点到其所属聚类中心的距离的平方和。

② 每个输入数据点的标签，即所属的簇的标号，一维 NumPy 数组。

③ 最终的聚类中心，其中每一项表示一个簇的中心，二维 NumPy 数组。

示例：

```
import numpy as np
import cv2
img = cv2.imread('lushan.jpg')
#使用 reshape 将一个 RGB 像素点值的三个值作为一个单元
data = img.reshape(-1,3)
data = np.float32(data)              #转换为 kmeans 可以处理的类型
criteria=(cv2.TERM_CRITERIA_EPS+cv2.TERM_CRITERIA_MAX_ITER,100,0.1)
K = 3
ret,label,center=cv2.kmeans(data,K,None,criteria,100,cv2.KMEANS_RANDOM_CENTERS)
center = np.uint8(center)            #将 center 的值转换为 uint8
res1 = center[label.flatten()]       #使用 center 内的值替换原有像素点值
res2 = res1.reshape((img.shape))     #使用 reshape 调整替换后图像
#显示处理结果
cv2.imshow('img',img)
cv2.imshow('means',res2)
cv2.waitKey(0)
```

输出结果如图 5.3 所示。

图 5.3 K-Means 实现示例结果图（一）

第 2 章中介绍了机器学习专业工具包 Scikit-learn，其使用基本步骤为：导包→准备数据（包括数据清洗）→实例化（建立相应算法对应的对象）→训练（拟合计算）→预测（或绘图显示）。

对于 K-Means 聚类而言，如果做预测，则大致过程为：

① 导入包含聚类方法的类：from sklearn.cluster import KMeans。

② 准备数据集：data。

③ 创建该类的一个对象：kmeans = KMeans(n_clusters=3)。

④ 拟合数据：kmeans = kmeans.fit(data)。

⑤ 在新数据上预测聚簇：y_predict = kmeans.predict(data_1)。

其中，KMeans()即为 Sklearn 给定的 K-Means 聚类函数，常用参数 n_clusters 表示聚类簇数，默认为 8。其他详细参数可通过执行 help(KMeans)查看。经过 KMeans()实例化的对象成员与 OpenCV 的 cv2.kmeans()返回值基本一样，分别有 cluster_centers_（聚类中心）、labels_（每个输入数据点的标签）、inertia_（每个点到其所属聚类中心的距离的平方和）和 n_iter_（迭代次数）；成员函数有 fit()（拟合数据，准备好的数据集）、predict()（对新数据预测，传递预测的数据，返回结果标签）、score()（质量分数，范围为 0～1，越大质量越好）。

示例：

```
#导入包含聚类方法的类：
from sklearn.cluster import KMeans
import numpy as np
import cv2
img = cv2.imread('lushan.jpg')
data = img.reshape(-1,3)
kmeans = KMeans(n_clusters=3)
kmeans = kmeans.fit(data)
center = kmeans.cluster_centers_
center = np.uint8(center)
res1 = center[kmeans.labels_]
res2 = res1.reshape(img.shape)
cv2.imshow('img',img)
cv2.imshow('kmeans',res2)
cv2.waitKey(0)
```

输出结果如图 5.4 所示。

图 5.4　K-Means 实现示例结果图（二）

可见，OpenCV 和 Sklearn 的结果是一样或类似的。因 Sklearn 对机器学习而言更加专业，所以本章后续的算法实现不再演示 OpenCV 提供的函数，感兴趣的读者可以自行查找相关 OpenCV 书籍进行学习。

5.2　K 最近邻算法

K 最近邻（K-Nearest Neighbour，KNN）是用于监督学习的较简单的分类算法之一，其在特征空间中搜索测试数据的最近邻，可简单理解为“物以类聚，人以群分”。下面借用图 5.5 来说明。

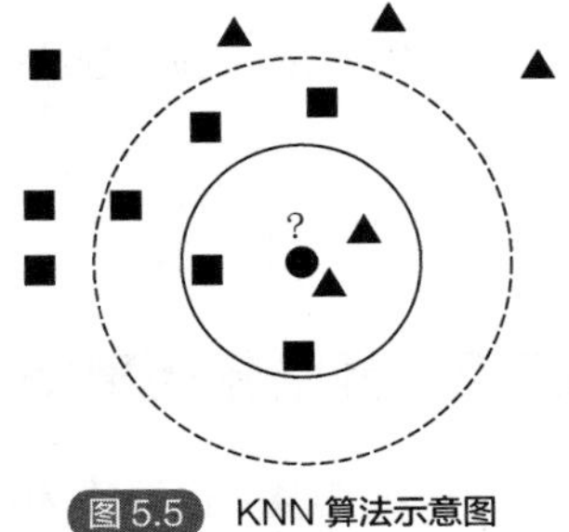

图 5.5　KNN 算法示意图

在图 5.5 中有两个簇类，分别为蓝色正方形和红色三角形。现在有一个新成员进入图中的绿色圆圈。它应该被归于蓝色/红色哪一类呢？KNN 方法就是检查新成员是和哪一类距离最近。从图像中可以明显看出它应该与红色三角形距离比较近。因此，它被添加到了红色三角形中。此方法简称为最近邻（Nearest Neighbour）分类，因为分类仅取决于最近邻。

但这样分类可能有问题。红三角尽管是最近的，但如果绿色圆圈附近有很多蓝色方块的话，其属于蓝色方框的概率应该更大，所以，仅检查最接近的一个“邻居”是不够的。可以检查 K 个近邻，看最终哪个簇类占多数（投票表决），新成员就应该属于哪个类。在图 5.5 中，假设设置 K=3，即 3 个近邻。由于图中显示 3 个近邻中有两个红色三角形和一个蓝色方框（也许有两个等距的蓝色方框，但是由于 K=3，只取其中一个），所以它应该属于红色三角形一类。如果 K=7，近邻有 5 个蓝色方框和 2 个红色方框，则其应该属于蓝色方框类。故分类结果随着 K 的值变化。更有趣的是，如果 K=4 时，近邻中有 2 个红色三角形和 2 个蓝色方框，意味着投票为平局！因此，通常 K 设置为奇数，保证总有一方“胜出”。由于分类取决于 K 个最近的邻居，因此该方法称为 K 最近邻。

同样，在 KNN 中，在考虑 K 个邻居时，对所有人都给予同等的重视，这公平吗？例如，以 K=4 的情况为例，按照数量来说这是平局。但是其中的两个红色三角形比其他两个蓝色方框离新成员更近。因此，新成员更应该被添加到红色中。也就是说，应该根据每个类别成员与新成员的距离来给他们设置不同的权重，越靠近新成员的权重越大，反之权重越小。最后，根据距离分别添加每个成员的权重。在 K 取定值的基础上，判断哪一类总权重最高，新成员就归为哪一类。

上述讨论提到了距离，距离是如何度量的呢？比如天安门到北京北站之间的直线距离是一种度量方式，而按驾车路线又是一种度量方式。哪种更为合适，还要视具体问题具体分析。距离的度量方式有不少于 10 种，前文中就介绍了汉明距离，下面再介绍几种常用的距离度量方式。

5.2.1 欧氏距离(euclidean distance)

欧氏距离是最容易理解的距离度量方法，小学、初中和高中接触到的两个点在空间中的距离一般都是指欧氏距离。

二维平面上点 $a(x_1,y_1)$与 $b(x_2,y_2)$间的欧氏距离：

$$d_{12}=\sqrt{(x_1-x_2)^2+(y_1-y_2)^2}$$

三维空间上点 $a(x_1,y_1,z_1)$与 $b(x_2,y_2,z_2)$间的欧氏距离：

$$d_{12}=\sqrt{(x_1-x_2)^2+(y_1-y_2)^2+(z_1-z_2)^2}$$

n 维空间上点 $a(x_{11},x_{12},\cdots,x_{1n})$与 $b(x_{21},x_{22},\cdots,x_{2n})$间的欧氏距离：

$$d_{12}=\sqrt{\sum_{k=1}^{n}(x_{1k}-x_{2k})^2}$$

5.2.2 曼哈顿距离(manhattan distance)

曼哈顿距离，也被称为城市街区距离或出租车几何，是在规定的网格中两个点之间的距离，以两点之间沿着网格线行走的最短路径长度来衡量。这个距离的概念最早来源于纽约曼哈顿市街道的规划和布局，因此得名。曼哈顿距离的定义可以用一个简单的公式来表示，即两点的横坐标差的绝对值加上纵坐标差的绝对值。

二维平面上点 $a(x_1,y_1)$与 $b(x_2,y_2)$间的曼哈顿距离：

$$d_{12}=|x_1-x_2|+|y_1-y_2|$$

三维空间上点 $a(x_1,y_1,z_1)$与 $b(x_2,y_2,z_2)$间的曼哈顿距离：

$$d_{12}=|x_1-x_2|+|y_1-y_2|+|z_1-z_2|$$

n 维空间上点 $a(x_{11},x_{12},\cdots,x_{1n})$与 $b(x_{21},x_{22},\cdots,x_{2n})$间的曼哈顿距离：

$$d_{12}=\sum_{k=1}^{n}|x_{1k}-x_{2k}|$$

曼哈顿距离具有一些特殊的性质。首先曼哈顿距离始终大于等于欧氏距离。这是因为在计算曼哈顿距离时，只考虑了沿着网格线行走的路径，而欧氏距离则考虑了直线路径。其次，曼哈顿距离与坐标轴的选择无关。无论是选择水平和垂直的网格线，还是选择其他方向的网格线，曼哈顿距离的计算结果都是相同的，这使得曼哈顿距离在处理网格结构数据时非常方便。

曼哈顿距离的应用非常广泛。在城市规划中，曼哈顿距离可以用来评估城市中不同区域之间的交通便利程度。在物流和配送领域，曼哈顿距离可以用来确定货物从仓库到目的地的最短路径。在游戏开发中，曼哈顿距离可以用来计算游戏角色移动的路径和距离。在生物信息学中，曼哈顿距离可以用来衡量基因表达数据之间的差异。在计算机图形学中，曼哈顿距离可以用来衡量两个像素点之间的相似程度。在聚类分析中，曼哈顿距离可以用来衡量不同样本之间的相似性或差异性。

5.2.3 闵可夫斯基距离(minkowski distance)

闵可夫斯基距离不是一种距离，而是一组距离的定义，是对多个距离度量公式的概括性的表述。

两个 n 维变量 $a(x_{11},x_{12},\cdots,x_{1n})$与 $b(x_{21},x_{22},\cdots,x_{2n})$间的闵可夫斯基距离定义为：

$$d_{12}=\sqrt[p]{\sum_{k=1}^{n}|x_{1k}-x_{2k}|^p}$$

根据 p 的不同，闵可夫斯基距离可以表示某一类/种的距离。比如，当 p=1 时，就是曼哈顿距离；当 p=2 时，就是欧氏距离；当 p 为其他参数时又可表示为另一种度量距离的式子。

5.2.4 余弦距离（cosine distance）

几何中，夹角余弦可用来衡量两个向量方向的差异，机器学习中借用这一概念来衡量样本向量之间的差异。

二维空间中向量 $\boldsymbol{a}(x_1,y_1)$与向量 $\boldsymbol{b}(x_2,y_2)$的夹角余弦公式：

$$\cos\theta=\frac{x_1x_2+y_1y_2}{\sqrt{x_1^2+y_1^2}\sqrt{x_2^2+y_2^2}}$$

两个 n 维样本点 $\boldsymbol{a}(x_{11},x_{12},\cdots,x_{1n})$与 $\boldsymbol{b}(x_{21},x_{22},\cdots,x_{2n})$的夹角余弦为：

$$\cos\theta=\frac{\boldsymbol{a}\cdot\boldsymbol{b}}{|\boldsymbol{a}||\boldsymbol{b}|}$$

即：

$$\cos\theta = \frac{\sum_{k=1}^{n} x_{1k}x_{2k}}{\sqrt{\sum_{k=1}^{n} x_{1k}^2}\sqrt{\sum_{k=1}^{n} x_{2k}^2}}$$

夹角余弦取值范围为[−1,1]。余弦越大表示两个向量的夹角越小，余弦越小表示两向量的夹角越大。当两个向量的方向重合时余弦取最大值 1，当两个向量的方向完全相反时余弦取最小值−1。

Sklearn 使用 KNN 些需要按如下语句导包：

from sklearn.neighbors import KNeighborsClassifier

对应的 KNN 函数 KNeighborsClassifier()有 3 个可能用到的参数，均有默认值。第 1 个是 n_neighbors，即 K 的值，默认为 5。第 2 个是 p，其为 2 时表示欧氏距离，为 1 时表示曼哈顿距离，默认为 2（欧氏距离）。第 3 个是 metric，用于计算邻居之间距离的度量标准，接收字符串或可调用对象，默认为字符串“minkowski”（闵可夫斯基距离，故默认根据 p 的值来确定欧氏距离还是曼哈顿距离），可以传递其他的距离度量函数（包括自定义函数），例如传递“metric='cosine'”来使用余弦距离。

接下来使用基于 MINIST 的数据集通过 KNN 算法进行从 0 到 9 手写数字识别，不失一般性，数据集以图片形式提供，以数字为文件夹名称，如图 5.6（a）所示的文件夹中存放了与数字对应的 mnist(*x*).png 文件[针对每个文件夹，x 均是从 1 开始的自然数，如图 5.6（b）为文件夹 0 中的文件]，其中文件夹 0 有 6903 张图片，文件夹 1 有 7877 张图片，文件夹 2 有 6990 张图片，文件夹 3 有 7141 张图片，文件夹 4 有 6824 张图片，文件夹 5 有 6313 张图片，文件夹 6 有 6876 张图片，文件夹 7 有 7293 张图片，文件夹 8 有 6825 张图片，文件夹 9 有 6958 张图片。因读取大量图片比较费时间，本示例将按数字分别选取 500 张图片作为拟合计算数据。因原始图像每张为 28×28 像素大小，为了提高速度，计算时候将图像缩小到 10×10 像素。最后通过画图板手写的黑底白字数字图像进行测试。注：由于数据集小，不能完全识别正确，读者可尝试选取数据集全部数据以测试其正确性。

(a) (b)

图 5.6 手写数字识别数据集图片

示例：

```
import cv2
from sklearn.neighbors import KNeighborsClassifier#导入 KNN 算法
digits_x = []#特征数据
digits_y = []#目标数据
for w in range(0,10):
    for i in range(1,501):
        mnist=cv2.imread('./mnist/'+str(w)+'/mnist ('+str(i)+').png',0)
        #cv2.imshow('000'+str(i),test)
```

```
        mnist = cv2.resize(mnist,(10,10)) #转换为 10×10 大小
        mnist=mnist.flatten()
        digits_x.append(mnist.tolist())
        digits_y.append(w)
#print(digits_x)
#设置 knn 分类器
knn = KNeighborsClassifier()
#进行训练
knn.fit(digits_x,digits_y)
test=cv2.imread('d3.jpg',0)  #打开测试图像，测试图像尽量铺满画布
cv2.imshow('test',test)
test = cv2.resize(test,(10,10)) #转换为 10×10 大小
test = test.flatten().reshape(1,-1)
#使用训练好的模型进行预测
print('预测结果为',knn.predict(test))
cv2.waitKey(0)
```

输出结果为：

```
预测结果为[3]
```

输出图像如图 5.7 所示。

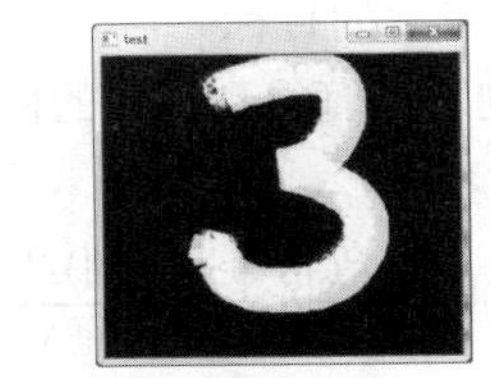

图 5.7　余弦距离示例结果图

因每次都要大量读取图像数据，所以运行速度相对比较慢，读者可尝试将第一次读取的全部图像链表保存起来，下次读取单一的文件时就会快很多。

5.3 朴素贝叶斯算法

5.3.1 贝叶斯公式

贝叶斯公式又被称为贝叶斯定理，是概率统计中应用所观察到的现象对有关概率分布的主观判断（先验概率）进行修正的标准方法。如果你看到一个人总是做一些好事，则那个人多半是一个好人。这就是说，当你不能准确知悉一个事物的本质时，你可以依靠与事物特定本质相关的事件出现次数多少去判断其本质属性的概率。用数学语言表达就是：支持某项属性的事件发生得愈多，则该属性成立的可能性就愈大。贝叶斯公式中涉及先验概率、后验概率、条件概率等内容，具体解释如下。

① 先验概率：事件发生前的预判概率。可以是基于历史数据的统计，可以由背景常识得出，也可以是人的主观观点给出。一般都是单独事件概率。

② 后验概率：事件发生后求的反向条件概率，是数据对先验概率进行更新或修正后的概率。可以用公式 $P(B|A)$表示，即在事件 A 已经发生的情况下，事件 B 发生的概率。例如，我们已经遇到堵车（事件 A），那么我们想知道这是由于交通事故（事件 B）引起的概率，这就是一个后

验概率的问题。

③ 条件概率：记事件 A 发生的概率为 $P(A)$，事件 B 发生的概率为 $P(B)$，则在 B 事件发生的前提下，A 事件发生的概率即为条件概率，记为 $P(A|B)$，读作“在 B 条件下 A 的概率”。

④ 联合概率：表示两个事件共同发生的概率。A 与 B 的联合概率表示为 $P(AB)$，或者 $P(A,B)$，或者 P（$A\cap B$）。

条件概率和联合概率之间满足如下关系：

$$P(B\mid A)=\frac{P(AB)}{P(A)}\text{或}P(B\mid A)=\frac{P(AB)}{P(A)}$$

⑤ 贝叶斯公式：贝叶斯公式便是基于条件概率 $P(B|A)$求得联合概率，再求得 $P(A|B)$。

$$P(A\mid B)=\frac{P(AB)}{P(B)}=\frac{P(B\mid A)P(A)}{P(B)}$$

其中，$P(A)$是先验概率，一般都是人主观给出的，贝叶斯中的先验概率一般特指它；$P(B)$是先验概率，在贝叶斯的很多应用中不重要（因为一般情况只是对等式左边结果进行大小比较，这里的 $P(B)$不会对比较结果有影响）；$P(B|A)$是条件概率，又叫似然概率，一般是通过历史数据统计得到；$P(A|B)$是后验概率，一般是求解的目标。

也就是说，如果等式右边已知，则可计算得到左边的概率。机器学习中，若将 A 看成“类别”（标签），将 B 看成“特征”（属性），那么贝叶斯公式可看成：

$$P(\text{类别}\mid\text{特征})=\frac{P(\text{特征}\mid\text{类别})P(\text{类别})}{P(\text{特征})}$$

贝叶斯分类是一类分类算法的总称，这类算法均以贝叶斯公式为基础，故统称为贝叶斯分类。而朴素贝叶斯（naive bayes）分类是贝叶斯分类中最简单，也是常见的一种分类方法。

5.3.2 朴素贝叶斯

朴素贝叶斯是一类简单的概率分类器，在输入事件为强独立性假设的条件下运用贝叶斯公式来计算每个类别的后验概率，即假设每个特征之间没有任何联系。朴素一词就是基于这种强独立性假设的意思，也是由英文 naive bayes 直接翻译而来。之所以进行这个“朴素”的假设，是因为独立事件间的概率计算更简单，比如事件 A 与事件 B 相互独立，则联合概率 $P(AB)=P(A)P(B)$。

简单地说，对于给出的待分类样本，求解在此样本出现的条件下各个类别出现的概率，哪个最大，就认为此待分类样本属于哪个类别。

举个例子：某个医院早上收了 6 个门诊病人，如表 5.1 所示。

表 5.1 已接收病人特征属性及病情

症状	职业	疾病
打喷嚏	护士	感冒
打喷嚏	农民	过敏
头痛	建筑工	脑震荡
头痛	建筑工	感冒
打喷嚏	教师	感冒
头痛	教师	脑震荡

现在又来了第 7 个病人，是一个打喷嚏的建筑工人。请问他患上感冒的概率有多大？

根据贝叶斯定理 $P(A|B)=\dfrac{P(B|A)P(A)}{P(B)}$ 可得：

$$P(\text{感冒}|\text{打喷嚏，建筑工})=\frac{P(\text{打喷嚏，建筑工}|\text{感冒})P(\text{感冒})}{P(\text{打喷嚏，建筑工})}$$

假定打喷嚏和建筑工这两个特征是独立的（输入事件的特征强独立假设），上面的等式进一步改写为朴素贝叶斯公式：

$$P(\text{感冒}|\text{打喷嚏，建筑工})=\frac{P(\text{打喷嚏}|\text{感冒})P(\text{建筑工}|\text{感冒})P(\text{感冒})}{P(\text{打喷嚏})P(\text{建筑工})}$$

到了这一步，可以计算等式右边各项的数值了。即 P（感冒|打喷嚏，建筑工）= 0.66×0.33×0.5/0.5/0.33 = 0.66。

因此，这个打喷嚏的建筑工人，有 66%的概率是得了感冒。同理，可以计算这个病人患上过敏或脑震荡的概率。比较这 3 个概率，就可以知道他最可能得什么病。如果做比较大小的话，分母中 P（打喷嚏，建筑工）对大小没有影响，计算时就可以不用计算。

朴素贝叶斯的优点：

① 原理简单，容易实现。

② 模型训练易进行，适合各种规模的数据集。

③ 运行速度快，除二分类问题之外，它在多分类问题上也表现良好。由于运行速度快，可以利用朴素贝叶斯分类器进行实时预测，这在需要实时处理的场景中是非常有用的。

④ 如果各变量之间确实相互独立，那么朴素贝叶斯分类器和其他分类器（如逻辑回归模型）相比有时分类准确性更好，而且需要更少的训练数据。

⑤ 即便模型包含无关的输入变量，模型的表现（分类准确性）也很好。

朴素贝叶斯的缺点：

① 其假设变量之间是相互独立的，而这在实际中往往不成立，导致预测结果可能出现不理想。

② 如果某个类别变量的取值在测试数据中出现，但是在训练集中没有出现过，那么分类器会给一个为 0 的概率，导致整个计算结果是 0，就可能无法进行正确预测。显然出现这种情况的主要原因是样本量太少。但是为了防止 0 概率问题出现，通常采用拉普拉斯平滑技术，其思想就是强制在计算的分子中加一个 α。样本量足够大的时候，分子中的 α 对概率影响不大，但为了防止概率事件大于 1 这种不合理情况，分母也应做相应的处理，通常在分母加类别数乘 α，如下所示。

$$P=\frac{N_i+\alpha}{N+k\alpha}$$

其中，α 为平滑系统，一般情况取 1；k 为类别个数，如果是二分类则为 2；N_i、N 是无平滑时样本量计算参数，其比值即为无平滑时候的概率。

假设在上例中，来了一个打喷嚏的程序员，因为程序员这一项没有在表中出现过，自然其对应的条件概率 P（程序员|感冒）=0，导致不管 P（打喷嚏|感冒）有多大，相乘后的结果均为 0，这肯定是不合理的。采用拉普拉斯平滑，α=1，k=3（感冒、过敏和脑震荡共三个类别），取得结果如下：

$$P(\text{程序员}|\text{感冒})=\frac{0+1}{3+3\times1}=0.17$$

自然，原来非 0 概率也要按拉普拉斯算子进行计算，有：

$$P(\text{打喷嚏}\,|\,\text{感冒})=\frac{2+1}{3+3\times1}=0.50$$

$$P(\text{感冒})=\frac{3+1}{6+3\times1}=0.44$$

$$P(\text{打喷嚏})=\frac{3+1}{6+3\times1}=0.44$$

$$P(\text{程序员})=\frac{0+1}{0+3\times1}=0.33$$

最终，P（感冒|打喷嚏，程序员）= 0.5×0.17×0.44/0.44/0.33 = 0.26。

③ 对于数值型特征量，朴素贝叶斯一般假设是正态分布，但有时候实际情况并非如此，导致结果也不太理想。

Sklearn 使用朴素贝叶斯时需要使用如下语句导包：

from sklearn.naive_bayes import BernoulliNB

对应的朴素贝叶斯函数 BernoulliNB()有一个可能用到的参数，即拉普拉斯平滑系数 alpha，默认为 1。除 BernoulliNB()之外还有其他贝叶斯函数，如 MultinomialNB()、GaussianNB()，具体可查阅 Sklearn 官网。其中，NB 为 Naive Bayes（朴素贝叶斯）简称。

接下来使用 cat_and_dog 数据集，通过朴素贝叶斯进行猫狗识别，不失一般性，数据集以图片形式提供，以数字为文件夹名称，如图 5.8（a），0 文件夹存放的是“猫”图片，1 文件夹存放“狗”图片，图片以 *x*.jpg 命名（针对每个文件夹，*x* 均是从 0 开始到 999 依次排列的自然数，即每个文件夹均有 1000 张图片，如图 5.8（b）为文件夹 0 中的文件）。因原始图像每张像素大小不确定，为了计算方便并提高速度，计算时将图像缩小到 40×40 像素（不同大小会影响计算速度和识别的准确率）。最后使用网络搜索到的一张图片进行测试。注：同样，由于数据集小，还不能完全识别正确。

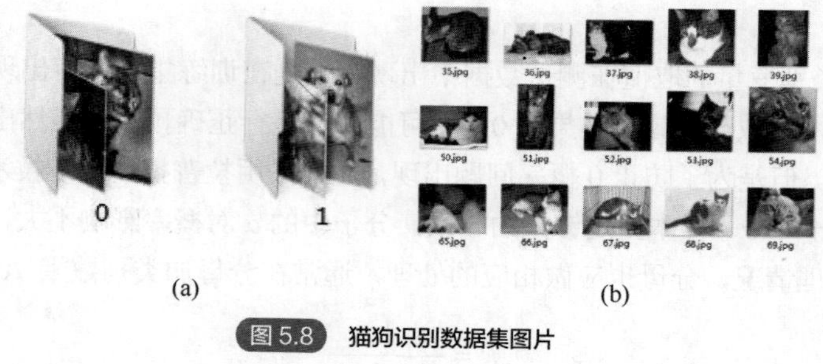

(a) (b)

图 5.8 猫狗识别数据集图片

示例：

```
import cv2
from sklearn.naive_bayes import BernoulliNB
cat_and_dog_x = []#特征数据
cat_and_dog_y = []#目标数据
for w in range(0,2):
    for i in range(0,1000):
        img1=cv2.imread('./cat_and_dog/'+str(w)+'/'+str(i)+'.jpg')#打开图像
        img1 = cv2.resize(img1,(40,40))
        img1 = img1.flatten()
```

```
        cat_and_dog_x.append(img1.tolist())
        if w==0:
            cat_and_dog_y.append("cat")
        elif w==1:
            cat_and_dog_y.append("dog")
#设置贝叶斯分类器
nb = BernoulliNB()
#进行训练
nb.fit(cat_and_dog_x,cat_and_dog_y)
test=cv2.imread('cat1.jpg')  #打开测试图像
cv2.imshow('test',test)
test = cv2.resize(test,(40,40))
test = test.flatten().reshape(1,-1)
print('预测结果为',nb.predict(test)) #使用训练好的模型进行预测
cv2.waitKey(0)
```

输出结果为:

```
预测结果为['cat']
```

输出图像如图 5.9 所示。

图 5.9 朴素贝叶斯示例结果图

如果计算比较慢，读者不妨测试一下改小数据集和图像，或采用灰度图像进行测试。甚至可以考虑采用经 Gabor 滤波器后的纹理图像作为数据集来使用，以突出纹理皮毛动物的优势。

5.4 决策树算法

决策树是一种非常成熟且被普遍采用的数据挖掘技术。称其为树，是因为其建模过程类似一棵树的成长过程，即从根部开始，到树干，到分枝，再到细枝末节的分叉，最终生长出一片片的树叶。

在决策树里，所分析的数据样本先是集成为一个树根，然后经过层层分枝，最终形成若干个节点，每个节点代表一个结论。

决策树算法之所以在数据分析挖掘应用中如此流行，主要原因在于决策树的构造不需要高深的数学知识和专业领域的知识就可以理解，很适合探索式的知识发掘，并且可以处理高维度的数据。在众多的数据挖掘、统计分析算法中，决策树最大的优点在于它所产生的一系列从树根到树枝（或树叶）的规则，可以很容易地被分析师和业务人员理解，而且这些典型的规则只需稍加整理，就是可以直接应用的业务优化策略和业务优化路径。另外，决策树技术对数据的分布甚至缺失非常宽容，不容易受到极值的影响。

决策树是一种十分常用的分类方法。其通过样本数据学习得到一个树形分类器，基于此分类器对于新出现的待分类样本进行正确的分类。

5.4.1 特征选择

特征选择实际上就是寻找最优根节点或最优内部节点的方法。那么怎样才能做到最优？这里引入一个量——纯度，通俗地说，纯度就是一种物质中除去杂质之后剩下的量占总量的百分比。决策树实质就是划分到节点纯度为100%为止（叶节点只有一种标签）。自然，划分根节点或内部节点时候，也应该从纯度最大的节点划分，这样才能保证划分的时候尽量少地分解出枝干。纯度的度量方式很多，这里介绍三种简单易懂的方法。

（1）分类误差率

分类误差率是指集合中任一样例被分错类别的概率，介于 0～0.5 之间。它是不纯度最直接的度量方法。在二分类中，对于任意一个叶子节点，假设其中一个类别 A 占比（概率）为 p，则另外一个类别 B 的占比（概率）就是 $1-p$。那么，可以直观地将分类误差率表示为：

$$\mathrm{Error}(p)=1-\max[p,1-p]$$

上式表示，当一个内部节点（根节点）中的类别 A 占比较多时（$p>0.5$），进入该内部节点的样本就会被判别为类别 A，那么剩下的占比为 $1-p$ 的（类别 B）样本则会被分类错误，于是分类误差率就是 $1-p$；反之，分类误差率就是 p。

在多分类中分类误差率为：

$$\mathrm{Error}(p)=1-\max[p_i]$$

其中，p_i 表示 i 标签的概率。

分类误差率值越小表示模型的分类能力越强。比如：

如果标签 A 是 5 个，标签 B 也是 5 个（纯度最差，不纯度最大），分类误差率计算如下：

$$p_0=0.5，p_1=0.5，\mathrm{Error}(p)=1-\max[p_0, p_1]=0.5$$

如果标签 A 是 2 个，标签 B 也是 8 个，分类误差率计算如下：

$$p_0=0.2，p_1=0.8，\mathrm{Error}(p)=1-\max[p_0, p_1]=0.2$$

如果标签 A 是 0 个，标签 B 也是 10 个（纯度最高，不纯度最小），分类误差率计算如下：

$$p_0=0.0，p_1=1.0，\mathrm{Error}(p)=1-\max[p_0, p_1]=0.0$$

可见，纯度越高，分类误差率越小。对于决策树自然希望优先选择分类误差率最小（纯度最高）的根节点（内部节点）开始分类，这样才能有效地减少树的分支。

（2）基尼系数

基尼系数，又叫基尼指数，是国际上通用的衡量一个国家或地区人民收入不平等程度的常用指标，其表示一个集合中任意两个样本类别不一致的概率。介于 0～0.5 之间，值越大表示不平等程度越高。

$$\mathrm{Gini}(p)=\sum_{i=1}^{n} p_i(1-p_i)=1-\sum_{i=1}^{n} p_i^2$$

其中，p_i 表示 i 标签的概率。

根据上式，对于二分类而言，当 $p=0.5$ 时，基尼系数达到最大值 0.5，表示集合最混乱；当

p=0 时，基尼系数的值最小为 0，表示集合最纯净。比如：

如果标签 A 是 5 个，标签 B 也是 5 个（纯度最差，不纯度最大），基尼系数计算如下：

$$p_0=0.5，p_1=0.5，\mathrm{Gini}(p)=1-[p_0^2+p_1^2]=0.5$$

如果标签 A 是 2 个，标签 B 也是 8 个，基尼系数计算如下：

$$p_0=0.2，p_1=0.8，\mathrm{Gini}(p)= 1-[p_0^2+p_1^2]=0.32$$

如果标签 A 是 0 个，标签 B 也是 10 个（纯度最高，不纯度最小），基尼系数计算如下：

$$p_0=0.0，p_1=1.0，\mathrm{Gini}(p)= 1-[p_0^2+p_1^2]=0.0$$

可见，基尼系数和分类误差率有一样的规律，即纯度越高，基尼系数越小。对于决策树，自然希望优先选择基尼系数最小（纯度最高）的根节点（内部节点）开始分类，这样才能有效地减少树的分支。

CART 决策树算法就是根据以基尼系数为基础导出的准则来选择划分属性的。CART 决策树可以用一套流程同时处理离散变量和连续变量，也可以同时处理分类问题和回归问题，这也是 CART 越来越流行的原因之一。在机器学习库 Sklearn 中集成了 CART 算法作为决策树评估器。

（3）信息熵

熵最初由德国物理学家克劳修斯于 1865 年提出，其用于衡量一个系统的无序度（混乱度），一个系统越无序混乱，熵就越大。1948 年，香农在《通信数学理论》一书中进一步提出了信息熵，所以也叫香农熵。

$$\mathrm{Entropy}(p)=-\sum_{i=1}^{n}p_i\log_2 p_i$$

如果标签 A 是 5 个，标签 B 也是 5 个（纯度最差，不纯度最大），信息熵计算为：

$$p_0=0.5，p_1=0.5，\mathrm{Entropy}(p)= -p_0\log_2p_0-p_1\log_2p_1=1$$

如果标签 A 是 2 个，标签 B 也是 8 个，信息熵计算为：

$$p_0=0.2，p_1=0.8，\mathrm{Entropy}(p)= -p_0\log_2p_0-p_1\log_2p_1=0.72$$

如果标签 A 是 0 个，标签 B 也是 10 个（纯度最高，不纯度最小），信息熵计算为：

$$p_0=0.0，p_1=1.0，\mathrm{Entropy}(p)= -p_0\log_2p_0-p_1\log_2p_1=0$$

可见，信息熵、基尼系数和分类误差率有一样的规律，即纯度越高，值越小。对于决策树自然希望优先选择纯度最高的根节点（或内部节点）开始分类，这样才能有效地减少树的分支。

著名的 ID3 决策树算法就是根据以信息熵为基础导出的准则来选择划分属性的，是最为经典的决策树算法。C4.5 是在 ID3 的基础上改进的算法，使得树模型可以处理连续变量（ID3 只能处理离散变量），是目前通用的决策树模型一般框架。C5.0 在 C4.5 的基础上优化了运行效率与预测流程，但由于 C5.0 多集成在收费软件中（如 SAS），因此并未像 C4.5 一样被广泛应用。

5.4.2　决策树的修剪

决策树是一种分类器，使用 ID3、C4.5 和 CART 等方法可以基于训练数据构建一个决策树。

但是，算法生成的决策树非常详细并且庞大，每个属性都被考虑，决策树的叶子节点所覆盖的训练样本都是绝对分类的。因此用决策树对训练样本进行分类时，会发现对于训练样本而言，这个树表现完好，误差率极低，且能够正确地对训练样本集中的样本进行分类。但是，训练样本中的错误数据也会被决策树学习，成为决策树的一部分，进而产生过拟合，决策树在测试数据上表现并不佳，或者极差。

为解决上述出现的过拟合问题，需要对决策树进行剪枝处理。根据剪枝所处时间点不同，分为预剪枝（Pre-Pruning）和后剪枝（Post-Pruning）两种类型。预剪枝是在决策树生成过程中进行的，后剪枝是在决策树生成之后进行的。后者的应用较广泛，而预剪枝具有使树的生长可能过早停止的缺点，因此应用较少。关于剪枝理论不再多介绍。

Sklearn 使用决策树进行分类时需要按如下语句导包：

```
from sklearn.tree import DecisionTreeClassifier
```

对应的分类决策树函数 DecisionTreeClassifier()的参数如表 5.2 所示。

表 5.2 决策树函数部分参数表

参数	含义
criterion	衡量标准 分类树默认值“gini”（基尼系数），可改为是“entropy”（信息熵）； 回归树默认值是“mse”（均方差），可改为是“mae”（平均绝对值误差）
max_depth	决策树的最大深度 默认无深度限制，可防止过拟合，属于预剪枝范畴
min_samples_split	节点可分裂的最少样例数 默认值是 2，增大可防止过拟合，属于预剪枝范畴
min_samples_leaf	叶子节点的最少样例数 默认值是 1，增大可防止过拟合，属于预剪枝范畴
max_leaf_nodes	最大叶节点个数 默认值是不限制叶节点的个数，可防止过拟合， 属于预剪枝范畴
min_impurity_decrease	最小不纯度减少量 在内部节点分支带来的不纯度的减少量小于这个阈值，则不用此测试条件划分该节点，属于预剪枝范畴
ccp_alpha	代价复杂度剪枝策略参数 默认为 0.0，值越大越能抑制过拟合，属于后剪枝范畴

读者可尝试将朴素贝叶斯算法中猫狗分类示例的语句“from sklearn.naive_bayes import BernoulliNB”换成“from sklearn.tree import DecisionTreeClassifier”，并将“nb = BernoulliNB()”换成“nb = DecisionTreeClassifier()”，即可使用 Sklearn 的决策树算法。同样，对于 K 最近邻中的手写数字识别示例也可做类似操作。

决策树算法的优点如下：

① 决策树易于理解和实现，用户在学习过程中不需要了解过多的背景知识，只要通过适当的解释，用户就能够理解决策树所表达的意义。

② 速度快，计算量相对较小，且容易转化成分类规则。只要沿着根节点向下一直走到叶子节点，沿途分类条件是唯一且确定的。

决策树算法的缺点主要是，在处理大样本集时易出现过拟合现象，降低分类的准确性。

另外，决策树除了做分类，也有可以实现回归。

5.5 支持向量机 SVM

SVM（Support Vector Machine，支持向量机）是一种常用的机器学习算法，主要用于解决分类和回归问题。SVM 最早由 Vladimir N. Vapnik 和 Alexey Ya.Chervonenkis 在 1963 年提出，目前的版本（soft margin）由 Corinna Cortes 和 Vapnik 在 1993 年提出，并在 1995 年发表。深度学习出现之前（2012 年之前），SVM 被认为是机器学习近十年来最成功的、表现最好的算法。

SVM 的基本思想是找到一个超平面（一维为点、二维为线、三维为面，四维及以上通常称为超平面），能够将不同类别的样本分开，并且使得距离超平面最近的样本点到该超平面的距离最大化。这些距离最近的样本点被称为支持向量，因此这一算法被称为支持向量机。如图 5.10 为二维情况下将实心圆与空心圆做分类，其仅需要一条直线即可，图中有线 1 或 2 或 3，但线 2 明显具有更好的容错性能，其实质就是“支持向量”到线 2 的距离最大。

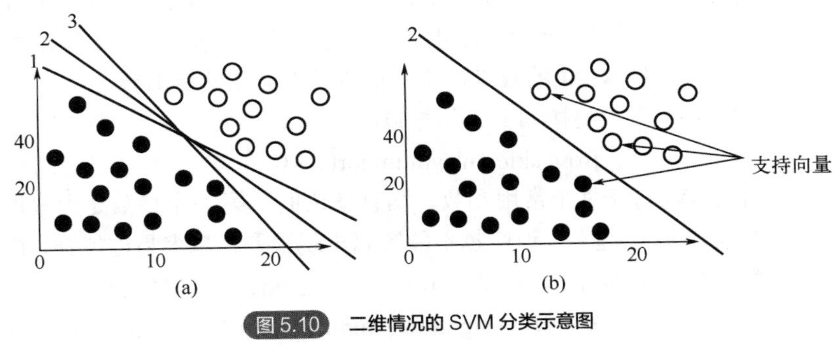

图 5.10 二维情况的 SVM 分类示意图

在分类问题中，SVM 的目标是找到一个超平面，能够将训练数据集中的不同类别的样本分开。对于线性可分的情况，SVM 可以找到一个唯一的超平面，使得所有的正类样本都在超平面的一侧，负类样本在另一侧。对于没有噪声影响的情况，使支持向量到超平面距离最大，称为硬间隔最大化，得到的 SVM 模型称为硬间隔支持向量机。对于有少量噪声影响（错误地被分类到了其他类中）的情况，要想办法来实现支持向量到超平面距离最大的同时分错误差最小，所以需要引入误差的概念，为了对误差进行控制，科学家们引入了“松弛变量”。通过松弛变量就可以对模型进行控制，这种 SVM 分类称为软间隔最大化，得到的 SVM 称作软间隔支持向量机。噪声非常多的时候（已经无法容忍为错分类的情况）就需要介入非线性来做分类，即属于线性不可分。对于线性不可分的情况，SVM 可以引入核函数将样本映射到高维空间，从而使得样本在高维空间中线性可分。例如，在二维平面笛卡儿坐标系下，以原点（0,0）为圆心，以 1 为半径画圆，则圆内的点和圆外的点在二维空间中是肯定无法线性分开的。但是，学过初中几何就知道，对于圆圈内（含圆圈）的点有 $x^2+y^2\leqslant 1$，圆圈外的则 $x^2+y^2>1$。我们假设第三个维度 $z=x^2+y^2$，那么在第三维空间中，可以通过 z 是否大于 1 来判断该点在圆内还是圆外。这样，在二维空间中线性不可分的数据在第三维空间很容易地线性可分了。之所以不直接在原数据空间中进行非线性分类，而要转到新的高维空间进行线性分类，是因为非线性比线性要复杂很多。在二维中，线性只要一条直线即可，可以说直线是曲线中最简单的一种，而非线性的情况就非常之多，如二次曲线、折线、双曲线、圆等，没有办法进行统一的数学描述。即便能够针对某一个具体问题处理得到了非线性分类结果，也无法很好地推广到其他情形。如果每针对一个具体问题就要数学家专门建一曲线模型，不仅麻烦而且也浪费时间、精力。因此，将非线性转成线性问题，采用线性分类，一是因为其简单、性质很容易研究透彻；二是因为其推广能力强，研究透了之后，其他所有问题都迎刃而解，无须建立其他模型。所以，虽然SVM 多了将原始数据映射到新空间这一步骤，看似增加了工作量，但从长远来看工作量是减少的。

对于在 N 维空间中线性不可分的数据，在 N+1 维以上的空间则有可能变成线性可分的（但并不是一定会在 N+1 维上线性可分。维度越高，线性可分的可能性越大。因此，对于线性不可分的数据，可以将它映射到线性可分的新空间中，之后就可以用硬间隔支持向量机或软间隔支持向量机进行分类。然而，寻找一个低维到高维空间的映射是非常困难的，幸运的是，数学家们通过各种方法推导出了几种名叫“核函数”的映射方法，如多项式核函数、高斯核函数等，其中，高斯核函数对应的支持向量机是高斯径向基函数（RBF），是最常用的核函数。RBF 核函数可以将维度扩展到无穷维（按泰勒级数展开，每一项可看作一个维度），理论上讲可以满足一切映射的需求。在实际应用中，RBF 是相对较好的一个选择。当然，如果对具体的问题和某种核函数有研究，也可以选用其他核函数，其可能会在某些问题上表现更好。本节内容仅对 SVM 做简要说明，如果想深入理解 SVM 的数学理论，请查阅专业论文及书籍。

Sklearn 使用 SVM 做分类需要按如下语句导包：

from sklearn.svm import SVC

对应的 SVM 函数 SVC()有 3 个常用参数，均有默认值。第 1 个参数是用来调节松弛变量的 C，默认值是 1.0。通常，C 越大，说明越不能容忍出现误差，越容易过拟合，C 越小越容易欠拟合。第 2 个参数是核函数 kernel，默认是 rbf，可以是 linear（线性内积核函数）、poly（多项式核函数）、rbf（高斯径向基核函数）、sigmoid（sigmod 核函数）、precomputed（核矩阵，表示使用者自己提前计算好的核函数矩阵，即使用自定义核函数）。第 3 个参数是核函数参数 gamma，但仅当核函数取 rbf 或 poly 或 sigmoid 时使用，默认是 auto，即取值为特征数的倒数。gamma 系数决定了数据映射到新的特征空间后的分布。gamma 值越大，支持向量越少，也就是距离越远的数据点的影响力降低，甚至被忽略；gamma 值越小，支持向量越多，也就是较远的数据点也被考虑进来，分类决策边界就越平滑。

示例：

```
import numpy as np
from sklearn.svm import SVC
import matplotlib.pyplot as plt
x = [[3,3],[4,3],[1,1],[2,1]]
y = [1,1,-1,-1]
x = np.array(x)  #Python 列表不能对列访问
y = np.array(y)
plt.scatter(x[:2,0],x[:2,1])
plt.scatter(x[2:,0],x[2:,1])
plt.show()
```

```
model = SVC(kernel='linear')
model.fit(x,y)
print("各类支持向量：",model.support_vectors_)
print("各类支持向量索引：",model.support_)
print("各类支持向量个数：\n",model.n_support_)
print("(5,8)属于",model.predict([[5,8]]))
print("线性方程的参数:",model.coef_,model.intercept_)
w1=(model.coef_)[0,0]#w1x1+w2x2+b=0
w2=(model.coef_)[0,1]
b=(model.intercept_)[0]
x1 = np.linspace(1,4,20)
x2 = (-b-w1*x1)/w2
plt.scatter(x[:2,0],x[:2,1])
plt.scatter(x[2:,0],x[2:,1])
plt.plot(x1,x2)
plt.show()
```

输出结果为：

```
各类支持向量：
 [[2. 1.]
 [3. 3.]]
各类支持向量索引：[3 0]
各类支持向量个数：[1 1]
(5,8)属于[1]
线性方程的参数：[[0.4 0.8]] [-2.6]
```

输出图像如图 5.11 所示。

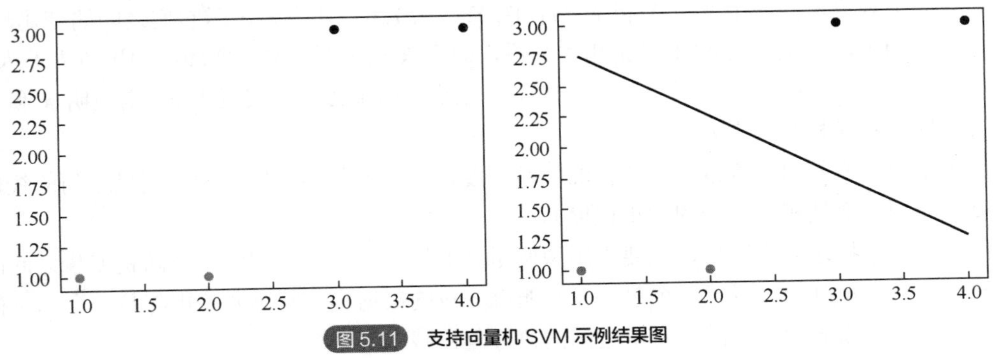

图 5.11　支持向量机 SVM 示例结果图

5.6　主成分分析 PCA 算法

PCA（Principal Components Analysis，主成分分析）是图像处理中经常用到的降维方法。在处理有关数字图像方面的问题时，如常见的图像检索问题，在一个拥有几万或者几百万条数据的数据库中查询一幅相近的图像，通常的方法是对图像库中的图片提取相应的特征，如颜色、纹理等特征，然后将其保存，建立相应的数据索引，再对要检索的图像提取相应的特征，与数据库中的图像特征对比，找出与之最接近的图片。如果为了提高检索的准确率，通常会提取一些较为复杂的特征，如 HOG、哈希、LBP 等。一幅图像有很多个这种特征点，每个特征点又有一个相应的描述该特征点的高维向量（比如 1280 个维度），设想如果一幅图像有 300 个这种特征点，那么该幅图像就有 300×1280 个维度，如果数据库中有一百万张图片，这个存储量将是相当大的，建立索引也很耗时。如果对每个向量进行 PCA 处理，将其降维为 64 维，将极大节约存储空间和节省运行速度。

在介绍 PCA 之前，再巩固一下数理统计中的方差和协方差。计算方差公式如下：

$$D(\boldsymbol{X})=\frac{\sum_{i=1}^{n}(X_i-\overline{X})^2}{n-1}$$

其中，n 为观测值数量；X_i 为数据集 $\boldsymbol{X}$ 中的第 i 个元素；$\overline{X}$ 为数据集 $\boldsymbol{X}$ 的均值。

方差（Variance）：方差用来衡量一个随机变量（一维数据）的离散程度或波动性。对于一个包含 n 个观测值的数据集 $\boldsymbol{X}=(X_1, X_2, X_3, \cdots, X_n)^{\mathrm{T}}$，方差表示这些观测值与其均值之间的差异。方差越大，数据集中的值越分散；方差越小，数据集中的值越接近均值。其开方后为标准差，所以也经常用标准差表征一维数据的分散程度。在计算方差时，为了得到更好的无偏估计，常常使用 n-1 作为除数而不是 n，这样能使较小的样本集更好地逼近总体的标准差。协方差公式如下：

$$\operatorname{cov}(\boldsymbol{X},\boldsymbol{Y})=\frac{\sum_{i=1}^{n}(X_i-\overline{X})(Y_i-\overline{Y})}{n-1}$$

其中，n 为观测值数量；X_i，Y_i 为数据集 $\boldsymbol{X}$、$\boldsymbol{Y}$ 中第 i 个元素；$\overline{X}$、$\overline{Y}$ 为数据集 $\boldsymbol{X}$、$\boldsymbol{Y}$ 中元素的均值。

协方差（Covariance）：协方差用来衡量两个随机变量（二维数据）之间的线性关系强度。对于包含 n 个观测值的两个变量 $\boldsymbol{X}$ 和 $\boldsymbol{Y}=(Y_1, Y_2, Y_3, \cdots, Y_n)^{\mathrm{T}}$，协方差表示它们之间的变化趋势。如果协方差为正，则说明 $\boldsymbol{X}$ 和 $\boldsymbol{Y}$ 呈正相关关系，即当 $\boldsymbol{X}$ 增加时，$\boldsymbol{Y}$ 也增加；如果协方差为负，则说明 $\boldsymbol{X}$ 和 $\boldsymbol{Y}$ 呈负相关关系，即当 $\boldsymbol{X}$ 增加时，$\boldsymbol{Y}$ 减少；如果协方差接近于 0，则说明 $\boldsymbol{X}$ 和 $\boldsymbol{Y}$ 之间没有线性关系（相互独立）。

简单来说，方差用来度量单个变量的离散程度，而协方差用来度量两个变量之间的线性关系强度（即两个变量相互影响的大小程度）。

因此，如果描述多维数据，就要采用两两组合的协方差矩阵，即将多个随机变量之间的协方差整合到一个矩阵中。对于一个包含 n 个随机变量的数据集，其协方差矩阵是一个 $n×n$ 的矩阵，其中每个元素表示两个随机变量之间的协方差：

$$\boldsymbol{C}=\begin{bmatrix} c_{11} & \cdots & c_{1n} \\ \vdots & \ddots & \vdots \\ c_{n1} & \cdots & c_{nn} \end{bmatrix}$$

其中，$c_{ij}=\operatorname{cov}(X_i,\ Y_i)$，$i$，$j$=1,2,3,…,$n$。

比如，一个三维数据集 3 个维度$\{x,\ y,\ z\}$，则协方差矩阵为：

$$\boldsymbol{C}=\begin{bmatrix} \operatorname{cov}(x,x) & \operatorname{cov}(x,y) & \operatorname{cov}(x,z) \\ \operatorname{cov}(y,x) & \operatorname{cov}(y,y) & \operatorname{cov}(y,z) \\ \operatorname{cov}(z,x) & \operatorname{cov}(z,y) & \operatorname{cov}(z,z) \end{bmatrix}$$

可见，协方差矩阵是一个对称的矩阵，而且对角线是各个维度上的方差。

协方差矩阵为方阵，可以计算其特征向量和特征值（C 是 n 阶方阵，若有数 λ 和非零向量

Z，使得 $CZ=\lambda Z$，则称数 λ 是 C 的特征值，非零向量 Z 是 C 对应于特征值 λ 的特征向量）。实际情况下，矩阵乘法可看作一个坐标的变换过程，即把一个向量变换成另一个方向或长度不同的新向量。在这个变换的过程中，原向量主要发生旋转、伸缩的变化。其中，特征向量起到伸缩变换的作用（代表了数据集中的主要方向），特征值为伸缩的比例（权重，表示了数据集在特征向量对应方向的方差）。所以，求出协方差矩阵的特征值及特征向量之后，按照特征值由大到小对特征向量进行排列。方差越大，说明数据越分散，对结果影响越大，重要性级别就越高，相反方差越小，重要性越低。例如5根直径均为10mm的直轴，直径这个数值对于5根轴在强度比较上来说意义不大，因直径的方差是0。这样就可以将这些成分中级别较小的部分忽略（会丢失一些信息，但是较少），从而使最终数据集维度降低。精确地说，如果原始数据是 n 维的，选择了前 p 个主要成分，那么现在的数据仅有 p 维。所以PCA并不是简单地在原来特征上删减特征，而是将原来特征变换为新的特征，最后在新特征下进行降维（删减部分不重要的新特征）。

下面是PCA的基本步骤：

① 数据标准化：将每个特征按照均值为0、方差为1进行标准化，使得所有特征具有相同的尺度。

② 计算协方差矩阵：对标准化后的数据集计算协方差矩阵，其中每个元素表示两个特征之间的协方差。

③ 计算特征值和特征向量：对协方差矩阵进行特征值分解，得到特征值和特征向量。特征向量代表了数据集中的主要方向，而特征值则表示数据集在这些方向上的方差。

④ 选择主成分：按照特征值从大到小的顺序选择前 p 个特征向量作为主成分，其中 p 为新的特征空间的维度。

⑤ 转换数据：将标准化后的数据集投影到选定的主成分上，得到新的特征空间。

Sklearn 使用PCA时需要按如下语句导包：

from sklearn.decomposition import PCA

对应的PCA函数为：

PCA(n_components=None, copy=True, whiten=False)

参数说明：

① n_components：PCA算法中所要保留的主成分个数 n，默认为None，表示所有成分被保留。若赋值为正整数，则表示要保留的主成分个数，比如n_components=1，将把原始数据降到一个维度。赋值为小数，如n_components = 0.9，将自动选取特征个数 n，使其满足所要求的方差百分比（90%）。

② copy：bool类型，默认为True。表示在运行算法时，是否将原始训练数据复制一份。若为True，则运行PCA算法后，原始训练数据的值不会有任何改变，因为算法是在原始数据的副本上运行的；若为False，则运行PCA算法后，原始训练数据的值会改变，因为在原始数据上进行了降维计算。

③ whiten：bool类型，默认为False。表示使每个特征具有零均值、单位方差。

示例：

```
import numpy as np
from sklearn.decomposition import PCA
X = np.array([[-1, -1], [-2, -1], [-3, -2], [1, 1], [2, 1], [3, 2]])
pca = PCA(n_components=2)
newX = pca.fit_transform(X)        #等价于pca.fit(X) pca.transform(X)
```

```
invX = pca.inverse_transform(newX)  #将降维后的数据转换成原始数据
print(X)                            #原始数据
print(newX)                         #PCA后的数据
print(invX)                         #还原后数据
print(pca.explained_variance_ratio_)#输出方差百分比
```

输出结果为：

```
[[-1 -1]
 [-2 -1]
 [-3 -2]
 [ 1  1]
 [ 2  1]
 [ 3  2]]
[[ 1.38340578  0.2935787 ]
 [ 2.22189802 -0.25133484]
 [ 3.6053038   0.04224385]
 [-1.38340578 -0.2935787 ]
 [-2.22189802  0.25133484]
 [-3.6053038  -0.04224385]]
[[-1. -1.]
 [-2. -1.]
 [-3. -2.]
 [ 1.  1.]
 [ 2.  1.]
 [ 3.  2.]]
[0.99244289 0.00755711]
```

可见，原始数据经过PCA运算之后，新生成的二维数据中第一维方差百分比达到了99.24%，所以实际情况下只需要由原始的二维降到一维就能保留绝大部分原始信息了。

PCA实质就是降维，即为了减少特征做变换（变换后的新特征可能没有明确的物理意义），有了变换后的新特征和原始标签，使用任意一种机器学习方法均可进行后续处理，所以后续处理不再列举。

5.7 线性回归算法

回归是监督学习的一个重要课题，回归用于预测输入变量和输出变量之间的关系。回归模型是表示输入变量到输出变量之间映射的函数。回归问题的学习等价于函数的拟合：使一条函数曲线能很好地拟合已知数据并能很好地预测未知数据。回归问题也分为模型的学习（拟合）和预测两个过程，即基于给定的训练数据集构建一个模型，根据新的输入数据预测相应的输出。

回归问题按照输入变量的个数可以分为一元回归和多元回归两类，按照输入变量和输出变量之间关系的类型，可以分为线性回归和非线性回归两类。因线性问题相对简单并好解释，所以在工业中应用最为广泛，下面就以简单的一元线性回归为例来讲解。

5.7.1 线性回归导入

线性回归中最简单的就是一元线性回归。一元线性回归就是提供一组数据（x，y）作为训练集，要机器学习（拟合）出一个线性函数，让这个函数上的值替换或逼近真实数据。利用这个函数图像，机器就能用新的 x（横坐标）预测其对应的 y（纵坐标）。一元线性回归的示意图如图 5.12 所示。

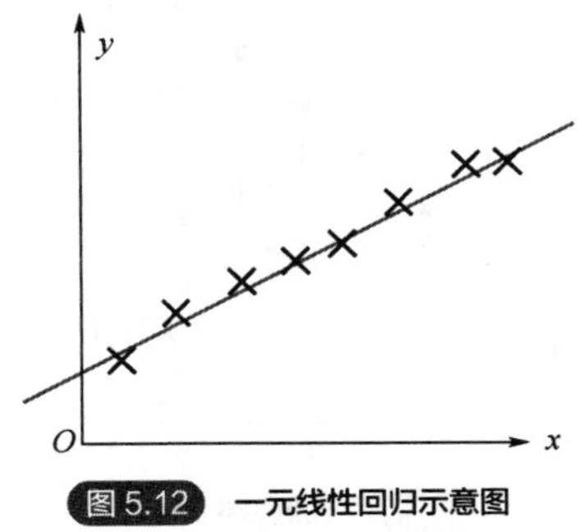

图 5.12 一元线性回归示意图

假设有一组数据：$\boldsymbol{x}=[1,2,3,4,5,6,7,8,9,10]$，$\boldsymbol{y}=[1,2,3,4,5,6,7,8,9,10]$。

要求画一条过原点的直线，穿过上述所有点。假设直线函数 $h_\theta(x)=\theta_1 x$，随着 θ_1 值的改变可得到无数条直线。先随意假设一个 θ_1，如 $\theta_1=0.5$，此时数据点和假设函数如图 5.13 所示。

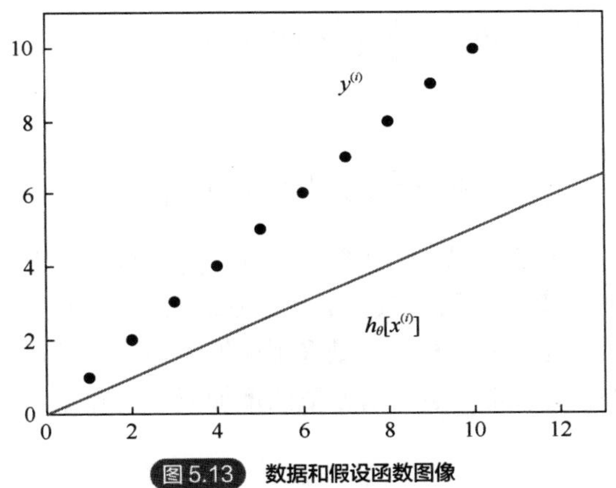

图 5.13 数据和假设函数图像

由图可知，该假设直线不能很好地穿过原始数据点，即不是最优曲线。那么如何找到最优直线呢？这里引入一个新的名词——代价函数。

5.7.2 代价函数

代价函数（cost function）也叫损失函数（loss function），顾名思义，其是考虑预测值与真实值误差的一个函数，所以这个函数的值越小越好。不难想到，可以借助均方误差函数来实现，其表达式为：

$$J(\theta)=\frac{1}{m}\sum_{i=1}^{m}\left|h\theta[x^{(i)}]-y^{(i)}\right|$$

其中，J 为代价函数；m 表示样本数据个数；$y^{(i)}$表示样本中第 i 个数据的真实值；$h_\theta[x^{(i)}]$表示样本中第 i 个数据 $x^{(i)}$代入线性函数后的预测值。

该例代价函数表示的就是图 5.14 中所有的数据点与直线沿纵轴方向的平均距离值。

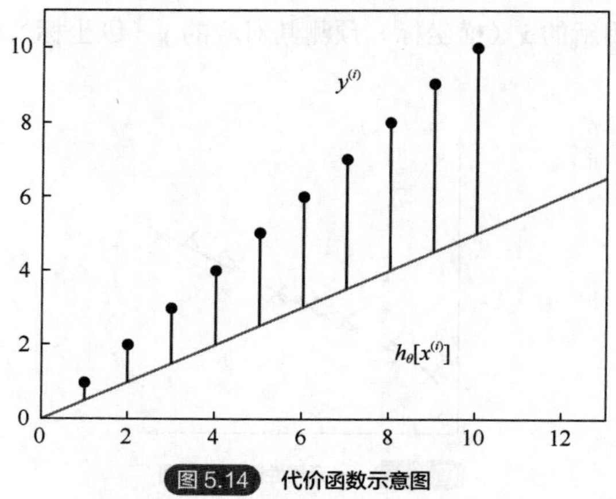

图 5.14 代价函数示意图

只需要求解使上述代价函数达到最小时对应的 θ_1，即可得到正确的方程。函数极值的求解通常要借助求导，而绝对值的求导并不方便，故上述代价函数可写成均方误差（方差）的形式。即：

$$J(\theta)=\frac{1}{m}\sum_{i=1}^{m}\left[h_\theta[x^{(i)}]-y^{(i)}\right]^2$$

将 $h_\theta(x)=\theta_1 x$ 代入，有

$$J(\theta)=\frac{1}{m}\sum_{i=1}^{m}\left[\theta_1[x^{(i)}]-y^{(i)}\right]^2$$

因这里求解的是自变量 θ_1，所以代价函数是一元二次方程，是下凹的二次函数（通常将下凹的函数称为凸函数）。故对其可采用导数等于 0 的方式来求解，这样可得精确解，但求解参数多的时候计算性能极低。更通用的一种方法是采用梯度下降法，只是该方法可能求出来的是局部最优解，但这种方法的计算性能不会随着参数的增加而急剧降低。

5.7.3 梯度下降法

梯度下降法计算过程为：

① 确定初始值。通常需要随机或通过其他方式给定一个初始值。

② 计算梯度。计算当前位置的梯度，即函数在该点处的（偏）导数。

③ 更新参数。根据梯度的方向，更新当前位置的参数，使函数值向着极小值的方向移动。

④ 重复上述步骤，直至满足停止条件。

其核心式子为：

$$\theta_j=\theta_j-\alpha\frac{\partial}{\partial\theta_j}J(\theta)$$

其中，α 为步幅，也叫学习率。

当选取一个较小学习率的时候，将正确收敛，但通常会非常慢，对时间和算力的要求比较高。当选取一个较大学习率的时候，将振荡收敛。当选取一个过大学习率的时候，将无法收敛。学习率对收敛的影响如图 5.15 所示。

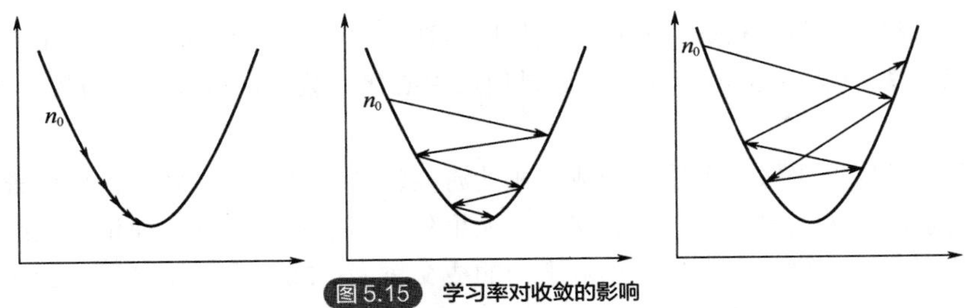

图 5.15　学习率对收敛的影响

下面取 3 组数据来做实验：

$$\boldsymbol{x}=[2,4,6]$$
$$\boldsymbol{y}=[2,4,6]$$

首先推导出梯度，方便后续更新时使用：

$$J(\theta)=\frac{1}{m}\sum_{i=1}^{m}\left[\theta_1 x^{(i)}-y^{(i)}\right]^2$$

$$J(\theta)=\frac{1}{m}\left[(2\theta_1-2)^2+(4\theta_1-4)^2+(6\theta_1-6)^2\right]$$

$$\frac{\partial J}{\partial\theta_1}=\frac{2}{m}\left[2(2\theta_1-2)+4(4\theta_1-4)+6(6\theta_1-6)\right]$$

$$\frac{\partial J}{\partial\theta_1}=\frac{112}{3}(\theta_1-1)$$

假设学习率取 0.005，θ_1 初始值取 0.5，则有如表 5.3 所示关系。

表 5.3　迭代次数和 θ_1、$\partial J/\partial\theta_1$ 的关系

迭代次数	θ_1	$\partial J/\partial\theta_1$
1	0.5	−18.66666667
2	0.593333	−15.18222222
3	0.669244	−12.34820741
4	0.730985	−10.04320869
5	0.781202	−8.168476402
6	0.822044	−6.643694141
7	0.855262	−5.403537901
8	0.88228	−4.394877493
…	…	…
78	0.999999	−2.3001E-06
79	0.999999	−1.87075E-06
80	1	

上述过程数值使用 Excel 计算得到，读者也可自行编写程序来实现，同时可通过修改学习率来观察收敛情况。

Sklearn 使用一元线性回归时需要按如下语句导包：

```
from sklearn.linear_model import LinearRegression
```

对应的线性回归函数 LinearRegression()常用参数主要是 fit_intercept，表示是否计算截距参数，为 bool 型，默认为 True，即计算。如果使用中心化的数据，可以考虑设置为 False，不考虑截距。

针对一元线性回归来做一个猜天猫成交额的游戏，之所以叫游戏就是告诉读者不可当真。当然有很多要素决定了天猫双十一的成交额，如果外界因素不变的话，理论上能准确预测未来天猫成交额数据。据天猫官方数据每年双十一的成交额为：2009 年 0.5 亿元，2010 年 9.36 亿，2011 年 52 亿，2012 年 191 亿，2013 年 350 亿，2014 年 571 亿，2015 年 912 亿，2016 年 1207 亿，2017 年 1682 亿，2018 年 2135 亿，2019 年 2684 亿，2020 年 4982 亿，2021 年 5403 亿，2022 年及 2023 年未公布该数据。下例基于 2009 年至 2021 年数据推测 2022 年及 2023 年数据。

示例：

```
#导入需要的包
import numpy as np
import matplotlib. pyplot as plt
from sklearn.linear_model import LinearRegression
#获取数据
years = np.arange(2009,2022)
sales = np.array([0.5, 9.36, 52, 191, 352, 571, 912, 1208, 1682.69, 2135, 2684, 4
982,5403])
#特征工程（数据缩放）
X = (years-2008).reshape(-1,1)
y = sales
#训练（计算、拟合）
lr = LinearRegression()
lr.fit(X, y)
#获取拟合参数 hθ(x) = θ1x+b
theta1,b = lr.coef_,lr.intercept_
#观察图形
plt.scatter(years-2008,sales,c='red',marker='*',s=80)
x = np.linspace(1, 13, 110)
plt.plot(x, theta1*x+b,c='green')
plt.show()
```

输出结果如图 5.16 所示。

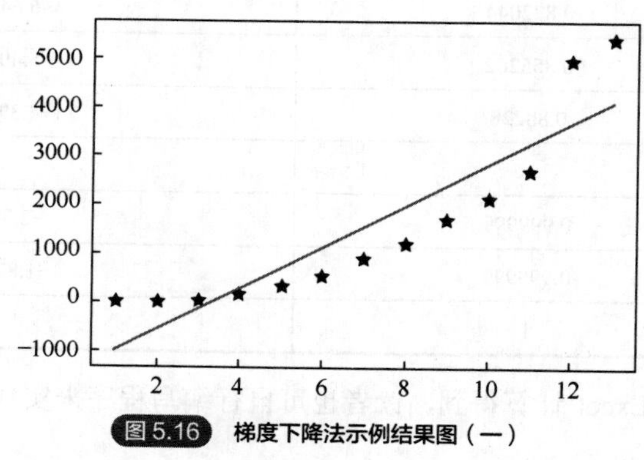

图 5.16 梯度下降法示例结果图（一）

明显数据点和拟合的直线偏差比较大（欠拟合），也许细心的读者已经发现数据点更接近二次函数，所以，可以将一元函数 $h_\theta(x)=\theta_1x+b$ 改写为 $h_\theta(x)=\theta_0x^2+\theta_1x+b$，尽管此处出现了 x^2，但还是线性回归，因为自变量是 θ_0、θ_1 和 b，并不是 x，所以尽管有 x^2，画出的图像也是曲线，但还属于线性回归，这一点一定要注意。

示例：

```
#导入需要的包
import numpy as np
import matplotlib. pyplot as plt
from sklearn.linear_model import LinearRegression
#获取数据
years = np.arange(2009,2022)
sales = np.array([0.5, 9.36, 52, 191, 352, 571, 912, 1208, 1682.69, 2135, 2684, 4
982,5403])
#特征工程（数据缩放）
X = (years-2008).reshape(-1,1)
#按列合并，水平合并
X1 = np.hstack((X**2,X))
#或者下面两行也可实现
#X1 = np.column_stack((X**2,X))
#X1 = np.concatenate((X**2,X), axis = 1)
y = sales
#训练（计算、拟合）
lr = LinearRegression()
lr.fit(X1, y)
#获取拟合参数 hθ(x) = θ0x2 +θ1x+b
theta,b = lr.coef_, lr.intercept_
#print(theta,b)#观察系数为一维数组，theta 的两个值与 x 合并时的顺序有关
#观察图形
plt.scatter (years-2008, sales,c= 'red', marker='*', s=80)
x = np.linspace(1, 13, 110)
plt.plot (x, theta[0]* (x**2)+theta[1]*x+b,c = 'green')
plt.show()
#输出预测结果
x = 2023-2008
print(theta[0]* (x**2)+theta[1]*x+b)
```

输出结果为：

```
7716.10126873127
```

输出图像，如图 5.17 所示。

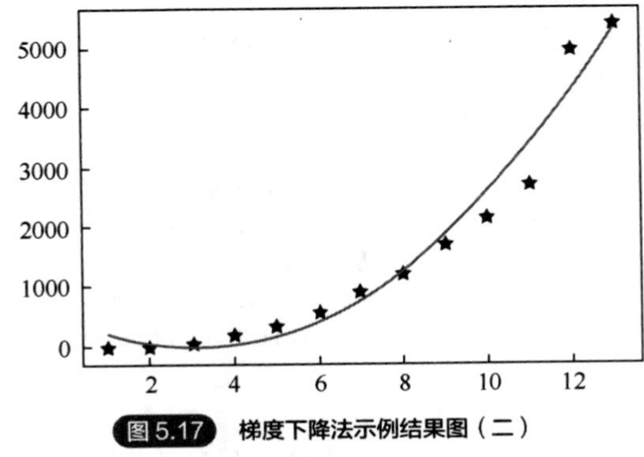

图 5.17　梯度下降法示例结果图（二）

也许，有的读者发现曲线还是不完美，不妨尝试用 $h_\theta(x)=\theta_0x^3+\theta_1x^2+\theta_2x+b$ 多元线性回归来实现，结果请读者自行实现。理论上随着次数的增加，曲线可能会通过全部的数据，但不一定

在预测的时候达到最准确，也就是说泛化能力不一定最好，这种情况称为过拟合。

上例说明，通过增加多项式特征（比如示例由原来的 x，增加为 x 与 x^2 两个特征）可以用来捕捉更高阶的数据特征，“线性回归”意味着特征系数（θ 为自变量）的线性关系，并非特征为变量（x 不是自变量）。当然，除了加幂，还可以采用其他操作，如使用 $h_\theta(x)=\theta_0+\theta_1\ln(x)$、$h_\theta(x)=\theta_0+\theta_1x_1+\theta_2x_2+\theta_3x_1x_2$ 等。

多元线性回归的原理和一元线性回归类似，只是求解参数变多，其过程是类似的，这里不再多述。

上例中 x 与 x^2 是通过手工计算后合并出来的，实际上 Sklearn 中提供了现成的方法。实现方法与其他机器学习方法函数类似。

Sklearn 生成多项式的特征时需要使用如下语句导包：

from sklearn.preprocessing import PolynomialFeatures

对应的生成多项式特征函数 PolynomialFeatures()常用参数主要有 3 个：第 1 个参数为阶数 degree，决定多项式的次数；第 2 个参数设置是否仅含交互项 interaction_only，默认为 False，表示生成的多项式既包含多个特征的交互项，也包含单个特征的幂次项，若设置为 True，则生成的多项式只包含多个特征的交互项，而不包含任何单个特征的幂次项。第 3 个参数为是否包含特征的 0 次幂 include_bias，即是否包含 1，默认为 True，表示包含。

示例（单特征）：

```
from sklearn.preprocessing import PolynomialFeatures
a=[[2]]#1 行 1 列的二维矩阵
print("1 行 1 列的二维矩阵[[c]]: ",a)
pf=PolynomialFeatures(degree=2)
print("阶数为 2，其他默认，即[[1, c, c 方]]: ",pf.fit_transform(a))
pf=PolynomialFeatures(degree=2,include_bias=False)
print("阶数为 2，不输出 a^0，即[[c, c 方]]: ",pf.fit_transform(a))
pf=PolynomialFeatures(degree=2,interaction_only=True)
print("阶数为 2，不包括平方项，即[[1, c]]: ",pf.fit_transform(a))
```

输出结果为：

```
1 行 1 列的二维矩阵[[c]]: [[2]]
阶数为 2，其他默认，即[[1, c, c 方]]: [[1. 2. 4.]]
阶数为 2，不输出 a^0，即[[c, c 方]]: [[2. 4.]]
阶数为 2，不包括平方项，即[[1, c]]: [[1. 2.]]
```

示例（双特征）：

```
from sklearn.preprocessing import PolynomialFeatures
a=[[2,3]]#1 行 2 列的二维矩阵
print("1 行 2 列的二维矩阵[[c, d]]: ",a)
pf=PolynomialFeatures(degree=2)
print("阶数为 2，其他默认，即[[1, c, d, c 方, cd, d 方]]: ",pf.fit_transform(a))
pf=PolynomialFeatures(degree=2,include_bias=False)
print("阶数为 2，不输出 a^0，即[[c, d, c 方, cd, d 方]]: ",pf.fit_transform(a))
pf=PolynomialFeatures(degree=2,interaction_only=True)
print("阶数为 2，不包括平方项，即[[1, c, d, cd]]: ",pf.fit_transform(a))
```

输出结果为：

```
1 行 2 列的二维矩阵[[c, d]]:  [[2, 3]]
阶数为 2，其他默认，即[[1, c, d, c 方, cd, d 方]]:  [[1. 2. 3. 4. 6. 9.]]
阶数为 2，不输出 a^0，即[[c, d, c 方, cd, d 方]]:  [[2. 3. 4. 6. 9.]]
阶数为 2，不包括平方项，即[[1, c, d, cd]]:  [[1. 2. 3. 6.]]
```

通过上述两个示例可得到列表中的参数顺序规律：

① 如果单一特征 c 设置为 2 次（degree=2），生成的多项式参数顺序为[[常数项，一次项 c，二次项 c^2]]；

② 如果双特征 c、d 设置为 2 次（degree=2），生成的多项式参数顺序为、[[常数项，c，d，c^2，cd，d^2]]。

将前面天猫示例改写如下：

```
#导入需要的包
import numpy as np
import matplotlib. pyplot as plt
from sklearn.linear_model import LinearRegression
from sklearn.preprocessing import PolynomialFeatures
#获取数据
years = np.arange(2009,2022)
sales = np.array([0.5, 9.36, 52, 191, 352, 571, 912, 1208, 1682.69, 2135, 2684,
4982,5403])
#特征工程（数据缩放）
X = (years-2008).reshape(-1,1)
pf=PolynomialFeatures(degree=2,include_bias=False)
X1=pf.fit_transform(X)
y = sales
#训练（计算、拟合）
lr = LinearRegression()
lr.fit(X1, y)
#获取拟合参数
theta,b = lr.coef_, lr.intercept_
#print(theta,b)
#观察图形
plt.scatter (years-2008, sales,c= 'red', marker='*', s=80)
x = np.linspace(1, 13, 110)
plt.plot (x, theta[0]*x+theta[1]*(x**2)+b,c = 'green')
plt.show()
#输出预测结果
x = 2023-2008
print(theta[0]*x+theta[1]*(x**2)+b)
```

本例设置为 2 次幂即“degree=2”，也可以设为高次幂，如设为 6 次幂时，输出结果为：

```
-4284.544131954117
```

设为 6 次幂时，输出图像如图 5.18 所示。

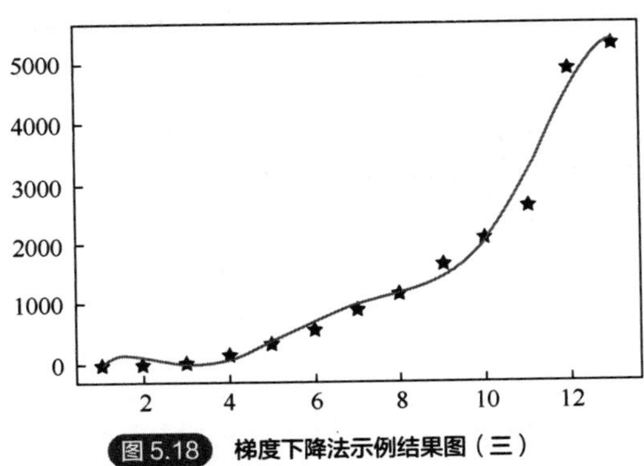

图 5.18　梯度下降法示例结果图（三）

预测结果为负，明显不合理，此即为过拟合。

过拟合不是人们所要追求的目标，自然需要遏制。目前常用的遏制方法是在代价函数上增加惩罚项。

5.7.4 岭回归（ridge regression）

过拟合的时候，拟合函数的系数往往非常大，为什么？过拟合即拟合函数需要顾及每一个数据点，所以最终形成的拟合函数波动很大，也就是在某些很小的区间里，函数值的变化很剧烈。这就意味着函数在某些小区间里的导数值（绝对值）非常大，而自变量值可大可小，所以只有系数足够大才能保证导数值很大。比如 $3x+100y$ 与 $103x+200y$ 相比，第一个式子中 x 的系数 3 相较于 y 的系数 100 就显得 x 分量不重要，但系数增加 100 之后第二个式子的 x 项就变得更重要了，同样平方后也一样。所以对原始的代价函数加入惩罚项可起到同样的作用，目的就是改变原来对应项的系数。

岭回归的代价函数为：

$$J(\theta)=\frac{1}{2m}\sum_{i=1}^{m}\left\{h_\theta\left[x^{(i)}\right]-y^{(i)}\right\}^2+\lambda\sum_{j=1}^{n}\theta_j^2$$

可以说，惩罚项减少了对应特征的重要程度，系数 λ 越大，被惩罚得越多，并且此处惩罚的是平方项，从而限制模型的方差。此处的惩罚项也称为 L2 范数正则化。岭回归的特点是在不抛弃任何一个特征的情况下，缩小了回归系数，使得模型相对而言比较稳定，但这会使得模型的变量增多（与没有正则项的时候相同），模型解释性差，所以其适用于特征数据高度相关的情况，即对于多重共线性问题，岭回归能够稳定地估计参数，并降低模型的方差。

Sklearn 使用岭回归函数时需要使用如下语句导包：

from sklearn.linear_model import Ridge

对应的岭回归函数 Ridge()常用参数主要是正则化系数 alpha，即上述式子中的 λ，默认为 1.0。alpha=0，则和默认的线性回归等价。

示例：

```
#导入需要的包
import numpy as np
import matplotlib. pyplot as plt
from sklearn.linear_model import Ridge
from sklearn.preprocessing import PolynomialFeatures
#获取数据
years = np.arange(2009,2022)
sales = np.array([0.5, 9.36, 52, 191, 352, 571, 912, 1208, 1682.69, 2135, 2684, 4982,5403])
#特征工程（数据缩放）
X = (years-2008).reshape(-1,1)
pf=PolynomialFeatures(degree=6,include_bias=False)
X1=pf.fit_transform(X)
#按列合并，水平合并
y = sales
#训练（计算、拟合）
lr = Ridge()
lr.fit(X1, y)
#获取拟合参数 hθ(x) = θ0x2+θ1x+b
```

```
theta,b = lr.coef_, lr.intercept_
#print(theta,b)
#观察图形
plt.scatter (years-2008, sales,c= 'red', marker='*', s=80)
x = np.linspace(1, 13, 110)
plt.plot (x, theta[0]*x+theta[1]*(x**2)+theta[2]*(x**3)+theta[3]*(x**4)+theta[4]*(x
**5)+theta[5]*(x**6)+b,c = 'green')
plt.show()
#输出预测结果
x = 2023-2008
print(theta[0]*x+theta[1]*(x**2)+theta[2]*(x**3)+theta[3]*(x**4)+theta[4]*(x**5)+th-
eta[5]*(x**6)+b)
```

输出结果为：

```
2975.480652496688
```

输出图像如图 5.19 所示。

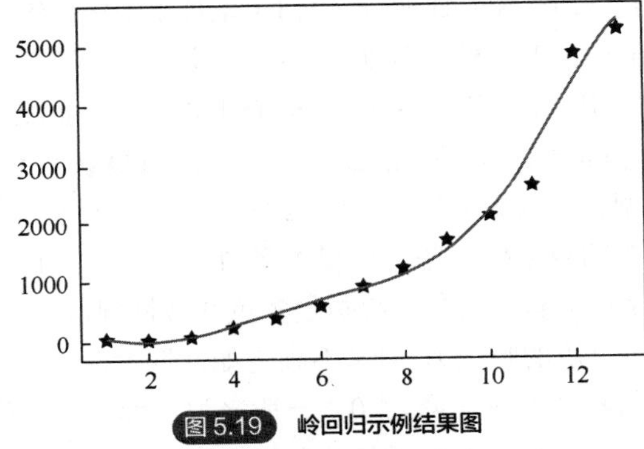

图 5.19 岭回归示例结果图

与上一节示例相比，同样是 6 次幂，输出图像平滑了很多，并且结果也不再是负数，有效地避免了过拟合。读者可以自行修改 alpha 的值并查看结果，示例中取默认值 alpha=1。

5.7.5 套索回归（lasso regression）

除了采用 L2 范数正则化对代价函数进行“惩罚”外，还常用另外一种方法，即 L1 范数正则化，其实质是将平方项替换为绝对值。

套索回归的代价函数为：

$$J(\theta)=\frac{1}{2m}\sum_{i=1}^{m}\left[h_\theta\left(x^{(i)}\right)-y^{(i)}\right]^2+\lambda\sum_{j=1}^{n}|\theta_j|$$

惩罚项减少了对应特征的重要程度，系数 λ 越大，被惩罚得越多，并且此处惩罚的是一次项，可起到减少特征的效果，即套索回归的特点是它倾向于完全消除不重要的特征的权重，也就是将它们的系数设置为 0，所以可用来做特征选择，保留对目标变量有显著影响的特征。其缺点是若特征之间存在高度相关，套索回归只会选择其中一个特征，从而忽略其他高度相关的特征。

Sklearn 使用套索回归函数时需要使用如下语句导包：

```
from sklearn.linear_model import Lasso
```

对应的套索回归函数 Lasso()常用参数是正则化系数 alpha，即上述式子中的 λ，默认为 1.0。alpha=0，则和默认的线性回归等价。

5.7.6 弹性网络（elastic net）

弹性网络综合了 L1 范数正则化和 L2 范数正则化，其代价函数为：

$$J(\theta)=\frac{1}{2m}\sum_{i=1}^{m}\left[h_\theta\left(x^{(i)}\right)-y^{(i)}\right]^2+\lambda\sum_{j=1}^{n}|\theta_j|+\lambda_2\sum_{j=1}^{n}\theta_j^2$$

其需要调节两个参数 λ_1 和 λ_2。通过调节此两个参数，可以控制模型对 L1 和 L2 范数正则化的偏好程度。弹性网络的优点是能够克服岭回归和套索回归各自的局限性，既可以进行特征选择，又可以处理多重共线性问题；缺点是弹性网络在某些情况下可能会选择更多的特征，不如套索回归那样稀疏（特征选择会导致某些特征系数为 0）。

Sklearn 使用弹性网络函数时需要使用如下语句导包：

from sklearn.linear_model import ElasticNet

对应的弹性网络函数 ElasticNet()常用参数有 alpha 和 l1_ratio。l1_ratio 为 L1、L2 范数正则化系数分配比例，即把 alpha 的值按 l1_ratio 比例分配给 L1 范数正则化系数，按 1−l1_ratio 比例分配给 L2 范数正则化系数。l1_ratio=1.0 时，模型类似于 Lasso 回归（只使用 L1 正则化）；l1_ratio=0.0 时，模型类似于 Ridge 回归（只使用 L2 正则化）；l1_ratio 介于 0～1 之间时，模型会结合 L1 和 L2 正则化（l1_ratio=0.5 时，Lasso 和 Ridge 的正则化强度相同）。alpha 默认为 1.0，l1_ratio 默认为 0.5。

前面介绍了 3 种对模型特征权重（系数）进行约束的方法，在实际操作中通常有正则化（哪怕很小的作用）一般比没有的效果好一些。所以大多数情况下，应该避免使用没有正则化的线性回归。岭回归可以作为常用的首要选择（特别是多重共线性问题），但是如果实际用到的特征比给定的特征少（有很多没有用的特征），但又不确定如何取舍时，应更倾向于套索回归或弹性网络，因为它们都会将无用特征的权重降为 0。一般来说，弹性网络的性能会优于套索回归，因为当特征数量超过训练实例数量，又或者是几个特征强相关时，套索回归可能会很不稳定。

5.8 逻辑回归算法

逻辑回归（logistic regression）虽然被称为回归，但其实际上是分类模型，并常用于二分类。那么，逻辑回归是否按回归的办法来做分类的呢？接下来尝试用回归方法解决二分类问题。

有一组数据：

$$\boldsymbol{x}=[1,2,3,4,5,6,7,8,9,10]$$
$$\boldsymbol{y}=[0,0,0,0,0,1,1,1,1,1]$$

注意，因做的是二分类，所以 y 的值为两个：正例 1 和负例 0（不一定必须用 0 和 1，也不必 1 就是正例、0 就是负例）。本组数据如图 5.20 所示。

图 5.20 二分类示例数据

现在按线性回归的方式生成一条拟合直线，依次逼近数据。如图 5.21 所示，该直线上与 y=0.5 对应的特征值可作为此分类的界限。即 x＞界限，则 y＞0.5，为正例；x＜界限，则 y＜0.5，为负例。

这样看来能很好地做到二分类，但是如果数据稍稍改动一下，比如在原来的数据上增加一组（15，1），如图 5.22 所示，此时如果还用 y=0.5 处特征界限值明显不再是最佳界限值。此时如何找到最优界限值是一个难点。

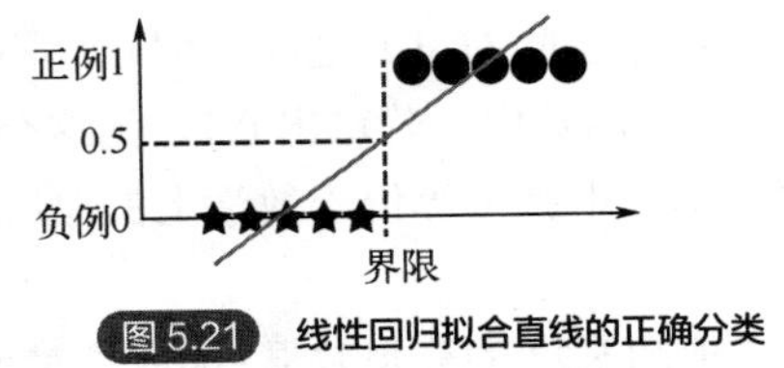

图 5.21 线性回归拟合直线的正确分类

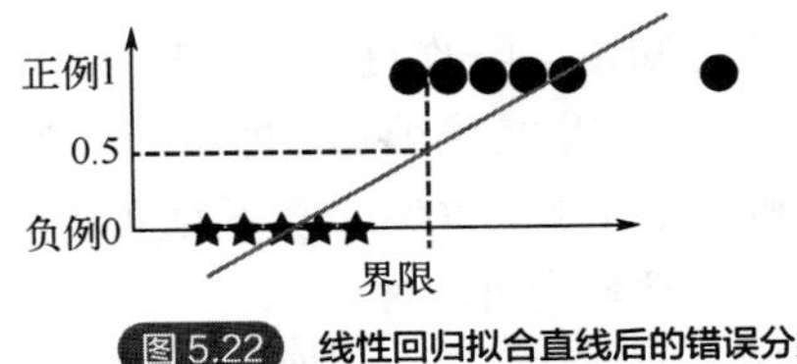

图 5.22 线性回归拟合直线后的错误分类

理论上，在增加幂次而变成“多特征”的情况下，可以拟合出一条随着坐标点变化的曲线或阶跃函数，比如可以得到如图 5.23 所示的曲线。但是随着幂次的增加，方程也变得无比复杂，观察图 5.24 中曲线发现其与 Sigmoid 函数的形状非常接近，那么是否可以直接考虑回归拟合成 Sigmoid 曲线呢？答案是肯定的，因为 Sigmoid 级数表示形式为：$S(x)=1/2+(1/4)x-(1/48)x^3+(1/480)x^5-(17/80640)x^7+(31/1451520)x^9-(691/319334400)x^{11}+O(x^{12})$

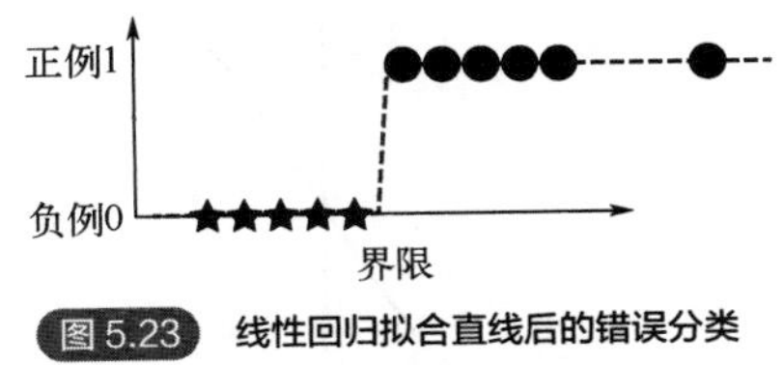

图 5.23 线性回归拟合直线后的错误分类

5.8.1 Sigmoid 函数

Sigmoid 函数也叫 Logistic 函数，它是一个在生物学中常见的 S 形函数，也称为 S 形生长曲线。它可以将一个实数映射到（0,1）区间，其原型为：

$$S(z)=\frac{1}{1+\mathrm{e}^{-z}}$$

其中，e 是自然常数。

示例：

```
import matplotlib.pyplot as plt
import numpy as np
z = np.linspace(-20, 20, 100)
s = 1/(1 + np.e**-z)
plt.plot(z, s)
plt.show()
```

输出结果如图 5.24 所示。

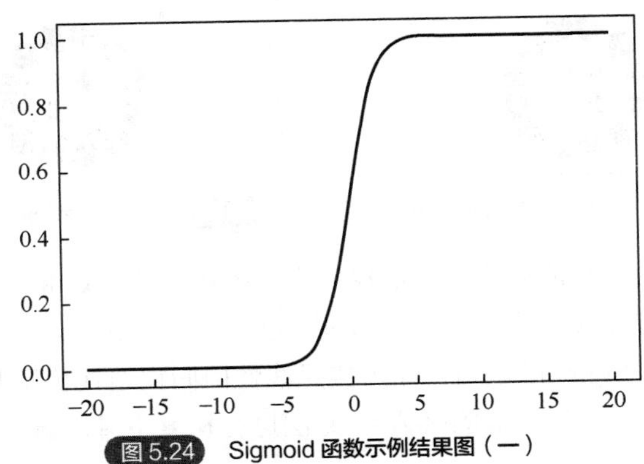

图 5.24 Sigmoid 函数示例结果图（一）

由式可知，该函数的输入范围（−∞，+∞）映射到了输出的（0,1）之间，但永远不会为 0 和 1。可以从概率角度理解，即将一个样本输入到 Sigmoid 函数中，若输出 0.7，则这个样本有 70%的概率是正例，30%的概率为负例。当然此处的概率并不完全等价于数学上的概率，准确地来说应该理解为可能性。

将图 5.24 的 Sigmoid 曲线移动到合适的位置即可实现图 5.23 的分类效果。因只是对水平轴 z 的移动，所以假设 Sigmoid 自变量为线性函数 $z=\theta_1 x+b$，只要找出合适的 z 函数就可以实现分类。

示例：

示例代码见：代码 5.8-1.py

代码

输出结果如图 5.25 所示。

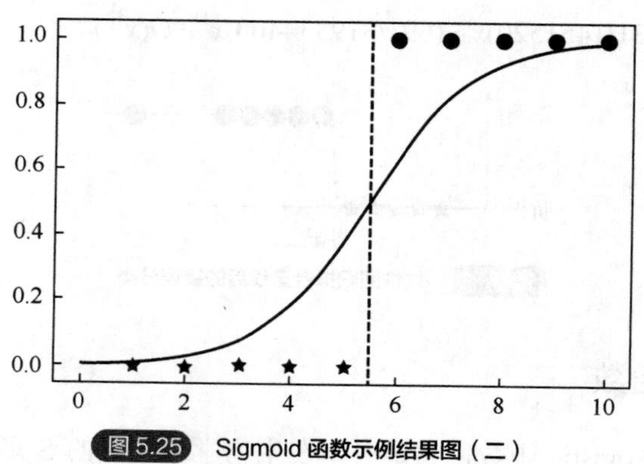

图 5.25 Sigmoid 函数示例结果图（二）

可见，Sigmoid 函数还是能很好地拟合原始数据点的，同时 Sigmoid 的自变量 z 取 0 时（$z=x-5.5=0$，即 $x=5.5$）可得到一条绝佳的正负例分割直线（示例结果图中的虚线），此线在机器学习中称为决策边界。上式中 z 用的是一次关系式，如果是二次或更高次关系式则决策边界就是曲线，比如有一组数据：

$$\boldsymbol{x}=[[1,3],[1,4],[2,2],[2,5],[3,1],[3,6],[4,1],[4,6],[5,2],[5,5],[6,3],[6,4],[3,3],[3,4],[4,3],[4,4]]$$

$$\boldsymbol{y}=[0,0,0,0,0,0,0,0,0,0,0,0,1,1,1,1]$$

数据示意图如图 5.26 所示。

欲将圆和五角星分开，直线已经不能办到，可尝试采用圆（曲线）来处理。决策边界如图 5.27 中的虚线，其表达式为 $z=(x_1-3.5)^2+(x_2-3.5)^2-1=0$[可以认为是$(x_1-3.5)^2$ 和$(x_1-3.5)^2$ 两个特征，或者分解之后的一次项 2 个+二次项 2 个+特征互乘项 1 个=5 个特征]。

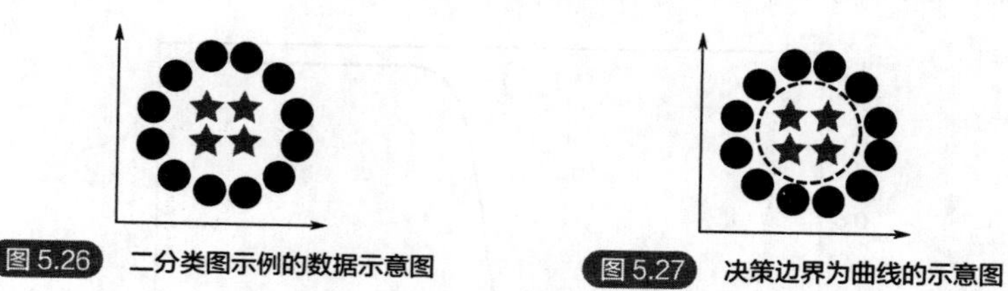

图 5.26 二分类图示例的数据示意图

图 5.27 决策边界为曲线的示意图

当然，不是所有的问题都能如此简单地找到合适的决策边界。和线性回归一样，我们需要先假设模型函数，然后构造代价函数，最后通过梯度下降方法来求相关参数。但是不同于线性回归模型，逻辑回归涉及 Sigmoid 函数，如果按照线性回归构造代价函数（最小二乘法），会得到一个非凸函数（有许多的非最小值的极值），无法进行梯度下降求解全局最优解，故其与线性回归的代价函数也不相同。

5.8.2　代价函数

整理出来的逻辑回归求解模型为：

$$h_\theta(\boldsymbol{x}) = S(\boldsymbol{\theta}^{\mathrm{T}}\boldsymbol{x}) = \frac{1}{1+\mathrm{e}^{-(\boldsymbol{\theta}^{\mathrm{T}}\boldsymbol{x})}}$$

其中，$\boldsymbol{\theta}^{\mathrm{T}}\boldsymbol{x} = \theta_1 x_1 + \theta_2 x_2 + \cdots + \theta_n x_n + \theta_0$，$x$ 为特征，包括幂次或特征相乘组合后的新特征。

构造一个单样本的代价函数为：

$$J[h_\theta(x), y] = \begin{cases} -\ln[h_\theta(x)] & y=1 \\ -\ln[1-h_\theta(x)] & y=0 \end{cases}$$

代码

示例：

示例代码见：代码 5.8-2.py

输出结果如图 5.28 所示。

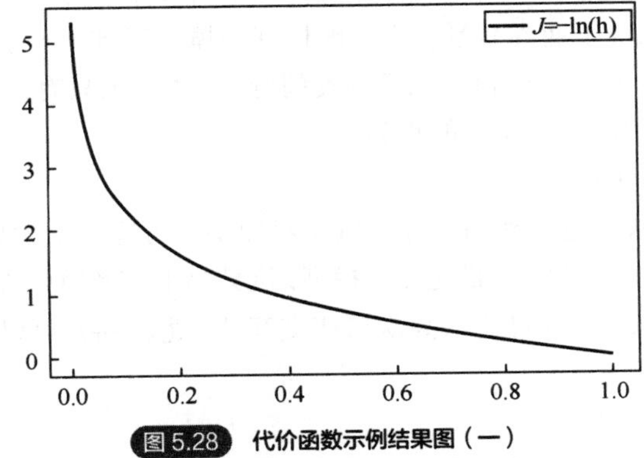

图 5.28　代价函数示例结果图（一）

此示例为 y=1 时代价函数的图像。由图像可知，逻辑回归模型预测值 $h_\theta(x)$越接近于真实值 y=1，代价函数越小（损失越小）；越向反例 0 靠近，损失越趋向于无穷。符合实际。

示例：

示例代码见：代码 5.8-3.py

输出结果如图 5.29 所示。：

代码

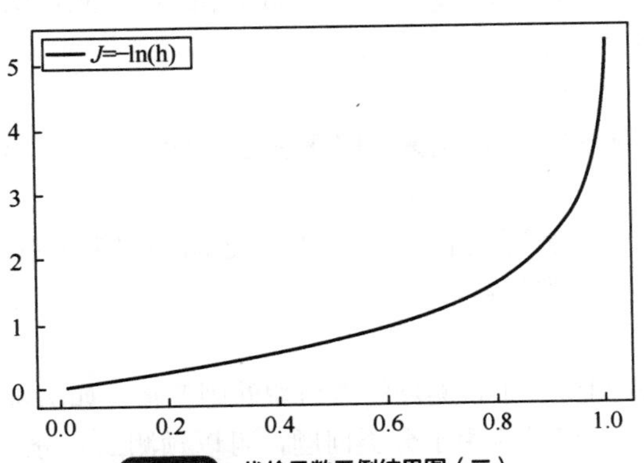

图 5.29　代价函数示例结果图（二）

此示例为y=0时代价函数的图像。由图像可知，逻辑回归模型预测值$h_\theta(x)$越接近于真实值y=0，代价函数越小（损失越小）；越向反例1靠近，损失越趋向于无穷。同样符合实际。

将上式组合为单样本形式：

$$J\left[(h_\theta(x),y\right]=-y_i\ln\left[h_\theta(x_i)\right]-(1-y_i)\ln\left[1-h_\theta(x_i)\right]$$

因该代价函数是由真实值与预测值的对数相乘组合得到的，所以该代价函数也称为二分类交叉熵误差函数，其中x_i、y_i表示真实值，$h_\theta(x_i)$表示由真实值x_i得到的预测值。

综合考虑所有训练数据的“损失”，将$J[h_\theta(x),y]$求和并取平均，记为$J(\theta)$，表示所有训练数据预测值与实际类别的偏差。

$$J(\theta)=-\frac{1}{m}\left(\sum_{i=1}^{m}\left\{y_i\ln\left[h_\theta(x_i)\right]+(1-y_i)\ln\left[1-h_\theta(x_i)\right]\right\}\right)$$

同样，逻辑回归也可在代价函数中引入正则参数作为惩罚项以防止过拟合，惩罚函数与线性回归类似，也有L1范数正则化和L2范数正则化两种。有了代价函数，就可以通过梯度下降法来求解了。

总的来说，逻辑回归是一种广泛应用于分类问题的统计学习方法。逻辑回归因其简单、可并行化、可解释性强而深受工业界喜爱。它在线性回归模型基础上加上一个Sigmoid函数，使得输出结果在0～1之间，不仅可以解决二元分类问题（分类结果只有两种）和多元分类问题（分类结果有多种），还可得到对近似概率的预测。

逻辑回归的优点主要包括：

① 计算简单、速度快：逻辑回归的计算量相对较小，可适用于大规模数据集。

② 易于解释：由于逻辑回归使用的是线性模型，因此易于解释预测结果与自变量之间的关系。

③ 可以处理非线性关系：通过引入高次项或交互项，逻辑回归可以处理自变量之间存在非线性关系的情况。

逻辑回归的缺点主要包括：

① 对于非线性分类问题的表现可能不佳：逻辑回归只能通过引入高次项或交互项来处理自变量之间存在非线性关系的情况，但当这种关系比较复杂时，逻辑回归的表现可能不佳。

② 对异常值敏感：逻辑回归对异常值比较敏感，因此需要进行数据清洗和异常值处理。

③ 对共线性敏感：逻辑回归对自变量之间存在共线性的情况比较敏感，因此需要进行特征选择或正则化等处理。

逻辑回归和线性回归是两种不同的统计学习方法，它们在模型形式、应用场景和输出结果等方面存在一些明显的区别。

① 模型形式：

a．线性回归：线性回归建立了自变量与因变量之间的线性关系，通过拟合一个线性方程来预测连续的数值型因变量。

b．逻辑回归：逻辑回归建立了自变量与因变量之间的逻辑关系，通过拟合一个Sigmoid函数来预测二元分类或多元分类问题。

② 应用场景：

a．线性回归：线性回归适用于预测连续数值型的因变量，如房价、销售额等。

b．逻辑回归：逻辑回归广泛应用于分类问题，可以预测二元分类（例如是/否）或多元分类（例如多个离散类别）。

③ 输出结果：

a. 线性回归：线性回归的输出结果是一个数值，表示对因变量的预测或拟合值。

b. 逻辑回归：逻辑回归的输出结果是一个概率值，表示属于某一类别的概率。对于二元分类问题，可以根据设定的阈值将概率转化为类别标签。

④ 模型评估：

a. 线性回归：线性回归的模型评估常用的指标有均方误差（MSE）、平均绝对误差（MAE）等，用于衡量拟合值与真实值之间的差异程度。

b. 逻辑回归：逻辑回归的模型评估常用的指标包括准确率、精确率、召回率、F1 值等几种，用于衡量分类预测结果的准确性和性能。

总的来说，逻辑回归和线性回归在模型形式、应用场景和输出结果等方面存在明显差异。线性回归适用于预测连续数值型因变量，而逻辑回归适用于分类问题，并且输出的是概率值。选择适当的模型要根据具体的问题需求和数据特征来决定。

Sklearn 使用逻辑回归时需要使用如下语句导包：

from sklearn.linear_model import LogisticRegression

对应的逻辑回归函数 LogisticRegression()常用参数主要有两个：

一个参数是正则化方式 penalty，可以输入'l1'或'l2'来指定使用哪一种正则化方式，默认为'l2'：如果选择了'l1'，必须使用求解器 solver='liblinear'或'saga'，否则不能运行，solver 默认为'lbfgs'，还可以是'newton-cg'或'sag'。

另一个参数是正则化系数的倒数 C，是一个大于 0 的浮点数，默认 1.0；C 越小，模型对损失函数的惩罚越重，正则化的效力越强。

示例：

```
import numpy as np
from sklearn.linear_model import LogisticRegression
import matplotlib. pyplot as plt
x = np.array([1,2,3,4,5,6,7,8,9,10,15]).reshape(-1, 1)
y = np.array([0,0,0,0,0,1,1,1,1,1,1])
lr = LogisticRegression()
lr.fit(x, y)
theta,b=lr.coef_, lr.intercept_
print(theta,b)#观察数据形式，theta 为二维，b 为一维
#决策边界对应方程 θx+b=0
print("决策边界为 x=",-b[0]/theta[0,0])
score = lr.score(x, y)
print("Score:",score)
plt.scatter(x[:5],y[:5],c='red', marker='*', s=80)
plt.scatter(x[5:],y[5:],c='blue', marker='o', s=80)
plt.axvline(-b[0]/theta[0,0],c='red',ls='--')
plt.show()
```

输出结果为：

```
[[1.18604471]] [-6.52323055]
决策边界为 x= 5.49998704971238
Score: 1.0
```

输出图像如图 5.30 所示。

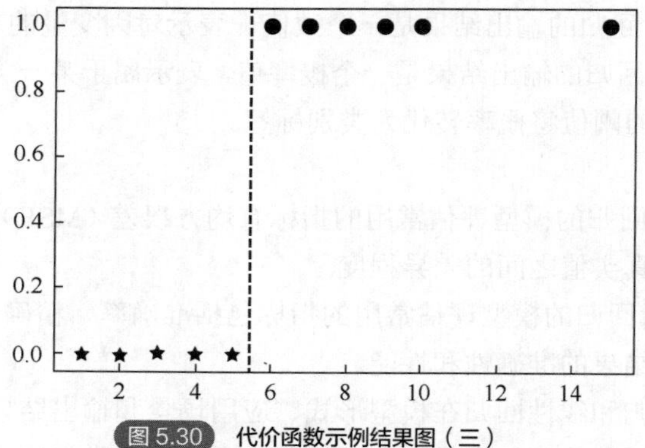

图 5.30 代价函数示例结果图（三）

示例：

```
import numpy as np
from sklearn.linear_model import LogisticRegression
import matplotlib. pyplot as plt
from sklearn.preprocessing import PolynomialFeatures
x=np.array([[1,3],[1,4],[2,2],[2,5],[3,1],[3,6],[4,1],[4,6],[5,2],[5,5],[6,3],[6,
4],[3,3],[3,4],[4,3],[4,4]])
pf=PolynomialFeatures(degree=2,include_bias=False)
x_pf=pf.fit_transform(x)
y = np.array([0,0,0,0,0,0,0,0,0,0,0,0,1,1,1,1])
lr = LogisticRegression(C=50)
lr.fit(x_pf, y)
theta,b=lr.coef_, lr.intercept_
print(theta,b)#观察数据形式，thita 为二维，b 为一维
#决策边界对应方程 θ0x0+θ0x1+θ2x0^2+θ3x0x1+θ4x1^2+b=0
print("决策边界为:%.2fx0+%.2fx1+%.2fx0^2+%.2fx0x1+%.2fx1^2+%0.2f"%(theta[0,0],
theta[0,1], theta[0,2],theta[0,3],theta[0,4],b[0]))
score = lr.score(x_pf, y)
print("Score:",score)
plt.scatter(x[:12,0],x[:12,1],c='red', marker='o', s=80)
plt.scatter(x[12:,0],x[12:,1],c='blue', marker='*', s=80)
xx0 = np.linspace(0,7,5000)
#改写 ax^2+bx+c=0，因 b 与上文的 b 重复，所以下面代码用重叠字母表示
aa = theta[0,4]
bb = theta[0,1]+theta[0,3]*xx0
cc = theta[0,0]*xx0+theta[0,2]*xx0**2+b
xx1 = (-bb-(bb**2-4*aa*cc)**0.5)/(2*aa)
plt.plot(xx0,xx1,c='green',ls='--')#画上半圆
xx1 = (-bb+(bb**2-4*aa*cc)**0.5)/(2*aa)
plt.plot(xx0,xx1,c='green',ls='--') #画下半圆
plt.show()
```

输出结果为：

```
[[ 6.43763559  6.43763559 -1.29895314  0.73609676 -1.29895314]] [-19.51146227]
决策边界为:6.44x0+6.44x1+-1.30x0^2+0.74x0x1+-1.30x1^2+-19.51
Score: 1.0
```

输出图像如图 5.31 所示。

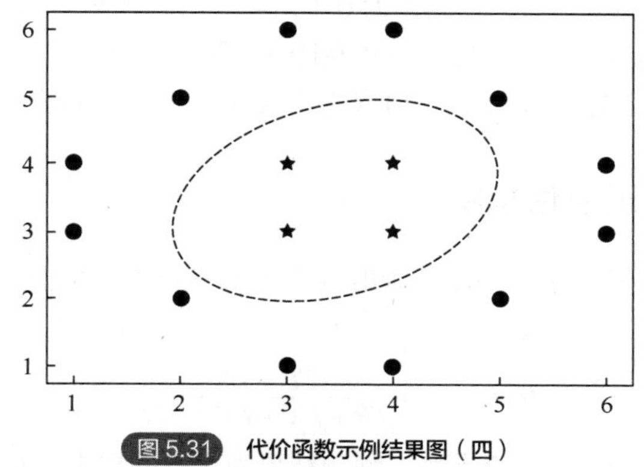

图 5.31 代价函数示例结果图（四）

可见，程序已经实现的完全分割，但并非想象中的最优“圆形”决策边界，读者不妨尝试将“lr = LogisticRegression(C=50)”中的 C 改得更大一点，观察图形会如何变化。

5.9 模型评估

假设原始样本数据中 1%的样本有瑕疵，99%是完美的。如果以预测正确的百分比作为评价指标的话，那么即使没有科学的分类算法，也可以做一个 99%准确率（预测结果正确的百分比）的分类器，即，不管给定什么样的样品，均给出“完美”的结论即可。现实中样本在不同类别的分布不平衡，导致其精度不能很好地反映分类器的性能。若想科学地评估分类器，需要有科学的评估指标。

5.9.1 混淆矩阵

混淆矩阵是一个误差矩阵，常用来可视化地评估监督学习算法的性能。混淆矩阵为大小(n, n)的方阵，其中 n 表示类别的数量。

对于二分类问题，进行预测时可能出现 2 种大可能和 4 种小可能，比如：

① 预测正确：

a．瑕疵品正确预测为瑕疵品。

b．完美品正确预测为完美品。

② 预测错误：

a．把瑕疵品误预测为完美品。

b．把完美品误预测为瑕疵品。

这四种组合构成的混淆矩阵为：

混淆矩阵		预测结果	
		正例（Positive）	反例（Negative）
真实情况	正例（True）	真正例 TP	假反例 FN
	反例（False）	假正例 FP	真反例 TN

TP(True Positive)：真实为 1，预测也为 1（瑕疵品正确预测为瑕疵品）。

TN(True Negative)：真实为 0，预测也为 0（完美品正确预测为完美品）。

FN(False Negative)：真实为 1，预测为 0（把瑕疵品误预测为完美品）。

FP(False Positive)：真实为 0，预测为 1（把完美品误预测为瑕疵品）。

5.9.2 分类问题常用评估指标

① 准确率（Accuracy）：所有预测正确的样本占所有样本的比例。是最常用的指标，总体上可以衡量一个预测的性能。

$$Accuracy = \frac{TP + TN}{TP + TN + FP + FN}$$

② 精确率（Precision）：也叫查准率。预测结果为正例的样本中真正例的比例。

$$Precision = \frac{TP}{TP + FP}$$

③ 召回率（Recall）：也叫查全率。真实情况为正例的样本中真正例的比例。

$$Recall = \frac{TP}{TP + FN}$$

④ F1-score：同时兼顾了分类模型的准确率（Accuracy）和召回率（Recall），可以看作模型准确率和召回率的调和平均。F1-score 的最大值是 1，最小值是 0。1 代表模型输出结果好，0 代表模型输出结果差。

$$F1 = \frac{1}{\left(\frac{1}{Precision} + \frac{1}{Recall}\right)/2} = 2 \times \frac{Precision \times Recall}{Precision + Recall}$$

多分类评价指标和二分类类似，比如：

混淆矩阵		预测结果		
		类别 1	类别 2	类别 4
真实情况	类别 1	TP1		
	类别 2		TP2	
	类别 3			TP3

$$Accuracy = \frac{TP1 + TP2 + TP3}{Total}$$

其他指标和二分类的类似，只是扩展为求和取平均

⑤ 宏平均（Macro-averaging）：先对每个类别统计指标值，然后再对所有类求算术平均值。

$$Macro\_Precision = \frac{1}{n}\sum_{i=1}^{n} Precision_i$$

$$Macro\_Recall = \frac{1}{n}\sum_{i=1}^{n} Recall_i$$

$$Macro\_F1 = \frac{1}{n}\sum_{i=1}^{n} F1_i = 2 \times \frac{Macro\_Precision \times Macro\_Recall}{Macro\_Precision + Macro\_Recall}$$

⑥ 微平均（Micro-averaging）：对数据集中每个样本不分类别进行统计，建立全局混淆矩阵，然后再计算相应指标。

$$Micro\_Precision = \frac{\sum_{i=1}^{n} TP_i}{\sum_{i=1}^{n} TP_i + \sum_{i=1}^{n} FP_i}$$

$$Micro\_Recall = \frac{\sum_{i=1}^{n} TP_i}{\sum_{i=1}^{n} TP_i + \sum_{i=1}^{n} FN_i}$$

$$Micro\_F1 = 2 \times \frac{Micro\_Precision \times Micro\_Recall}{Micro\_Precision + Micro\_Recall}$$

由理论推导可知：

$$Micro\_Precision = Micro\_Recall = Micro\_F1 = Accuracy$$

Sklearn 同样提供了这些参数的计算语句，但在使用前也需要导包，比如求准确率的时候，采用 from sklearn.metrics import accuracy_score 导包，同样求其他参数的时候只需将 accuracy_score 换成相应的函数模块即可，对应的模块有：precision_score（精确率）、recall_score（召回率）、f1_score（F1-score）、confusion_matrix（混淆矩阵）、classification_report（分类报告）等。

例如，假设有 10 个样本，属于 A、B、C 三个类别。假设这 10 个样本的真实类别和预测的类别分别是：

真实：A A A C B C A B B C

预测：A A C B A C A C B C

所以，其混淆矩阵为：

	A	B	C
A	3	0	1
B	1	1	1
C	0	1	2

其他参数见如下示例程序：

```
from sklearn.metrics import accuracy_score, precision_score,recall_score
from sklearn.metrics import f1_score,confusion_matrix,classification_report
y_true = ['A','A','A','C','B','C','A','B','B','C']
y_pred = ['A','A','C','B','A','C','A','C','B','C']
print('Accuracy:',accuracy_score(y_true, y_pred))
print('Precision:',precision_score(y_true, y_pred, average=None))
print('Recall:',recall_score(y_true, y_pred, average=None))
print('F1:',f1_score(y_true, y_pred, average=None))
print('confusion_matrix:')
print(confusion_matrix(y_true, y_pred))
print('report:')
print(classification_report(y_true, y_pred))
```

输出结果如图 5.32 所示。

```
Accuracy: 0.6
Precision: [0.75 0.5  0.5 ]
Recall: [0.75       0.33333333 0.66666667]
F1: [0.75       0.4        0.57142857]
confusion_matrix:
[[3 0 1]
 [1 1 1]
 [0 1 2]]
report:
              precision    recall  f1-score   support

           A       0.75      0.75      0.75         4
           B       0.50      0.33      0.40         3
           C       0.50      0.67      0.57         3

    accuracy                           0.60        10
   macro avg       0.58      0.58      0.57        10
weighted avg       0.60      0.60      0.59        10
```

图 5.32 示例输出结果

此例比较简单，读者可自行手工计算。

5.9.3 回归问题常用评估指标

① 均方误差（Mean Squared Error，MSE）：观测值 f_i 与真实值 y_i 偏差的平方和与观测次数的比值。

$$MSE = \frac{1}{m}\sum_{i=1}^{m}(f_i - y_i)^2$$

其实质线性回归中最常用的损失函数，线性回归过程中尽量让该损失函数最小。那么模型之间也可以用它来进行性能比较。MSE 可以评价数据的变化程度，MSE 的值越小，说明预测模型描述实验数据具有更好的精确度。

② 均方根误差（Root Mean Squard Error，RMSE）：即标准误差，均方误差的算术平方根。

$$RMSE = \sqrt{\frac{1}{m}\sum_{i=1}^{m}(f_i - y_i)^2}$$

均方根误差用来衡量观测值同真值之间的偏差。它的意义在于开平方后，其结果与数据是一个级别，可以更好地来描述数据。标准误差对一组测量中的特大或特小误差反应非常敏感，所以，标准误差能够很好地反映测量的精密度。这正是标准误差在工程测量中被广泛采用的原因。

③ 平均绝对误差（Mean Absolute Error，MAE）：绝对误差的平均值。

$$MAE = \frac{1}{m}\sum_{i=1}^{m}|f_i - y_i|$$

平均绝对误差能更好地反映预测值误差的实际情况。

④ 决定系数 R^2（R-squared）

$$R^2 = 1 - \frac{\sum_{i=1}^{m}(f_i - y_i)^2}{\sum_{i=1}^{m}(\overline{y_i} - y_i)^2}$$

分子为观测值与真实值误差平方和，分母为原始数据的离散程度。R^2 越接近 1，回归拟合效果越好，R^2 越小越回归拟合效果差，理论上最小为$-\infty$，但一般会对拟合好点的数据进行评估，所以通常 R^2 在 0～1 范围内。一般认为 R^2 超过 0.8 的模型拟合优度比较高。

5.9.4 评估方法

评估方法有保留法、随机二次抽样、交叉验证和自助法等几种类型。

① 保留法（holdout）是评估分类模型性能的最基本的一种方法。其将被标记的原始数据集分成训练集和验证集两份，训练集用于训练分类模型，验证集用于评估分类模型性能。但此方法不适用样本较小的情况，模型可能高度依赖训练集和检验集的构成。

② 随机二次抽样（random subsampling）是指多次重复使用保留法来改进分类器评估方法。同样此方法也不适用于训练集数量不足的情况，而且也可能造成有些数据未被用于训练集。

③ 交叉验证（cross-validation）是指把数据分成数量相同的 k 份，每次使用数据进行分类时，选择其中一份作为验证集，剩下的 $k-1$ 份为训练集，重复 k 次，正好使得每一份数据都被用于一次验证集和 $k-1$ 次训练集。该方法的优点是尽可能多的数据作为训练集数据，每一次训练集数据和验证集数据都是相互独立的，并且完全覆盖了整个数据集。其缺点是分类模型运行了 k 次，计算开销较大。

④ 自助法（bootstrap）是指训练集数据采用的是有放回的抽样，即已经选取为训练集的数据又被放回原来的数据集中，使得该数据有机会能被再一次抽取。用于样本数不多的情况下，效果很好。

示例：

```
from sklearn.datasets import load_iris
from sklearn.tree import DecisionTreeClassifier
from sklearn.model_selection import train_test_split
from sklearn.metrics import accuracy_score
# 加载鸢尾花数据集
iris = load_iris()
# 采用保留法划分训练集和测试集
X_train, X_test, y_train, y_test = train_test_split(
    iris.data, iris.target, test_size=0.3, random_state=0)
# 训练决策树模型
clf = DecisionTreeClassifier(random_state=0)
clf.fit(X_train, y_train)
y_pre = clf.predict(X_test)
# 测试模型
print("clf accuracy:", clf.score(X_test, y_test))
print("metrics accuracy:", accuracy_score(y_pre, y_test))
```

输出结果为：

```
clf accuracy: 0.9777777777777777
metrics accuracy: 0.9777777777777777
```

可见使用 Sklearn 中对应算法直接求出的 score 和使用 sklearn.metrics 中的 accuracy_score() 计算结果一致，均表示准确率。同样根据准确率的计算公式，其结果也可由“np.mean(y_pre == y_test)”计算得来。

本章小结

- 机器学习是人工智能的核心，是使计算机具有智能的根本途径。
- 机器学习不是某种具体的算法，而是很多算法的统称，包括 K-Means 聚类算法、K 最近邻算法、朴素贝叶斯算法、决策树算法、深度学习算法等。
- 基于学习方式的不同，机器学习可分为监督学习、无监督学习和强化学习等类型。
- K-Means 聚类是最常用的聚类算法，属于无监督学习模型，最初起源于信号处理，其目标是将数据点划分为 K 个类簇，找到每个簇的中心并使其度量最小化。该算法的最大优点是简单、便于理解、运算速度较快，缺点是只能应用于连续型数据，并且要在聚类前要指定聚集的类簇数。
- K 最近邻算法也叫 KNN，是用于监督学习的较简单的分类算法之一，是在特征空间中搜索测试数据的最近邻来实现分类的方法。
- 贝叶斯公式是基于条件概率 $P(B|A)$（或似然概率）求得联合概率 $P(AB)$，再求得后验概率 $P(A|B)$的一个数学式。朴素贝叶斯是一类简单的概率分类器，在输入事件为强独立性假设的条件下可以运用贝叶斯公式来计算每个类别的后验概率。
- 决策树是一个预测模型，在数据挖掘领域得到了广泛的应用。决策树的构造类似于人们选择做决策的过程，只是这个过程往往需要选择多次才能得到结果。
- 支持向量机（SVM）的基本思想是找到一个超平面，能够将不同类别的样本分开，并且使得距离超平面最近的样本点到该超平面的距离最大化。这些距离最近的样本点即为支持向量。
- 主成分分析（PCA）是图像处理中经常用到的降维方法。其不是简单地在原来特征上删减特征，而是将原来特征变换为新的特征，最后在新特征下进行降维（删减部分不重要的新特征）。
- 回归模型是表示输入变量到输出变量之间映射的函数。线性回归是指提供一组数据作为训练集，要机器学习（拟合）出一个线性函数，让这个函数上的值替换或逼近真实数据，进而根据新的输入数据预测相应的输出。
- 线性回归针对需要拟合的参数（特征权重）来说是线性的，所以其图像如果不是以拟合参数为自变量作出来的，那么极大可能不再是一条“直线”。
- 代价函数也叫损失函数，是考虑预测值与真实值误差的一个函数。线性回归的代价函数是基于均方误差得到的。
- 梯度下降法是一种求解极值的方法。其求解复杂度不随着参数的增加而显著增加，因求解过程是一个迭代逼近的过程，所以求解参数较少时往往不能节省时间。
- 通常有正则化的线性回归比没有好一些。岭回归可作为首要选择（特别是多重共线性问题）。如果实际用到的特征比给定的特征少，但又不确定怎么取舍时应更倾向于选择套索回归或弹性网络。一般来说，弹性网络的性能会优于套索回归。
- 逻辑回归虽然被称为回归，但其实际上是分类模型，并常用于二分类。
- Sigmoid 函数也叫 Logistic 函数，它是一个在生物学中常见的 S 形函数，也称为 S 形生长曲线。该函数的输入范围（$-\infty$，$+\infty$）映射到了输出的（0,1）之间，但永远不会为 0 和 1。可以将其理解为概率。

- Sigmoid 的自变量 z 取 0 时，在逻辑回归中恰好对应决策边界。
- 逻辑回归的代价函数是基于交叉熵误差函数得到的，所以其代价函数通常也称交叉熵损失函数。
- 混淆矩阵是一个误差矩阵，常用来可视化地评估监督学习算法的性能。混淆矩阵为(n, n)的方阵，其中 n 表示类别的数量。
- 分类问题常用评估指标有准确率、精确率、召回率、F1-score 等。
- 回归问题常用评估指标有 MSE、RMSE、MAE、R^2等。
- 准确率（Accuracy）指所有预测正确的样本占所有样本的比例。是最常用的指标，总体上可以衡量一个预测的性能。
- 精确率（Precision）也叫查准率。预测结果为正例的样本中真正例的比例。
- 召回率（Recall）也叫查全率。真实情况为正例的样本中真正例的比例。
- F1-score，同时兼顾了分类模型的准确率（Accuracy）和召回率（Recall），可以看作模型准确率和召回率的调和平均。
- 均方误差（MSE）值越小，说明预测模型描述实验数据具有更好的精确度。
- 均方根误差（RMSE）值越小，说明测量精密度越好。
- 平均绝对误差（MAE）能更好地反映预测值误差的实际情况。
- 决定系数 R^2（R-squared）越接近 1，回归拟合效果越好。
- 机器学习所得模型好坏的评估方法有保留法、随机二次抽样、交叉验证和自助法等。

习题

5-1 两像素位置分别为(x,y)和(s,t)，则两像素间的欧氏距离是（　　）。

A．$|x-s|+|y-t|$　　B．$[(x-s)^2+(y-t)^2]^{1/2}$

C．$\max(|x-s|, |y-t|)$　　D．以上均不是

5-2 逻辑回归模型解决（　　）。

A．回归问题　　B．分类问题

C．聚类问题　　D．推理问题

5-3 下列属于 K 最近邻算法中常用的距离度量方法的是（　　）。

A．余弦距离　　B．欧氏距离

C．曼哈顿距离　　D．闵可夫斯基距离

5-4 关于 K 最近邻算法说法错误的是（　　）

A．K 最近邻算法是机器学习　　B．K 最近邻算法是无监督学习

C．K 代表分类个数　　D．K 的选择对分类结果没有影响

5-5 朴素贝叶斯分类器基于（　　）假设。

A．样本分布独立性　　B．属性条件独立性

C．后验概率已知　　D．先验概率已知

5-6 支持向量指的是（　　）。

A．对原始数据进行采样得到的样本点

B．决定分类面可以平移的范围的数据点

C．位于分类面上的点

D．能够被正确分类的数据点

5-7 下面关于支持向量机的描述错误的是（ ）。

A．对于分类问题，支持向量机需要找到与边缘点距离最大的分界线，从而确定支持向量

B．支持向量机的核函数负责输入变量与分类变量之间的映射

C．支持向量机可根据主题对新闻进行分类

D．支持向量机不能处理分界线为曲线的多分类问题

5-8 下列可以用于降维的机器学习方法是（ ）。

A．决策树　　B．KNN

C．PCA　　D．K-Means

5-9 过拟合和欠拟合会导致什么后果？应该怎样避免？

5-10 什么是正则化？L1 正则化与 L2 正则化有什么区别？

5-11 简述常用的分类问题评估指标。

5-12 简述常用的回归问题评估指标。

第 6 章

BP 神经网络基础

本章思维导图

本书配套资源

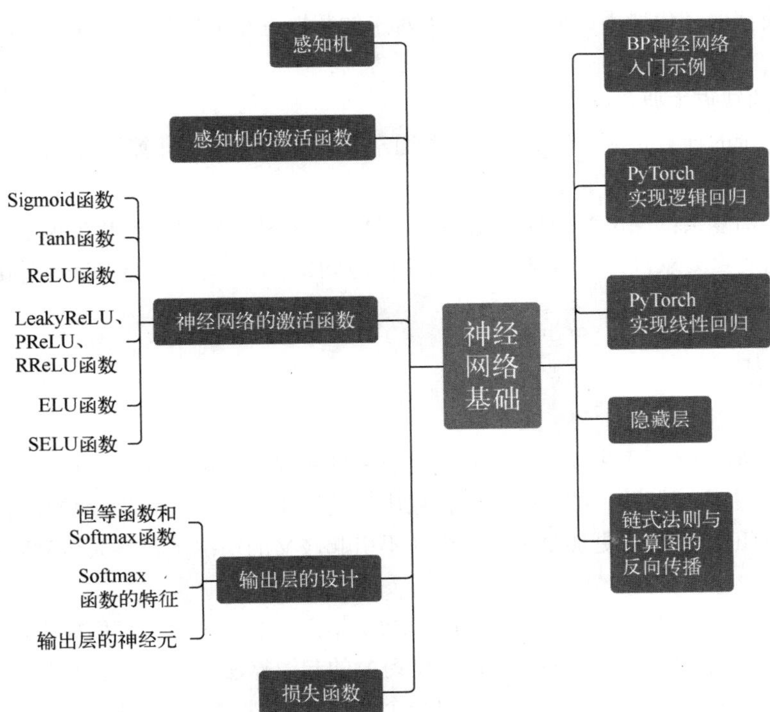

本章学习目标

1. 掌握感知机、神经网络、激活函数的概念；
2. 理解损失函数的工作机制，理解链式法则和反向传播机理。

深度学习是机器学习的一种，它利用神经网络的多层结构来模拟和学习复杂的非线性关系。与传统的机器学习方法相比，深度学习在处理图像、语音、文本和视频等大规模高维数据时表现更加出色，已经成为人工智能领域的一个重要分支。

深度学习采用了一种层次化的特征提取方法，通过多层卷积、池化、全连接等操作提取数据的抽象特征，然后将这些特征输入到分类器或回归模型中进行预测或分类。具体来说，深度学习中常用的神经网络结构包括卷积神经网络（CNN）、循环神经网络（RNN）、长短时记忆网络（LSTM）等网络结构。

深度学习的优点主要包括：

① 自适应特征提取：深度学习可以自动学习和提取数据的抽象特征，避免了手工设计特征的烦琐和主观性。

② 对大规模数据的处理能力强：深度学习可以通过并行计算和分布式训练等方式快速处理大规模高维数据。

③ 具有很强的泛化能力：深度学习可以对未知数据进行准确的预测或分类，具有很强的泛化能力。

深度学习的缺点主要包括：

① 需要大量的计算资源：深度学习模型通常需要很多参数和计算资源，训练时间和计算成本较高。

② 模型结构复杂：深度学习模型结构比较复杂，容易出现过拟合和欠拟合等问题。

③ 对数据质量要求高：深度学习对数据质量要求较高，噪声和异常值容易影响模型性能。

6.1 感知机

神经网络的概念来源于生物学。人脑中有复杂的生物神经网络负责处理信息。人工神经网络是科学家根据生物神经网络的工作原理抽象出来的数学模型。实际生物神经网络的工作机制比数学定义的人工神经网络更加复杂。下面在不引起歧义的情况下，将人工神经网络简称为神经网络。

感知机是由美国学者 Frank Rosenblatt 在 1957 年提出的。为什么我们现在还要学习这个早期的算法呢？因为感知机是神经网络（深度学习）的起源算法。

感知机是一种接收多个输入信号并输出一个信号的模型。这里的信号可以类比为具有流动性的物质，就像电流在导线中流动一样，感知机的信号也流动并传输信息。不同的是，感知机的信号只有两种取值：流动(1)和不流动(0)。本书中约定，0 表示“不传递信号”，1 表示“传递信号”。

图 6.1 是一个接收两个输入信号的感知机的例子。x_1、x_2 是输入信号，y 是输出信号，w_1、w_2 是权重[w 是 weight(权重)的首字母]，→代表信号流的方向。图 6.1 中的○称为“神经元”或者“节点”。本书中，“神经元”和“节点”两个术语的含义相同。对于输入和输出信号来说神经元个数往往是确定的。输入信号被送往神经元时，会被分别乘以固定的权重（w_1x_1、w_2x_2）。神经元会计算传送过来的信号的总和，只有当这个总和超过了某个界限值时，才会输出 1。这也称为“神经元被激活”(这好比用锋利的东西触碰手指，如果轻轻触碰，可能没有感觉，但当力度逐渐增大时，就会在某一刻有明显的感觉，也就是“被激活”)。将这个界限值称为阈值，用符号 θ 表示。此网络的关键不在于神经元的个数和数值大小，因为其是确定的，而权重的大小则是需要设计或训练得到的，同时激活函数（此处可理解为阶跃函数）也会起到一定的决定作用，所以权重和激活函数才是关键。特别是权重值，其决定了感知机是否具有“感觉”“识别”等能力。

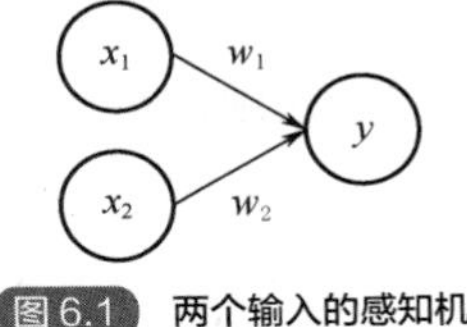

图 6.1 两个输入的感知机

把上述内容用数学式来表示：

$$y=\begin{cases}0, w_1x_1+w_2x_2 \leqslant \theta \\ 1, w_1x_1+w_2x_2>\theta\end{cases}$$

感知机的多个输入信号都有各自的固有权重，这些权重决定各个信号的重要性（类似于电流中的电阻）。换句话说，权重越大，对应该权重的信号的重要性就越高。此时，y 的作用是激活神经元，即由 0 跃迁到 1。

如果将图 6.1 左侧的一列称为输入层，右侧的一列称为输出层，那么该网络就是两层感知机。感知机可以是两层感知机（也称为“朴素感知机”），也可以是三层、四层或更多层的多层感知机。例如，图 6.2 是一个三层感知机，其中最左侧的一列称为输入层，最右侧的一列称为输出层，中间的一列（或多列）称为中间层或隐藏层。“隐藏”一词指的是隐藏层的神经元相对于输入层和输出层来说不同，它们的数量不是确定的，可以按需增加或减少。然而，对于权重来说只有两层。有些资料将其称为三层，有些则称为两层，这并没有绝对的对错，只是一种约定方式。在本书的后续章节中，除非特别说明输入层、隐藏层或输出层的，均按权重来分层。

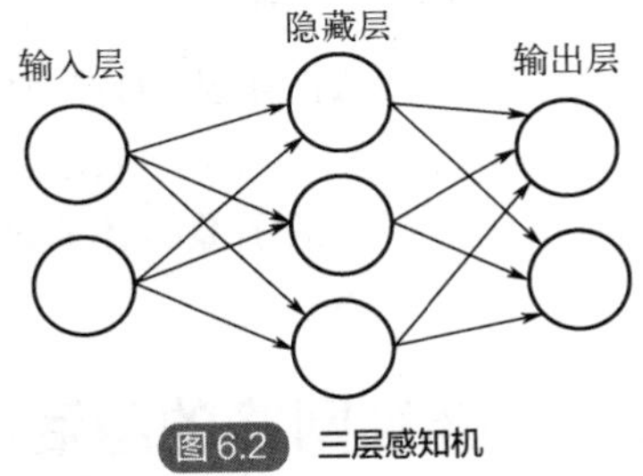

图 6.2 三层感知机

6.2 感知机的激活函数

将 6.1 节式子 y 中的 θ 换成$-b$，并改写之：

$$y=\begin{cases}0, b+w_1x_1+w_2x_2 \leqslant 0 \\ 1, b+w_1x_1+w_2x_2>0\end{cases}$$

b 被称为偏置参数，用于控制神经元被激活的容易程度；w_1 和 w_2 表示各个信号权重，用于控制各个信号的重要性。实际上，可以将 b 看作信号“1”的权重，因此可以绘制图 6.3 所示感知机。这个感知机将 x_1、x_2 和 1 三个信号作为神经元的输入，并将它们与相应的权重相乘，然后传递到下一个神经元。在下一个神经元中，计算加权信号的总和。如果总和超过 0 则输出 1，否则输出 0。

此外，需要注意的是偏置的输入信号始终为 1，这与其他神经元接收不同值的输入信号有所不同。

进一步地，将上式改写为：

$$y = h(b + w_1x_1 + w_2x_2)$$

$$h(x) = \begin{cases} 0, x \leqslant 0 \\ 1, x > 0 \end{cases}$$

此时可以理解为输入信号的总和会被函数 $h(x)$转换，转换后的值就是输出 y。而函数 $h(x)$在输入超过 0 时返回 1，否则返回 0。

$h(x)$函数会将输入信号的总和通过非线性变换转换为输出信号，这种函数一般称为激活函数。将激活函数 $h(x)$进一步改写为：

$$a = b + w_1x_1 + w_2x_2$$
$$y = h(a)$$

式中，a 代表加权输入信号与偏置的总和。用 $h()$函数将 a 转换到输出 y。

带有激活函数的图像就可以表示为图 6.4。

图 6.3 有偏置表示的感知机　　图 6.4 带有激活函数的感知机

图 6.4 中表示神经元的○中明确显示了激活函数的计算过程，即信号的加权总和为节点 a，然后节点 a 被激活函数 $h()$转换成节点 y。

通常神经元用一个○表示，若需要明确神经网络的动作，可采用图 6.4 右边的形式，即在图中明确展示激活函数的计算过程。

6.3 神经网络的激活函数

$h()$代表的激活函数是以阈值为界限，一旦输入超过该阈值，就会切换输出。在感知机中，使用“阶跃函数”作为激活函数。如果使用其他函数作为激活函数，会发生什么呢？实际上，如果将激活函数从阶跃函数更改为其他平滑的函数，则可以进入神经网络领域。通常，神经网络至少有三层（输入层、隐藏层和输出层），因此多层感知机可以称为一种特殊类型的神经网络，有的书籍认为“多层感知机”就是指神经网络，即多层感知机也是使用了平滑激活函数的多层网络，但本书还是以是否采用了阶跃函数对二者进行区分，原因是感知机的权重是人为设定的，神经网络的权重则是“学习”来的。下面介绍神经网络中使用的激活函数。

6.3.1 Sigmoid 函数

Sigmoid 函数也在逻辑回归中使用过，因此不再进行介绍。在神经网络中，使用 Sigmoid 函数作为激活函数，对信号进行转换，并将转换后的信号传送给下一个神经元。在逻辑回归中，使用 Sigmoid 函数作为回归曲线进行分类，因此可以认为逻辑回归是一种简单的特殊单层神经网络模型。

代码

示例：

示例代码见：代码 6.3-1.py

输出结果如图 6.5 所示。

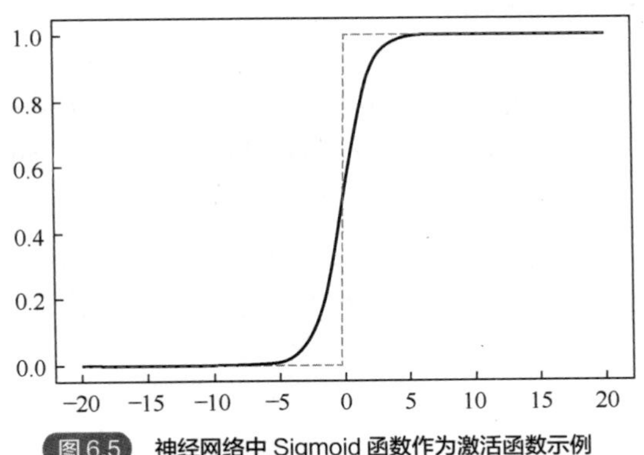

图 6.5　神经网络中 Sigmoid 函数作为激活函数示例

由示例可知，Sigmoid 函数是一条平滑的曲线，输出随着输入发生连续的变化。而阶跃函数以 0 为界，输出发生急剧的变化。Sigmoid 函数的平滑性可使该函数具有全域可导性，这对神经网络的学习具有重要意义。比较神奇的一点是该函数的导数可以由它自身求得，Sigmoid 导数为：

$$S'(z)=\left(\frac{1}{1+\mathrm{e}^{-z}}\right)'=\frac{\mathrm{e}^{-z}}{(1+\mathrm{e}^{-z})^2}=\frac{\mathrm{e}^{-z}}{1+\mathrm{e}^{-z}}S(z)=\left[1-S(z)\right]S(z)$$

假设 $h(z)$ 是一个激活函数，当 z 趋于负无穷时，激活函数的导数趋近于 0，则该激活函数被称为左饱和；当 z 趋于正无穷时，激活函数的导数也趋近于 0，则该激活函数被称为右饱和。当激活函数既满足左饱和，又满足右饱和时，称为饱和函数。Sigmoid 函数是典型的饱和函数。

与阶跃函数不同，Sigmoid 函数可以返回 0.731…、0.880…等实数值（这一点与刚才提到的平滑性有关）。感知机中神经元之间传递的是 0 或 1 的二进制信号，而神经网络中传递的是连续的实数值信号。

将这两个函数与电路联系起来，阶跃函数可以类比为开关，只有开和关（1 和 0）两种状态，而 Sigmoid 函数可以类比为“滑动变阻器”。

尽管阶跃函数和 Sigmoid 函数在平滑性上有所差异，但从宏观上看，它们具有相似的形状。事实上，两者的结构都是：当输入值很小时，输出接近 0（为 0）；随着输入值的增大，输出趋近于 1。也就是说，当输入信号为重要的信息时（在这里指水平方向上的大值变化），阶跃函数和 Sigmoid 函数都会输出较大的值；当输入信号为不重要的信息时，两者都输出较小的值。另一个共同点是，无论输入信号大小，输出信号的值都在 0～1 之间。

Sigmoid 函数是一条曲线，而阶跃函数是一条类似阶梯的折线，两者都属于非线性函数。神经网络的激活函数必须使用非线性函数，因为如果使用线性函数，加深神经网络的层数就没有意义了。

线性函数的问题在于，不管如何加深层数，总是存在与之等效的“无隐藏层的神经网络”。为了直观地理解这一点，来思考下面这个简单的例子。考虑把线性函数 $h(x)=cx$ 作为激活函数，

把 $y(x)=h(h(h(x)))$ 的运算对应 3 层神经网络。这个运算会进行 $y(x)=c\times c\times c\times x$ 的乘法运算，但是同样的处理可以由 $y(x)=ax$（注意，$a=c^3$）这一次乘法运算（即没有隐藏层的神经网络）来表示。如本例所示，使用线性函数时，无法发挥多层网络带来的优势。为了发挥叠加层所带来的优势，激活函数必须使用非线性函数。

6.3.2 Tanh 函数

Tanh 为双曲正切函数。和 Sigmoid 相似，都属于饱和激活函数，区别在于输出值范围由(0，1)变为了(−1，1)，下面的公式清晰地展示出把 Tanh 函数看作 Sigmoid 向下平移和拉伸后的结果。

$$\tanh(x)=\frac{e^x-e^{-x}}{e^x+e^{-x}}=\frac{2}{1+e^{-2x}}-1=2S(2x)-1$$

示例：

示例代码见：代码 6.3-2.py

输出结果如图 6.6 所示。

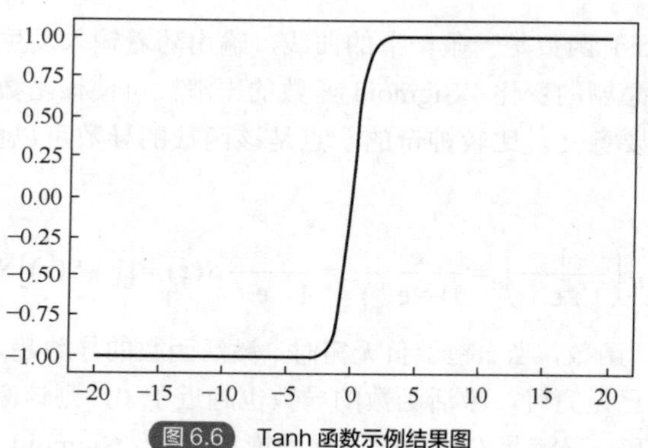

图 6.6 Tanh 函数示例结果图

6.3.3 ReLU 函数

在神经网络发展的历史上，Sigmoid 函数在 20 世纪 80 年代至 90 年代得到了广泛应用，特别是在反向传播算法中。在这个时期，由于计算能力的限制，神经网络的层数很少，Sigmoid 函数的缓慢变化和可导性使得其成为一种常见的激活函数选项。在 2000 年前后，随着深度学习的兴起和计算能力的提高，更加复杂和深层的神经网络架构开始被提出。与此同时，Sigmoid 函数的一些缺陷也逐渐显现，如梯度消失和输出不对称等问题。因此，Sigmoid 函数在深度学习中的应用逐渐减少，ReLU（Rectified Linear Unit，修正线性单元）应运而生。它于 1998 年被提出，并在 2010 年后随着深度学习的兴起和计算能力的增强成为神经网络中常用的激活函数之一。特别是在 AlexNet 等深度卷积神经网络中，ReLU 发挥了极大的作用。自那时起，ReLU 成为了许多深度神经网络架构的默认激活函数。

ReLU 函数在输入大于 0 时，直接输出该值；在输入小于等于 0 时，输出 0。其表达式为：

$$\mathrm{ReLU}(x)=\begin{cases}0, x\leqslant 0\\ x, x>0\end{cases}$$

示例：

示例代码见：代码 6.3-3.py

输出结果如图 6.7 所示。

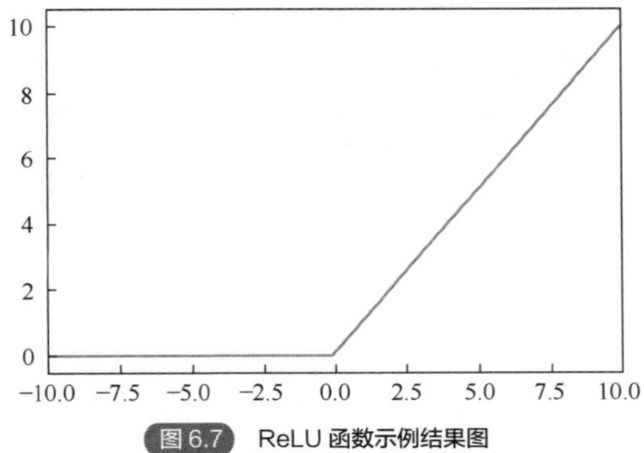

图 6.7　ReLU 函数示例结果图

由示例可见，ReLU 函数是一个非常简单的函数。

ReLU 及其变体则是非饱和激活函数。使用非饱和激活函数的优势在于两点：

① 非饱和激活函数能解决所谓的“梯度消失”问题。

② 它能加快收敛速度。

6.3.4　Leaky ReLU、PReLU、RReLU 函数

Leaky ReLU、PReLU、RReLU 是对传统 ReLU 激活函数的改进。在传统的 ReLU 函数中，当输入小于 0 时，输出为 0，这可能导致神经元“死亡”，即无法激活并传播梯度。为了解决这个问题，$x<0$ 时输出并没有直接置 0，而是给了一个很小的负数梯度值 α。

Leaky ReLU 中 α 为常数，一般设置为 0.01，激活函数如下：

$$\text{Leaky ReLU}(x)=\begin{cases}\alpha x, x\leqslant 0\\ x, \quad x>0\end{cases}$$

示例：

示例代码见：代码 6.3-4.py

输出结果如图 6.8 所示。

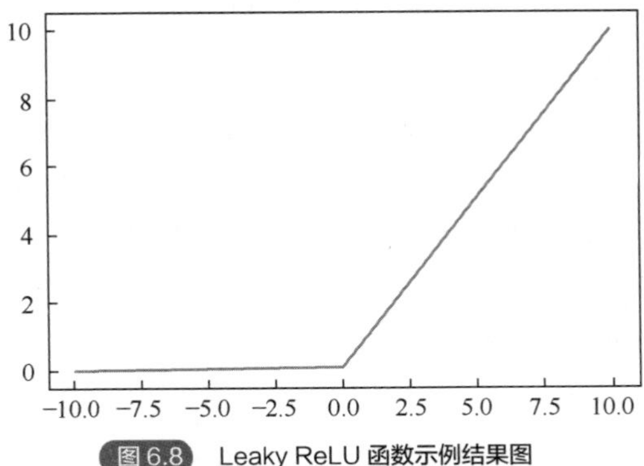

图 6.8　Leaky ReLU 函数示例结果图

Leaky ReLU 于 2013 年被提出，其较 ReLU 的优点是可以在负数区域保留一定的梯度，避

免了 ReLU 的“死亡”现象，提高了模型的稳定性和学习能力。它在一些深度学习模型中被广泛使用，并且在处理负数输入时表现得更好。

PReLU（Parametric ReLU，参数化修正线性单元）于 2015 年被提出，可以看作 Leaky ReLU 的一个变体。PReLU 中 α 作为一个可学习的参数，会在训练的过程中进行更新。

RReLU（Random ReLU，随机修正线性单元）同样也是于 2015 年被提出，但稍晚于 PReLU，其实质也是 Leaky ReLU 的一个变体。在 RReLU 中，负值的斜率在训练中是随机的，在测试中使用平均值，这样可以在一定程度上减少过拟合问题，提高模型的稳定性。并且在训练中 RReLU 的 α 是从一个均匀分布中随机抽取的数值。

6.3.5 ELU 函数

经过上述改进，ReLU 虽然在负半轴有梯度了，能够防止梯度消失问题，但是在 x=0 处不光滑，因此考虑将两段直线平滑为曲线。

ELU（Exponential Linear Unit，指数线性单元）激活函数也是于 2015 年被提出，主要针对 ReLU 进行了改进，其有较高的噪声鲁棒性，但是由于需要计算指数，计算量大。其公式为：

$$\mathrm{ELU}(x)=\begin{cases}\alpha(\mathrm{e}^x-1), & x\leqslant 0\\ x, & x>0\end{cases}$$

示例：

示例代码见：代码 6.3-5.py

代码

输出结果如图 6.9 所示。

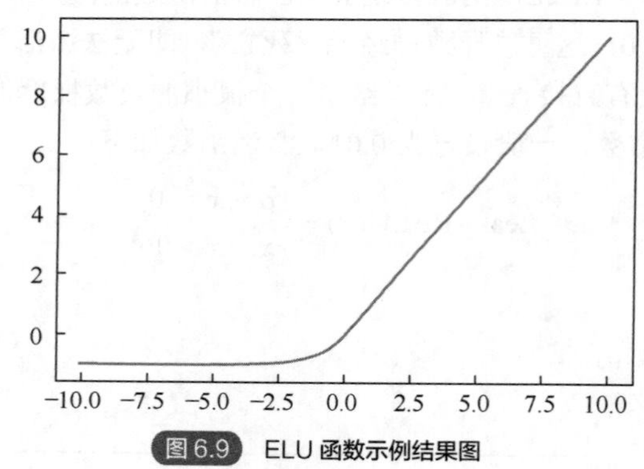

图 6.9 ELU 函数示例结果图

ELU 激活函数具有以下特点：

① 在负数区域，ELU 是连续可导的，相比于 ReLU 可以更好地传播梯度。

② 在负数区域，ELU 的斜率不为零，避免了 ReLU 可能产生的神经元“死亡”问题。

③ 在正数区域，ELU 与恒等函数相等，不会对正数输入进行压缩。

④ 由于 ELU 在负数区域的平滑性和非线性能力，以及对梯度消失问题的改进，它在某些深度学习任务中可能比 ReLU 表现得更好。

6.3.6 SELU 函数

SELU（Scaled Exponential Linear Unit，缩放指数线性单元）是一种自归一化的激活函数，于 2017 年被提出。SELU 是基于 ELU 激活函数的改进版本，在某些情况下可以提供更好的性能和稳定性。

其公式为：

$$\mathrm{SELU}(x)=\lambda\mathrm{ELU}(x)$$

其中，SELU 中的 λ 和 ELU 中的 α 都是用于缩放和平移激活函数的参数。具体来说，SELU 通过对输入进行缩放和平移，特别是当 $\lambda\approx1.0507$、$\alpha\approx1.6733$ 时（提出的该函数的文章 *Self-Normalizing Neural Networks* 共 102 页，其中 90 多页的附录用于相关实验和理论的数学推导及证明），网络的每一层都能够保持输出的均值接近于 0 和方差接近于 1，从而实现自归一化的效果。

示例：

示例代码见：代码 6.3-6.py

代码

输出结果如图 6.10 所示。

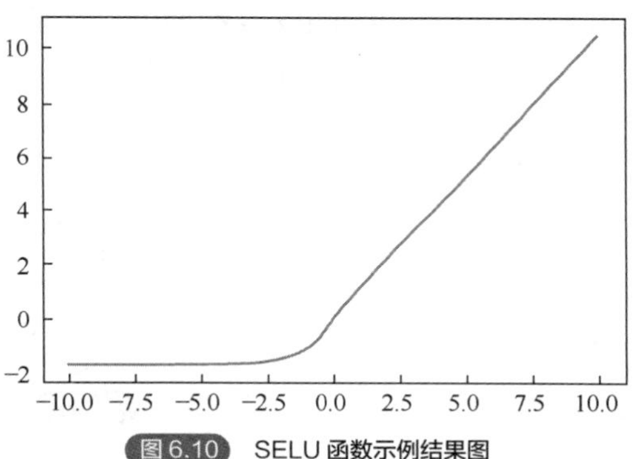

图 6.10　SELU 函数示例结果图

SELU 激活函数具有以下特点：

① 自归一化：SELU 的设计目标是使得神经网络在深度层次上能够自动归一化，从而减少梯度消失和梯度爆炸问题的发生。

② 稳定性：SELU 在大部分情况下能够保持网络的稳定性，尤其在较深的网络中，可以避免梯度消失和梯度爆炸的问题。

③ 支持稀疏性：SELU 激活函数有助于网络处理稀疏输入的情况。

需要注意的是，SELU 的自归一化性质要求网络满足一些限制条件，如网络中所有层的权重必须为正数，且网络的输入必须标准化到均值为 0 和方差为 1。在实际应用中，使用 SELU 激活函数时需要注意这些条件是否被满足。

随着神经网络的不断更新，各种激活函数也相继出现，其他激活函数还有 GELU、SwishSwish、Mish、MishACON 等，感兴趣的读者可自行查阅相关文章。在实际应用中，选择激活函数时需要根据具体任务和数据集的特点进行调整和测试。

6.4　输出层的设计

神经网络可以用于处理分类问题和回归问题，不过需要根据情况改变输出层的激活函数。一般而言，回归问题用恒等函数作激活函数，分类问题用 Softmax 函数作激活函数。

6.4.1 恒等函数和 Softmax 函数

恒等函数会将输入按原样输出，对于输入的信息，不加任何改动地直接输出。因此，在输出层使用恒等函数时，输入信号会原封不动地被输出。将恒等函数的处理过程用之前的神经网络图来表示，如图 6.11 所示。和前面介绍的隐藏层的激活函数一样，恒等函数进行的转换处理可以用“→”来表示。

分类问题中使用的 Softmax 函数可以表示为：

$$y_k=\frac{\mathrm{e}^{a_k}}{\sum_{i=1}^{n}\mathrm{e}^{a_i}}$$

该式表示输出层共有 n 个神经元，计算第 k 个神经元的输出 y_k。Softmax 函数的分子是输入信号 a_k 的指数函数，分母是所有输入信号的指数函数的和。

Softmax 函数如图 6.12 所示。图中，Softmax 函数的输出与所有的输入信号相连。这是因为由 Softmax 函数式可知，输出层的各个神经元都受到所有输入信号的影响。

图 6.11 恒等函数处理过程　　图 6.12 Softmax 函数

现在对 Softmax 函数进行改写：

$$y_k=\frac{\mathrm{e}^{a_k}}{\sum_{i=1}^{n}\mathrm{e}^{a_i}}=\frac{c\mathrm{e}^{a_k}}{\sum_{i=1}^{n}c\mathrm{e}^{a_i}}=\frac{\mathrm{e}^{a_k+\ln c}}{\sum_{i=1}^{n}\mathrm{e}^{a_i+\ln c}}=\frac{\mathrm{e}^{a_k+c'}}{\sum_{i=1}^{n}\mathrm{e}^{a_i+c'}}$$

其中，c 为任意一个常数，$c'=\ln c$。

由上式可知，输入信号 a_k 及 a_i 增加或减少一个常数对 Softmax 函数没有影响，这个性质对编程实现 Softmax 函数有极大的帮助。这是因为 Softmax 函数的实现中要进行指数函数的运算，而指数函数的值很容易变得非常大，可能出现溢出。如果在这些溢出值之间进行除法运算，结果会出现“不确定”的情况。因此，如果将输入信号均减少一个合适的值后再来计算指数幂，则可避免这种“不确定”。

示例：

```
import numpy as np
print(np.e**10)
print(np.e**100)
print(np.e**1000)
```

输出结果为：

```
22026.465794806703
2.68   81171418161212e+43
Traceback (most recent call last):
  File "xxx.py", line 4, in <module>
```

```
    print(np.e**1000)
OverflowError: (34, 'Result too large')
```

可见，OverflowError（溢出错误）是 Result too large（计算结果太大）导致的。

6.4.2 Softmax 函数的特征

由 Softmax 函数的表达式可以看出，其输出是 0.0～1.0 之间的实数。并且，Softmax 函数的输出值的总和是 1。这是 Softmax 函数的一个重要性质。正因为有了这个性质，才可以把 Softmax 函数的输出解释为“概率”。

示例：

```
import numpy as np
a = np.array([10, 4.1, 8.5])
y = np.e**(a-10)/np.sum(np.e**(a-10))#或 y = np.e**a/np.sum(np.e**a)
print(y)
print(np.sum(y))
```

输出结果为：

```
[0.81574745 0.0022347  0.18201786]
1.0
```

上例可解释成 *y*[0]的概率是 0.816（81.6%），*y*[1]的概率是 0.002（0.2%），*y*[2]的概率是 0.182（18.2%）。从概率的结果来看，可以说“因为第 0 个元素的概率最高，所以答案是第 0 个类别”。而且，还可以回答“有 81.6%的概率是第 0 个类别，有 0.2%的概率是第 1 个类别，有 18.2%的概率是第 2 个类别”。也就是说，通过使用 Softmax 函数，可以用概率（统计）的方法处理问题。

这里需要注意的是，即便使用了 Softmax 函数，各个元素之间的大小顺序关系也不会改变。这是因为指数函数（$y=e^x$）是单调递增函数。实际上，上例中 *a* 的各元素的大小顺序关系和 *y* 的各元素的大小顺序关系并没有改变。比如，*a* 的最大值是第 0 个元素，*y* 的最大值也仍是第 0 个元素。

一般而言，神经网络只把输出值最大的神经元所对应的类别作为识别结果。并且，即便使用 Softmax 函数，输出值最大的神经元的位置也不会变。因此，神经网络在进行分类时，输出层的 Softmax 函数可以省略。在实际的问题中，由于指数函数的运算需要一定的计算机运算量，所以输出层的 Softmax 函数一般会被省略。

6.4.3 输出层的神经元

输出层的神经元数量需要根据待解决的问题来确定。对于分类问题，输出层的神经元数量一般设定为类别的数量。比如，对于某个输入图像，预测图中的数字是 0 到 9 中的哪一个的问题（10 类别分类问题），可以像图 6.13，将输出层的神经元设定为 10 个，并且从上往下依次对应数字 0，1，…，9，最后查看结果中哪个神经元输出的结果最大，则哪个就为识别的结果。

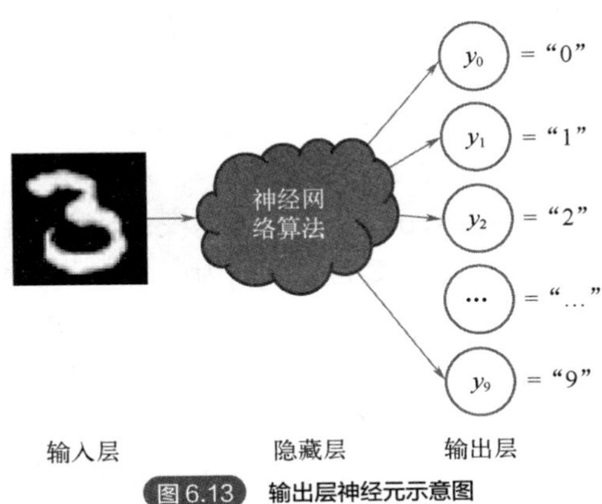

图 6.13 输出层神经元示意图

6.5 损失函数

神经网络中的损失函数与机器学习中提到的代价函数是相同的，它在本章中表示神经网络性能的“恶劣程度”指标，即当前的神经网络对监督数据的拟合程度和一致性程度。用“恶劣程度”来描述性能可能会不自然，但是如果将损失函数乘以一个负值，就可以解释为“优良程度”，即性能有多好。而且，“使性能的恶劣程度最小化”和“使性能的优良程度最大化”是等价的，无论使用哪种描述方式，其实质都是一样的。

在神经网络中，通常使用均方误差或交叉熵误差作为损失函数来衡量性能。这两个函数在线性回归和逻辑回归中已经有过详细说明，在此不再赘述。

6.6 链式法则与计算图的反向传播

上一节中提到了损失函数，其目的是求解神经网络中的权重值。常用的方法是梯度下降法或其变种，通过基于梯度的微调来逼近真实值。然而，在权重值的求解过程中，由于神经网络模型包含输入层、多个中间节点和隐藏层、输出层等，这些层之间有许多权重需要求解，所以有大量的梯度运算。数值微分在理论上虽然简单且易于实现，但计算上比较耗时。

下面介绍一种高效计算权重参数梯度的方法——误差反向传播法。要正确理解误差反向传播法，有两种常用方式：一种是基于数学式，另一种是基于计算图（computational graph）。前者是比较常见的方法，机器学习相关的书籍以数学式为主进行讲述。由于这种方法严谨而简洁，因此非常合理。但如果一开始就围绕数学式展开讨论，可能会忽略一些基础的概念，而只停留在公式的列举上。因此，本节希望读者通过计算图来理解误差反向传播法。

链式法则是微积分中一个重要的概念，它描述了复合函数求导的方法。在深度学习中，链式法则被广泛应用于反向传播算法中，可以有效地计算出神经网络中每个参数对损失函数的影响。

链式法则的基本思想是将复合函数视为多个简单函数的组合，并通过对每个简单函数的导数进行乘积和累加来计算复合函数的导数。假设有函数 $y = f(u)$和 $u = g(x)$，并且 $y = f[g(x)]$是它们的复合函数。那么，y 对 x 的导数可以表示为：

$$\mathrm{d}y/\mathrm{d}x = \mathrm{d}y/\mathrm{d}u \times \mathrm{d}u/\mathrm{d}x$$

这个式子的意义是，复合函数 y 对 x 的导数等于函数 f 对其输入 g 的导数乘以函数 g 对其输入 x 的导数。

如果复合函数有多个输入变量，那么链式法则仍然适用。假设 $y = f(u, v)$，$u = g(x)$，$v = h(x)$，那么 y 对 x 的导数可以表示为：

$$\mathrm{d}y/\mathrm{d}x = \mathrm{d}f/\mathrm{d}u \times \mathrm{d}u/\mathrm{d}x + \mathrm{d}f/\mathrm{d}v \times \mathrm{d}v/\mathrm{d}x$$

通过逐层应用这个式子，可以计算出任意复杂的函数对其输入变量的导数。

计算图将计算过程用图形表示出来。这里说的图形是数据结构图，通过节点和箭头表示计算过程。节点用○表示，○中是具体计算方法（如+、−、×、÷等）。将计算的中间结果写在箭头的上方，表示各个节点的计算结果从左向右传递。“从左向右进行计算”是一种正方向上的传播，简称为正向传播（forward propagation）。正向传播是从计算图出发点到结束点的传播。既然有正向传播这个名称，当然也可以考虑反向（从右向左进行计算）的传播，这种传播称为反向传播（backward propagation，BP），由此建立的网络称为 BP 神经网络。反向传播将在导数计算中发挥重要作用，反向传播计算的中间结果在计算图中写在箭头的下方。

图 6.14 所示即为函数 $y = f(x)$及 dy/dx 在计算图中的表示形式。

由图 6.14 可知，计算图的正向传播将计算结果正向（从左到右）传递，而反向传播将导数向反方向（从右到左）传递，是基于链式法则的。反向传播的计算顺序是，将上游信号 E 乘以节点的导数，然后将结果传递给下游节点。这里所说的导数是指正向传播中 $y = f(x)$的导数 dy/dx。把这个导数乘以上游传过来的值（本例中为 E，E 中也可能是通过相同方式得到的值），然后传递给前面的节点。

图 6.15 所示即为复合函数 $y = f[g(x)]$及 dy/dx 对应的链式法则在计算图中的表示。

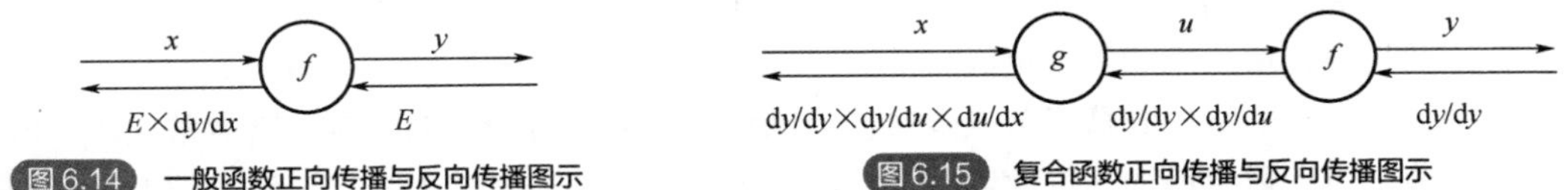

图 6.14 一般函数正向传播与反向传播图示

图 6.15 复合函数正向传播与反向传播图示

比如有 $z = (x+y)^2$，将其写成复合函数 $z = t^2, t = x+y$。其计算图如图 6.16 所示。

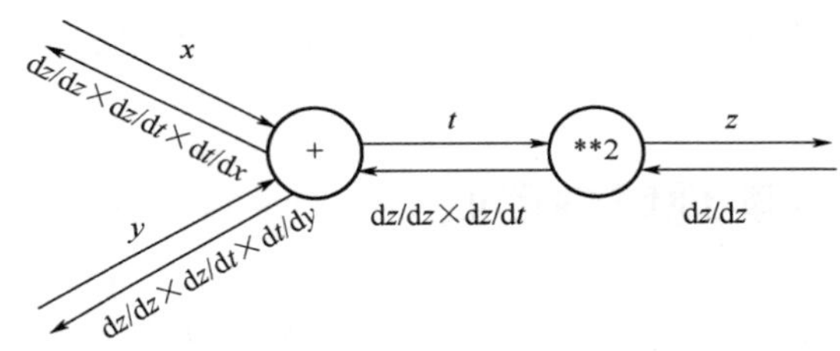

图 6.16 示例正向传播与反向传播图示

注意最左上的导数的结果是 $dz/dz×dz/dt×dt/dx$，根据链式法则，$dz/dz×dz/dt×dt/dx = dz/dx$，即为所求。同理，左下为 dz/dy。也就是说，反向传播是基于链式法则的。

将计算过程代入计算图中，可得图 6.17，读者可自行验证是否正确。

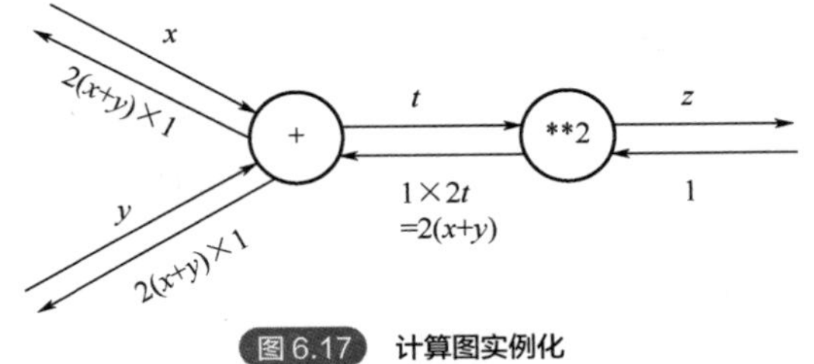

图 6.17 计算图实例化

本例中，$2(x+y)$不仅在对 x 求导中使用，而且在对 y 的求导中也使用了，也就是说计算中途求得的导数的结果（中间传递的导数）可以被共享，从而可以高效地计算多个导数。结合分析可知，计算图可以通过正向传播和反向传播高效地计算各个变量的导数值。

在深度学习中，链式法则被应用于反向传播算法，用于计算每个参数对损失函数的影响。具体而言，反向传播算法首先计算每个神经元的局部梯度，然后使用链式法则逐层向上计算每个参数的梯度。沿神经网络的反向传播路径更新参数，可以最小化损失函数。这种方法有效地利用了链式法则来快速计算神经网络中各个参数的梯度。

6.7 隐藏层

一般认为，增加隐藏层数可以降低网络误差（也有文献认为不一定能有效降低）、提高精度，但也使网络复杂化，从而增加了网络的训练时间和出现“过拟合”的倾向。一般来讲，设计神经网络应优先考虑 3 层网络（即有 1 个隐藏层）。一般地，靠增加隐藏层节点数来获得较低的误差，其训练效果要比增加隐藏层数更好。

一般来说，神经网络的隐藏层节点数对神经网络预测精度有较大的影响：节点数太少，网络不能很好地学习，需要增加训练次数，训练精度也受影响；节点数太多，训练时间增加，网络容易过拟合。各种文献给出的最佳隐藏层节点数千差万别，下面给出几个公式供读者参考：

$l<\sqrt{mn}$ 或 $l<2m+1$ 或 $l<\log_2 m$ 或 $l<\sqrt{m+n}+\alpha$ （满足其一即可），同时满足 $l<N$

其中，N 为训练样本数；m 为输入层节点数；l 为隐藏层节点数；n 为输出层节点数；α 为 0～10 之间的常数。在实际问题中，选择隐藏层节点数时首先根据公式来确定大致的范围，然后用试凑法确定最佳的节点数。对于某些问题来说，隐藏层节点数对输出结果影响不大。

6.8 PyTorch 实现线性回归

由神经网络的思想可知，神经网络只有输入和输出两层，且不含激活函数，损失函数采用均方误差时即为线性回归。如果从无到有地实现一个神经网络程序编写，读者可以更清晰地理解程序的构成以及各种函数的逻辑等。但一个大型程序可能需要几天、几周甚至几个月的时间才能建立起来，这是不现实的。好在已经有了诸多易于使用的开源深度学习框架，可大幅简化复杂和大规模深度学习模型的实现过程。下面就以开源深度学习框架 PyTorch 为工具，进行线性回归的演示。

示例：

```
import  torch
import matplotlib.pyplot as plt
lr = 0.01 #学习率
# 生成模拟数据
X_tensor = torch.rand(100,1)*10    # 生成100个样本，每个样本一个特征，原始的比较小，扩大了10倍
y_tensor = 3 * X_tensor + 4 + torch.randn(100,1)* 0.5   # 线性关系加上一些噪声
#初始化回归参数
w = torch.randn((1),requires_grad=True)
b = torch.zeros((1),requires_grad=True)
#迭代
num_epochs = 1000
for epoch in range(num_epochs):
    #前向传播
```

```
    wx = torch.mul(w,X_tensor)
    y_predict = torch.add(wx,b)  #y_预测 = wx+b
    #计算损失MSE
    loss = (0.5*(y_predict-y_tensor)**2).mean()
    #loss反向传播
    loss.backward()
    #更新参数
    w.data.sub_(lr*w.grad)
    b.data.sub_(lr * b.grad)
    #梯度清零
    w.grad.zero_()
    b.grad.zero_()
    #绘图
    if (epoch+1) % 100 == 0:
        print(f'Epoch [{epoch+1}/{num_epochs}], Loss: {loss.item():.4f}')
        plt.text(2,20,'Loss=%0.4f'%loss.data.numpy(),fontdict={'size':'20','color
':'red'})
        plt.scatter(X_tensor.data.numpy(),y_tensor.data.numpy())#实际散点
        plt.plot(X_tensor.data.numpy(),y_predict.data.numpy(),c="r")#预测散点
        plt.pause(0.5)
        if loss.data.numpy()<0.3:
            break
plt.show()
```

输出结果为：

```
Epoch [100/1000], Loss: 0.9290
Epoch [200/1000], Loss: 0.6366
Epoch [300/1000], Loss: 0.4489
Epoch [400/1000], Loss: 0.3285
Epoch [500/1000], Loss: 0.2512
```

输出图像如图6.18所示。

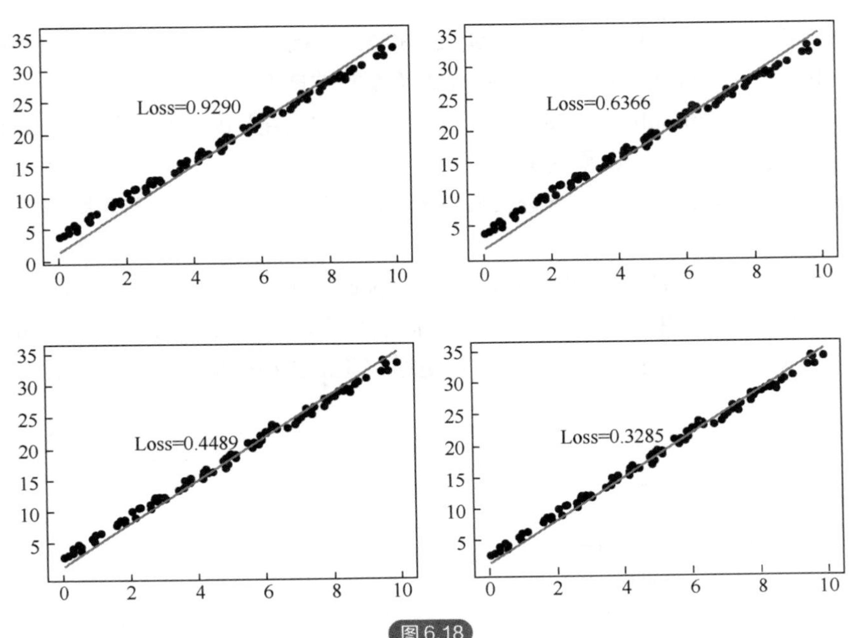

图6.18

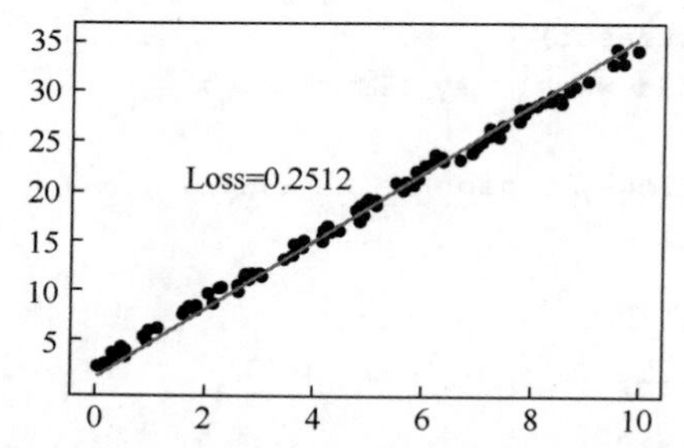

图 6.18 使用 PyTorch 实现一个简单的一元线性回归模型示例

上例演示了如何使用 PyTorch 实现一个简单的一元线性回归模型，包括数据生成、前向传播、损失计算、反向传播、参数更新以及训练过程中的实时可视化等功能。通过不断迭代和调整参数，模型逐渐学习到输入特征和目标值之间的线性关系。

上例中部分语句参数说明如下：

① torch：是 PyTorch 的核心库，用于张量操作和自动微分。

② matplotlib.pyplot：这是一个用于绘图的库，可以实现数据和模型结果可视化。

③ lr（学习率）：控制参数更新的步幅大小。较小的学习率会使得训练过程更稳定，但可能需要更多的迭代次数；较大的学习率会加速训练，但可能导致不稳定。

④ X_tensor：生成 100 个随机数（样本），范围在[0, 10)之间，作为输入特征。

⑤ y_tensor：通过公式($y = 3x+4$)加上噪声生成目标值。噪声由均值为 0、标准差为 0.5 的正态分布生成，模拟真实数据中的不确定性。

⑥ w（权重）和 b（偏置）：是模型的可训练参数。

⑦ requires_grad=True：表示这些张量需要计算梯度，以便进行反向传播。

⑧ num_epochs：定义训练的总迭代次数。

⑨ 前向传播。wx：计算输入特征与权重的乘积。y_predict：预测值，通过将 wx 与偏置相加得到。

⑩ 损失计算。loss：计算均方误差（MSE）损失，用于衡量预测值与真实值之间的差距。

⑪ 反向传播。loss.backward()：计算损失关于参数的梯度。

⑫ 参数更新。w.data.sub_(lr * w.grad)：使用梯度下降法更新权重参数 w。b.data.sub_(lr * b.grad)：使用梯度下降法更新偏置参数 b。

⑬ 梯度清零。w.grad.zero_()和 b.grad.zero_()：清除当前的梯度值，防止影响下一轮次的梯度计算。

⑭ 绘图和输出。每 100 次迭代，打印当前的 epoch 和损失值。使用 Matplotlib 绘制散点图和预测的线性关系图。如果损失值低于 0.3，提前终止训练。plt.show()：展示所有的绘制图形。

尽管上述代码已经实现了完整的过程，但是通常还是会将模型定义成类的形式，比如上述代码改写如下。

示例：

```
import torch
import torch.nn as nn
import torch.optim as optim
import matplotlib.pyplot as plt
# 生成模拟数据
```

```
X_tensor = torch.rand(100,1)*10    # 生成100个样本，每个样本一个特征，原始的比较小，扩大了10倍
y_tensor = 3 * X_tensor + 4 + torch.randn(100,1)* 0.5  # 线性关系加上一些噪声
# 定义线性回归模型
class LinearRegressionModel(nn.Module):
    def __init__(self):
        super(LinearRegressionModel, self).__init__()
        self.linear = nn.Linear(1, 1)  # 输入维度为1，输出维度为1
    def forward(self, x):
        return self.linear(x)
model = LinearRegressionModel()
# 定义损失函数和优化器
criterion = nn.MSELoss()
optimizer = optim.SGD(model.parameters(), lr=0.01)
# 训练模型
num_epochs = 1000
for epoch in range(num_epochs):
    y_predict=model(X_tensor)
    # 前向传播
    outputs = model(X_tensor)
    loss = criterion(outputs, y_tensor)
    # 反向传播和优化
    optimizer.zero_grad()
    loss.backward()
    optimizer.step()
    if (epoch+1) % 100 == 0:
        print(f'Epoch [{epoch+1}/{num_epochs}], Loss: {loss.item():.4f}')
        plt.text(2,20,'Loss=%0.4f'%loss.data.numpy(),fontdict={'size':'20','color
':'red'})
        plt.scatter(X_tensor.data.numpy(),y_tensor.data.numpy()) #实际值散点图
        plt.plot(X_tensor.data.numpy(),y_predict.data.numpy(),c="r")#预测散点
        plt.pause(0.5)
        if loss.data.numpy()<0.3:
            break
    plt.show()
```

输出结果为：

```
Epoch [100/1000], Loss: 1.4376
Epoch [200/1000], Loss: 0.6577
Epoch [300/1000], Loss: 0.3990
Epoch [400/1000], Loss: 0.3132
Epoch [500/1000], Loss: 0.2847
```

输出图像如图 6.19 所示。

这段代码的目的是通过线性回归模型拟合一个线性关系的数据集，并可视化拟合效果。代码说明如下：

① 首先生成一个随机的数据集 X_tensor 和 y_tensor。其中，X_tensor 是 100 行 1 列的随机数并扩大了 10 倍，y_tensor 是根据线性关系计算得到的结果。

② 定义了一个名为 LinearRegressionModel 的类，继承自 nn.Module。在__init__方法中，定义了一个包含一个线性层的神经网络模型 self.linear。

③ forward 方法用于定义前向传播过程，将输入数据 x 通过线性层 self.linear 进行计算，并返回结果。

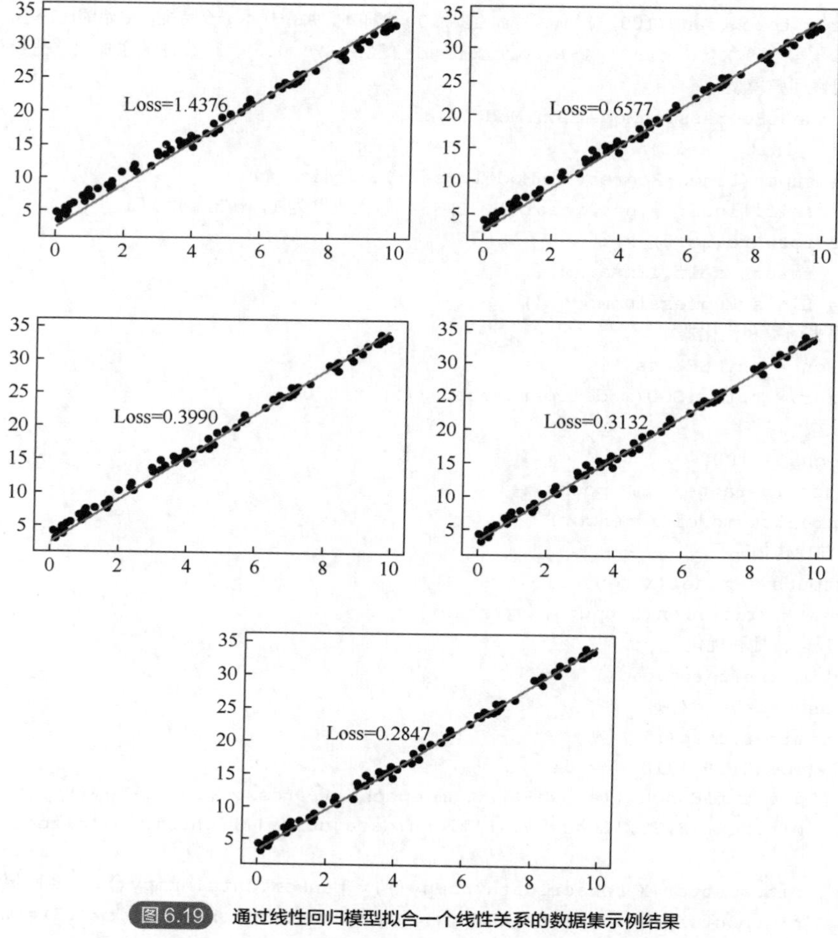

图 6.19 通过线性回归模型拟合一个线性关系的数据集示例结果

④ 实例化了一个 LinearRegressionModel 对象。

⑤ 定义损失函数 nn.MSELoss()和优化器 torch.optim.SGD，其中使用随机梯度下降（SGD）作为优化算法，学习率为 0.01。

⑥ 进行模型训练，迭代 1000 次。在每次迭代中，首先进行前向传播，计算预测值 y_predict，然后计算损失值 loss。

⑦ 在每 100 次迭代后，打印当前迭代轮数和对应的损失值。

⑧ 使用 matplotlib 库将损失函数值的变化进行可视化。

⑨ 使用 matplotlib 库将原始数据集点和拟合曲线进行可视化。

6.9 PyTorch 实现逻辑回归

当神经网络只有输入和输出两层、激活函数为 Sigmoid、损失函数采用交叉熵误差时即是逻辑回归。实现代码如下。

代码

示例：

示例代码见：代码 6.7-1.py

输出结果为：

```
LogisticRegression(
  (classifier): Sequential(
    (0): Linear(in_features=2, out_features=1, bias=True)
    (1): Sigmoid()
  )
)
Epoch [1000/5000], Loss: 0.1048
Epoch [2000/5000], Loss: 0.0793
Epoch [3000/5000], Loss: 0.0675
Epoch [4000/5000], Loss: 0.0602
Epoch [5000/5000], Loss: 0.0551
```

输出图像如图 6.20 所示。

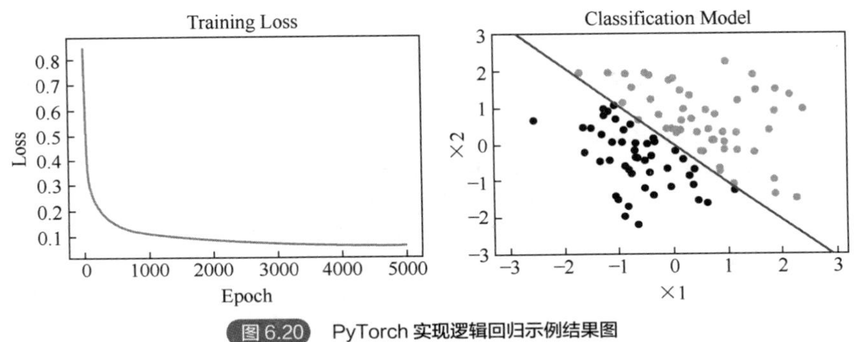

图 6.20 PyTorch 实现逻辑回归示例结果图

逻辑回归示例就是神经网络的一个特例。该示例说明如下：

① 首先定义了一个名为 LogisticRegression 的类，继承自 nn.Module。在__init__方法中，定义了一个包含一个线性层和一个 Sigmoid 函数的神经网络模型。

② forward 方法用于定义前向传播过程，将输入数据 x 通过线性层和 Sigmoid 函数进行计算，并返回结果。

③ 生成一个随机的数据集 X 和标签 y，其中 X 是 100 行 2 列的随机数，y 是根据一定的分类规则计算得到的结果。

④ 将数据集转换为 PyTorch 张量类型。

⑤ 实例化逻辑回归模型。

⑥ 定义损失函数 nn.BCELoss()和优化器 torch.optim.SGD，其中使用随机梯度下降（SGD）作为优化算法，学习率为 0.1。

⑦ 进行模型训练，迭代 5000 次。在每次迭代中，首先进行前向传播，计算预测值 y_pred，然后计算损失值 loss。将损失值加入到列表 losses 中，用于后续可视化。

⑧ 在每 1000 次迭代后，打印当前迭代轮数和对应的损失值。

⑨ 完成迭代后，使用 model.parameters()获取模型参数，并将其可视化。

⑩ 使用 matplotlib 库将损失函数值的变化进行可视化。

⑪ 使用 matplotlib 库将原始数据集点和分类边界进行可视化。

该示例的目的是通过逻辑回归模型对二维数据集进行分类，并可视化分类效果。

6.10 BP 神经网络入门示例

本节对最简单的一种 BP 神经网络进行实现。该网络包括输入层（将二维 28 像素×28 像素扩展成 784 个像素的一维后作为输入）、隐藏层（一层，128 个神经元，含 ReLU 激活）、输出层（10 个类别，即 0～9）三层，用于手写数字识别（该处采用的数据集同样为 MNIST 数据集）。读者可大致浏览下面的示例程序，此代码仅方便后续读者自行编程时做为参考。该示例为一简单的 BP 神经网络，但其准确率达到了 97.59%（每次运行结果可能不同），由此可见 BP 神经网络之神奇。

示例：

```
import torch
import torch.nn as nn
import torch.optim as optim
import torchvision.transforms as transforms
from torchvision.datasets import MNIST
from torch.utils.data import DataLoader
# 定义神经网络模型
class NeuralNetwork(nn.Module):
    def __init__(self, input_size, hidden_size, num_classes):
        super(NeuralNetwork, self).__init__()
        self.fc1 = nn.Linear(input_size, hidden_size)
        self.relu = nn.ReLU()
        self.fc2 = nn.Linear(hidden_size, num_classes)
    def forward(self, x):
        out = self.fc1(x)
        out = self.relu(out)
        out = self.fc2(out)
        return out
# 设置设备，判断是否采用 GPU 运算
device = torch.device('cuda' if torch.cuda.is_available() else 'cpu')
# 超参数设置
input_size = 28 * 28  #输入的图像大小
hidden_size = 128     #隐藏层的神经元个数
num_classes = 10      #输出 0～9 共 10 个类别
learning_rate = 0.001 #采用变种的梯度下降法 Adam 中的学习率参数的设置
batch_size = 64       #将样本划分成“批”来进行权重的迭代计算，每批 128 个样本
num_epochs = 5        #在所有的训练数据进行 5 轮次（epoch）迭代计算
# 加载数据集，需联网
train_dataset = MNIST(root='./data', train=True, transform=transforms.ToTensor(),
download=True)
test_dataset = MNIST(root='./data', train=False, transform=transforms.ToTensor())
train_loader = DataLoader(dataset=train_dataset, batch_size=batch_size, shuffle=True)
test_loader = DataLoader(dataset=test_dataset, batch_size=batch_size, shuffle=False)
# 初始化模型
model = NeuralNetwork(input_size, hidden_size, num_classes).to(device)
# 定义损失函数和优化器
criterion = nn.CrossEntropyLoss()#使用了交叉熵损失函数
optimizer = optim.Adam(model.parameters(), lr=learning_rate)
# 训练模型
```

```
    for epoch in range(num_epochs):
        for i, (images, labels) in enumerate(train_loader):
            images = images.reshape(-1, 28*28).to(device)
            labels = labels.to(device)
            # 前向传播
            outputs = model(images)
            loss = criterion(outputs, labels)
            # 反向传播和优化
            optimizer.zero_grad()
            loss.backward()
            optimizer.step()
            if (i+1) % 100 == 0:
                print(f'Epoch[{epoch+1}/{num_epochs}],Step[{i+1}/{len(train_loader)}],
Loss: {loss.item():.4f}')
    # 测试模型
    with torch.no_grad():
        correct = 0
        total = 0
        for images, labels in test_loader:
            images = images.reshape(-1, 28*28).to(device)
            labels = labels.to(device)
            outputs = model(images)
            _, predicted = torch.max(outputs.data, 1)
            total += labels.size(0)
            correct += (predicted == labels).sum().item()
        print(f'Accuracy of the network on the 10000 test images: {100 * correct / to
tal}%')
```

输出结果为：

```
Epoch [1/5], Step [100/938], Loss: 0.4569
Epoch [1/5], Step [200/938], Loss: 0.3565
…
Epoch [5/5], Step [800/938], Loss: 0.0321
Epoch [5/5], Step [900/938], Loss: 0.1639
Accuracy of the network on the 10000 test images: 97.59%
```

本章小结

- 深度学习是机器学习的一种，它利用神经网络的多层结构来模拟和学习复杂的非线性关系。与传统的机器学习方法相比，深度学习在处理图像、语音、文本和视频等大规模高维数据时表现更加出色，已经成为人工智能领域的一个重要分支。
- 感知机是神经网络（深度学习）的起源算法。
- 感知机是一种接收多个输入信号并输出一个信号的模型。感知机的多个输入信号都有各自的固有权重，这些权重代表着各个信号的重要性。
- 感知机可以是两层感知机（也称为“朴素感知机”），也可以是多层感知机。多层感知机包括输入层、隐藏层和输出层三层。输入层和输出层的神经元数量是根据实际情况确定的，而隐藏层的神经元则是需要设计的（不确定的）。

- 感知机的激活函数为阶跃函数。如果将阶跃函数换成其他激活函数，感知机就成为了神经网络。所以，多层感知机可以认为是一种特殊类型的神经网络。
- 神经网络的激活函数有 Sigmoid 函数、Tanh 函数、ReLU 函数等，没有哪个激活函数是万能的。在实际应用中，激活函数需要根据具体任务和数据集的特点进行选择、调整和测试。
- 在输出层的设计上，通常回归问题用恒等函数作为激活函数，分类问题用 Softmax 函数作为激活函数。对于分类问题中的 Softmax 函数的输出，通常将其解释为“概率”，如果不需要知道“概率”，那么可以不做 Softmax 变换。
- 在神经网络中，通常使用均方误差或交叉熵误差作为损失函数来衡量性能。
- 为了求解神经网络中的权重值，需要计算权重参数的梯度，链式法则和计算图就是为了能清晰地理解和高效地计算参数的梯度而提出的。
- 设计神经网络应优先考虑 3 层网络（即有 1 个隐藏层），增加隐藏层节点数比增加隐藏层数更容易使误差降低。隐藏层的节点数可根据文献提供的几个公式来初定，最终还是需要通过实验来确定最佳节点数目。
- 当神经网络只有输入和输出两层、不含激活函数、损失函数采用均方误差时、即是线性回归。
- 当神经网络只有输入和输出两层、激活函数为 Sigmoid、损失函数采用交叉熵误差时，神经网络就是逻辑回归，可见逻辑回归是神经网络的一个特例。
- MNIST 数据集是计算机视觉中的“Hello，World!”。通过 PyTorch 来搭建一个三层网络模型来实现手写数字识别，对理解与练习搭建 BP 神经网络模型很有意义。

习题

6-1　下列关于标准神经元模型的说法错误的是（　　）。

A．具有多个输入端，每个输入端具有相同的权重

B．神经元具有 Sigmoid 或类似的可导激活函数

C．神经元能够根据误差信号通过梯度下降法调整权重，实现学习

D．具有一个或多个输出端

6-2　神经网络的基本组成部分是（　　）。

A．激活函数　　B．神经元

C．偏置项　　D．权重

6-3　什么情况使用恒等函数？什么情况使用 Softmax 函数？

6-4　绘制“BP 神经网络入门示例”章节的网络结构示意图。

6-5　编程实现：尝试设计一种鸢尾花识别的神经网络结构，绘制网络，并将其编程实现。【提示：鸢尾花数据集是一个经典的分类问题示例，它有 3 个类别，可以用 0、1、2 来表示这 3 个类别】

第 7 章

卷积神经网络 CNN

本章思维导图

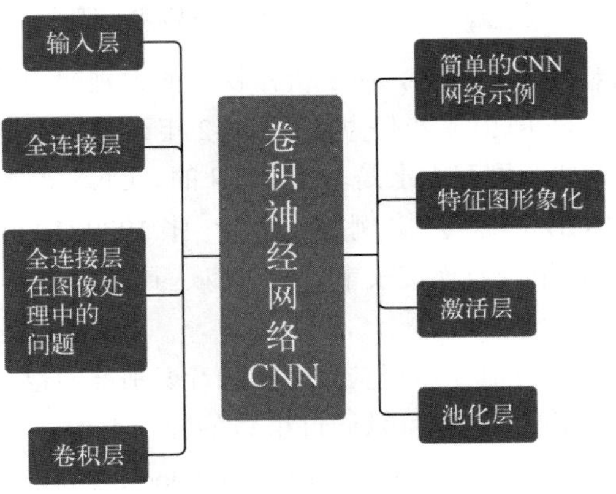

本章学习目标

1. 了解卷积层、池化层、激活层、全连接层的意义；
2. 了解特征图的形象化；
3. 掌握卷积神经网络的基本思想；
4. 掌握简单的 CNN 网络搭建方法。

在介绍卷积神经网络（Convolutional Neural Network，CNN）之前，我们要先提到李飞飞教授。自 2007 年开始，她投入了大量人力资源，通过各种方式（如网络抓取、人工标注和亚马逊众包平台）收集了超过 1500 万张图像数据，涵盖了约 22000 个类别。基于这些数据，从 2010 年开始，举办了 ImageNet 大规模视觉识别挑战赛（ILSVRC），该比赛有多个测试项目，其中之一是“类别分类”（classification），要求对 1000 个类别进行分类，并测量识别精度。图 7.1 展示了从 2010 年到 2017 年获胜队伍的成绩情况。在此比赛中，将预测的概率前 5 中出现的正确解视为“正确”，并通过曲线图表示错误识别率。这个比赛促进了深度学习在图像识别领域的快速发展。

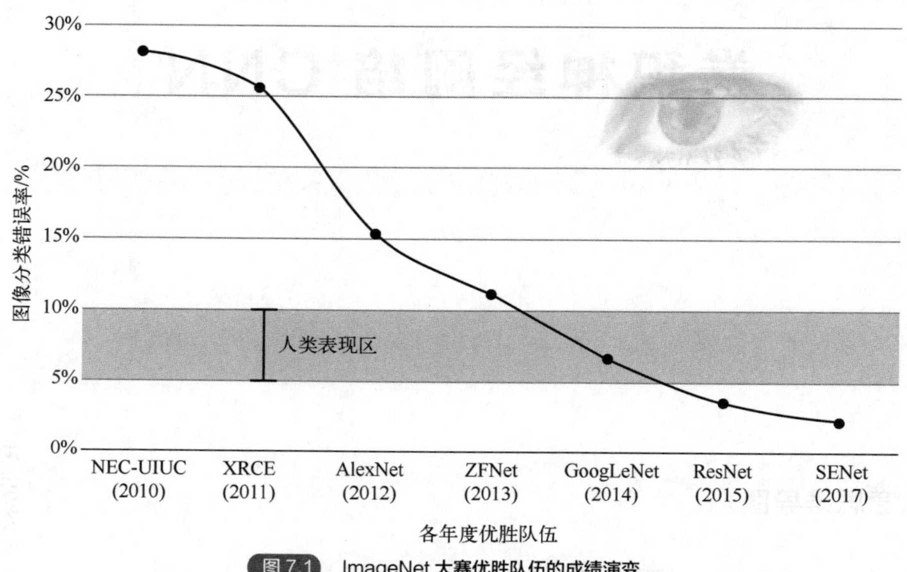

图 7.1 ImageNet 大赛优胜队伍的成绩演变

由图 7.1 可以看出，自 2015 年开始，由于机器视觉的识别能力已经超越了人类，并且很难再有更大的提升空间，该比赛于 2017 年停办。从 2012 年开始，参赛者提出了一些非常经典的卷积神经网络模型，并且这些模型基本上是基于 CNN 的。CNN 的一个重要作用是可以减少参数的数量，并保持图像的 RGB 三维属性。例如，对于一张 1000×1000 的图像，即有 10^6 个像素，当隐藏层也有 10^6 个节点时，第一层连接权重的数量将达到 10^{12} 级别。CNN 可以减少参数规模并加快训练速度。

CNN 不仅在图像识别领域得到了广泛应用，在语音识别方面也发挥了重要作用。与之前介绍的神经网络类似，CNN 的网络结构可以通过组装各种层来构建，就像搭积木一样。不过，CNN 中引入了卷积层（convolutional layer）和池化层（pooling layer）。下面将详细介绍卷积层和池化层，但在此之前，先让我们看看如何通过组装层来构建 CNN。

7.1 输入层

对于神经网络，最先接触的就是输入层（input layer），通常该层对接收的数据会做一些处理，如去均值（把输入数据各个维度都中心化为 0，避免数据过多偏差，影响训练效果）、归一化（把所有的数据都归一到同样的范围）、PCA 等。而 CNN 最常用的就是“去均值”，比较有名的两个 CNN 网络（AlexNet 和 VGG）就使用了去均值，只是处理方式有点不同而已：

① AlexNet：训练集中有 100 万张图片，对每个像素点求均值，得到均值图像，当训练时用原图减去均值图像。

② VGG：对所有输入在三个颜色通道 R、G、B 上取均值，得到 3 个值，当训练时减去对应的颜色通道均值。

7.2 全连接层

之前介绍的神经网络中，相邻层的所有神经元之间都有连接，这称为全连接（fully connected）层。全连接层也称为密集连接层或线性层，是神经网络中常见的一种层类型。在全连接层中，每个神经元与上一层的所有神经元都有连接，每个输入都会与该层的每个神经元进行加权求和，并通过激活函数进行非线性转换。全连接层可以将输入数据映射到输出空间，并且在训练过程中可以学习到权重和偏置参数，以适应特定的任务。

affine 层（仿射层）是全连接层的一种特例，它是一种线性变换层。在 affine 层中，每个神经元与上一层的所有神经元相连，但没有激活函数。输入数据与权重矩阵相乘，并加上偏置向量，得到输出结果。因此，affine 层可以看作全连接层的简化形式，其只包含线性变换，没有非线性激活。

在实际使用中，全连接层通常包括一个 affine 层和一个激活函数，如 ReLU、Sigmoid 等。这样可以引入非线性特征，增强神经网络的表达能力。

一个 4 层的全连接的神经网络可通过图 7.2 所示的网络结构来实现。

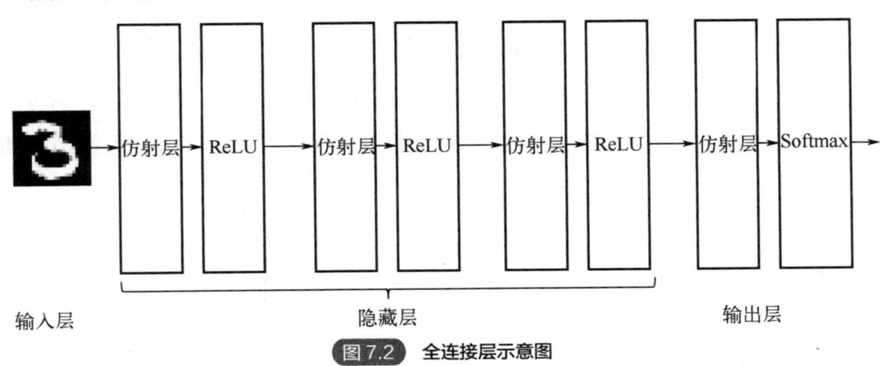

图 7.2 全连接层示意图

如图 7.2 所示，全连接的神经网络中，affine 层后面跟着激活函数 ReLU 层（或者 Sigmoid 层）。这里堆叠了 3 层“仿射层-ReLU”组合，然后第 4 层是 affine 层，最后由 Softmax 层输出最终结果（概率）。

7.3 全连接层在图像处理中的问题

全连接层存在什么问题呢？那就是数据的形状被“忽视”了。比如，输入数据是图像时，图像通常是高、长、通道方向上的三维形状。但是，向全连接层输入时，需要将三维数据拉平为一维数据。实际上，前面提到的使用了 MNIST 数据集的例子中，输入图像就是 1 通道、高 28 像素、长 28 像素的（1，28，28）形状，但却被排成 1 列，以 784 个数据的形式输入到最开始的 affine 层（比如 6.6 节示例）。

图像是三维形状，这个形状中应该含有重要的空间信息。比如，空间邻近的像素为相似的值、RBG 的各个通道之间分别有密切的关联性、相距较远的像素之间没有什么关联等，三维形状中可能隐藏有值得提取的本质模式。但是，因为全连接层会忽视形状，将全部的输入数据作为相同的神经元（同一维度的神经元）处理，所以无法利用与形状相关的信息。

而卷积层可以保持形状不变。当输入数据是图像时，卷积层会以三维数据的形式接收输入数据，并同样以三维数据的形式输出至下一层。因此，CNN 可以（或可能）正确理解图像等具有形状的数据。

图 7.3 所示为 CNN 示意图，CNN 中新增了卷积（convolution，图中写为 Conv）层和池化（pooling）层。CNN 的层的连接顺序是“卷积层-ReLU-（池化层）”（池化层有时会被省略）。这可以理解为之前的“仿射层-ReLU”连接被替换成了“卷积层-ReLU-（池化层）”连接。

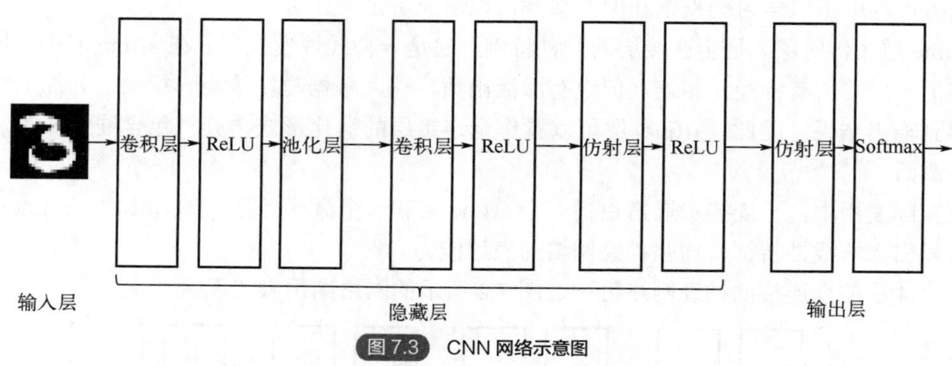

图 7.3 CNN 网络示意图

需要注意的是，在图 7.3 的 CNN 中靠近输出层的隐藏层中使用了之前的“仿射层-ReLU”组合。此外，最后的输出层中使用了之前的“仿射层-Softmax”组合。这些都是 CNN 中比较常见的结构。

7.4 卷积层

关于卷积的内容在数字图像预处理里面已经介绍，图像的卷积过程大致为：将卷积核放在输入图像的某个像素位置上，并将卷积核与输入图像对应位置的像素值相乘，然后将乘积相加得到输出图像的一个像素值，如图 7.4 所示。最后通过滑动卷积核使整个图像进行卷积运算，即可得到卷积后的新图像。当然，其中还会涉及边界填充和滑动步幅等相关操作。填充是在输入数据周围增加额外的像素，以便在边缘位置也能进行卷积运算。填充可以控制输出特征图的尺寸，并且有助于保留输入数据边缘信息。步幅（stride）定义了卷积核在输入数据上每次要滑动的距离。步幅越大，输出卷积后的新图像尺寸就越小；步幅越小，输出卷积后的新图像尺寸就越大。

假设输入图像（特征图）大小为（H,W），卷积核（滤波器）大小为（FH,FW），输出特征图大小为（OH,OW），填充为 P，步幅为 S。此时，输出特征图的大小可计算如下：

$$OH = \frac{H - FH + 2P}{S} + 1$$

$$OW = \frac{W - FW + 2P}{S} + 1$$

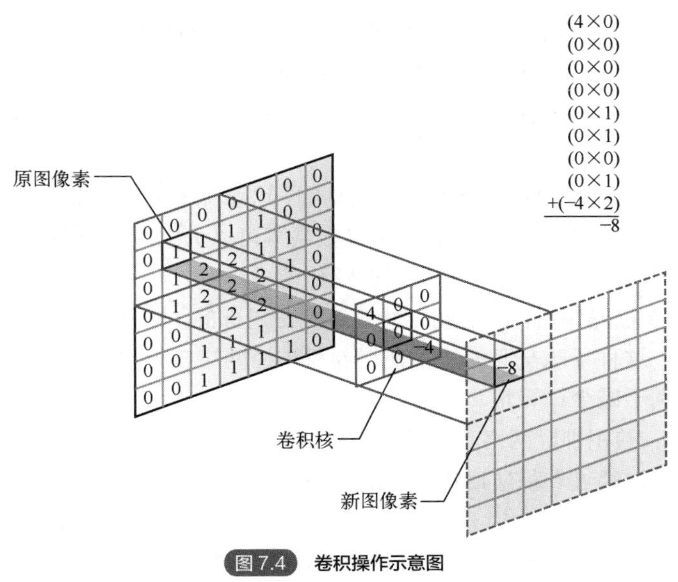

图 7.4　卷积操作示意图

卷积在数字图像处理中的作用：

① 图像增强：卷积可以通过应用不同的滤波器来提高图像质量，如去除噪声、增加对比度、锐化等。这些操作可以使得图像更具有可视化效果和美观性。

② 滤波：卷积可以用于图像滤波，如平滑滤波、高斯滤波等。这些滤波器可以平滑图像并减少图像噪声，从而提高图像的质量。

③ 边缘检测：卷积可以用于边缘检测，通过应用 Sobel、Prewitt、Laplacian 等卷积核来检测图像中的边缘和轮廓信息。这些边缘检测器可以帮助我们找出图像中的特征和对象，并在计算机视觉应用中发挥重要作用。

④ 特征提取：卷积可以用于特征提取，如纹理特征等。这些特征可辅助机器学习算法进行分类或回归。

比如图 7.5 中，图（a）为均值滤波卷积核，图（b）为高斯滤波卷积核，图（c）为锐化卷积核，图（d）为 Prewitt 算子水平边缘检测卷积核。当然，通过卷积核的组合也可以得到具有新功能的卷积核，比如图像经过图 7.6 所示的卷积核后也可以实现图像的锐化操作，其原因为：由于原图−（原图*均值滤波核）→边缘轮廓线，所以原图+边缘轮廓线→锐化，故原图+［原图−（原图*均值滤波核）］→锐化，化简得，原图×2−（原图*均值滤波核）→锐化，即原图*（仅中心为 2 的卷积核−均值滤波核）→锐化。

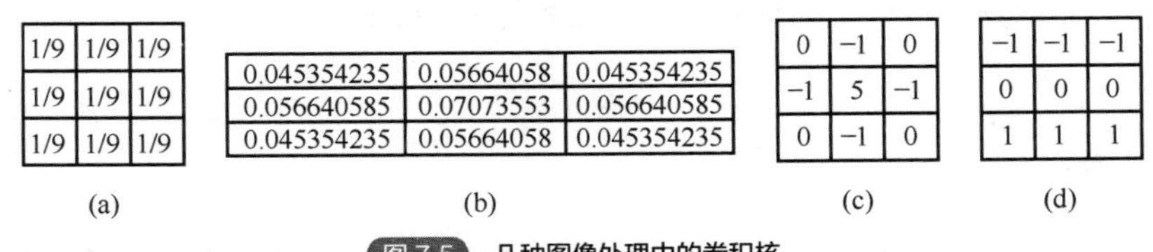

1/9	1/9	1/9
1/9	1/9	1/9
1/9	1/9	1/9

(a)

0.045354235	0.05664058	0.045354235
0.056640585	0.07073553	0.056640585
0.045354235	0.05664058	0.045354235

(b)

0	−1	0
−1	5	−1
0	−1	0

(c)

−1	−1	−1
0	0	0
1	1	1

(d)

图 7.5　几种图像处理中的卷积核

在图像处理中使用的卷积核均是人为设计出来的，而深度学习的神经网络中对应卷积层中的卷积核参数是由“机器学习”得来的，它在深度学习中具有重要作用，主要包括以下几个方面：

0	0	0
0	2	0
0	0	0

−

1/9	1/9	1/9
1/9	1/9	1/9
1/9	1/9	1/9

图 7.6　一种组合的锐化卷积核

① 特征提取：卷积层通过滤波器（卷积核）的卷积操作，可以提

取输入数据中的特征。这些特征可以是边缘、纹理、形状等低级特征，也可以是更加抽象和高级的特征，如图像中的角点、边界等。卷积层的输出结果称为特征映射，也叫作输出特征图（feature map）。每个卷积核都会生成一个独立的特征映射，通过使用不同大小和类型的卷积核，可以获取不同的特征信息。

② 参数共享：卷积层中的卷积核参数是共享的，这意味着同一个卷积核在输入的不同位置进行卷积操作时所使用的参数是相同的。这种参数共享可以大大减少模型需要学习的参数数量，降低模型的复杂度，同时也有利于提高模型的泛化能力。

③ 稀疏交互：卷积操作后，神经元之间的连接是局部的，即每个神经元只与输入数据的一小部分区域有连接。这种稀疏交互的特性使得卷积神经网络在处理大规模高维数据时具有一定的优势，同时也有利于减少计算量。

④ 平移不变性：卷积神经网络具有平移不变性，即对输入数据的平移不敏感。这意味着如果输入数据发生平移，经过卷积层后提取到的特征仍然是一致的，这种性质在处理图像、语音等数据时非常重要。

卷积层的作用是通过学习合适的卷积核权重，从输入数据中提取出不同层次的特征信息。这些特征对于后续的任务（如分类、目标检测等）非常重要。因此，卷积层是深度学习中非常常用的一种层类型，广泛应用于计算机视觉和自然语言处理等领域。

进行卷积的时候需要注意一点，那就是三维数据的卷积运算。前期人为设置参数的时候RGB 三通道一般是相同的卷积核，并且采用的是 filter2D 二维卷积运算，故对 RGB3 个通道分别卷积后还是“RGB 三通道的三维图像”。但如果进行三维卷积就不一样了。对三维数据进行卷积运算时需保证卷积核也是三维的。通常会按通道进行输入数据和卷积核的卷积运算，并将三个通道结果相加，从而得到输出，因此输出是二维的。如图 7.7 所示，卷积核为 3×3×3，步幅为 1，不做边界填充的三维卷积。可以将 3×3×3 的滤波器想象为一个三维的立方体，为了计算立方体滤波器在输入图像上的卷积操作，首先将这个三维的滤波器放到左上角，让三维滤波器的 27 个数依次乘以红绿蓝 3 个通道中的像素数据，即滤波器的前 9 个数乘以红色通道中的数据，中间 9 个数乘以绿色通道中的数据，最后 9 个数乘以蓝色通道中的数据。将这些数据加起来就得到输出像素的第一个元素值。同理，滑动卷积核对图像做全局运算就可以得到一张特征图。如果对这个原图用不同的卷积核进行运算，将会得到与卷积核个数相等的特征图。

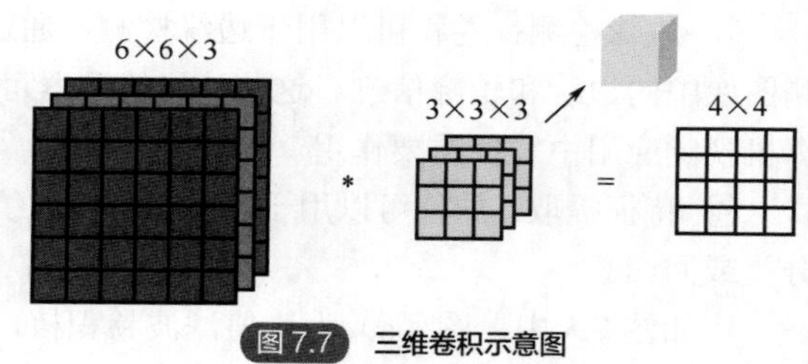

图 7.7 三维卷积示意图

7.5 池化层

池化层是缩小高、长方向上的空间的运算。如图 7.8 所示，将 4×4 的区域缩成 2×2 大小。池化层有时也称为下采样层。

图 7.8 的例子是按步幅 2 进行 2×2 的 Max 池化（最大池化），左图为原图，右图为池化结果，同一种颜色对应的是 Max 池化前后数值。“Max 池化”是从目标区域获取最大值的运算，2×2

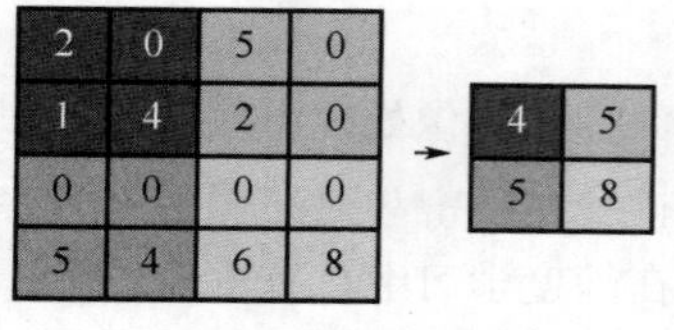

Max 池化示例

表示目标区域的大小，即从 2×2 的区域中取出最大的元素。此外，这个例子中将步幅设为了 2，所以 2×2 的窗口的移动间隔为 2 个元素。一般来说，池化的窗口大小会和步幅设定成相同的值，如 3×3 的窗口步幅会设为 3，4×4 的窗口步幅会设为 4。如果步幅和窗口大小不同，计算公式为：

$$OH = \frac{H - PH}{S} + 1$$

$$OW = \frac{W - PW}{S} + 1$$

其中，池化窗口大小为（PH,PW）。

除了最大池化之外，还有平均池化等。最大池化是从目标区域中取出最大值，平均池化则是计算目标区域的平均值。在图像识别领域，主要使用最大池化。因此，本书中说到“池化层”时指的是最大池化。

池化层和卷积层不同，没有要学习的参数。池化只是从目标区域中取最大值（或者平均值），所以不存在要学习的参数。经过池化运算，输入数据和输出数据的通道数不会发生变化，即池化的计算是按通道独立进行的。输入数据发生微小偏差时，池化仍会返回相同的结果。因此，池化对输入数据的微小偏差具有鲁棒性（健壮）。

池化层不仅能够最大限度地提取输入特征图的核心特征，还能够对输入的特征图进行压缩。

7.6　激活层

在卷积神经网络（CNN）中，激活层是紧跟在卷积层后面的一种层类型，用于引入非线性特性以及增强网络的表示能力。常见的激活函数包括 ReLU、Sigmoid、Tanh 等函数。这些激活函数被添加到 CNN 的每个卷积层或全连接层的后面，通过引入非线性变换，使得网络可以学习更加复杂的特征表示。激活函数的选择对于网络的训练和性能都有很大的影响，因此在设计 CNN 时需要谨慎选择合适的激活函数。

7.7　特征图形象化

特征图形象化即能够看到图像经过卷积之后结果，可帮助理解卷积核的作用、帮助理解卷积核是如何感受图像的。在卷积神经网络中，每一层输出的特征图上的像素点在原始图像上映射的区域大小称为感受野。

一个卷积核与输入图像进行卷积可以得到一张特征图，一般同一层中要用多个卷积核得到多张特征图，同时还要进行多层卷积运算以得到更深层次的特征图。图 7.9 是一个卷积神经网络进行分类的示例。由图 7.9 可知，低层的特征图似乎对颜色、边缘、线条、斑点等信息感兴趣；随着层数的加深，逐渐抽象出了纹理信息；继续增加层数，则卷积核输出的内容逐渐成了符合人类认知的局部细节图。即，越深层次的卷积核输出的特征图，对应感兴趣的内容就越抽象，也越复杂；层数越深，空白的内容可能越多，这些空白的卷积核没有在输入图像中找到它们想要的特征。所以说层数增加不一定有助于提升识别效果。

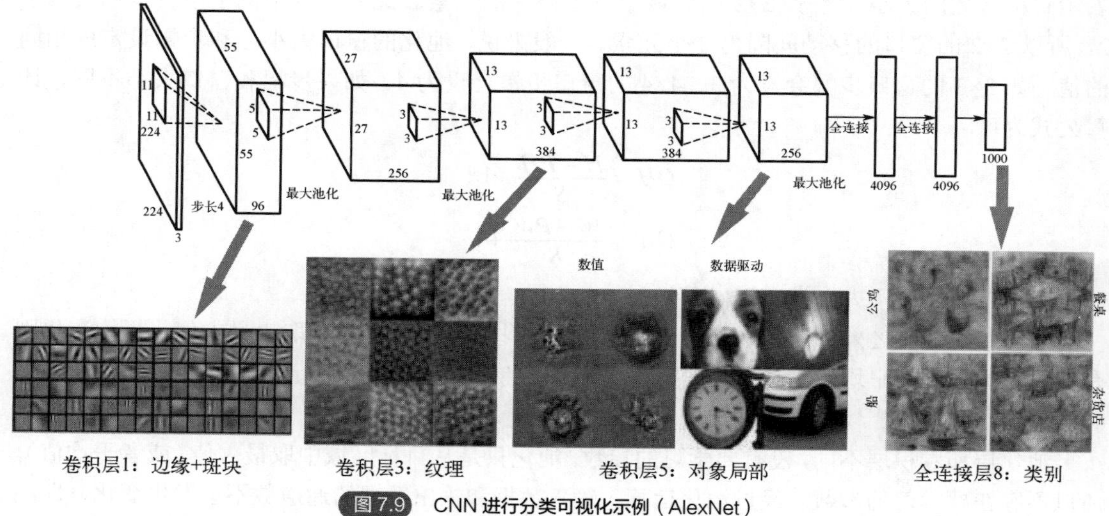

图 7.9 CNN 进行分类可视化示例（AlexNet）

1981 年，诺贝尔生理学或医学奖颁发给了 David Hubel，一位神经生物学家。他的主要研究成果是发现了视觉系统信息处理机制，证明大脑的可视皮层是分级的。他认为人的视觉功能主要是抽象和迭代。抽象就是把有具体形象的元素，即原始的光线像素等信息，抽象成有意义的概念。这些有意义的概念又会往上迭代，变成更加抽象、人可以感知到的抽象概念。

像素是没有抽象意义的，但人脑可以把这些像素连接成边缘，边缘相对像素来说就变成了比较抽象的概念；边缘进而形成球形，球形然后到气球，又是一个抽象的过程，大脑最终就知道看到的是一个气球。图 7.10 是人脑从像素抽象迭代出人脸的示意图，这与卷积神经网络的过程类似，但人脑没有冗余，卷积神经网络想要达到人脑的性能，还需要很长时间的发展。

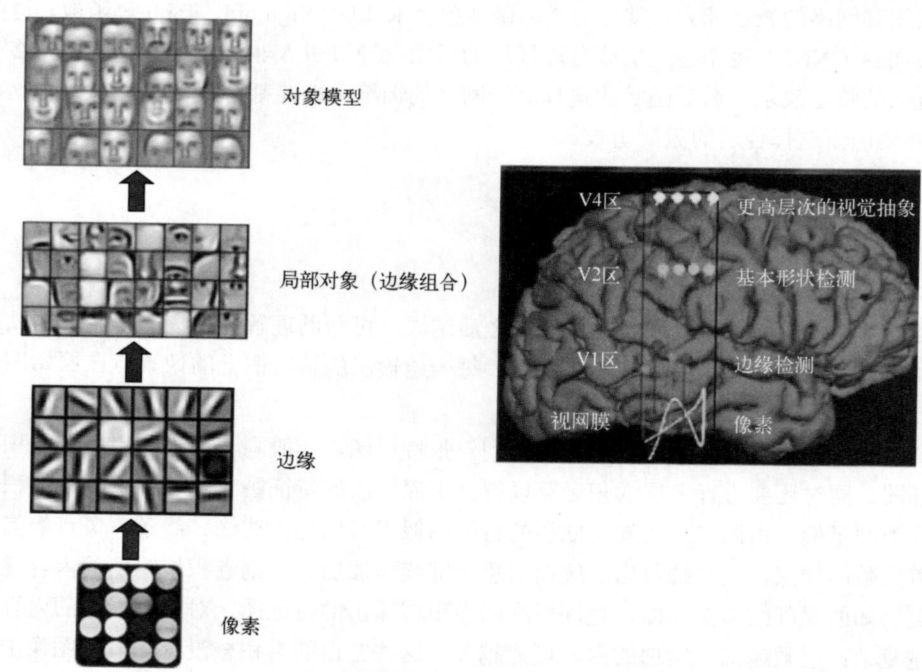

图 7.10 像素到人脸的抽象迭代过程

7.8　简单的 CNN 网络示例

同 6.10 节一样，本节建立手写数字识别的 CNN 神经网络示例。该网络包括输入层（将二维 28 像素×28 像素图像直接输入）、隐藏层（包括卷积层和最大池化层各一层，卷积层输出了 16 张特征图，隐藏层含 ReLU 激活）、输出层（10 个类别，即 0～9）三层。读者可大致浏览下面的示例程序，不用刻意逐行解读。6.10 节使用简单的 BP 神经网络模型，准确率达到了 97.59%（错误率 2.41%），而这里使用了 CNN，准确率又进一步提高到了 98.19%（错误率 1.81%），尽管只有一点点进步，但相对错误率降低了(2.41%−1.81%)/2.41%=24.9%，效果还是可观的。

示例：

```
import torch
import torch.nn as nn
import torch.optim as optim
import torchvision.transforms as transforms
from torchvision.datasets import MNIST
from torch.utils.data import DataLoader
# 定义单层卷积神经网络模型
class ConvNet(nn.Module):
    def __init__(self, input_size, num_classes):
        super(ConvNet, self).__init__()
        self.conv1 = nn.Conv2d(1, 16, kernel_size=3, stride=1, padding=1)
        self.pool = nn.MaxPool2d(kernel_size=2, stride=2)
        self.relu = nn.ReLU()
        self.fc = nn.Linear(16 * 14 * 14, num_classes)
    def forward(self, x):
        out = self.conv1(x)
        out = self.pool(out)
        out = self.relu(out)
        out = out.view(out.size(0), -1)
        out = self.fc(out)
        return out
# 设置设备
device = torch.device('cuda' if torch.cuda.is_available() else 'cpu')
# 超参数设置
input_size = 28  # 输入图像大小为28×28
num_classes = 10
learning_rate = 0.001
batch_size = 64
num_epochs = 5
# 加载数据集
transform = transforms.Compose([
    transforms.ToTensor(),
    transforms.Normalize((0.5,), (0.5,))
])
train_dataset = MNIST(root='./data', train=True, transform=transform, download=True)
test_dataset = MNIST(root='./data', train=False, transform=transform)

train_loader = DataLoader(dataset=train_dataset, batch_size=batch_size, shuffle=True)
test_loader = DataLoader(dataset=test_dataset, batch_size=batch_size, shuffle=False)
```

```
    # 初始化模型
    model = ConvNet(input_size, num_classes).to(device)
    # 定义损失函数和优化器
    criterion = nn.CrossEntropyLoss()
    optimizer = optim.Adam(model.parameters(), lr=learning_rate)
    # 训练模型
    total_step = len(train_loader)
    for epoch in range(num_epochs):
        for i, (images, labels) in enumerate(train_loader):
            images = images.to(device)
            labels = labels.to(device)
            # 前向传播
            outputs = model(images)
            loss = criterion(outputs, labels)
            # 反向传播和优化
            optimizer.zero_grad()
            loss.backward()
            optimizer.step()
            if (i+1) % 100 == 0:
                print(f'Epoch [{epoch+1}/{num_epochs}], Step [{i+1}/{total_step}], Lo
ss: {loss.item():.4f}')
    # 测试模型
    with torch.no_grad():
        correct = 0
        total = 0
        for images, labels in test_loader:
            images = images.to(device)
            labels = labels.to(device)
            outputs = model(images)
            _, predicted = torch.max(outputs.data, 1)
            total += labels.size(0)
            correct += (predicted == labels).sum().item()
        print(f'Accuracy of the network on the 10000 test images: {100 * correct / to
tal}%')
```

输出结果为：

```
Epoch [1/5], Step [100/938], Loss: 0.4160
…
Epoch [5/5], Step [800/938], Loss: 0.0340
Epoch [5/5], Step [900/938], Loss: 0.0798
Accuracy of the network on the 10000 test images: 98.19%
```

本章小结

- 卷积神经网络（CNN）不仅在图像识别领域得到了广泛应用，而且在语音识别方面也发挥了重要作用。
- 卷积神经网络与前文的 BP 神经网络类似，但前者引入了卷积层和池化层。
- 卷积神经网络中输入层的图像可采用去均值、归一化、PCA 等方法进行处理。

- 全连接层指的是相邻层的所有神经元之间都有连接，也称为密集连接层或线性层。仿射层（affine）是全连接层的一种特例，它是一种线性变换层，即没有激活函数。全连接层通常包括一个 affine 层和一个激活函数。
- 全连接层在处理图像问题时，图像的形状会被“忽视”，而卷积层可以保持形状特性。
- 卷积层的实现过程与传统图像进行卷积处理过程类似。不同之处在于传统图像进行卷积的卷积核权重值是人为设置的，卷积神经网络的卷积核权重是通过学习得到的。
- RGB 三通道的三维图像数据通过一个三维卷积核一次卷积运算后得到的是单通道的二维特征图。
- 池化层也称为下采样层，是缩小高、长方向上的空间的运算，其不仅能够最大限度地提取输入特征图的核心特征，还能够对输入的特征图进行压缩。常用的有最大池化和平均池化两种方式。池化层和卷积层不同，没有需要学习的参数。
- 池化的计算是按通道独立进行的，所以三维图像（特征图）池化后还是三维的。
- 激活层与 BP 神经网络的激活层一致。
- 卷积神经网络中，每层输出的特征图上的像素点在原始图像上映射的区域大小称为感受野。
- 低层的特征图似乎对颜色、边缘、线条、斑点等信息感兴趣。随着层数的加深，逐渐抽象出了纹理信息。继续增加层数，逐渐抽象成了符合人类认知的局部细节图。
- 增加层数不一定能提升识别效果。
- 卷积神经网络对于手写数字识别的效果明显优于 BP 神经网络模型。使用 PyTorch 来搭建一个卷积神经网络模型来实现手写数字识别，对理解与练习搭建卷积神经网络模型很有意义。

习题

7-1 下列关于卷积神经网络说法错误的是（　　）。

A．是目前网络深度最深、应用最成功的深度学习模型

B．卷积神经网络模拟了人类视觉信息处理的过程

C．图像的卷积，类似视觉皮层对图像进行某种特定功能的处理

7-2 卷积和池化的意义是什么？

7-3 编程实现：尝试设计一种手写数字识别的神经网络结构，绘制网络，并将其编程实现。【注：不可与文中示例相同，数据集采用本书提供的图片集，可参考 K 最近邻算法章节所述示例读取文件】

第8章

经典神经网络结构分析

本章思维导图

本书配套资源

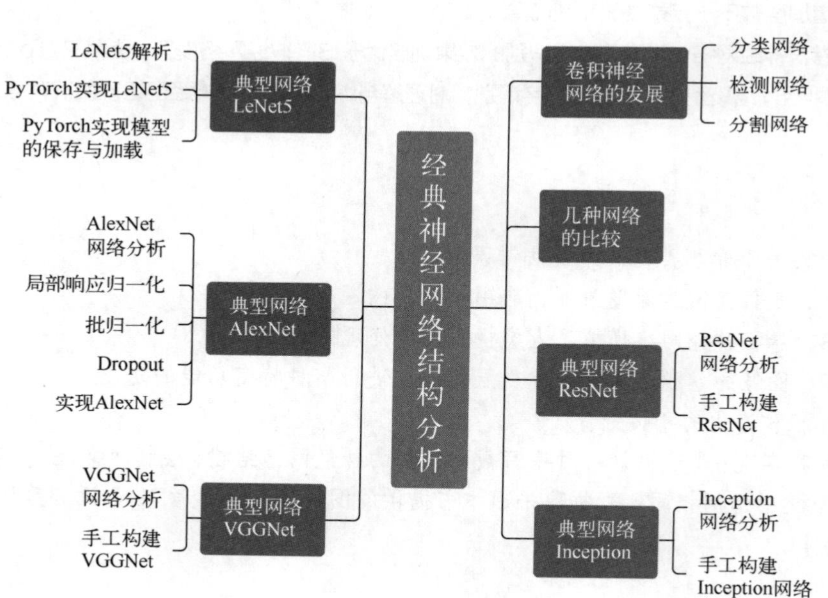

本章学习目标

1. 了解并熟悉典型网络结构及原理。
2. 了解典型网络构成思想，培养创新精神。

一个经典的神经网络一般包括三个层次：输入层、输出层和中间层（也叫隐藏层）。输入层和输出层一般有固定的神经单元，隐藏层是发挥作用的核心层，它直接影响着输出结果。隐藏层的层数和神经元数没有通用的公式可供参考，通常由设计者根据经验和实践来确定。由此，本章就 ImageNet 大规模视觉识别挑战赛中的几种典型的神经网络结构逐一分析，以供读者学习和研究。

8.1 典型网络 LeNet5

8.1.1 LeNet5 解析

LeNet 是由 LeCun 在 1989 年提出的，是第一个真正意义上的卷积神经网络模型。目前被使用最多的是在 1998 年出现的 LeNet 的改进版本 LeNet5。作为卷积神经网络模型的先驱，LeNet5 最先被用于处理计算机视觉问题，其在识别手写字体的准确性方面取得了非常好的成绩。如图 8.1 所示是 LeNet5 卷积神经网络的网络架构。

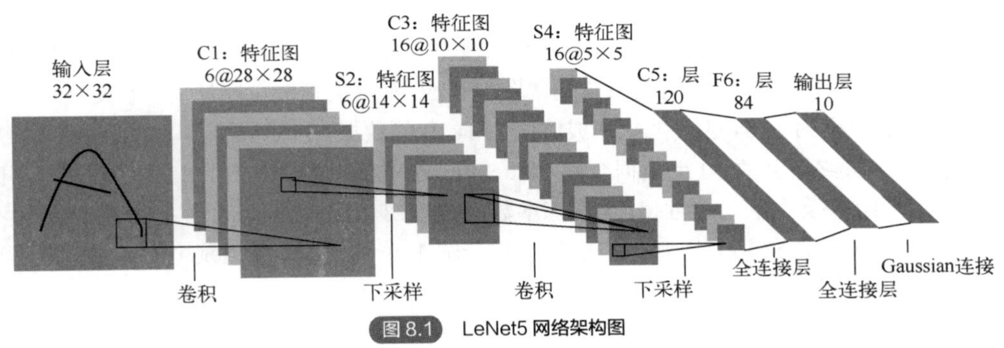

图 8.1　LeNet5 网络架构图

图 8.1 中原始输入图像的大小是 32×32，卷积层用 C*x* 表示，下采样层（pooling）用 S*x* 表示，全连接层用 F*x* 表示，*x* 代表层数。可见，该网络一共有 5 层（不包括输入层与输出层），并且卷积都是 5×5 的 filter（滤波器），步长为 1，池化方式都是最大池化，池化之前 ReLU 激活，FC5 与 FC6 后 ReLU 激活。各层说明如下：

① 输入层。LeNet5 卷积神经网络的默认输入数据必须是维度为 32×32×1 的图像，即输入的是高度和宽度均为 32 的单通道图像。

② C1 层为卷积层。6@28×28 表示用了 6 个卷积核与原始的输入图像进行卷积得到的 6 个特征图（feature map）。因 LeNet5 的每个卷积核的大小为 5×5，步幅为 1，不做边界填充（padding），所以得到 6 张特征图(卷积后的图像)的大小为 28×28×6。故 6 个卷积核对应的参数的个数为(5×5+1)×6=156（其中 5×5 为卷积核参数，1 为偏置参数），训练的参数数量为(5×5+1)×6×(28×28)=122304。

③ S2 层为池化层（或下采样层）。该层实现的是特征映射的过程，经过池化层后还是 6 个特征图，但每个特征图的大小变成了 14×14（池化的目标区域大小为 2×2，步幅为 2）。所以本层输出的特征图的大小为 14×14×6。

④ C3 层为卷积层。为 LeNet5 的第 2 个卷积层，因为输入的特征图维度是 14×14×6，所以使用的卷积核也变成了三维，卷积核大小为 5×5×6（卷积核的深度必须要和输入特征图的深度

一致），步长依旧为 1，不做边界填充。因此得到最后输出的特征图的高度×宽度为 10×10（卷积会将三维压缩为二维，即卷积会将深度改为 1）。16@10×10 说明深度为 16，即用了 16 个 5×5×6 的卷积核与 14×14×6 的特征图进行卷积得到 16 张特征图，所以最后得到特征图大小为 10×10×16。训练的参数数量为(10×10×16)×(5×5+1)= 41600。

⑤ S4 层为池化层（或下采样层）：为第 2 个池化层，同样使用最大池化，这时的输入特征图是 C3 层输出的维度为 10×10×16 的特征图，对最大池化层的目标区域选择 2×2×16，步长为 2，最后得到输出的特征图大小为 5×5×16（池化不改变深度）。

⑥ C5 层为卷积层。这一层可以看作 LeNet5 的第 3 个卷积层，因为该层也使用了卷积核，卷积核的大小为 5×5×16，步长依旧为 1，不做边界填充。是前面的下采样层和后面全连接层的一个中间层。这个卷积层要求最后输出深度为 120，说明需要进行 120 次卷积，最后得到的特征图大小为 1×1×120。训练参数的数量：(5×5×16)×120+120 = 48120[连接权重个数(5×5×16)×120，偏置个数 120]。

⑦ F6 层为全连接层。为 LeNet5 的第 1 个全连接层，该层的输入数据是大小为 1×1×120 的特征图，输出深度为 84。所以本层要完成的任务就是对输入的特征图进行压缩，只需要将输入的特征图改写为 1×120 再与 120×84 做矩阵相乘即可得到 1×84 的特征图。训练参数的数量：120×84+84 = 10164（连接权重个数 120×84，偏置个数 84）。

⑧ 输出层。因为 LeNet5 是用来解决分类问题的，所以需要根据输入图像判断图像中手写字体的类别（数字 0～9），输出的结果是输入图像对应 10 个类别的可能性值，在此之前需要先将 F6 层输入的维度为 1×84 的数据压缩成维度为 1×10 的数据，同样依靠 1×84 与 84×10 的矩阵相乘来完成。将最终得到的 10 个数据全部输入 Softmax 激活函数中，得到的就是模型预测的输入图像所对应 10 个类别的可能性值了。训练参数的数量：84×10+10 = 850（连接权重个数 84×10，偏置个数 10）。LeNet5 最初采用 Gaussian 连接用于输出 0～9 这 10 个类别中的一类，但是目前 Gaussian 连接已经被全连接层或 Softmax 层取代。

8.1.2 PyTorch 实现 LeNet5

首先构建 LeNet5 的类，详细实现代码如下：

```
import torch.nn as nn
import torch
#定义 LeNet5 模型
class LeNet5(nn.Module):
    def __init__(self, in_dim=1, n_class=10):
        super(LeNet5, self).__init__()#super:LeNet5 继承父类 nn.Model 的属性
        self.features = nn.Sequential(
            nn.Conv2d(in_dim, 6, 5,padding=2),#原始为 32×32 图像，现在 MINIST 为 28×28，
所以做了填充 2
            nn.ReLU(True),
            nn.MaxPool2d(2, 2),
            nn.Conv2d(6, 16, 5),
            nn.ReLU(True),
            nn.MaxPool2d(2, 2))
        self.classifier = nn.Sequential(
            nn.Conv2d(16, 120, 5),
            nn.ReLU(inplace=True),
```

```
            nn.Linear(120, 84),
            nn.ReLU(inplace=True),
            nn.Linear(84, n_class))
    def forward(self, x):
        x = self.features(x)#2 次：卷积→ReLU→池化
        x = torch.flatten(x, 1)
        x = self.classifier(x)#全连接→ReLU→全连接→ReLU→全连接
        return x

# 实例化 LeNet 模型
model = LeNet5(in_dim=1, n_class=10)
# 打印模型结构
print(model)
```

输出结果为：

```
LeNet5(
  (features): Sequential(
    (0): Conv2d(1, 6, kernel_size=(5, 5), stride=(1, 1), padding=(2, 2))
    (1): ReLU(inplace=True)
    (2): MaxPool2d(kernel_size=2, stride=2, padding=0, dilation=1, ceil_mode=False)
    (3): Conv2d(6, 16, kernel_size=(5, 5), stride=(1, 1))
    (4): ReLU(inplace=True)
    (5): MaxPool2d(kernel_size=2, stride=2, padding=0, dilation=1, ceil_mode=False)
  )
  (classifier): Sequential(
    (0): Conv2d(16, 120, kernel_size=(5, 5), stride=(1, 1))
    (1): ReLU(inplace=True)
    (2): Linear(in_features=120, out_features=84, bias=True)
    (3): ReLU(inplace=True)
    (4): Linear(in_features=84, out_features=10, bias=True)
  )
)
```

以上代码定义了一个 LeNet5 模型，该模型是一个经典的卷积神经网络，用于处理图像分类任务。对以上代码说明如下：

① 导入必要的库。torch.nn 用于构建神经网络模型，torch 用于其他相关操作。

② 定义 LeNet5 类，并继承 nn.Module。nn.Module 是 PyTorch 中所有神经网络模型的基类。

③ 在 LeNet5 的初始化函数__init__()中定义了模型的结构。该函数接收两个参数：in_dim 表示输入数据的通道数，默认为 1（灰度图像）；n_class 表示分类的类别数，默认为 10（MNIST 数据集中的手写数字 0～9）。

④ self.features 是一个包含卷积层和池化层的序列容器（sequential）。其中包含以下层：

- nn.Conv2d(in_dim, 6, 5, padding=2)：输入通道数为 in_dim，输出通道数为 6，卷积核大小为 5×5，填充为 2。这里要说明一下，原始的 LeNet5 图像大小是 32×32，而接下来的示例 MNIST 数据集中图片大小为 28×28，所以这里做了填充为 2 的操作，以保证后续的大小符合原始网络。
- nn.ReLU(True)：ReLU 激活函数。
- nn.MaxPool2d(2, 2)：2×2 的最大池化层。
- nn.Conv2d(6, 16, 5)：输入通道数为 6，输出通道数为 16，卷积核大小为 5×5。
- nn.ReLU(True)：ReLU 激活函数。

- nn.MaxPool2d(2, 2)：2×2 的最大池化层。

⑤ self.classifier 是一个包含全连接层的序列容器。其中包含以下层：

- nn.Linear(16*5*5, 120)：输入大小为 16×5×5，输出大小为 120。
- nn.ReLU(inplace=True)：ReLU 激活函数。
- nn.Linear(120, 84)：输入大小为 120，输出大小为 84。
- nn.ReLU(inplace=True)：ReLU 激活函数。
- nn.Linear(84, n_class)：输入大小为 84，输出大小为 n_class（分类的类别数）。

⑥ forward()方法定义了模型的前向传播过程。输入数据经过 self.features()进行特征提取，然后通过 torch.flatten()将特征展平成一维向量，最后通过 self.classifier()进行分类。

⑦ 通过实例化 LeNet5 类，可以得到一个 LeNet5 模型实例 model，打印出模型的结构。

构建好 LeNet5 类后，需要加载 MNIST 数据集。可以使用 PyTorch 中的 torchvision 库来加载数据集。加载数据集的代码示例如下：

```
from torchvision import transforms,datasets
# 准备数据
train_dataset = datasets.MNIST(root='./data',train=True,transform=transforms.ToTe
nsor(),download=True)
test_dataset = datasets.MNIST(root='./data',train=False,transform=transforms.ToTe
nsor())
train_loader = torch.utils.data.DataLoader(train_dataset,batch_size=64,shuffle=True)
test_loader = torch.utils.data.DataLoader(test_dataset,batch_size=64,shuffle=False)
```

在这个示例中，使用了 torchvision.datasets.MNIST 类来加载数据集，并定义了数据预处理操作 transform，用于将输入数据转换为张量并归一化。然后，使用 torch.utils.data.DataLoader 类来创建数据加载器，以便在模型训练和测试时批量加载数据。注意，首次加载时候会从网络下载数据到当前目录的 data 文件夹内，所以需要先联网或先准备好数据集并放到此目录内。

8.1.3 PyTorch 实现模型的保存与加载

(1) 模型的保存 (pth 文件)

本节使用上一节的 LeNet5 模型来训练和测试 MNIST 数据集，并将参数结果保存起来供后期使用。以下是相关代码：

```
from torch import optim
# 构造损失函数和优化器
criterion = nn.CrossEntropyLoss()# 交叉熵损失函数
optimizer = optim.SGD(model.parameters(),lr=0.001,momentum = 0.9)

#训练
for epoch in range(40):
    #train_loss=train_acc=train_len=total = 0.0
    for i,(img,label) in enumerate(train_loader):
        # 前向传播
        output = model(img)
        loss = criterion(output,label)#计算损失
        # 反向传播
        optimizer.zero_grad()#梯度清零
```

```
            loss.backward()#反向传播计算梯度
            optimizer.step()# 更新参数
        print('Finish {} epoch, Loss: {:.6f}'.format(epoch + 1, loss.item()))

    # 测试模型
    model.eval()  # 切换到评估模式而非训练模式即固定参数
    with torch.no_grad():
        correct = 0
        total = 0
        for images, labels in test_loader:
            outputs = model(images)
            _, predicted = torch.max(outputs.data, 1)  # 下画线没有实际意义，表示的是具体的
value,用其他变量表示也可以，1 表示输出所在行的最大值（axis=1）
            total += labels.size(0)  # 数据总量
            correct += (predicted == labels).sum().item()  # 总准确个数
        print('Accuracy:{:.2f}%'.format(100 * correct / total))
    # 保存模型
    torch.save(model.state_dict(), './lenet5.pth')
```

输出结果为：

```
…
Finish 1 epoch, Loss: 2.231035
Finish 2 epoch, Loss: 0.208267
Finish 3 epoch, Loss: 0.035774
Finish 4 epoch, Loss: 0.025150
…
Finish 39 epoch, Loss: 0.096353
Finish 40 epoch, Loss: 0.044925
Accuracy:98.96%
```

运行程序后在当前文件夹中生成 lenet5.pth 文件。

下面是对上述源代码的解释说明：

① 导入必要的库：torch.optim 用于优化器的构建，torch.nn.CrossEntropyLoss 用于交叉熵损失函数。

② 定义损失函数和优化器。nn.CrossEntropyLoss()为交叉熵损失函数，常用于多分类任务。optim.SGD(model.parameters(), lr=0.001, momentum=0.9)为随机梯度下降（SGD）优化器，用于更新模型的参数，学习率为 0.001，动量为 0.9。

③ 进行训练。“for epoch in range(40)”表示迭代训练 40 个 epoch。“for i,(img, label)in enumerate(train_loader)”表示遍历训练数据集。

④ 前向传播。“output = model(img)”表示输入图像进行前向传播得到输出。“loss = criterion(output, label)”：计算输出和标签之间的交叉熵损失。

⑤ 反向传播。optimizer.zero_grad()用于将优化器的梯度清零。loss.backward()用于计算反向传播梯度。optimizer.step()可根据计算的梯度更新模型的参数。

⑥ 输出每个 epoch 的训练损失。

⑦ 进行模型测试。model.eval()将模型切换到评估模式，固定参数，不进行梯度计算。

⑧ 遍历测试数据集，计算模型在测试集上的准确率。“outputs = model(images)”：输入图像进行前向传播得到输出。“_, predicted = torch.max(outputs.data, 1)”：获取输出中每个样本预测的类别。“total+= labels.size(0)”：累加测试样本的数量。“correct+=(predicted == labels).sum().item()”：统计正确预测的样本数。

⑨ 输出模型在测试集上的准确率。

⑩ 保存模型。“torch.save(model.state_dict(), './lenet5.pth')”：将模型的参数保存到文件中。

（2）模型的加载

在 PyTorch 中加载和使用保存的模型文件（.pth）有以下几个步骤：

① 定义模型结构：首先需要创建一个与训练时使用的模型结构相同的模型对象。可以通过定义相同的模型类或者使用预训练模型来实现。

② 创建模型对象：根据定义的模型结构，创建一个模型对象。

③ 加载模型参数：使用 torch.load()函数加载保存的模型参数文件（.pth）。加载的模型参数会被存储在一个字典中。

④ 将参数加载到模型中：将加载的模型参数字典中的参数加载到模型对象中，可以使用 load_state_dict()方法。

⑤ 切换到评估模式：将模型切换到评估模式，使用 model.eval()。

从本地读取一张手写图片用来识别的代码如下：

```
import torch.nn as nn
import torch
#（1）定义模型结构：定义 LeNet5 模型（同前面示例）
class LeNet5(nn.Module):
    def __init__(self, in_dim=1, n_class=10):
        super(LeNet5, self).__init__()
        self.features = nn.Sequential(
            nn.Conv2d(in_dim, 6, 5,padding=2),
            nn.ReLU(True),
            nn.MaxPool2d(2, 2),
            nn.Conv2d(6, 16, 5),
            nn.ReLU(True),
            nn.MaxPool2d(2, 2))
        self.classifier = nn.Sequential(
            nn.Linear(16*5*5, 120),
            nn.ReLU(inplace=True),
            nn.Linear(120, 84),
            nn.ReLU(inplace=True),
            nn.Linear(84, n_class))
    def forward(self, x):
        x = self.features(x)#2 次：卷积→ReLU→池化
        x = torch.flatten(x, 1)
        x = self.classifier(x)
        return x

# 读取图片，并转换成 tensor[batch_size,channels,height,width]，具体[1, 1, 28, 28]
import cv2
from torchvision import transforms
img = cv2.imread('d3.jpg',0)
cv2.imshow('d3',img)
```

```
img1 = cv2.resize(img,(28,28))
n2t = transforms.ToTensor()#转为 tensor
img1 = n2t(img1)
img1 = img1.resize(1, 1, 28, 28)#或 img1 = img1.view(1, 1, 28, 28)

#（2）创建模型对象
model = LeNet5()
#（3）加载模型参数
torch.load('lenet5.pth')
#（4）将参数加载到模型中
model.load_state_dict(torch.load('lenet5.pth'))
#（5）切换到评估模式
model.eval()
outputs = model(img1)

# 返回最大概率值和下标
values, indices = outputs.data.max(1)
print('{}'.format(int(indices[0])))
cv2.waitKey(0)
```

输出结果为：

```
3
```

输出图像如图 8.2 所示。

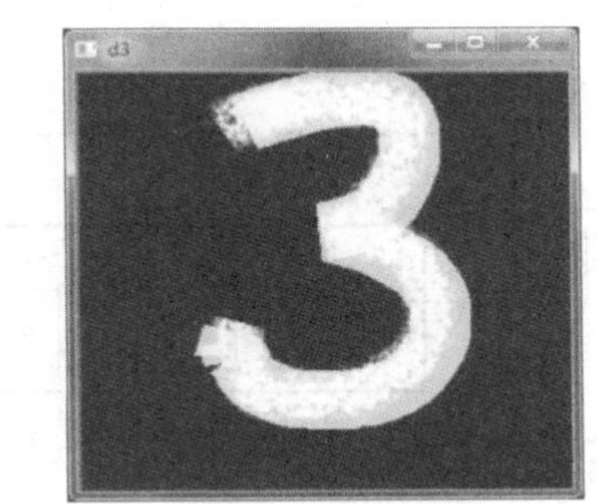

图 8.2　本地读取并识别一张手写图片示例结果图

8.2　典型网络 AlexNet

AlexNet 是一种深度卷积神经网络（CNN），由 Alex Krizhevsky、Ilya Sutskever 和 Geoffrey Hinton 于 2012 年在 ImageNet Large Scale Visual Recognition Challenge（ILSVRC）比赛中首次使用，其在识别准确率上高于使用支持向量机 SVM 的机器学习方法，因此受到了人们的极大关注。AlexNet 有力地推动了深度学习技术在计算机视觉领域的发展。

AlexNet 相比传统的 CNN（比如 LeNet）有一些重要改动：

① 数据增强。常用的数据增强方法有：图像水平翻转、随机裁剪、平移变换、颜色及光照变换等。

② Dropout。Dropout 方法和数据增强一样，都是防止过拟合的。Dropout 是 AlexNet 中一个很大的创新。

③ ReLU 激活函数。用 ReLU 代替了传统的 Tanh 或者 Logistic，其优点有：

a．ReLU 本质上是分段线性模型，前向计算非常简单，无须指数运算之类的操作；

b．ReLU 的偏导也很简单，反向传播梯度，无须指数运算或者除法之类的操作；

c．ReLU 不容易发生梯度发散问题，Tanh 和 Logistic 激活函数在两端的导数容易趋近于零，多级连乘后梯度更加趋于 0；

d．ReLU 关闭右边后，可使很多的隐藏层输出为 0，即网络变得稀疏，起到了类似 L1 的正则化作用，可以在一定程度上缓解过拟合。

当然，ReLU 也是有缺点的，比如左边全部关闭很容易导致某些隐藏节点“永无翻身之日”，所以后来又出现了各种 ReLU 的改进；另外，ReLU 很容易改变数据的分布，因此在 ReLU 后加批归一化也是常用的改进方法。

④ Local Response Normalization。Local Response Normalization（局部响应归一化，简称 LRN）实际就是利用临近的数据做归一化。这个策略贡献了 1.2%的 Top-5 错误率。

⑤ 多 GPU 并行。不仅有 GPU 参与，而且是并行计算，速度上得到了大幅提升。

8.2.1 AlexNet 网络分析

AlexNet 包含了 8 层神经网络（不包括输入层），其中 5 层为卷积层，3 层为全连接层，如图 8.3 所示。可见 AlexNet 的卷积神经网络架构比 LeNet5 的卷积神经网络架构的层次更深，也更复杂。

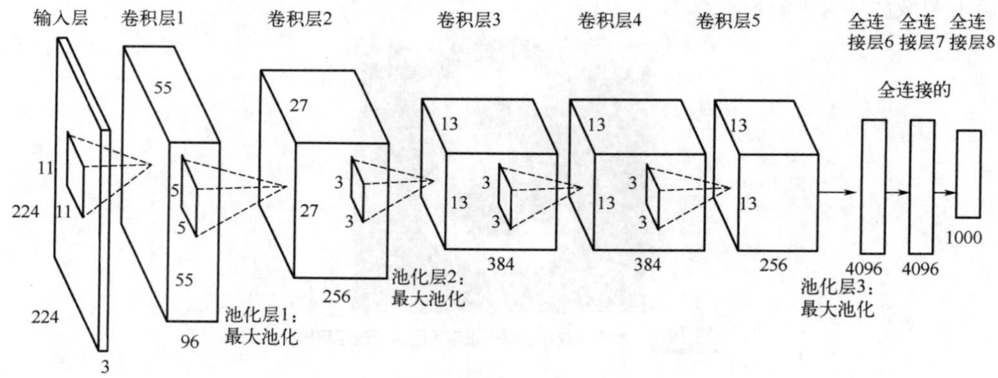

图 8.3 AlexNet 网络架构图

下面是 AlexNet 的详细架构：

① 输入层：输入为 224×224×3 的图像数据，即输入图像为高度和宽度为 224，色彩通道是 R、G、B 三个。

② 卷积层 1：采用 96 个 11×11×3 的卷积核，步长为 4，边界填充为 2，对输入进行卷积操作，得到 55×55×96 的特征图。使用 ReLU 作为激活函数，对输出进行局部响应归一化处理。

③ 池化层 1：对卷积层 1 的输出进行 3×3×96 最大池化操作，步长为 2，得到 27×27×96 的特征图。

④ 卷积层 2：采用 256 个 5×5×96 大小的卷积核，步长为 1，边界填充为 2，对池化层 1 的输出进行卷积操作，得到 27×27×256 的特征图。同样使用 ReLU 作为激活函数，对输出进行局部响应归一化处理。

⑤ 池化层 2：对卷积层 2 的输出进行 3×3×256 最大池化操作，步长为 2，得到 13×13×256

的特征图。

⑥ 卷积层 3：采用 384 个 3×3×256 大小的卷积核，步长为 1，边界填充为 1，对池化层 2 的输出进行卷积操作，得到 13×13×384 的特征图。同样使用 ReLU 作为激活函数。

⑦ 卷积层 4：采用 384 个 3×3×384 大小的卷积核，步长为 1，边界填充为 1，对卷积层 3 的输出进行卷积操作，得到 13×13×384 的特征图。同样使用 ReLU 作为激活函数。

⑧ 卷积层 5：采用 256 个 3×3×384 大小的卷积核，步长为 1，边界填充为 1，对卷积层 4 的输出进行卷积操作，得到 13×13×256 的特征图。同样使用 ReLU 作为激活函数。

⑨ 池化层 3：对卷积层 5 的输出进行 3×3×256 最大值池化操作，步长为 2，得到 6×6×256 的特征图。

⑩ 全连接层 6：将池化层 3 的输出展开成一维向量（6×6×256=9216），再通过 4096 个神经元的全连接层进行处理，使用 ReLU 作为激活函数，使用 Dropout 来减少过拟合。

⑪ 全连接层 7：同样使用 4096 个神经元的全连接层进行处理，使用 ReLU 作为激活函数，并使用 Dropout 来减少过拟合。

⑫ 全连接层 8（输出层）：使用 1000 个神经元的全连接层进行处理，对应 ImageNet 数据集中的 1000 个类别，使用 Softmax 函数将输出映射到概率空间中。

AlexNet 的创新之处在于引入了多个技术手段，如 ReLU 激活函数、局部响应归一化、Dropout 等，同时使用 GPU 进行加速。这些技术手段使得 AlexNet 在 ImageNet 比赛中取得了惊人的成绩，标志着深度学习技术在计算机视觉领域的崛起。

8.2.2 局部响应归一化

局部响应归一化是 AlexNet 中使用的一种规范化技术。局部响应归一化通过对每个神经元的输出进行归一化处理，使得输出在局部范围内抑制较大的值，并增强较小的值。这样可以使得神经元对局部模式的响应更加敏感，有助于提高网络的鲁棒性和泛化能力。

具体来说，在 AlexNet 中，局部响应归一化是在 ReLU 激活函数之后进行的。对于每一个位置(x,y)处的特征图，其输出值$f(x,y)$经过局部响应归一化后得到$f'(x,y)$，计算公式如下：

$$f'(x,y)=\frac{f(x,y)}{\left\{k+\alpha\sum_{i=0}^{n-1}\left[f_i(x,y)\right]^2\right\}^{\beta}}$$

其中，$f_i(x,y)$表示位置(x,y)处的特征图在通道维度上的第 i 个值；n 表示局部响应归一化窗口的大小；k、α、β 是超参数，用于控制归一化的程度。

局部响应归一化可以使得神经网络对于类似的模式具有更强的响应能力，并且在一定程度上抑制了特征图中较大值的影响。然而，在后续的研究中，LRN 逐渐被其他规范化方法（如批归一化）取代，因为它的效果相对较弱，且计算开销较大。

8.2.3 批归一化

批归一化（Batch Normalization，BN）是一种用于神经网络的规范化技术，又叫批量归一化。它的作用是通过对每个批次的输入数据进行归一化，从而加速神经网络的训练过程并提高其性能。

在传统的神经网络训练中，输入数据通常需要经过归一化处理，以使其分布接近标准正态分布，这有助于提高网络的稳定性和收敛速度。然而，对于深层神经网络来说，随着信息在网络中的传递，数据的分布可能会发生偏移，导致网络性能下降。批归一化通过在网络的每一层对数据进行归一化处理，可以解决这个问题。

具体来说，对于每一层的输入数据，批归一化将其进行归一化处理，并通过两个可学习的参数（尺度参数和偏移参数）来调整归一化后的数据的分布。这样可以使得每层的输入数据都保持一个稳定的分布，有利于网络的训练和优化。

批归一化的具体计算步骤如下：

① 对于一个批次的输入数据，计算其均值和方差。

② 使用计算得到的均值和方差对输入数据进行归一化操作。

$$x' = \frac{x-\mu}{\sqrt{\sigma^2+\varepsilon}}$$

其中，μ 表示输入数据在当前批次中的均值；σ^2 表示输入数据在当前批次中的方差；ε 是一个较小的常数，用于避免除以零的情况。

③ 使用可学习的尺度参数和偏移参数来调整归一化后的数据。

$$y = \gamma x' + \beta$$

其中，y 表示最终的输出结果；γ 和 β 是可学习的参数，它们的作用是使得网络可以根据输入数据的不同特征情况进行适当的缩放和平移操作，从而提高网络的表达能力。

④ 将调整后的数据作为下一层的输入，并参与后续的计算。

批归一化在训练过程中的优势包括：

① 加速收敛：批归一化使得每层的输入分布更加稳定，有利于梯度的传播和网络的收敛，从而加快了训练的速度。

② 减少梯度消失和爆炸：归一化操作可以缓解梯度消失和梯度爆炸问题，有利于网络的训练。

③ 增强泛化能力：批归一化可以视为一种正则化方法，有助于提高网络的泛化能力，并减少过拟合的风险。

④ 对网络结构更加鲁棒：批归一化对于网络结构的选择不太敏感，可以使得网络对于超参数的选择更加鲁棒。

需要注意的是，通常在卷积或全连接层之后、激活函数之前进行归一化操作。此外，在推理阶段，可以使用训练阶段得到的均值和方差进行归一化，以减少推理过程中的计算开销。

8.2.4 Dropout

Dropout（丢弃）是一种常用的正则化技术，用于防止神经网络过拟合。其基本思想是在训练过程中以一定的概率随机丢弃一些神经元的输出，从而强制网络去学习更加鲁棒和稳健的特征表示。

具体来说，Dropout 在每个训练批次中都会随机选择一些神经元进行丢弃（即将其输出设置为 0），丢弃的概率由超参数 p 控制。因此，每个训练批次中实际参与计算的神经元数量是不确定的，这样可以有效地减少神经元之间的共适应性，防止网络出现过拟合现象。

需要注意的是，在训练过程中，被丢弃的神经元对应的权重不参与梯度更新，因此实际上相当于将网络划分成了多个子网络，并在每个子网络上进行训练。在测试阶段，所有的神经元都会被保留，但是为了保持训练和测试阶段的一致性，需要对每个神经元的输出进行缩放，即将其乘以 $1-p$。

Dropout 的主要优点包括：

① 可以有效地减少过拟合，并提高网络的泛化能力。

② 可以在一定程度上起到正则化的作用，从而减少对参数范数等正则化技术的依赖。

③ 可以在较大的网络中进行训练，并有效地防止梯度消失或爆炸的问题。

需要注意的是，Dropout 的超参数 p 的取值通常在 0.2～0.5 之间，具体取值需要根据不同的任务和网络结构进行调整。此外，Dropout 对于小规模的数据集可能无法发挥太大的作用，而对于大规模的数据集，则可以取得不错的效果。

8.2.5 实现 AlexNet

代码

首先构建 AlexNet 类，详细实现代码如下：

```
# AlexNet 类实现代码见：代码 8.2-1.py
# 实例化 AlexNet 模型
model = AlexNet()
# 打印模型结构
print(model)
```

输出结果为：

```
AlexNet(
  (features): Sequential(
    (0): Conv2d(3, 64, kernel_size=(11, 11), stride=(4, 4), padding=(2, 2))
    (1): ReLU(inplace=True)
    (2): MaxPool2d(kernel_size=3, stride=2, padding=0, dilation=1, ceil_mode=False)
    (3): Conv2d(64, 192, kernel_size=(5, 5), stride=(1, 1), padding=(2, 2))
    (4): ReLU(inplace=True)
    (5): MaxPool2d(kernel_size=3, stride=2, padding=0, dilation=1, ceil_mode=False)
    (6): Conv2d(192, 384, kernel_size=(3, 3), stride=(1, 1), padding=(1, 1))
    (7): ReLU(inplace=True)
    (8): Conv2d(384, 256, kernel_size=(3, 3), stride=(1, 1), padding=(1, 1))
    (9): ReLU(inplace=True)
    (10): Conv2d(256, 256, kernel_size=(3, 3), stride=(1, 1), padding=(1, 1))
    (11): ReLU(inplace=True)
    (12): MaxPool2d(kernel_size=3, stride=2, padding=0, dilation=1, ceil_mode=False)
  )
  (classifier): Sequential(
    (0): Dropout(p=0.5, inplace=False)
    (1): Linear(in_features=9216, out_features=4096, bias=True)
    (2): ReLU(inplace=True)
    (3): Dropout(p=0.5, inplace=False)
    (4): Linear(in_features=4096, out_features=4096, bias=True)
    (5): ReLU(inplace=True)
    (6): Linear(in_features=4096, out_features=1000, bias=True)
  )
)
```

这段代码定义了一个名为 AlexNet 的类，继承自 nn.Module。在构造函数中定义了模型的卷

积层和池化层，并将它们封装在 self.features 中。接着定义了全连接层，并将其封装在 self.classifier 中。在前向传播函数 forward 中，首先通过卷积和池化层处理输入 *x*，然后将结果展平，并通过全连接层输出最终的分类结果。

通过实例化 AlexNet 类，我们可以得到一个 AlexNet 模型实例 model，并打印出模型的结构。

细心的读者可能发现该代码和模型结构中的数据与前面介绍的不一致，其实这是为了和后面将要介绍的 torchvision.models.alexnet 相比较。如果想和前面介绍的 AlexNet 架构一致，读者可自行修改该程序。

实际上，PyTorch 的计算机视觉库中的 torchvision.models 这个模块中包含 alexnet、inception、resnet、vgg、densenet、squeezenet 等常用经典的网络结构，并且提供了预训练模型（预训练模型是深度学习架构针对特定任务经过大量数据训练得到的一组较好的模型），可以通过简单调用来读取网络结构和预训练模型。

示例：

```
import torchvision
model = torchvision.models.alexnet(pretrained=False)#不使用预训练模型
print(model)
```

输出结果为：

```
AlexNet(
  (features): Sequential(
    (0): Conv2d(3, 64, kernel_size=(11, 11), stride=(4, 4), padding=(2, 2))
    (1): ReLU(inplace=True)
    (2): MaxPool2d(kernel_size=3, stride=2, padding=0, dilation=1, ceil_mode=False)
    (3): Conv2d(64, 192, kernel_size=(5, 5), stride=(1, 1), padding=(2, 2))
    (4): ReLU(inplace=True)
    (5): MaxPool2d(kernel_size=3, stride=2, padding=0, dilation=1, ceil_mode=False)
    (6): Conv2d(192, 384, kernel_size=(3, 3), stride=(1, 1), padding=(1, 1))
    (7): ReLU(inplace=True)
    (8): Conv2d(384, 256, kernel_size=(3, 3), stride=(1, 1), padding=(1, 1))
    (9): ReLU(inplace=True)
    (10): Conv2d(256, 256, kernel_size=(3, 3), stride=(1, 1), padding=(1, 1))
    (11): ReLU(inplace=True)
    (12): MaxPool2d(kernel_size=3, stride=2, padding=0, dilation=1, ceil_mode=False)
  )
  (avgpool): AdaptiveAvgPool2d(output_size=(6, 6))
  (classifier): Sequential(
    (0): Dropout(p=0.5, inplace=False)
    (1): Linear(in_features=9216, out_features=4096, bias=True)
    (2): ReLU(inplace=True)
    (3): Dropout(p=0.5, inplace=False)
    (4): Linear(in_features=4096, out_features=4096, bias=True)
    (5): ReLU(inplace=True)
    (6): Linear(in_features=4096, out_features=1000, bias=True)
  )
)
```

上述代码和本小节首个程序代码基本一致，主要区别在 PyTorch 内置的模型里面使用了自适应均值池化 AdaptiveAvgPool2d，其目的是使输出特征图大小为 6×6，并自动求一个合适的核大小（PyTorch，早期版本没有该功能）。如果将源程序中的 pretrained 设置为 True，则除了输出基本结构外还会下载权重参数，所以需要联网。

如果将源代码“model = torchvision.models.alexnet(pretrained=False)”换成：

“model = torchvision.models.resnet152(pretrained=True)”

“model = torchvision.models.vgg16(pretrained=True)”

“model = torchvision.models.googlenet(pretrained=True)”

“model = torchvision.models.inception_v3(pretrained=True)”

“model = torchvision.models.squeezenet1_0(pretrained=True)”

“model = torchvision.models.densenet161(pretrained=True)”

将分别对应模型 ResNet152、VGGNet16、GoogLeNet（即 InceptionV1 版）、InceptionV3 或其他模型（后面的数字代表层数，改变数字对应的模型层就能实现对应的模型），所以后续介绍的经典模型不再演示代码。

当然，因为此处已经是预处理模型，所以使用起来比较方便，使用时可以先将预处理模型保存起来，然后再加载使用。比如要用 ResNET18 网络，则先按下面代码保存模型。

示例：

```
import torch
import torchvision.models as models
model = models.resnet18(pretrained=True)
torch.save(model.state_dict(), './resnet18.pth')
```

执行后将在当前文件的文件夹下创建“resnet18.pth”文件，然后再加载使用即可。

示例：

```
import torch
import torchvision.models as models
model = models.resnet18()                           # 步骤 1：定义模型结构
model = model                                       # 步骤 2：创建模型对象
checkpoint = torch.load('resnet18.pth')             # 步骤 3：加载模型参数
model.load_state_dict(checkpoint)                   # 步骤 4：将参数加载到模型中
model.eval()                                        # 步骤 5：切换到评估模式
# 使用加载的模型进行预测或推理
input_tensor = torch.randn(1, 3, 224, 224)          # 假设输入的张量
output = model(input_tensor)
print(output)                                       # 输出预测结果
```

输出结果为：

```
tensor([[ 7.3590e-01,  2.7379e+00,  2.7954e+00,  2.7264e+00,  4.6013e+00,
          4.2173e+00,  4.2053e+00,  6.3534e-01, -3.2589e-01,  8.7758e-02,
         -3.8267e-01,  1.2826e+00,  3.5890e-01,  1.8443e+00,  1.7321e+00,
         …
         -9.1628e-01,  4.0117e+00,  2.5478e-01,  2.8353e+00,  1.2957e+00,
          1.5935e+00,  8.4160e-01,  3.1099e+00,  1.8580e+00,  3.0669e-01,
          2.2496e+00,  1.0289e+00, -2.5808e-01,  3.1334e+00,  2.0228e+00,
          1.0929e+00, -8.7896e-02,  1.7059e+00,  1.5454e+00, -6.2592e-01,
          5.2402e-01, -5.8172e-01, -6.8031e-01, -4.0176e+00, -2.5329e+00,
         -1.8535e+00, -2.1755e+00, -5.7318e-03,  2.2294e-01,  1.4585e+00]],
       grad_fn=<AddmmBackward>)
```

分析预测结果时，要根据具体模型具体分析（想知道具体的参数说明，可通过 help 来获取帮助）。

细心的读者在运行程序的时候可能发现，如果是第一次使用该模型，则会联网下载，而且下载的也是.pth 文件[比如执行“model = models.resnet152(pretrained=True)”代码的时候会有提示语 Downloading: "https://download.pytorch.org/models/resnet152-394f9c45.pth"]，也就是说，预

训练模型实际已经是保存好的参数文件了，不需要像本例一样多此一举。本例只是提供一种思路，适用于所有的模型。

另外，在 PyTorch 中，使用预训练模型（比如 resnet18）进行前向计算（推理）时，会返回一个张量作为输出。这个输出张量的形状取决于具体的应用场景和任务。

对于分类任务，预训练模型（比如 resnet18）的最后一层一般是一个线性全连接层，输出类别的数量。因此，预训练模型（比如 resnet18）的前向计算结果将是一个大小为（batch_size, num_classes）的二维张量，其中 batch_size 是输入张量的批量大小，num_classes 是分类的数量。

对于其他任务，如目标检测、语义分割等任务，预训练模型（比如 resnet18）通常被用作特征提取器，输出的张量是一个高维特征图。可以根据具体的任务需要对这个特征图进行进一步处理，如降采样、卷积等操作，得到想要的输出。

需要注意的是，预训练模型（比如 resnet18）是一个深度卷积神经网络，其前向计算所涉及的参数非常庞大。如果只需使用预训练模型（比如 resnet18）进行特征提取，可以通过调用“model.fc = nn.Identity()”将线性全连接层替换为恒等映射，以减少计算和内存消耗。

示例：

```
import torch
import torchvision.models as models
# 创建 resnet18 模型对象
model = models.resnet18(pretrained=True)
# 替换线性全连接层为恒等映射
model.fc = torch.nn.Identity()
# 将模型切换到评估模式
model.eval()
# 定义输入张量
input_tensor = torch.randn(1, 3, 224, 224)  # 假设输入的张量
# 使用 resnet18 进行特征提取
features = model(input_tensor)
# 输出特征张量形状
print(features.shape)
```

输出结果为：

```
torch.Size([1, 512])
```

8.3 典型网络 VGGNet

VGGNet 是一种经典的卷积神经网络结构，由牛津大学的研究团队于 2014 年提出。VGGNet 的全称是 Visual Geometry Group Network（视觉几何组网络），它在 ImageNet 大规模视觉识别挑战赛中取得了很好的成绩，并被广泛应用于计算机视觉领域。

8.3.1 VGGNet 网络分析

VGGNet 的基本组成结构是堆叠多个卷积层和池化层，最后接上若干个全连接层。每个卷积层都使用了相同数量的卷积核，并采用了相同的步长和填充方式。通过多次堆叠这种结构，VGGNet 可以逐渐学习到更加抽象和复杂的特征表示。

VGGNet 的一个重要贡献是展示了网络深度对于识别性能的影响。通过增加网络的深度，

可以获得更好的准确率，但也会增加训练和推理的计算复杂度。VGGNet 的深层结构为后续更深的网络设计提供了借鉴和启示。

VGGNet 的主要特点是使用了非常小的卷积核（3×3）和深层的网络结构，它提出了多个不同深度的模型。如表 8.1 所示，VGGNet 网络配置有 6 种，从左到右分别是 A、A-LRN、B、C、D、E，对应深度分别为 11、11、13、16、16、19 层的卷积层和全连接层，其中较为典型的是 VGG16 和 VGG19。

表 8.1　VGGNet 网络配置

卷积网络配置					
A	A–LRN	B	C	D	E
11 权重层	11 权重层	13 权重层	16 权重层	16 权重层	19 权重层
输入（224×224 RGB 图像）					
Conv3-64	Conv3-64 LRN	Conv3-64 Conv3-64	Conv3-64 Conv3-64	Conv3-64 Conv3-64	Conv3-64 Conv3-64
最大池化					
Conv3-128	Conv3-128	Conv3-128 Conv3-128	Conv3-128 Conv3-128	Conv3-128 Conv3-128	Conv3-128 Conv3-128
最大池化					
Conv3-256 Conv3-256	Conv3-256 Conv3-256	Conv3-256 Conv3-256	Conv3-256 Conv3-256 Conv1-256	Conv3-256 Conv3-256 Conv3-256	Conv3-256 Conv3-256 Conv3-256 Conv3-256
最大池化					
Conv3-512 Conv3-512	Conv3-512 Conv3-512	Conv3-512 Conv3-512	Conv3-512 Conv3-512 Conv1-512	Conv3-512 Conv3-512 Conv3-512	Conv3-512 Conv3-512 Conv3-512 Conv3-512
最大池化					
Conv3-512 Conv3-512	Conv3-512 Conv3-512	Conv3-512 Conv3-512	Conv3-512 Conv3-512 Conv1-512	Conv3-512 Conv3-512 Conv3-512	Conv3-512 Conv3-512 Conv3-512 Conv3-512
最大池化					
FC-4096					
FC-4096					
FC-1000					
Softmax					

表中参数说明：

① Conv3-64：是指第三层卷积后维度变成 64，同样地，Conv3-128 指的是第三层卷积后维

度变成 128；VGG16 每层卷积的滑动步长（Stride）均为 1，填充（Padding）也均为 1，卷积核大小为 3×3。

② 输入（224×224 RGB 图像）：指的是输入图像高度×宽度为 224×244 的彩色图像，通道为 RGB，即图像大小为 224×224×3。

③ 最大池化：在 VGG16 中，池化采用的是 2×2 的最大池化方法。所有隐藏层的激活单元都采用 ReLU 函数。

④ FC-4096：指的是全连接层中有 4096 个节点；同样地，FC-1000 为该全连接层有 1000 个节点。

下面以 VGG16（表 8.1 中的 D 列）为例介绍其网络架构，如图 8.4 所示。

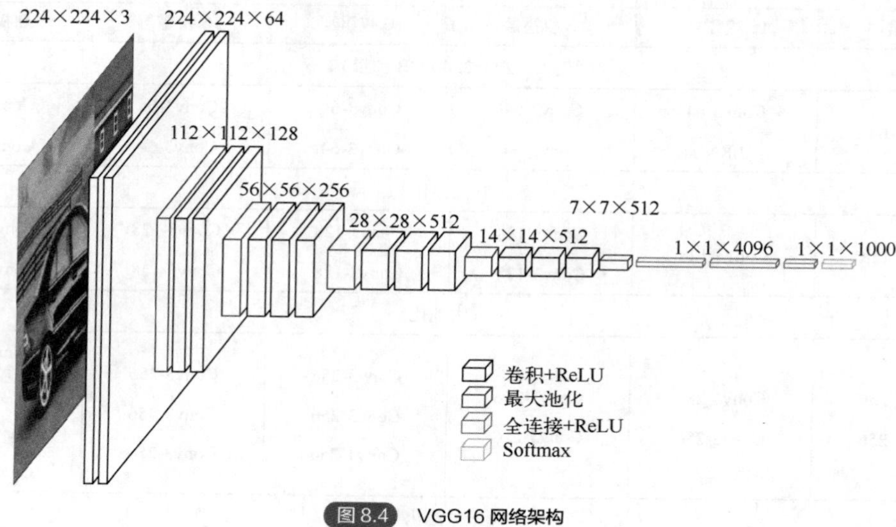

图 8.4 VGG16 网络架构

VGG16 中 13 层卷积层和 5 层池化层负责进行特征的提取，最后的 3 层全连接层与 Softmax 组合负责完成分类任务。

① 输入层：输入一张 224×224×3 的 RBG 图像。

② 卷积层与池化层：接下来连续进行 13 次卷积操作和 5 次的最大池化处理。每次都是使用 3×3 的卷积核，步长为 1，填充方式为 SAME（输入与输出层尺寸相同，即 3×3 卷积核对应的填充值都为 1），同时使用 ReLU 激活函数。具体的卷积层的输出大小和参数数量如下：

64 个 3×3×3 卷积核，输出大小 224×224×64，参数数量(3×3×3+1)×64=1792。

64 个 3×3×64 卷积核，输出大小 224×224×64，参数数量(3×3×64+1)×64=36928。

2×2 最大池化，步长 2，输出大小 112×112×64。

128 个 3×3×64 卷积核，输出大小 112×112×128，参数数量(3×3×64+1)×128=73856。

128 个 3×3×128 卷积核，输出大小 112×112×128，参数数量(3×3×128+1)×128=147584。

2×2 最大池化，步长 2，输出大小 56×56×128。

256 个 3×3×128 卷积核，输出大小为 56×56×256，参数数量(3×3×128+1)×256=295168。

256 个 3×3×256 卷积核，输出大小为 56×56×256，参数数量(3×3×256+1)×256=590080。

256 个 3×3×256 卷积核，输出大小 56×56×256，参数数量(3×3×256+1)×256=590080。

2×2 最大池化，步长 2，输出大小 28×28×256。

512 个 3×3×256 卷积核，输出大小 28×28×512，参数数量(3×3×256+1)×512=1180160。

512 个 3×3×512 卷积核，输出大小 28×28×512，参数数量(3×3×512+1)×512=2359808。

512 个 3×3×512 卷积核，输出大小 28×28×512，参数数量(3×3×512+1)×512=2359808。

2×2 最大池化，步长 2，输出大小为 14×14×512。

512 个 3×3×512 卷积核，输出大小 14×14×512，参数数量(3×3×512+1)×512=2359808。

512 个 3×3×512 卷积核，输出大小 14×14×512，参数数量(3×3×512+1)×512=2359808。

512 个 3×3×512 卷积核，输出大小 14×14×512，参数数量(3×3×512+1)×512=2359808。

2×2 最大池化，步长 2，输出大小 7×7×512。

③ 全连接层：接下来是三个全连接层，分别包含 4096 个神经元，激活函数为 ReLU。其中前两个全连接层后面都加了一个 Dropout 层，以防止过拟合。注意第一个全连接层需要将上一层的 7×7×512 展开成一维向量（7×7×512=25088），再通过 4096 个神经元的全连接层进行处理。

④ 输出层：最后是一个 1000 个神经元的全连接层，代表 ImageNet 分类任务中的 1000 个类别，采用 Softmax 激活函数，输出每个类别的概率值。

总之，VGGNet 的网络结构非常简单而且规律明显，通过堆叠多个卷积层和池化层来逐渐学习到更加抽象的特征表示，为后续深度网络设计提供了重要的参考。

尽管 VGGNet 在 ImageNet 上取得了很好的成绩，但其相对较深的网络结构也导致了训练和推理的计算负担加重。随着后续的研究，人们开始关注更加轻量级和高效的网络结构，如 ResNet、Inception 等。

8.3.2 手工构建 VGGNet

代码

构建 VGGNet 类，详细实现代码如下。

示例：

VGGNet 类实现代码见：代码 8.3-1.py

这代码写起来也比较费劲，而且是重复的模块，那么有没有更好的办法呢？

代码

示例：

VGGNet 类实现改进代码见：代码 8.3-2.py

以上代码定义了一个 VGG 网络的模型类 VGG，并通过调用_make_layers 方法构建网络层。然后就可以创建 VGG 模型实例[如“vgg = VGG('VGG16')”]做后续操作了。

8.4 典型网络 Inception

Inception 是一个神经网络架构，主要用于计算机视觉领域，由 Google 研究团队开发，它也被称为 GoogLeNet，取名“GoogLeNet”而非“GoogleNet”是为了向早期的 LeNet 致敬。这个模型在 2014 年举办的 ImageNet 大规模视觉识别挑战赛中取得了分类任务的第一名。与获得亚军的 VGGNet 模型相比，Inception 模型的网络深度达到了 22 层，并且在网络架构中引入了 Inception 模块（这是一种 Network in Network 的结构，即原来的节点也是一个网络）和 1×1 的卷积操作。为了防止读者对“Inception 模型”和“Inception 模块”产生混淆，后续将 Inception

模型称为 GoogLeNet 模型，它们实际上是指同一个模型，只是名称不同而已。

8.4.1 Inception 网络分析

Inception 模块采用了并行的卷积层和池化层，以不同尺寸的滤波器来处理输入数据。这些并行处理的结果被拼接起来，形成下一层的输入。

GoogLeNet 模型架构引入了 1×1 的卷积操作，以减少计算量并增强网络的非线性能力。GoogLeNet 模型架构在减少参数数量的同时，能够有效地提高网络的表达能力和准确性。它在图像识别、物体检测和语义分割等任务中取得了显著的成果，并成为了深度学习领域中一个重要的里程碑。

接下来，我们将重点了解模型中的 Inception 模块结构。原始版本的 Inception 模块如图 8.5 所示，其中最下面的为输入层，其为前一层（Previous layer）网络的输出，中间层由 3 个 1×1、3×3、5×5 卷积核和 1 个 3×3 的最大池化组成，最上面的为输出层，其为中间层的 4 个结果组合所得特征图（滤波器拼接）。

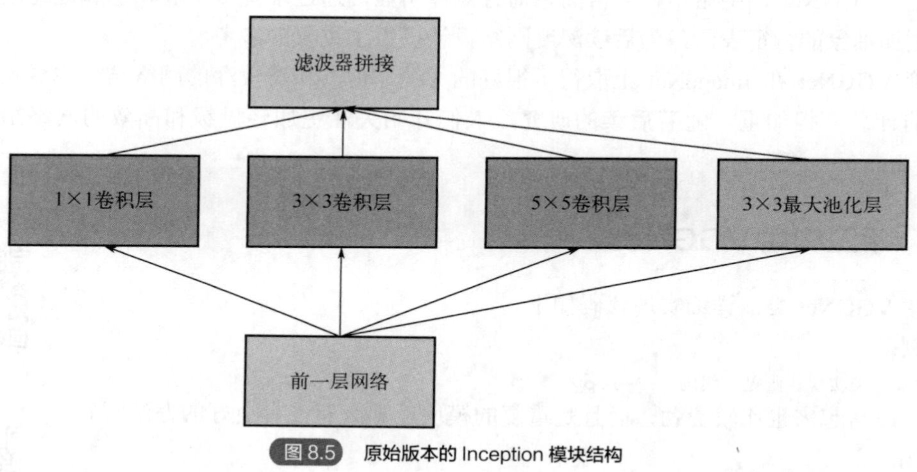

图 8.5 原始版本的 Inception 模块结构

下面通过一个具体的实例来理解原始版 Inception 模块的工作过程。假设输入层的数据是 32×32×256 的特征图，该特征图先被复制成 4 份并分别传至中间层的 4 个部分。假设这 4 个部分对应的滑动窗口的步长均为 1，其中，1×1 卷积层无填充，卷积核大小为 1×1×256，若输出的特征图深度为 128，则该卷积核输出的特征图大小为 32×32×128；3×3 卷积层填充为 1，卷积核大小为 3×3×256，若输出的特征图深度为 64，则该卷积核输出的特征图大小为 32×32×64；5×5 卷积层的卷积核大小为 2，卷积核大小为 5×5×256，若输出的特征图深度为 96，则该卷积核输出的特征图大小为 32×32×96；3×3 最大池化层的卷积核大小为 1，滑动窗口大小为 3×3×256。分别得到这 4 部分输出的特征图，最后在输出层进行合并计算，合并的过程实际就是对特征图的叠加，即该 Inception 模块输出大小为 32×32×544 的特征图，其中，544=128+64+96+256。

但是原始版 Inception 模块有两个非常严重的问题：首先，所有卷积层直接和前一层输入的数据对接，所以卷积层中的计算量很大；其次，在这个单元中使用的最大池化层保留了输入数据的特征图的深度，所以在最后进行合并时，总的输出的特征图的深度只会增加，这样增加了该 Inception 模块之后的网络结构的计算量。

由于使用 3×3 和 5×5 的卷积核仍然会带来巨大的参数量，随后该模块研究团队对 Inception 模块进行了改进。改进方法是采用 1×1 卷积核来进行降维，如图 8.6 所示（同样对 3×3 最大池化进行 1×1 卷积也是为了降维）。例如，上一层的输出为 100×100×128，经过 256 个 5×5×128 卷积核卷积后（步幅 Stride=1，填充 Padding=2），输出数据为 100×100×256。那么，卷积层的参数为(5×5×128+1)×256=819456。假如上一层输出先经过 32 个卷积核为 1×1×128 的卷积后得到 100×100×32，再经过 256 个卷积核为 5×5×32 的卷积后，那么最终的输出数据仍为 100×100×256，但卷积参数量已经减少为(1×1×128+1)×32+(5×5×32+1)×256=209184，大约减少到了原来的 1/4，这极大提升了模型的性能（后期 GoogLeNet 模型升级版本中还采用了 1×n 与 n×1 的卷积代替 n×n 组合，也大大减少了参数）。因此，在原始版本 Inception 模块的基础上对模块结构进行改进后，开发出了在 GoogLeNet 模型中使用的 Inception 模块，如图 8.6 所示。由图 8.6 可知，除了 3×3 和 5×5 的卷积之前加入了 1×1 的卷积外，在池化之后也加入了 1×1 的卷积，其原因也是为了降维、提升性能。

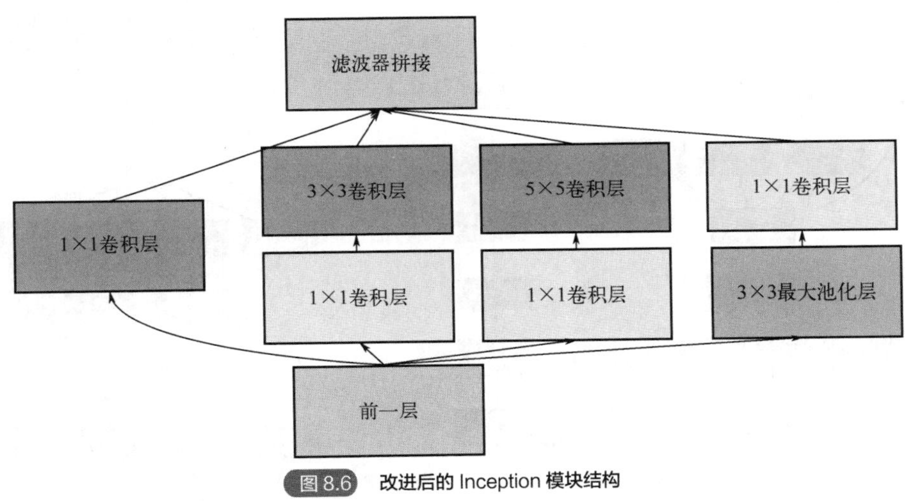

图 8.6 改进后的 Inception 模块结构

GoogLeNet 模型的网络架构从下往上一共有 22 个参数层（如果加上无参数的池化层有 27 层）。层次类型主要包括输入层、卷积层、最大池化层、平均池化层、全连接层、Inception 模块和输出层等几种，如图 8.7 所示。图 8.7 的左图和右图是因为版面问题分开摆放的，由右图的最下层输入，左图的最上层输出。

虽然 GoogLeNet 模型相较前面的网络模型庞大且复杂，不过可以把整个 GoogLeNet 模型看作由三大块组成：起始部分、Inception 模块堆叠部分和分类输出部分。

图 8.8 为起始部分，其中输入层是整个 GoogLeNet 模型的开始。每个方法后面的数字表示滑动窗口的高度、宽度及步长，比如第 1 个卷积层中的数字是 7×7+2(S)，7×7 是滑动窗口的高度和宽度，2 是滑动窗口的步长[S 即 Stride（步长）]。起始部分的输出结果作为 Inception 单元堆叠部分的输入。

图 8.9 为分类输出部分。该部分的输入数据来自 Inception 模块堆叠部分最后一个 Inception 模块的合并输出。因深层次网络模型易引起梯度消失问题，同时发现在网络中间的层产生的特征非常具有判别性，所以就在网络中间的层加了一些额外的分类器，也就是 3 次堆叠输出 Softmax0、7 次堆叠输出 Softmax1 和最后 9 次堆叠输出 Softmax2，最终结果是 3 次输出的加权和：$Softmax2+0.3\times Softmax1+0.3\times Softmax0$。图 8.9 中，Softmax0～2 使用 Softmax 激活函数进行分类（输出概率）。

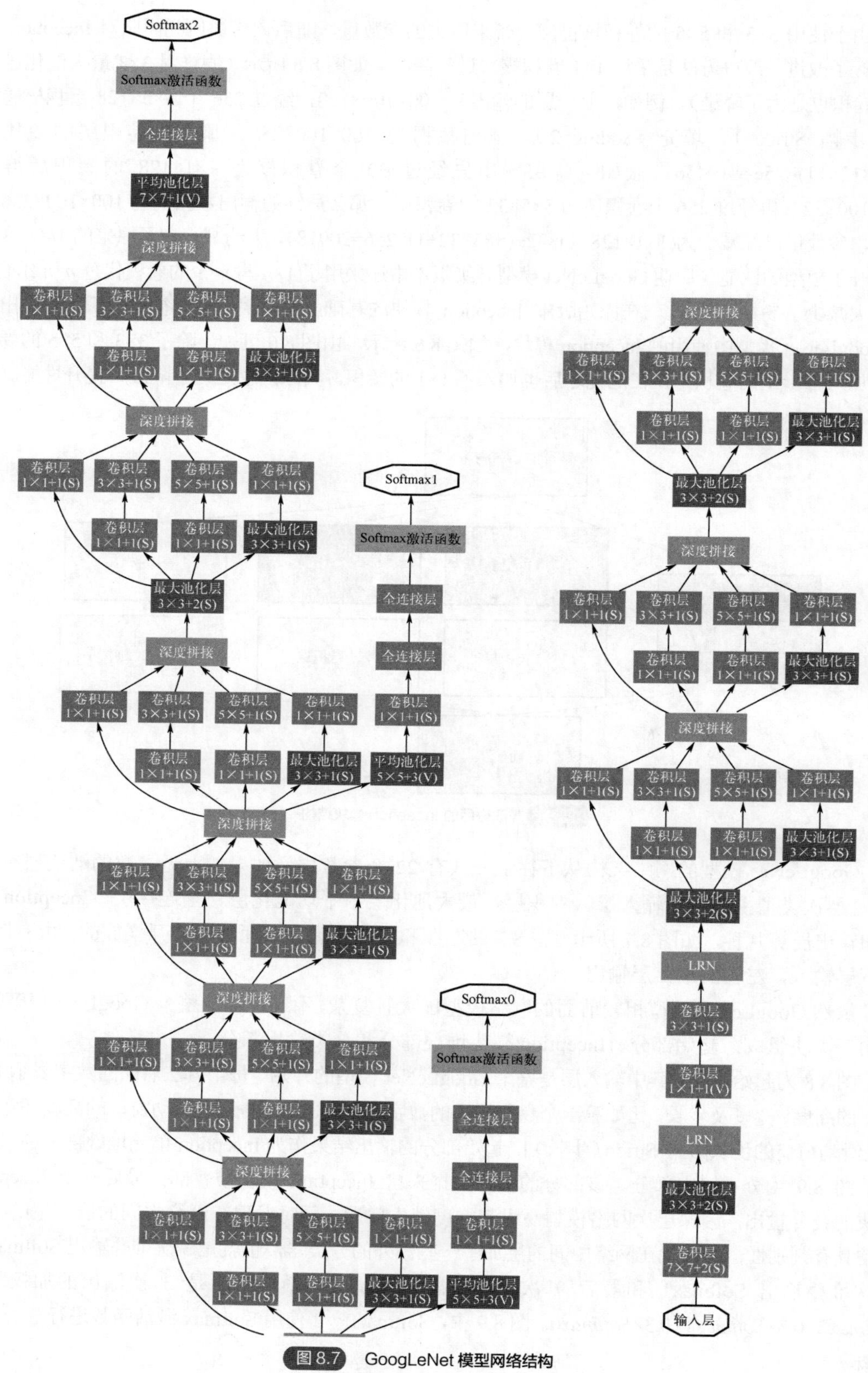

图 8.7　GoogLeNet 模型网络结构

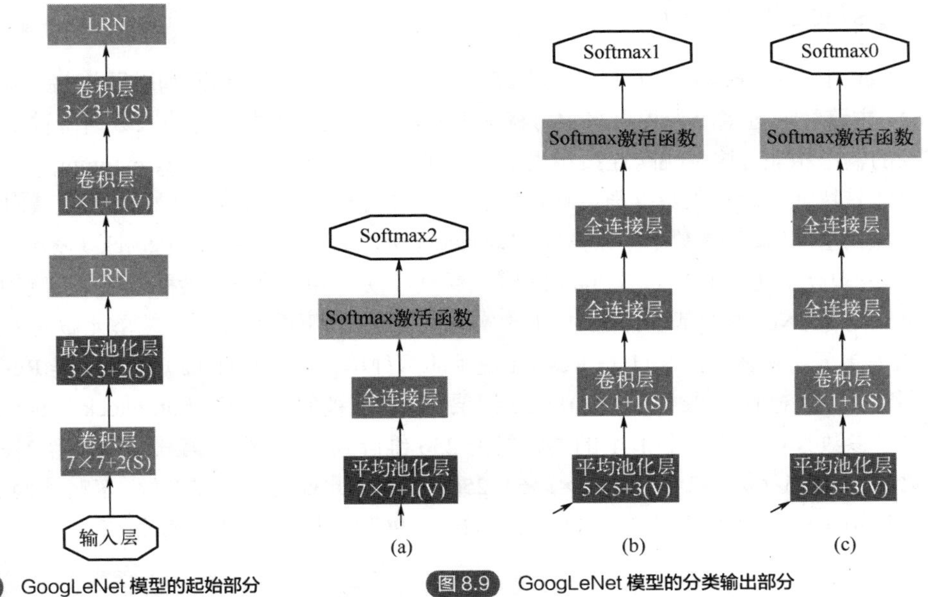

图 8.8　GoogLeNet 模型的起始部分

图 8.9　GoogLeNet 模型的分类输出部分

另外，GoogLeNet 模型所有的卷积层（包括 Inception 模块中的）都使用 ReLU 激活函数，输入是减去均值后的 RGB 三通道图片，大小为 224×224。输出类别为 1000。

总而言之，在 GoogLeNet 模型中使用 Inception 模块，使卷积神经网络模型的搭建实现了模块化，如果想要增加或者减少 GoogLeNet 模型的深度，则只需增添或者减少相应的 Inception 模块就可以了，非常方便。

8.4.2　手工构建 Inception 网络

构建 GoogLeNet 类，详细实现代码如下。

示例：

```
GoogLeNet 类实现代码见：代码 8.4-1.py
```

代码

以上代码定义了一个 GoogLeNet 网络的模型类 GoogLeNet，并使用 Inception 类作为模块进行构建。然后就可以创建 GoogLeNet 模型实例［比如“googlenet = GoogLeNet()”］进行后续工作了。

8.5　典型网络 ResNet

ResNet（残差网络）是一种深度卷积神经网络结构，由微软研究院于 2015 年提出。在 2015 年的 ImageNet 大规模视觉识别挑战赛中，ResNet 获得了分类任务的第 1 名。该网络通过使用残差单元（residual blocks）解决了深层网络训练过程中的梯度消失和梯度爆炸问题，使得训练更深的网络成为可能。对于 ResNet 而言，其最深达到了 152 层。

传统的深层卷积神经网络在网络层数增加时，模型的性能反而会下降。这是由于在反向传播过程中，梯度会逐层地衰减，导致网络难以收敛。为了解决这个问题，ResNet 提出了残差连接（residual connection）的思想。

8.5.1 ResNet 网络分析

在 ResNet 中，每个残差单元包含两个路径：主路径（main path）和跳跃连接（shortcut connection）。主路径通过多个卷积层来学习特征表示，而跳跃连接直接将输入数据绕过主路径，并与主路径的输出相加。这种跳跃连接相当于引入了一个恒等映射（identity mapping），使得网络可以学习残差特征（即输入数据与主路径输出之间的差异），从而避免了梯度的衰减问题。

另外，为了进一步减少参数量和计算量，ResNet 还引入了一种称为“bottleneck（瓶颈）”的结构，在每个残差单元中使用了 1×1、3×3 和 1×1 的卷积核，分别用于降维、卷积和恢复维度的操作。

残差单元是 ResNet 中的基本构建块，用于实现残差连接。下面就针对残差单元做简单介绍。图 8.10 是残差单元结构图，图 8.11 是 ResNet 使用的两种单元。图 8.11（a）针对的是 ResNet34 浅层网络，图（b）针对的是 ResNet50/101/152 深层网络，又被叫作瓶颈（bottleneck）。bottleneck 很好地减少了参数数量，第一个 1×1 的卷积层把 256 维降到了 64 维，第三个又升到 256 维，总共用参数：1×1×256×64+3×3×64×64+1×1×64×256=69632（此处为了计算方便，忽略了偏置 b），如果不使用 bottleneck，参数将是 3×3×256×256×2=1179648，相差 16.94 倍。

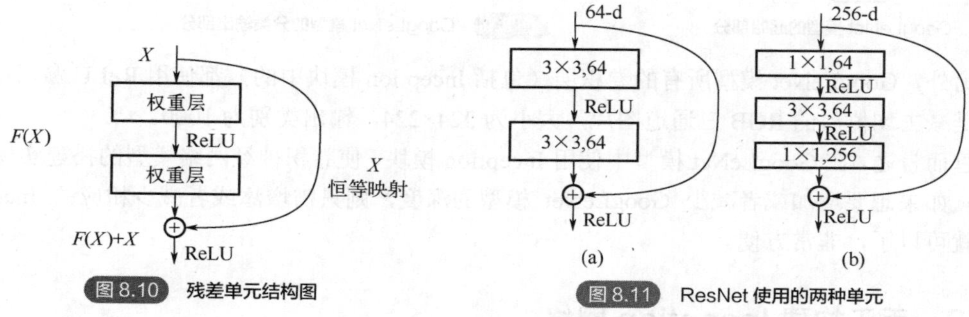

图 8.10 残差单元结构图

图 8.11 ResNet 使用的两种单元

前面介绍的几个网络基本是卷积→ReLU→卷积…依次按序叠加的过程，Inception 模块中每一条支路亦是如此。而 ResNet 单元中则选择附加一种恒等映射（identity mapping）的方法，残差单元的最终输出结果 Y 等于输入数据 X 经过两个卷积之后的输出 $F(X)$ 加上输入数据的恒等映射 X[$Y=F(X)+X$]。事实证明，残差单元进行的这个简单的加法并不会给整个 ResNet 模型增加额外的参数和计算量，却能加快模型的训练速度，提升模型的训练效果。另外，在搭建的 ResNet 模型的深度加深时，使用残差模块的网络结构不仅不会出现模型退化问题，性能反而有所提升。

这里需要注意附加的恒等映射关系有两种不同的使用情况：残差模块的输入数据若和输出结果的维度一致，则直接相加；若维度不一致，则先进行 0 填充或 1×1 卷积后使得 X 与 F（X）维度一致后，再进行相加。

$Y=F(X)+X$ 怎么避免梯度消失呢？当梯度消失时 $F(X)=0$，则 $Y=X$。这就相当于当梯度消失时，模型不再有新的特征供学习，模型只起到传递的作用（恒等映射下去，相当于在浅层网络上堆叠了“复制层”），直到传递到最终输出层用来识别分类即可。这样做至少不会比浅层网络差。由于 ResNet 做了多次的恒等映射，即在原来特征的基础上又扩大了特征面，所以学习到新特征的概率就很大，就有机会继续计算下去。

ResNet（残差网络）的基本结构由多个残差单元组成，每个残差单元由一系列卷积和批归一化等操作组成。图 8.12 为 ResNet34（34 层残差网络）、VGGNet19、未附加恒等映射的 34 层网络（34 层基本网络）结构图，可见在图上只是做一点点的改进，实现相对较易。与 VGGNet 相比，ResNet 参

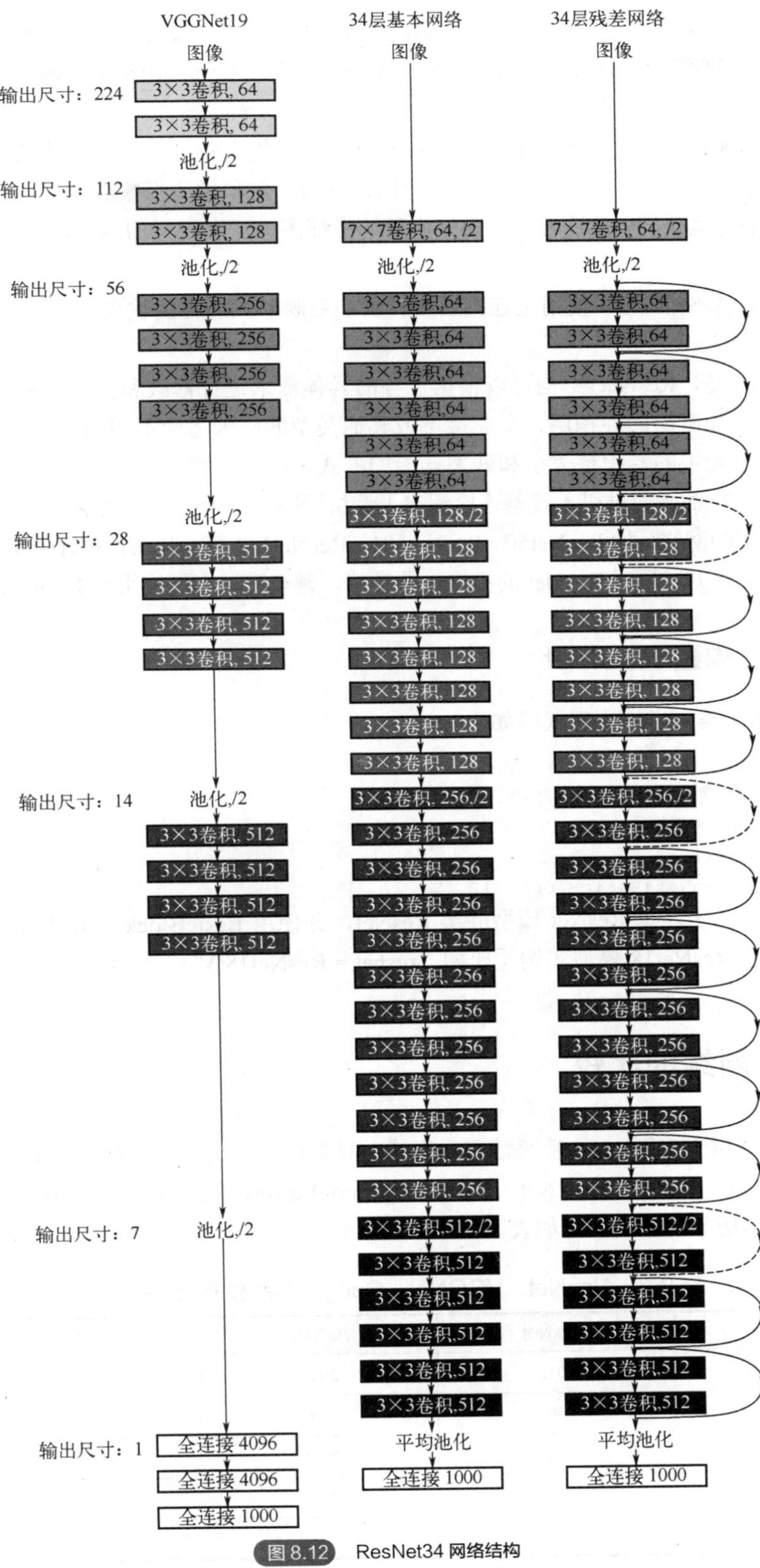

图 8.12　ResNet34 网络结构

数少得多，因为VGGNet有3个全连接层，这需要大量的参数，而ResNet用平均池化代替全连接，节省大量参数。同时结合残差单元，训练效率比VGGNet高了不少。下面是ResNet的一般结构：

① 输入层：接收输入图像或特征图。

② 卷积层和池化层：使用一系列卷积层和池化层来提取特征，并减小特征图的空间尺寸。

③ 残差单元：残差单元包含了一系列卷积、批归一化和激活函数操作。

④ 全局平均池化层：对最后一个残差单元的特征图进行全局平均池化，将特征图转换为固定长度的特征向量。

⑤ 全连接层和输出层：使用全连接层将特征向量映射到所需的输出类别，并进行最终的分类或回归操作。

需要注意的是，ResNet 结构可以根据任务的具体需求进行修改和扩展。例如，在 ResNet 的基础上可以添加附加的卷积层、全连接层或其他类型的层来适应不同的任务。此外，还可以通过调整残差单元中的卷积核大小和残差连接的方式来改变网络的深度和性能。

总的来说，ResNet通过引入残差连接解决了深层网络训练中的梯度消失和梯度爆炸问题，从而可以训练更深的网络，如ResNet50、ResNet101、ResNet152等，其在各种计算机视觉任务中获得了显著的性能提升。同时ResNet的推广性非常好，甚至可以直接应用到Inception网络中。

8.5.2 手工构建ResNet

构建ResNet类，详细实现代码如下。

代码

示例：

```
# ResNet 类实现代码见：代码 8.5-1.py
# 创建 ResNet18 模型
def ResNet18():
    return ResNet(BasicBlock, [2, 2, 2, 2])
```

以上代码定义了一个ResNet模型的类ResNet，并使用BasicBlock类作为模块进行构建，然后就可以创建ResNet18模型实例［比如“resnet = ResNet18()”］做后续工作了。

8.6 几种网络的比较

LeNet5主要用于识别10个手写数字，当然，只要稍加改造也能用在ImageNet数据集上，但效果较差。下面具体比较AlexNet、VGGNet、GoogLeNet、ResNet四个模型，这几种网络都是ILSVRC竞赛历年的佼佼者，如表8.2所示。

表8.2 AlexNet、VGGNet、GoogLeNet和ResNet对比

参数	AlexNet	VGGNet	GoogLeNet	ResNet
首次提出年份	2012	2014	2014	2015
层数	8	19	22	152
Top-5 错误	16.4%	7.3%	6.7%	3.57%
数据增强技术	+	+	+	+
Inception(NIN)	–	–	+	–

续表

参数	AlexNet	VGGNet	GoogLeNet	ResNet
卷积层数	5	16	21	151
卷积核大小	11,5,3	3	7,1,3,5	7,1,3,5
全连接层数	3	3	1	1
全连接层大小	4096,4096,1000	4096,4096,1000	1000	1000
Dropout	+	+	+	+
局部响应归一化	+	–	+	–
批归一化	–	–	–	+

结合表 8.2 与前文内容，四种模型特点如下：

AlexNet：在 ImageNet 图像分类任务上取得了较佳的效果。

VGGNet：网络结构简单且规整，易于理解和实现，参数量较大，适合较大的数据集，在 ImageNet 图像分类任务上取得了较好的效果。

GoogLeNet：网络结构更深，但参数量相对较小，利用 Inception 模块的并行结构，能够提取更丰富的特征信息，在 ImageNet 图像分类任务上取得了较好的效果。

ResNet：网络结构更深，可达到 100 层以上，参数量相对较大，但准确率更高。能够训练非常深层的网络，取得了很好的性能，在 ImageNet 图像分类任务上取得了相较其他三种网络最好的结果。

总体而言，随着时间的推移，这些模型通过不同的创新和改进逐渐提高了图像分类的性能。选择哪个模型取决于数据集的大小、计算资源的可用性以及需要的精度等要求。一般来说，如果数据集较小，可以选择 AlexNet 或 VGGNet；如果数据集较大且要求更高的性能，可以选择 GoogLeNet 或 ResNet。目前，CNN 又有了很多其他的变种，如 R-CNN、SPP-NET、Fast R-CNN、Faster R-CNN、YOLO、SSD 等，感兴趣的读者可自行查阅文献补充学习。

8.7 卷积神经网络的发展

《中国制造 2025》中明确指出，制造业数字化、网络化和智能化是这一轮工业革命的技术核心。加快表面缺陷检测装备技术水平，对提升工业产品性能、质量和寿命等指标有着重要意义。

目前，视觉检测方法是表面检测（比如表面缺陷）的主流检测方法，其主要优势是安全准确，受材料和形状的影响较小，且检测效率高。经过数十年的发展，已有大量的基于机器视觉的缺陷检测设备被开发出来。但视觉检测也存在如设计复杂、设备环境适应能力差、模型参数量大、硬件成本高等问题。传统的基于图像处理的表面检测方法分为特征提取和识别两个阶段，虽然取得了不错的效果，但其检测环境要求严格，需要手工设计并提取特征且适应性较差，当检测的对象处于复杂环境条件下时（如图 8.13）表现出了明显的局限性。近年来，以卷积神经网络为主的深度学习方法由于其强大的自动特征提取能力，在计算机视觉领域取得了巨大成功，如关键点检测、目标跟踪、智能驾驶等。相较于传统图像处理方法，深度学习方法在特征提取和环境适应能力上优势明显。

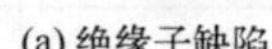
(a) 绝缘子缺陷

(b) 路面缺陷

(c) 房屋缺陷

图 8.13 复杂环境下的表面缺陷

目前基于深度学习的缺陷检测方法大部分为监督学习模型，其次为无监督学习模型和弱监督与半监督学习模型，三者任务目的相同，主要区别在于对样本数据的标注要求不同。后两者在表面检测领域应用并不广泛，但由于数据获取简单且数据标注成本较低，更加符合真实工业条件，现已成为表面检测领域内的研究热点。全监督学习模型根据其网络结构的不同，可分为分类网络、目标检测网络、语义分割网络三类。目标检测和语义分割的主干（backbone）网络都以分类网络为基础，所以并不区分其主干结构。

8.7.1 分类网络

在各类工业产品的生产和使用阶段，产品的尺寸、形状、纹理和表面反光能力的巨大差异使得在真实环境下的表面检测分类尤为困难。目前分类网络基本采用基于 CNN 的网络，一般由级联的卷积层+激活函数层+池化层组成，再通过全连接层+Softmax 函数进行分类。目前分类网络一般有三类：经典深度卷积神经网络（classical deep CNNs）、轻量级卷积神经网络（lightweight CNNs）和孪生网络（siamese network）。

（1）经典深度卷积神经网络

卷积神经网络（CNN）是一类包含卷积计算且具有深度结构的前馈神经网络，由于其强大的特征提取能力，CNN 成为了目前分类网络的基础。代表网络有 AlexNet、VGGNet、ResNet、DenseNet、SqueezeNet。经典深度卷积神经网络对网络特征提取能力强、分类准确率高、迭代次数较少、但模型参数量过大，训练速度慢。

（2）轻量级卷积神经网络

普通的卷积网络受其卷积核大小、激活操作、池化操作等的影响，卷积神经网络参数量过大、分类识别时间过长。在真实的工业环境中，效率问题不容忽视，因而如何在确保准确率尽可能高的前提下减少参数量成为了研究热点。代表网络有 MobileNet、ShuffleNet。轻量级卷积神经网络模型参数量小，训练简单，能较好地满足实时化需求，但迭代次数较，收敛较慢且牺牲了一部分精度。

（3）孪生网络

孪生网络通常输入成对的图像，通过“学习”出它们的相似度，判断它们是否属于同一类。孪生网络的关键在于损失函数的构造，其核心思想是让相近类别的输入距离尽可能小而不同类别的输入距离尽可能大。代表网络是 Triplet Network。孪生网络方法简单，可解释性强，但对输入图像要求严格，暂时无法适应真实工业环境，还需进一步深入研究。

8.7.2 检测网络

定位关键目标是计算机视觉的核心任务之一，同时也是最接近传统缺陷检测的任务，即找出图像中感兴趣的目标（物体），确定它们的类别和位置并用矩形框框出。目前常见的目标检测网络在结构上可以大致分为两类：以 Fast R-CNN 为代表的双阶段检测网络，以 SSD 和 YOLO 为代表的单阶段检测网络。其主要差别在于双阶段检测网络引入区域建议网络生成建议候选框，单阶段检测网络直接基于主干网络提取的特征来预测缺陷的类别和位置。

（1）双阶段检测网络

双阶段检测网络（Fast R-CNN）的两层架构为：①首先通过主干特征提取网络 backbone（主干，一般为 VGG、ResNet 等）在提取的特征图上利用 RPN（region proposal network，区域建议网络）网络生成先验框及其置信度，通过非极大值抑制 NMS（non maximum suppression）等筛选先验框并获取到建议框（proposal）区域。②对建议区域的特征图进行 ROI（region of interest，感兴趣区域）池化后输入网络，得到最终的缺陷的定位和类别预测。根据其特点，对于双阶段网络的改进往往针对其主干结构、NMS 值大小、ROI 池化和损失函数的构造方面。

（2）单阶段检测网络

单阶段检测网络以 SSD 和 YOLO 系列网络为代表，通过输入整幅图片，直接在输出层输出回归的边界框（bounding box）的信息，并不需要事先生成先验框，因此单阶段检测网络在运行速度方面快于双阶段检测网络。

双阶段检测网络首先需要提取特征并对其进行 RPN、NMS 与池化操作，其所需时间较长但精度较高，而单阶段检测网络直接输入图片并直接输出边界框信息，并不需要多阶段处理，其所需时间较短但精度较低。综上，现阶段的缺陷检测领域内，两种算法各有利弊，追求高检测精度的任务中选择双阶段检测网络较多，在强调检测速度的检测任务中一般选用单阶段检测网络。目标检测领域仍在高速发展，相信今后会有更好的检测网络出现。

8.7.3 分割网络

分割网络是近年来将缺陷检测任务转换为计算机视觉中语义分割甚至是实例分割的一个成功尝试，它不仅可以对缺陷区域进行精细的分割，而且可以准确地识别出缺陷的类别以及不规则的几何形状（如轮廓和面积等）。依据结构的不同，分割网络大致可分为两类：以全卷积神经网络（Fully Convolutional Networks, FCN）为代表的单阶段分割网络、以 Mask R-CNN 为代表的双阶段分割网络。双阶段分割网络需要首先生成兴趣框，然后利用网络对兴趣框进行像素级分割。而单阶段分割网络则是对整个图像进行全卷积操作，直接对图片进行分割。

（1）单阶段分割网络（FCN）

单阶段分割网络一般指基于 FCN 的一系列网络，根据结构的不同可以分为 FCN、U-Net 和 SegNe 三种。

① FCN。通过三通道特征融合特征，使用轻量级全卷积网络（ FCN）对感兴趣区域进行像素级预测，网络每秒可处理 25 张缺陷图像（尺寸为 512×512），像素精度达 99%以上。

② U-Net。U-Net 构建了一整套完整的编码器-解码器网络，在解码器上使用反卷积进行上采样。

③ SegNet。SegNet 主要是在解码器中使用反池化操作对特征图进行下采样，对高频细节保留较好。

（2）双阶段分割网络

双阶段分割网络受益于目标检测的丰硕成果。Mask R-CNN 以 Fast R-CNN 为基础，增加了一个与 bbox 检测并行的预测分割 mask 分支，同时改进 ROI 池化等操作。Mask R-CNN 在语义分割中取得了良好的效果。

相较于分类和检测方法，分割方法在信息获取上优势明显。分割网络一直在不断地发展，如近年来提出的 DeepLabv3、PSPNet 等。与目标检测网络相似，从精度和速度两个方面来看，双阶段算法相比单阶段算法在相同基础网络下表现更优，且所需训练迭代次数较少。单阶段算法速度更快，精度处于平均水平，但需要更多的训练迭代次数。因此，需要根据具体需求选择合适的算法。

在制造业中，神经网络可以应用于许多领域，如质量控制、预测维护、工艺优化等。以下是一些典型的神经网络应用实例。

① 质量控制：神经网络可以通过学习大量的数据，自动地识别出不合格品，从而提高生产线的效率和准确性。

② 预测维护：利用神经网络分析设备的历史数据，能够对设备的故障进行预测，在出现故障之前就可以采取相应的维护措施，从而减少生产停机时间和降低维护成本。

③ 工艺优化：利用神经网络对生产过程中的各种参数进行分析和优化，可以实现生产效率的最大化和产品质量的保证。

④ 质量预测：利用神经网络对生产过程中的原材料和半成品进行分析和预测，可以帮助企业提前预知市场需求，以便及时做出调整和决策。

⑤ 产品分类和检测：利用神经网络对产品进行分类和检测，可以提高产品检测的准确率和速度。例如，可以利用神经网络检测产品的表面质量和缺陷。

综上所述，神经网络在制造业中有着广泛的应用前景，能够为企业带来巨大的经济效益和社会价值。

下面是缺陷检测的常用数据集名称，感兴趣的读者可以自行检索相关数据集作为练习或学习使用。

分类数据集：钢板（NEU-CLS）、太阳能板（elpv-dataset）、纺织品（AITEX）、木材（Wood defect database）、晶圆（WM-811K）。

检测数据集：钢板（NEU-DET）、铸件（GDXray Casting）、PCB 板（PCB Dataset）。

分割数据集：磁瓦（Magnetic-tile-defect-datasets）、钢轨（RSDDs dataset）、桥梁（Bridge Cracks）。

此外，如“百度 AI”“阿里云天池”“Kaggle”等大型网络公司和竞赛网站均提供了大量的开源数据集。

本章小结

- LeNet 是由 LeCun 在 1989 年提出的，是第一个真正意义上的卷积神经网络模型。
- 改进后的 LeNet5 是在 1998 年提出的，其网络结构包括 3 个卷积层和 2 个全连接层，卷积层之间通过池化层连接，适用于手写数字识别任务。
- AlexNet 是在 2012 年提出的，其网络结构包括 5 个卷积层和 3 个全连接层，适用于大规模图像识别任务。
- VGGNet 是在 2014 年提出的，其网络结构包括多个卷积层和池化层，可以选择不同的深度（如 VGG16 有 16 层），可用于图像分类和识别任务。
- GoogLeNet（Inception）也是在 2014 年提出的，其主要特点是采用了 Inception 模块，包含多个不同尺寸的卷积核和池化层，并采用了较深的网络结构，适用于处理复杂的图像数据集，可用于图像分类、识别和目标检测等任务。
- ResNet 是在 2015 年提出的，其通过引入残差单元和跳跃连接解决了深度神经网络中的梯度消失问题，可以训练非常深的网络结构，在图像分类、目标检测、图像分割等计算机视觉任务中取得了显著的效果。
- 目前，计算机视觉对神经网络的使用主要基于卷积神经网络，其发展主要集中于分类网络、检测网络和分割网络三方面。

习题

8-1　经典网络 AlexNet、VGGNet、GoogLeNet、ResNet 各自适合什么场景？

8-2　编程实现：根据 LeNet5 章节内容，将程序完整实现，包括模型的保存、加载，并用自己的手写数字图片验证程序。

第9章

百度 EasyDL 入门

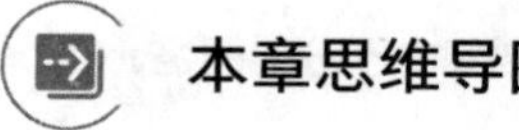

本章思维导图

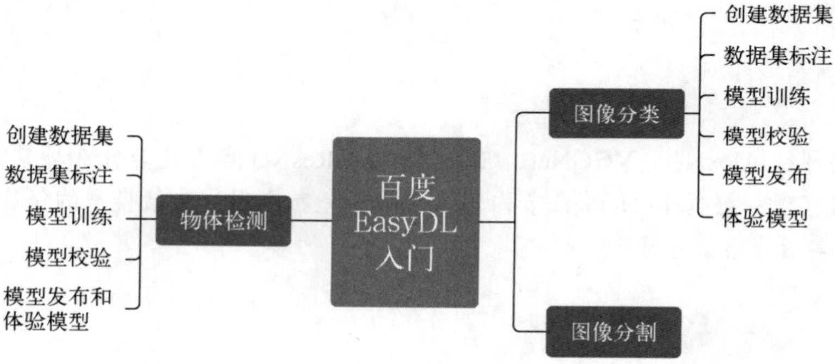

本章学习目标

1. 了解百度大脑深度学习零基础平台 EasyDL；
2. 掌握 EasyDL 在图像上的分类、检测及分割方法；
3. 通过百度 AI 在线学习相关技能，体验国产软件的强大。

EasyDL 是基于百度自主研发的深度学习平台飞桨，结合业界先进的工程服务技术打造的简单易用的模型训练和服务平台。它的作用就是让没有 AI 开发经验的人可以便捷地使用这个平台开发出自己需要的 AI 应用。目前可以实现的功能有：图像分类、检测、分割，文本分类、抽取、情感分析、创作、相似度、观点抽取，语音识别、分类，文字 OCR，视频分类、跟踪，表格数据预测，时序预测，图文匹配，商品检测，等等。本章就以图像的分类、检测和分割为例简要说明其使用方法。

9.1　图像分类

图像分类是利用 EasyDL 平台识别图中的物体、场景或状态，适用于图中主体单一或状态单一的场景。可用于图片内容检索及制造业分拣或质检等场合。本节采用猫狗分类进行演示。

登录 EasyDL 开发平台（浏览器搜索 EasyDL 即可找到），依次点击“EasyDL 图像文心大模型”［图 9.1（a）］→“图像分类”［图 9.1（b）］→“在线使用”，进入图像分类平台界面。

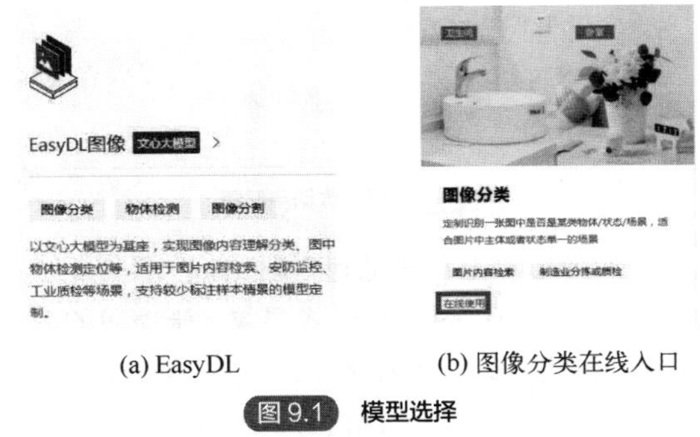

(a) EasyDL　　(b) 图像分类在线入口

图 9.1　模型选择

9.1.1　创建数据集

进入图像分类平台界面后，单击左侧导航栏“数据总览”→“创建数据集”，填入基本信息，比如数据集名称中填入“猫和狗”，数据类型、数据集版本等保持为系统默认，如图 9.2 所示。

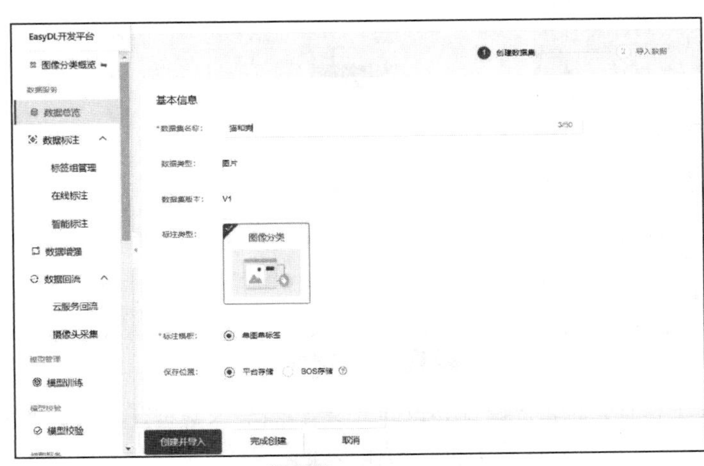

图 9.2　创建数据集

单击“创建并导入”，界面切换至“导入配置”（图 9.3），数据标注状态分为“无标注信息”和“有标注信息”两类。当选择“无标注信息”时，图像导入后需在线进行标注；当选择“有标注信息”时，图像数据需提前标注好。本例使用“无标注信息”。“导入方式”有本地导入、

BOS 目录导入、分享链接导入、平台已有数据集、公开数据集、摄像头采集数据、云服务数据回流共 7 种，本例选择“本地导入”。选择“本地导入”后又有“上传图片”“上传压缩包”和“API 导入”三个选项，本例采用“上传压缩包”，即将电脑中相同标签的图像数据放在一个文件夹里打包为一个压缩文件再进行上传。

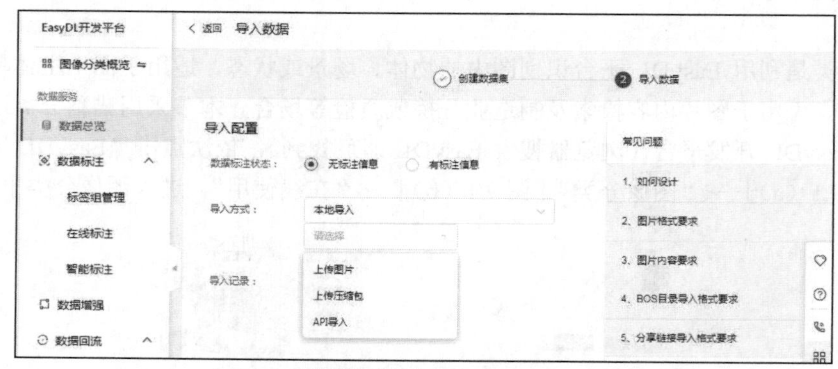

图 9.3 导入数据集配置

点击“上传压缩包”按钮后弹出“上传压缩包”对话框（图 9.4）。本例使用的压缩包分别为“猫”和“狗”。系统对上传的压缩包以及图片有格式要求，压缩包的源文件大小限制在 5G 以内，图片的类型为 jpg/png/bmp/jpeg 格式，每张图片大小限制在 14M 以内。如果选择了“上传图片”，要把图片逐一添加上传系统。单击该界面的“已阅读并上传”即可找到对应的压缩包并上传。

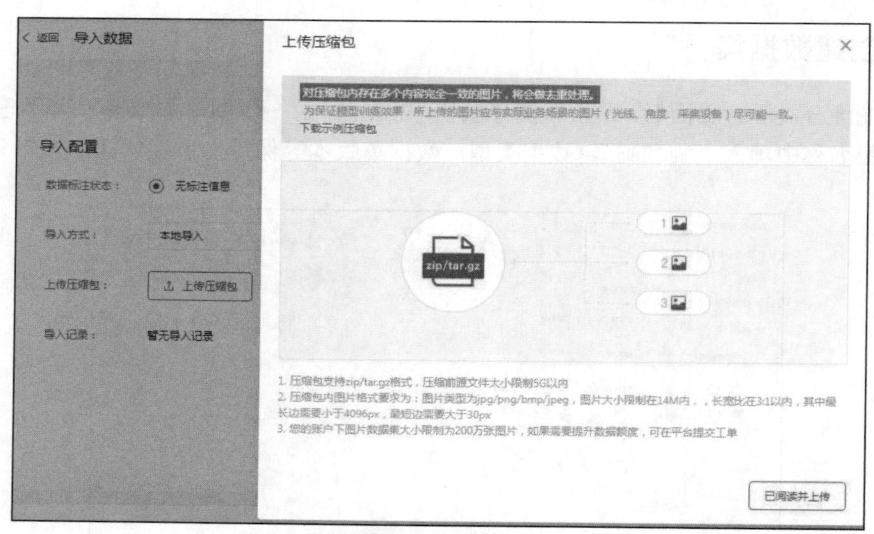

图 9.4 上传压缩包界面

将图片压缩包上传后，单击“确认并返回”，系统将导入数据，导入后“最近导入状态”显示为“已完成”，表示完成创建图像数据集操作步骤。

单击左侧导航栏的“数据总览”，“操作”选项中发现有“查看”“多人标注”“导入”“标注”等操作，点击“查看”可查看全部的图片信息，点击“导入”可继续导入图像数据，点击“标注”和“多人标注”可对数据进行标注。未标注的数据集如图 9.5 所示，此时的标注状态为 0%。

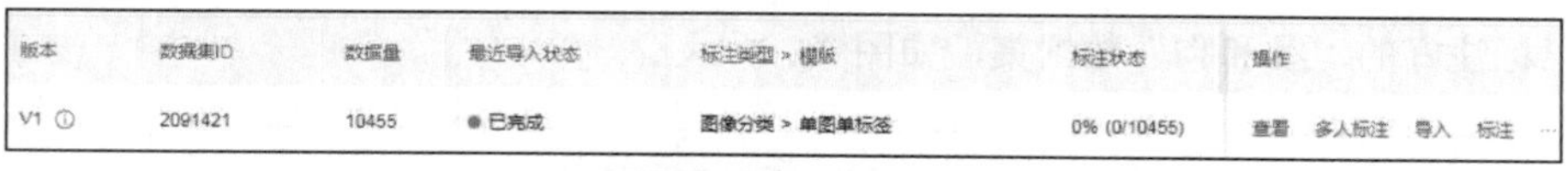

版本	数据集ID	数据量	最近导入状态	标注类型 > 模版	标注状态	操作
V1 ⓘ	2091421	10455	● 已完成	图像分类 > 单图单标签	0% (0/10455)	查看 多人标注 导入 标注 ···

图 9.5 未标注的数据集

9.1.2 数据集标注

单击“标注”进入标注页面，首先在右侧标签栏中添加“猫”和“狗”标签，根据图片人为判断该图像所属标签并选择该标签，单击“保存当前标注”，完成标注，如图 9.6 所示。如图片不符合标签类型，可选择“标为无效数据”。

图 9.6 标注数据集

当全部图片标注后，“数据总览”中的“标注状态”将显示为 100%。

9.1.3 模型训练

单击左侧导航栏中的“模型训练”→“+训练模型”→模型选择“创建新模型”，输入模型的相关信息，模型名称填写“猫和狗”，业务描述处填写该模型的简要说明，如图 9.7 所示。

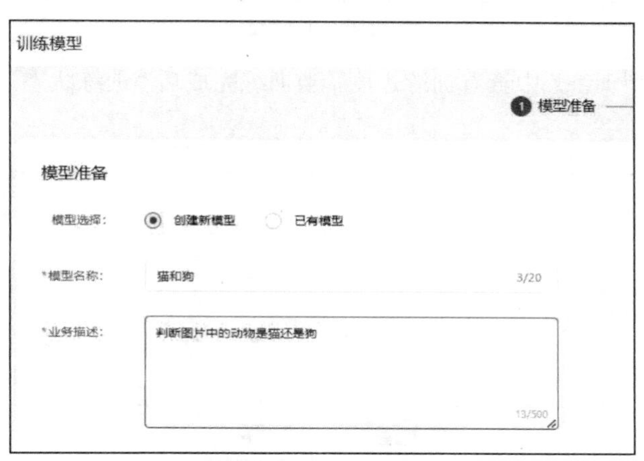

图 9.7 创建训练模型

单击“下一步”进入“数据准备”，将数据集添加至系统，数据来源选择“我的数据集”，即选择已标注好的“猫和狗”数据集，如图 9.8 所示。

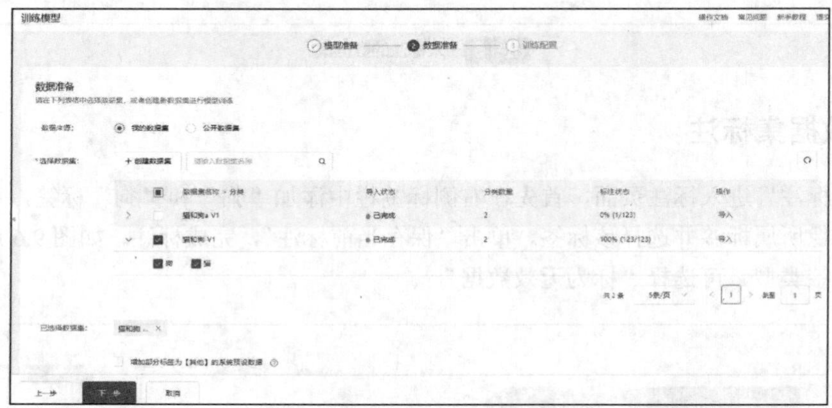

图 9.8 数据准备

单击“下一步”，进入“训练配置”，部署方式和训练方式选择“公有云部署”和“常规训练”，单击“开始训练”，即开始训练，通常训练需要一定的时间，如图 9.9 所示。

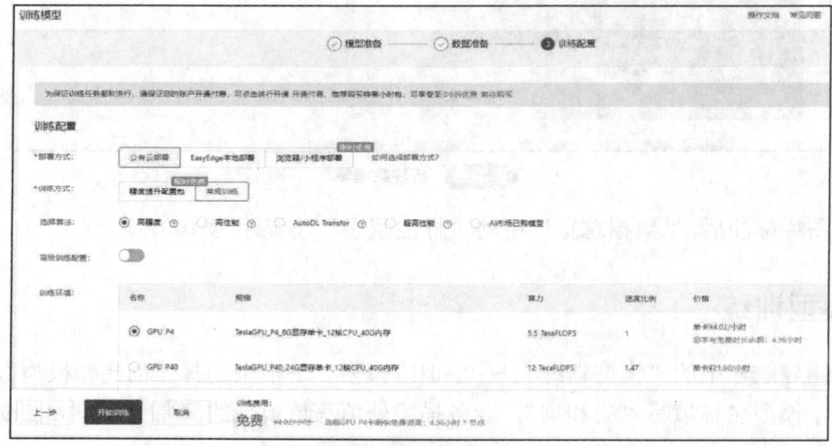

图 9.9 训练配置

其间，可在“模型训练”中查看训练进度，当训练完成后“训练状态”显示为“完成训练”，如图 9.10 所示。

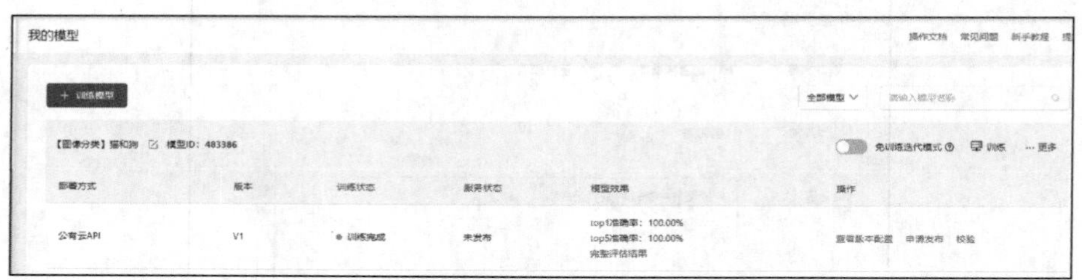

图 9.10 进度查看

训练完成后单击“完整评估结果”，可查看训练效果，如图 9.11 所示。在“操作”中可对模型进行发布和校验（注意此时的服务状态是“未发布”）。

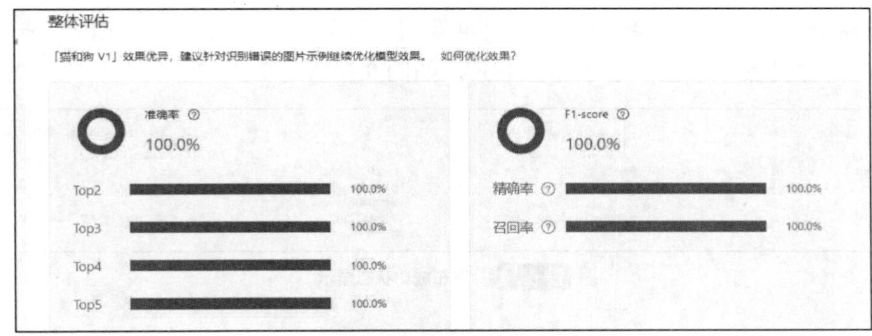

图 9.11 查看训练效果

9.1.4 模型校验

单击“校验”→“启动模型校验服务”，点击“添加图片”后系统对该图片进行识别，可用来验证模型的效果，如图 9.12 所示。

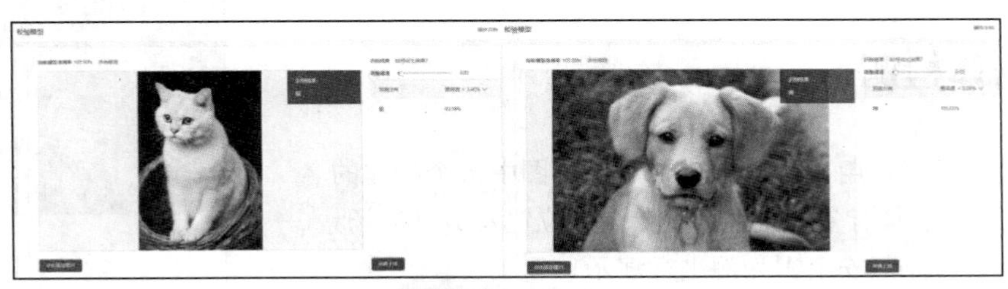

图 9.12 模型校验

9.1.5 模型发布

在“我的模型”中选择“申请发布”，在“在线服务”中填写模型发布相关信息，“部署方式”中选择“公有云部署”，“服务器名称”中填写“猫和狗”，接口地址中要填英文字符，单击“提交申请”，等待系统审核，如图 9.13 所示。

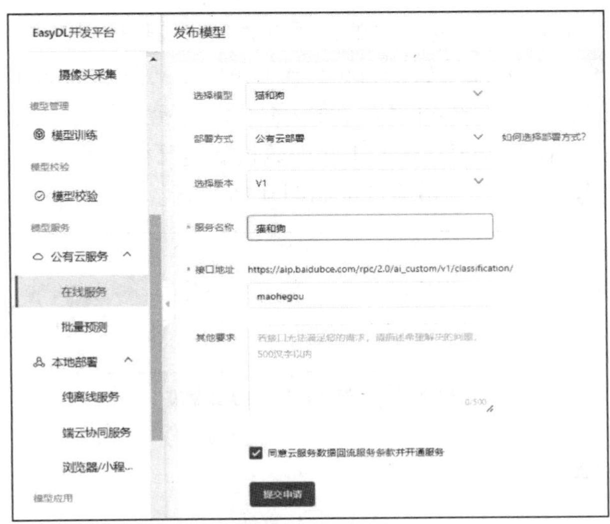

图 9.13 发布申请

系统审核结束后，可在“我的模型”里查看到“服务状态”已经由原来的“未发布”更改为“已发布”，并且操作中也多了“体验 H5”，如图 9.14 所示。

【图像分类】猫和狗 模型ID：483386　　免训练迭代模式 训练 … 更多

部署方式	版本	训练状态	服务状态	模型效果	操作
公有云API	V1	训练完成	已发布	top1准确率：100.00% top5准确率：100.00% 完整评估结果	查看版本配置 服务详情 校验 体验H5

图 9.14 发布成功状态显示

9.1.6 体验模型

单击“体验 H5”，填写相关信息，单击“下一步”后，可得到该发布模型的二维码（注：免费版的二维码有次数限制），可通过微信或百度 APP 扫描该二维码进行体验。微信体验示例如图 9.15 所示。

图 9.15 图像分类体验示例

9.2 物体检测

物体检测是指使用 EasyDL 平台，识别图中每个物体的名称、位置，适合于具有多个主体，或要识别位置及数量的场景。本节以检测是否佩戴安全帽为例进行演示。

物体检测的操作和图像分类的操作类似，基本流程是创建数据集、数据标注、模型训练、模型校验、模型发布。

登录 EasyDL 开发平台，依次点击“Easy DL 图像文心大模型”→“物体检测”→“在线使用”进入物体检测模型平台。

9.2.1 创建数据集

因该示例数据集采用的是已经标注过的，所以大部分步骤等同图像分类，不同之处在于准备的数据集压缩包包括图片 Image 文件（jpg 格式）和标注文件 Annotations（xml 格式，可由图像标注工具 LabelImg 制作）。在导入配置页面中的“数据标注状态”选择“有标注信息”，“标注格式”中选择“xml（特指 voc）”。由于上传的数据集是已标注的，所以最终“标注状态”显示为“100%”即无须再进行标注。最终结果如图 9.16 所示。

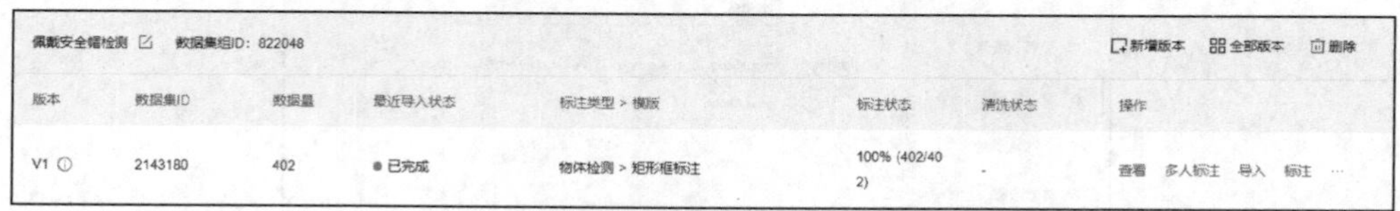

佩戴安全帽检测 数据集组ID：822048　　新增版本 全部版本 删除

版本	数据集ID	数据量	最近导入状态	标注类型 > 模版	标注状态	清洗状态	操作
V1	2143180	402	已完成	物体检测 > 矩形框标注	100% (402/402)	-	查看 多人标注 导入 标注 …

图 9.16 佩戴安全帽检测数据集

9.2.2 数据集标注

由于上传的数据集是已标注的，本例不需要再进行标注。但是如果上传的是未标注的信息则需要标注。标注方法为：单击“标注”操作进入标注页面，首先在右侧标签栏中添加“hat”和“person”标签，hat 代表佩戴了安全帽，person 代表未佩戴。通过鼠标选择人头部部分并进行标注（要检测的位置），佩戴了安全帽的标注“hat”，未佩戴安全帽的标注“person”，单击“保存当前标注”，完成该图片的标注。数据标注示例如图 9.17 所示。

图 9.17　数据标注示例

9.2.3　模型训练

模型训练的步骤和模型分类并无异同，所以不再赘述。最终训练好的模型如图 9.18 所示。

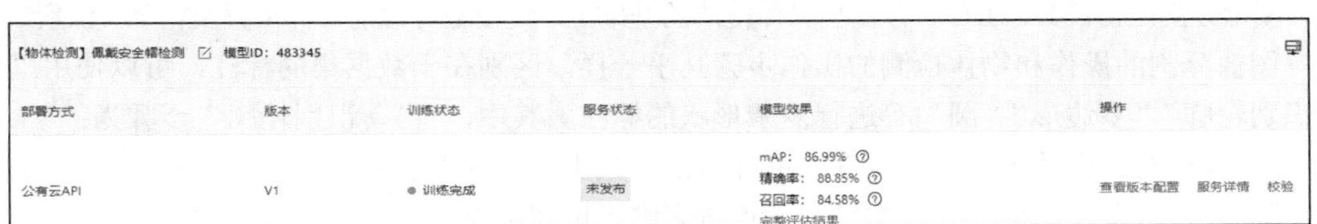

图 9.18　训练完成的模型

9.2.4　模型校验

同理，模型校验的操作过程和图像分类类似，校验结果如图 9.19 所示，可见结果中不仅能知道是否佩戴了安全帽，还用框选出了安全帽的位置。

图 9.19　校验结果示例

9.2.5 模型发布和体验模型

模型发布和体验模型步骤完全等同图像分类。图 9.20 是物体检测体验示例。

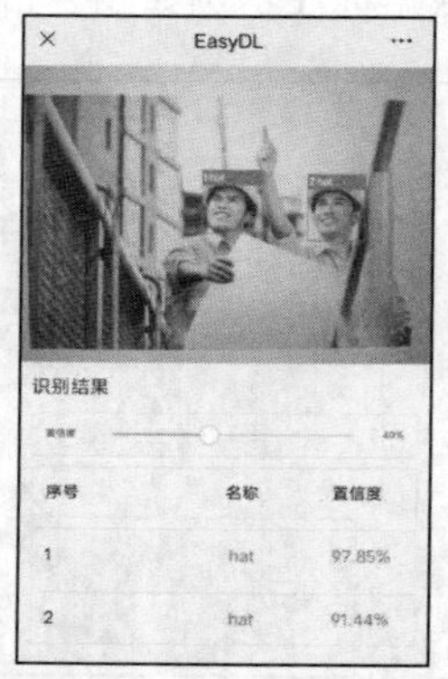

图 9.20 物体检测体验示例

9.3 图像分割

图像分割是指在 EasyDL 平台模型物体检测的基础上，使模型可识别目标位置及轮廓（像素级）。

图像分割的操作和物体检测的操作步骤几乎一样，区别在于数据集的标注，可以使用“自动识别轮廓”“多边形”“圆”等进行复杂形状的标注。其中，“自动识别轮廓”步骤为：

① 鼠标左击自动识别目标轮廓，鼠标右击可减去“误识别区域”；

② 对于复杂轮廓可通过左右键交替点击来修正识别结果；

③ 确定轮廓。

图 9.21 为图像分割中对一只猫的标注。

图像分割示例采用的是车牌数据集，读者可参考物体检测示例自行实现，体验结果如图 9.22 所示。

图 9.21 图像分割采用的数据集标注

图 9.22 图像分割体验结果示例

图 9.23 为图像检测示例，可见其为大致框选所识别（检测）物体和位置，一张图可以对多个物体进行识别与定位。图 9.24 为图像分割示例，可见其精细地勾勒出了所识别的物体形状（包括姿态）和位置，同样一张图也可以对多个物体进行识别和定位。

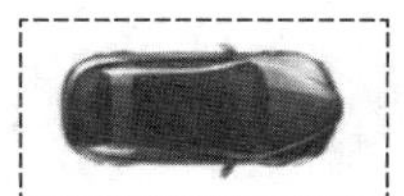

(a) 矩形框

(b) 自定义四边形

图 9.23　图像检测示意图

(a) 实例分割

(b) 语义分割

图 9.24　图像分割示意图

更多 EasyDL 教程请参考百度 EasyDL 官网。

本章小结

- EasyDL 是基于百度自主研发的深度学习平台飞桨，结合业界先进的工程服务技术打造的简单易用的模型训练和服务平台。
- EasyDL 使操作者“零门槛”开发 AI 应用。
- EasyDL 可以用于图像、文本、语音、文字 OCR、视频、数据、时序、图文、商品等的处理。
- 图像分类用于识别图中的物体、场景或状态，适用于图中主体单一或状态单一的场景。
- 物体检测用于识别图中每个物体的名称、位置，适合于具有多个主体，或要识别位置及数量的场景。
- 图像分割是在对模型物体检测的基础上，使模型可识别目标位置及轮廓（像素级）。

习题

9-1　通过 EasyDL 实现红绿灯分类，并测试不少于 3 张不同状态的图片，列出全部得分。

9-2　通过 EasyDL 实现猪仔计数检测，并测试不少于 3 张不同个数或姿态的图片，列出全部得分。

9-3　通过 EasyDL 实现手掌分割，并测试不少于 3 张不同手掌姿态（手指计数）的图片，列出全部得分。

第 10 章

计算机视觉在制造行业应用案例分析

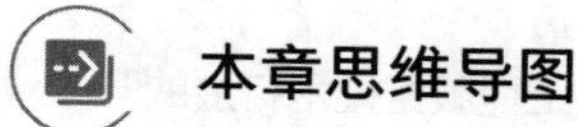

本章思维导图

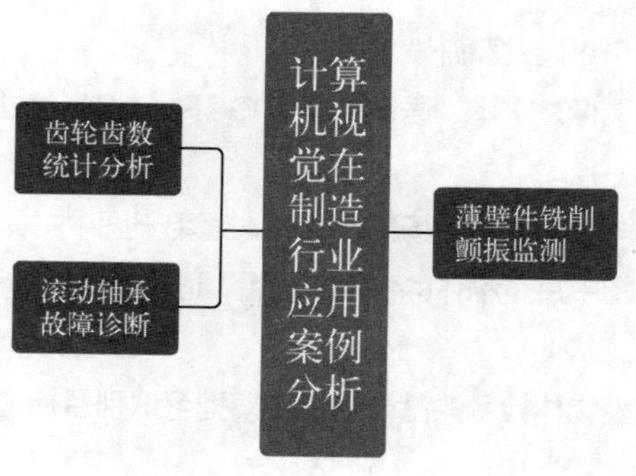

本章学习目标

1. 了解计算机视觉在智能制造行业的应用；
2. 了解相关案例使用情况；
3. 通过相关文献进行补充，培养精益求精的探索精神和创新精神。

计算机视觉在制造行业的应用案例分析是一个非常有趣和具有挑战性的话题。随着人工智能技术的不断发展，计算机视觉在制造行业中扮演着越来越重要的角色。计算机视觉技术在制造行业的应用是非常广泛和深入的，比如产品检测、质量控制、零部件识别、物流管理等方面。它可以帮助制造企业提升竞争力，降低生产成本，改善产品质量，实现智能化制造。下面就举几个简单的例子来说明一下计算机视觉在制造行业应用的简要过程，供读者参考。

10.1　齿轮齿数统计分析

本节主要参考文献[12]的部分内容。利用机器视觉进行齿轮齿数统计分析的大致过程为：

① 以斜齿轮端面 RGB 三通道图片为例，如图 10.1 所示。

② 采用加权平均法将相机拍摄的斜齿轮端面图像灰度化，如图 10.2 所示。

图 10.1　斜齿轮端面图片

图 10.2　图片灰度化

③ 根据端面的灰度化图像可知，由于打光不均匀，端面图像存在一定的暗部信息，为了更好地保证端面的边缘轮廓的完整性，需要进行图像增强处理。采用了非线性变换中的 Gamma 变换，变换结果如图 10.3 所示。

④ 为了提高后续斜齿轮边缘提取的精度，通常还会对图像进行滤波去噪（本文采用了高斯滤波，此处图略）。

⑤ 采用了 OTSU 自适应阈值算法对图像增强后的灰度图进行二值化，实现图像分割，如图 10.4 所示。

图 10.3　Gamma 图像增强

图 10.4　OTSU 法二值化图

⑥ 同理，经过二值化后通常采用形态学进行去噪处理（此处图略）。

⑦ 由于金属零件表面在不均匀的高光亮的情况下，部分金属的表面纹理会对边缘轮廓造成干扰，因此采用图像填充的方法对这些干扰因素进行排除。最后图像填充结果如图 10.5 所示。

⑧ 采用 Canny 算子进行边缘提取，如图 10.6 所示。

图 10.5　图像填充效果图

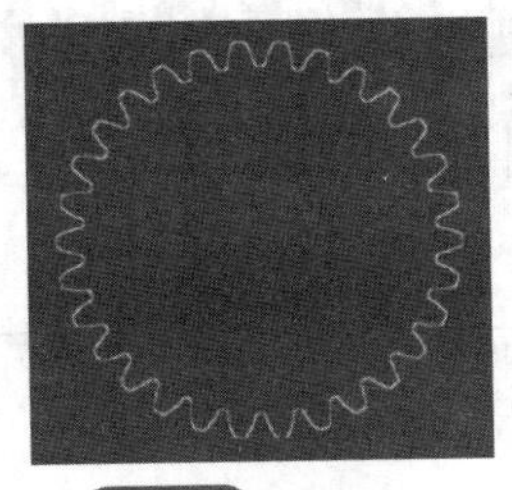

图 10.6　边缘提取

⑨齿轮是一个对称图形，得到二值图像后，计算图像中所有白像素的质心，质心位置必然在齿顶圆和齿根圆圆心附近。计算并找到边缘轮廓中距离质心最远和最近的点，以最远点和质心间的距离加减几个像素为半径，扫描边缘轮廓上在此范围内的点，这些点即为齿顶的边缘点，利用最小二乘拟合圆的方法（或 Hough 变换圆检测）拟合齿顶圆，即可得到齿顶圆直径和齿顶圆圆心。同理，能够得到齿根圆直径和圆心。以齿顶圆半径和齿根圆半径中间值为半径（比如齿顶圆半径与齿根圆半径之和除以 2），以上述圆心为圆心，作一圆，将此圆作为背景覆盖二值化后的图像，然后检测出所有连通域个数即为齿数，如图 10.7 所示。

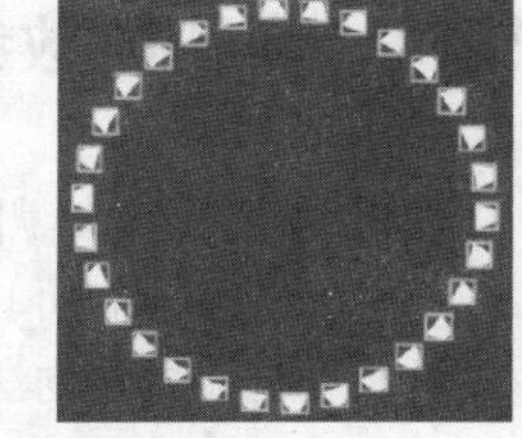

图 10.7 连通域法检测齿数

10.2 滚动轴承故障诊断

本节内容主要参考文献[13]，该文献试验使用来自美国凯斯西储大学的轴承数据集。该数据集滚动轴承振动信号为一段时间内加速度传感器采集的轴承振动加速度信号。滚动轴承运行状态可以分成四种，分别为：正常、内圈故障、外圈故障和滚珠故障。正常状态时域如图 10.8（a）所示，内圈故障时域如图 10.8（b）所示，外圈故障如图 10.8（c）所示，滚珠故障如图 10.8（d）所示，根据图片很难分辨出故障类型。每种故障状态包含三种故障尺寸：小（0.18mm）、中（0.36mm）和大（0.54mm）。

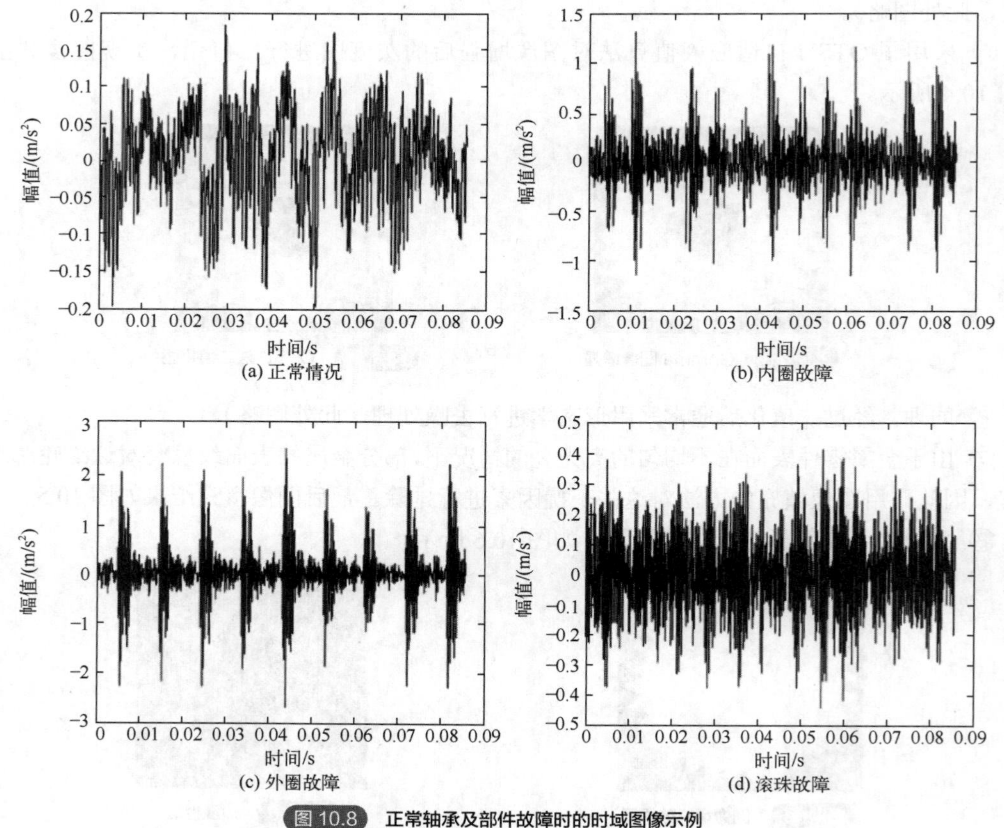

图 10.8 正常轴承及部件故障时的时域图像示例

（1）滚动轴承振动数据处理

为了提升模型对样本的泛化效果，试验采取重叠采样的方式对数据集进行增强，即采用重叠采样对原始轴承振动信号进行时间切片。如图 10.9 所示，对较长的原始轴承序列按照步长为 500、长度为 2000 进行切片，每种类型的信号制作成若干个短信号样本。重叠采样不仅可以获取更多的数据样本，还能避免因截取原始轴承信号造成的原信号边缘信息丢失。

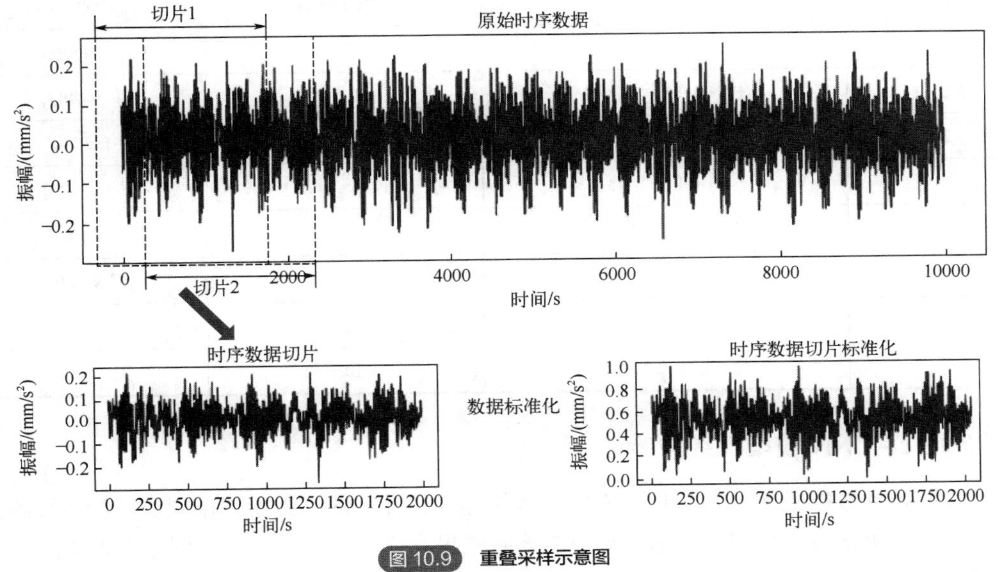

图 10.9 重叠采样示意图

如果直接将原始轴承数据输入模型学习训练，非平稳的振动数据会造成模型学习困难、识别准确率低。对序列信号进行最大最小归一化处理，归一化公式为：

$$x_i^{'}=\frac{x_i-\min\left[x(t)\right]}{\max\left[x(t)\right]-\min\left[x(t)\right]}$$

轴承振动信号经过归一化处理后变为区间[0,1]数据，这样就减小了数据单位及大小差异对模型的影响，并且可以加快采用梯度下降法的求解速度。

（2）1D-CNN 模型总体框架

一维卷积神经网络（1D-CNN）模型如图 10.10 所示，模型包含三个由一维卷积层、批归一化层（BN）、池化层叠加构成的卷积池化块、两个全连接层和一个 Softmax 输出层。

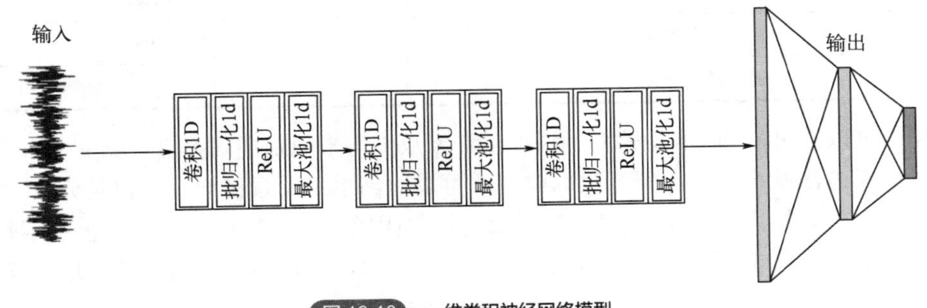

图 10.10 一维卷积神经网络模型

将滚动轴承一维振动信号切片样本送入模型，经过输入层转换后，由卷积层对信号进行特征提取，批归一化层进行标准化，池化层完成特征张量缩小，最后由全连接层和Softmax输出分类。模型结构参数如表10.1所示。模型中在卷积层之后增加批归一化层可以将卷积层输出特征张量标准化，使数据中特征更加聚集，加快模型训练速度。

表10.1 一维卷积模型结构参数

层数	结构名称	结构参数	输出大小
1	卷积层1	(5,2)	[64,998]
2	BN+ReLU+池化层	(2,2)	[64,499]
3	卷积层2	(5,2)	[32,248]
4	BN+ReLU+池化层	(2,2)	[32,124]
5	卷积层3	(5,2)	[16,60]
6	BN+ReLU+池化层	(2,2)	[16,30]
7	全连接层1	(480,120)	120
90	全连接层2 Softmax	(120,10)	10

(3)1D-CNN模型训练与验证

将时间切片数据样本中70%作为训练样本集输入设计好的一维卷积模型进行学习训练，其余作为测试集用来验证模型对于轴承故障的诊断效果，得到滚动轴承各类别验证效果准确率如表10.2所示。

表10.2 1D-CNN模型各类别识别准确率

状态类型及损伤程度	识别准确率
无故障信号	97.6%
内圈故障0.18mm	93.5%
内圈故障0.36mm	86.7%
内圈故障0.54mm	78.1%
滚珠故障0.18mm	91.6%
滚珠故障0.36mm	87.2%
滚珠故障0.54mm	67.3%
外圈故障0.18mm	93.1%
外圈故障0.36mm	68.0%
外圈故障0.54mm	59.5%

从表中可以看出，1D-CNN模型对轴承正常无故障信号识别准确率可达到97.6%，相对于传统故障诊断方法减少了人工特征提取时间，可以对轴承信号直接识别，但是分类准确率还有待提高，所以在文献[13]中将时序信号转换为振动图像，然后再进行基于改进卷积神经网络的滚动轴承故障诊断识别。本书仅起到抛砖引玉的作用，所以不再多述，感兴趣的读者可自行查阅。

10.3 薄壁件铣削颤振监测

本节内容主要参考文献[14]和[15]。该实验基于 XK714D 立式铣床中心搭建薄壁件铣削颤振图像采集系统。如图 10.11（a）为高清摄像头部件，其技术指标见表 10.3，图（b）为 XK714D 立式铣床，图（c）薄壁件铣削颤振图像采集系统示意图。图像采集过程大致为：将工业摄像头安装于机床主轴上，设计好位置与安装方式，对薄壁件铣削图像进行采集；采集后的图像经过低通滤波、降维压缩，转到低维空间，从而降低图像传输的数据量；通过以太网或者其他传输方式将采集到的铣削图像传输到 PC 计算机上。

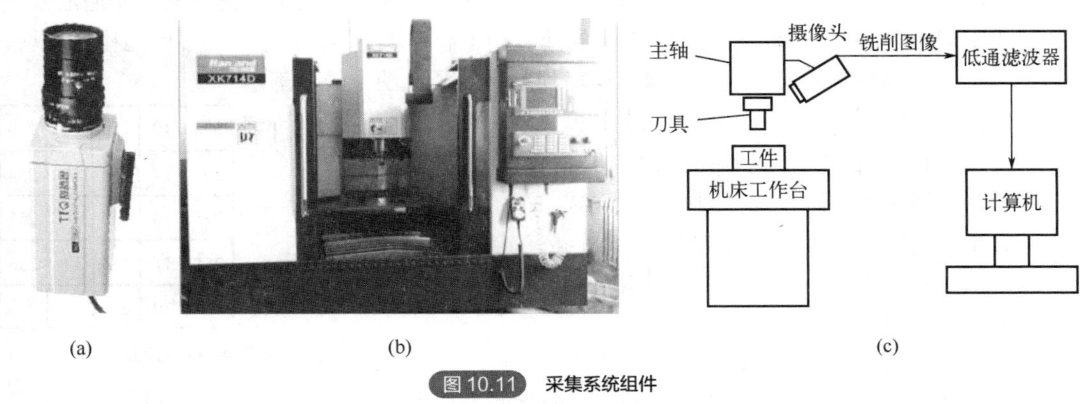

图 10.11 采集系统组件

表 10.3 高清摄像头技术指标

类别	参数
像素	1200 万
感光元件类型	CMOS
最大分辨率	1920×1080

根据设计的薄壁件铣削颤振图像采集系统获取的薄壁件铣削图像大体分为薄壁件正常切削图像和薄壁件铣削颤振图像两种，如图 10.12 所示。由图 10.12 可以看出，与正常切削图像相比，颤振图像具有明显的振纹。

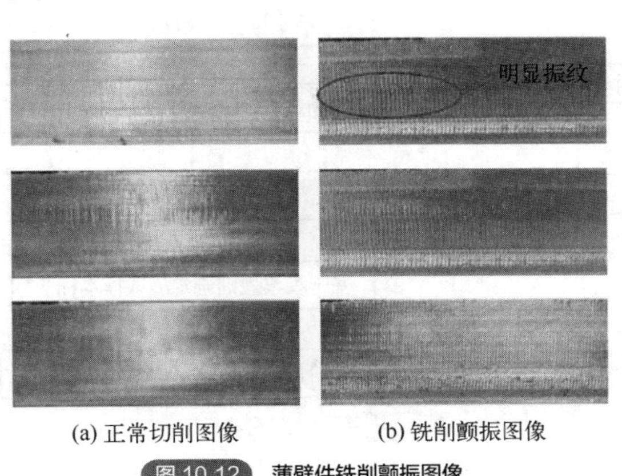

图 10.12 薄壁件铣削颤振图像

由于在成像、传输等过程中随机干扰不可避免，成像系统获取的原始图像在转换和传输过程中会出现一些对图像处理不利的因素。例如，在摄像时，光学系统的失真、测量系统的振动等会使图像模糊；在图像的数字化过程中（扫描、采样、量化）会引入噪声；在传输的过程中，由于噪声污染导致图像的质量下降等。这些不利因素会导致获取的图像质量较低，因此在进行后续的图像处理与分析操作之前，需要再对获取的原始图像进行一系列的预处理操作，如采用图像直方图均衡化提高对比度、噪声过滤等。

另外该实验中采用了基于分水岭算法的图像分割技术，将颤振图像中的颤振区域与背景进行了区分和分割。分水岭法是一种基于拓扑理论的数学形态学的图像分割算法。任何一幅灰度图像都可以被看成拓扑平面，灰度值高的区域可以被看成山峰，灰度值低的区域可以被看成山谷。如果向每一个山谷中灌不同颜色的水，随着水的位的升高，不同山谷的水就会相遇汇合。为了防止不同山谷的水汇合，需要在水汇合的地方构建起堤坝。不停地灌水、不停地构建堤坝，直到所有的山峰都被水淹没。这时构建好的堤坝就实现了对图像的分割。

在薄壁件铣削过程中发生颤振时，刀具的振动导致刀具在工件表面的轴向切深形成图 10.12（b）所示的几何纹理。而且，不同的颤振形式由于具有不同的振纹深度和宽度而表现出不同的纹理，从而具有不同的特征，比如具有不同的灰度值，如图 10.13 所示。

255	10	255	10	255
254	11	254	11	254
255	10	255	10	255
255	11	255	11	255
253	10	253	10	253

图 10.13 颤振图像局部灰度值

局部二值模式（Local Binary Pattern，LBP）纹理分析方法的计算复杂度小、理论简单、计算效率高，并具有多尺度特性和旋转不变特性，在纹理检索、模式识别和数字图像处理的很多前沿领域内有着广泛的应用。所以本例采用了基于局部二值模式的方法对颤振图像的纹理特征进行提取（实际采用的是 LBPH——LBP 特征统计直方图）。

提取颤振图像的纹理特征后，接下来需要进行颤振图像特征的比较。纹理特征的比较可以采用距离比较公式或者机器学习分类算法，如 SVM、神经网络等。文献[15]采用了距离比较公式，文献[16]采用了 KNN 算法。KNN 分类模型如图 10.14 所示。

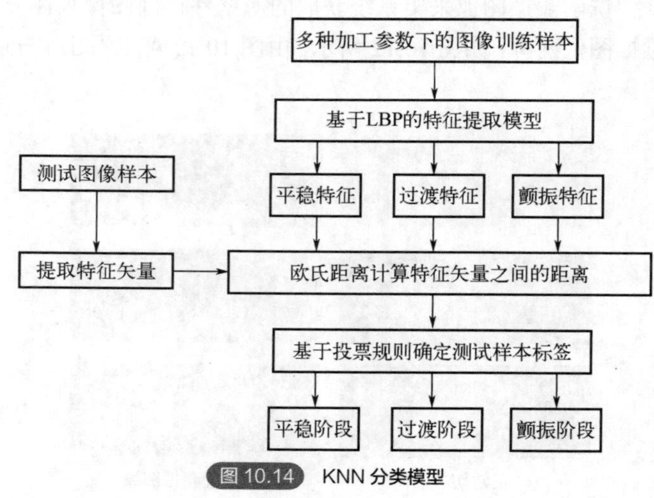

图 10.14 KNN 分类模型

距离比较公式有很多种，比如，将直方图转成哈希值就可以按汉明距离来计算距离。通常对于直方图的比较采用较多的是卡方距离，其计算公式如下：

$$\chi^2 = (H_1, H_2) = \sum_i \frac{[H_1(i) - H_2(i)]^2}{H_1(i) + H_2(i)}$$

其中，H_1 和 H_2 为两个图像的灰度直方图；i 是灰度直方图的灰度等级，$H_1(i)$和 $H_2(i)$分别表示灰度直方图 H_1 和 H_2 的第 i 灰度等级所对应的直方图值。

本章小结

- 齿轮齿数统计分析：采用了常规图像的灰度化、滤波去噪、二值化、边缘检测及轮廓的连通域检测等方式。
- 滚动轴承故障诊断：采用了 1D-CNN 网络模型，包括卷积、批归一化、池化、ReLU、Softmax 等操作。
- 薄壁件铣削颤振监测：采用了 LBP 进行特征提取，将特征送入距离比较公式或机器学习分类算法（如 KNN、SVM、神经网络等）实现检测。

习题

10-1　说明计算机视觉可能在智能制造领域哪个环节被采用，不少于三个。

10-2　利用知网、百度学术等相关网络资源检索一篇关于计算机视觉在制造领域的期刊，简述该文献的意义、采用的方法、得到的结论。

参考文献

[1] 夏帮贵. OpenCV 计算机视觉基础教程[M]. 北京：人民邮电出版社，2021.
[2] 段先华，徐丹，陈建军. 计算机视觉[M]. 西安：西安电子科技大学出版社，2023.
[3] 王博，周蓝翔，陈云. 深度学习框架 PyTorch 入门与实践[M]. 2 版. 北京：人民邮电出版社，2022.
[4] 唐进民. 深度学习 PyTorch 实战计算机视觉[M]. 北京：电子工业出版社，2018.
[5] 李立宗. 计算机视觉 40 例从入门到深度学习[M]. 北京：电子工业出版社，2022.
[6] 周志华. 机器学习[M]. 北京：清华大学出版社，2016.
[7] 李航. 统计学习方法[M]. 北京：清华大学出版社，2012.
[8] 林耀进，张良均，张兴发，等. Python 机器学习编程与实战[M]. 北京：人民邮电出版社，2020.
[9] 李键，李华，胡翔坤，等. 基于深度学习的表面缺陷检测技术研究进展[J]. 计算机集成制造系统，2024，30(03)：774-790.
[10] 郭渊，周俊. 基于机器视觉的轴承缺陷检测研究进展[J]. 机电工程，2024，41(05)：761-774.
[11] 斋藤康毅. 深度学习入门基于 Python 的理论与实现[M]. 陆宇杰，译. 北京：人民邮电出版社，2018.
[12] 饶承剑. 基于机器视觉的斜齿轮参数检测方法研究[D]. 桂林：桂林电子科技大学，2023.
[13] 李建成. 基于卷积神经网络的滚动轴承故障诊断研究[D]. 大庆：东北石油大学，2023.
[14] 冯东海. 基于计算机视觉的薄壁件铣削颤振在线监测[D]. 秦皇岛：燕山大学，2018.
[15] 刘硕. 基于视觉检测的薄壁件颤振识别及动态重构误差补偿研究[D]. 哈尔滨：哈尔滨理工大学，2022.